Oliver Sander

Skalierbare adaptive System-on-Chip-Architekturen für Inter-Car und Intra-Car Kommunikationsgateways

Band 1
Steinbuch Series on Advances in Information Technology

Karlsruher Institut für Technologie
Institut für Technik der Informationsverarbeitung

Skalierbare adaptive System-on-Chip-Architekturen für Inter-Car und Intra-Car Kommunikationsgateways

von
Oliver Sander

Karlsruher Institut für Technologie
Institut für Technik der Informationsverarbeitung

Skalierbare adaptive System-on-Chip-Architekturen
für Inter-Car und Intra-Car Kommunikationsgateways

Zur Erlangung des akademischen Grades eines Doktor-Ingenieurs
von der Fakultät für Elektrotechnik und Informationstechnik des
Karlsruher Institut für Technologie (KIT) genehmigte Dissertation

von Dipl.-Ing. Oliver Sander, geb. in Hannover

Tag der mündlichen Prüfung: 21. Dezember 2009
Hauptreferent: Prof. Dr.-Ing. Jürgen Becker (KIT)
Korreferent: Prof. Dr.-Ing.Walter Stechele (TU München)

Impressum

Karlsruher Institut für Technologie (KIT)
KIT Scientific Publishing
Straße am Forum 2
D-76131 Karlsruhe
www.ksp.kit.edu

KIT – Universität des Landes Baden-Württemberg und nationales
Forschungszentrum in der Helmholtz-Gemeinschaft

KIT Scientific Publishing 2010
Print on Demand

ISSN 2191-4737
ISBN 978-3-86644-601-4

Für Eva
und meine Großeltern
Helga und Dieter

Vorwort

Die vorliegende Arbeit entstand während meiner Zeit als Stipendiat des DFG Graduiertenkollegs 1194 und als wissenschaftlicher Mitarbeiter am Institut für Technik der Informationsverarbeitung (ITIV) des Karlsruher Institut für Technologie (KIT). Ich möchte mich bei allen, die mich in dieser sehr lehrreichen, wundervollen aber auch anstrengenden Zeit begleitet und unterstützt haben bedanken.

Mein besonderer Dank gilt meinem Doktorvater Prof. Jürgen Becker für das in mich gesetzte Vertrauen und die herausragende Unterstützung im Verlauf dieser Arbeit. Ebenfalls besonderer Dank gilt Prof. Walter Stechele von der TU München für die kurzfristige Übernahme des Zweitgutachtens, sein stets offenes Ohr für meine Anliegen und die gemeinsamen Gespräche. Weiterhin danke ich allen beteiligten Professoren und Stipendiaten des Graduiertenkollegs, die mir einen tiefen Einblick in verschiedenste Forschungsgebiete und viele gewinnbringende Diskussionen ermöglicht haben.

Ganz besonders bedanken möchte ich mich bei allen Freunden, Kollegen und Studenten am ITIV für die großartige Zusammenarbeit, die vielen inspirierenden Gespräche und auch die manchmal nicht ganz so ernste gemeinsame Bewältigung des wissenschaftlichen Alltags. Speziell danken möchte ich meinen beiden Bürokollegen Benjamin Glas und Alexander Klimm sowie meinen langjährigen Wegbegleitern Michael Hübner, Michael Dreschmann, Matthias Traub, Arik Rathner und Christoph Roth, die wesentlich zum Entstehen dieser Arbeit beigetragen haben. Weiter gilt mein Dank allen Kollegen und Studenten, mit denen ich zusammenarbeiten durfte und deren motiviertes Arbeiten mich immer unterstützt hat.

Spezieller Dank gilt meiner Familie und meinen Freunden, die mich in allen Phasen dieser Arbeit begleitet und mir Rückhalt gegeben haben. Allen voran danke ich Eva Klinkisch, die immer für mich da war, schier unendliche Geduld mit mir hatte und ohne deren Unterstützung diese Arbeit nicht entstanden wäre. Außerdem danke ich meinen Eltern Gabriele und Gerhard, die mich zu diesem Schritt ermutigt haben und meinem Bruder Christian, der mich häufig zum Nachdenken brachte.

Schließlich möchte ich für die vielen Anregungen, Korrekturen, Anmerkungen und Diskussionen danken, die wesentlich zur Erstellung des Manuskripts beigetragen haben. Besonders erwähnen möchte ich an dieser Stelle neben meinen Referenten Eva Klinkisch und Benjamin Glas.

Karlsruhe, im November 2010

Oliver Sander

[…] wie etwa in weltanschaulichen Manuskripten
von Dilettanten Zitate sogenannter großer Denker
zur Bekräftigung ihrer unmaßgeblichen Meinung umgeistern […].

(Theodor W. Adorno)

Inhaltsverzeichnis

8 Schlußfolgerung und Ausblick 319

Verzeichnisse 323

Literatur- und Quellennachweise 337

Betreute studentische Arbeiten 357

Eigene Veröffentlichungen 361

1 Einführung

1.1 Motivation

Mobilität und Verkehr werden zu einem immer wichtigeren Bereich in modernen Gesellschaften. Nicht nur deren ökonomische Relevanz, die sich beispielsweise im Transportwesen oder einer im Zuge der Globalisierung stattfindenden weltweiten Vernetzung von Märkten, Unternehmen und Wettbewerb zeigt, eine gesteigerte ökologische Sensibilität und bereits heute teilweise über die Grenzen hinaus ausgelastete Verkehrswege weisen auf die in Zukunft ansteigende Bedeutsamkeit dieses Bereiches hin. Doch insbesondere auch die veränderte Einstellung und Anforderung der Einzelnen an Mobilität im Allgemeinen und Verkehr bzw. Fahrzeug im Besonderen stellen alle Beteiligten vor neue Herausforderungen. So ist beruflich wie privat Verkehr und Mobilität ein wichtiges Feld: das Erreichen des Arbeitsplatzes -auch über größere Distanzen hinweg-, die Verknüpfung von Arbeit mit Privatleben oder die gestiegenen Ansprüche der Verkehrsteilnehmer an Fahrzeugkomfort und -sicherheit seien nur exemplarisch genannt. Auch die in allen Bereichen der Gesellschaft erkennbare Individualisierung und Flexibilisierung tangiert Mobilität, Verkehr und Fahrzeuge. Daneben ist, insbesondere in Deutschland, der Wert der Sicherheit, der Privatheit und des Schutzes im Zusammenhang mit Automobil und Verkehr ungebrochen hoch. Indizien für die zunehmende Bedeutsamkeit insbesondere des Straßenverkehrs spiegeln auch konkrete Prognosen wider (vgl. [121, 248]). So kann davon ausgegangen werden, dass neben einem überproportionalen Ansteigen im Transportbereich der Individualverkehr quantitativ und qualitativ an Bedeutung gewinnen wird. In der Generation der über 18 und unter 40 Jährigen besitzen heute 90% aller Männer und Frauen einen Führerschein. Unter Berücksichtigung der demographischen Entwicklung werden auch immer ältere Verkehrsteilnehmer am Straßenverkehr teilnehmen. Zwischen 2005 und 2025 wird daher ein starker Anstieg des Verkehrs generell erwartet - des Berufsverkehrs alleine bereits um 19% (vgl. [121]). Bereits heute sind die Überauslastungen insbesondere zu Stoßzeiten in Ballungsräumen nicht übersehbar - bei gleich bleibender Technologie und Infrastruktur würde dies um ein erheblich weiteres ansteigen.

Ließe man technologische Innovationen außer acht, wäre eine steigende Zahl der Verkehrstoten und -verletzten in den letzten Jahrzehnten im Gleichschritt mit dem steigenden Verkehrsaufkommen zu erwarten gewesen. Es ist jedoch gelungen, durch zusätzliche Systeme die Sicherheit der Fahrzeuginsassen stetig zu erhöhen. Dies ist unter anderem auch auf Initiativen der EU zurückzuführen [281]. Während die Ursprünge in der Verminderung der Unfallschwere durch mechanische Innovationen liegen, waren die weiteren Innovationen der Active Safety, erweiterten Active Safety[1] und Pre-Crash Systeme zunehmend von Entwicklungen in der Elektronik getragen. Eine weitere Erhöhung der Sicherheit verspricht man sich durch die Erweiterung der Kommunikationsfähigkeiten der Fahrzeuge. Dazu zählen sowohl Systeme, die nach einem Unfall reagieren, wie beispielsweise das zukünftig obligatorische E-CALL, als auch Car-to-X (C2X) Kommunikationssysteme, die durch Fahrzeug-zu-Fahrzeug-Kommunikation eine frühzeitige Warnung vor nicht entdeckten Gefahren ermöglichen, insbesondere vor solchen, die über den Sichthorizont des Fahrers hinausgehen.

Abseits des aktuell in der Öffentlichkeit immer stärker präsenten Feldes der C2X Kommunikation, welche de facto ein verteiltes Netzwerk realisiert, handelt es sich bei modernen Kraftfahrzeugen selbst bereits um komplexe Rechnernetze, in denen eine Vielzahl an Steuergeräten[2] über verschiedene Bussysteme miteinander kommuniziert. Dies spiegelt auch die Tatsache wider, daß über 90% der Innovationen im Fahrzeug von Elektronik getrieben sind [285], die bereits ein Drittel der Produktionskosten ausmachen (vgl. [234]). Aufgrund der hohen Abhängigkeit der Fahrzeugfunktionen voneinander sowie dem starken lokalen Bezug zu Sensorik und Aktorik lassen sich viele der Applikationen nicht in einem Steuergerät realisieren, sondern sind über mehrere Steuergeräte verteilt. Dementsprechend kommt dem Datenaustausch zwischen den Steuergeräten eine entscheidende Rolle zu. Zusammen mit der wachsenden Anzahl der Steuergeräte und Funktionen im Automobil stiegen auch die Anforderungen an die Kommunikationskanäle sowie an die an der Kommunikation beteiligten Komponenten.

Um den Datenaustausch über Bussystemgrenzen hinweg zu ermöglichen, werden Gateways eingesetzt, die die Rolle der Datenmittler übernehmen und häufig den zentralen Zugangspunkt für die Fahrzeugdiagnose darstellen. Damit werden die Gateways (GW)[3] als Kommunikationsknotenpunkt zu entscheidenden Komponenten des gesamten Elektrik/Elektronik-Architekturverbundes (E/E). Wie im weiteren Verlauf der Arbeit zu zeigen sein wird, spielen in diesem Zusammenhang vor allem Anforderungen hinsichtlich Latenz und Zuverlässigkeit der Nachrichtenübertragung eine wesentliche Rolle. Die auf Standard-μ-Controllerarchitekturen basierenden Automotive-Gateways, deren Routingfunktionalität in Software abgebildet wird, kamen in den letzten Jahren an ihre Grenzen, so daß die gestiegenen Anforderungen nicht mehr erfüllt werden konnten und im ungünstigen Betriebsfall Nachrichten verloren gehen. Die Halbleiterhersteller reagierten, analog zu der bekannten Vorgehensweise im PC Bereich, mit einer Erhöhung der Taktfrequenz sowie dem Schritt von 16Bit auf 32Bit μ-Controllern. Erst in jüngerer Zeit sind Entwicklungen wahrzunehmen, bei denen Coprozessoren zum Einsatz kommen oder die Peripherie um Zusatzfunktionalität erweitert wird (vgl. Abschnitt 3.2). Anzahl und Typ der Schnittstellen stimmen häufig nicht mit den Anforderungen überein, da die Halblei-

---

[1] ADAS - Advanced Driver Assistance Systems
[2] Je nach Quelle werden 70-100 Steuergeräte angegeben [234, 285].
[3] Auch häufig als ZGW = Zentrales Gateway oder CGW = Central Gatewaybezeichnet.

terhersteller eine „Superarchitektur" finden müssen, mit der die notwendigen Stückzahlen in der kostengetriebenen Automobilindustrie erreichbar sind.

Auch zukünftig ist zu erwarten, daß die Anforderungen an Kommunikationskanäle und Gateways im Fahrzeug durch weitere neue Funktionen und Applikationen ansteigen werden. Dies führt einerseits zur Verwendung neuartiger Bussysteme wie FlexRay oder zur Adaption bestehender, in anderen Feldern erfolgreicher Techniken wie Ethernet. Andererseits schlagen sich die Anforderungen auch in den Gateways selbst nieder, die einer zusätzlichen Datenfülle gegenüberstehen. Ein weiterer Aspekt ergibt sich durch die Einführung der C2X-Kommunikation, die für viele Anwendungen einen Datenaustausch zwischen Steuergeräten unterschiedlicher Fahrzeuge - potenziell unterschiedlicher Hersteller - notwendig macht. Diese Öffnung der Architektur birgt völlig neuartige Herausforderungen für das E/E-Architekturdesign, beispielsweise muss Absicherung von Netz und Datenverkehr gewährleistet und gleichzeitig die für viele andere Anwendungen notwendige Latenzzeit niedrig gehalten werden.

Die vorliegende Arbeit widmet sich der Frage, wie die zuvor skizzierten zukünftigen Herausforderungen aus Sicht einer effizienten technischen Umsetzung erfüllt werden können. Im Zentrum steht dabei ein neuartiges Architekturkonzept für die fahrzeuginterne Kommunikation, welches auch für den Datenaustausch zwischen Fahrzeugen geeignet ist. Die in dieser Arbeit verfolgten Prinzipien unterscheiden sich dabei wesentlich von denjenigen des Standard μ-Controller Designs, da das Architekturkonzept auf die Funktionalität eines Fahrzeug-Gateways zugeschnitten ist. Entgegen der üblicherweise um einen einzelnen Prozessorkern als singuläre Verarbeitungseinheit zentrierten Architektur, kommen in einem modulbasierten Ansatz autark parallel arbeitende Teilsysteme zum Einsatz, die die Gatewayfunktion sehr effizient, mit hoher Dienstgüte und Zuverlässigkeit bereit stellen. Die Realisierung auf Field Programmable Gate Arrays (FPGA) erlaubt es zudem, die Module entsprechend der konkreten Aufgabenstellung zusammenzufügen, also für unterschiedliche Elektrik/Elektronik-Netzwerke eine eigene optimale Gateway-Architektur zu implementieren. Gegenstand dieser Arbeit ist es weiterhin, zu zeigen, daß sich eine solche Architektur bereits aus hoher Abstraktionsebene, einem E/E-Architekturmodell, ableiten und automatisiert generieren läßt.

Dass sich die gewählten Prinzipien auf erweiterte Fragestellungen des Themenbereichs übertragen lassen zeigt der zweite Teil der Dissertation. Hier werden die zuvor gewonnenen Erkenntnisse und Ergebnisse auf die Entwicklung eines Architekturkonzepts für die C2X-Kommunikation übertragen, welches sowohl Sicherheit[4] als auch niedrige Latenzzeiten vereint. Dieser Verarbeitungsteil wird als integrativer Bestandteil des Gateway-Steuergerätes selbst betrachtet und in das grundlegende Gatewaykonzept integriert. Neben der Darstellung, Erörterung und Analyse wird die generelle Machbarkeit und Umsetzbarkeit im Fahrzeug durch Implementierung, Evaluation und kritischer Bewertung in dieser Arbeit nachgewiesen. Diese Darstellung der Funktionstüchtigkeit erfolgt insbesondere anhand von drei Fahrzeugproto-

---

[4]Security, also den Schutz des Fahrzeugnetzes und der C2X Kommunikation

typen, welche die vollständige Integration des Konzepts in die E/E-Architektur darstellen. Die Demonstratoren zeigen den Austausch des originalen Gateways in einer Mercedes C-Klasse, die Erweiterung des Gatewaykonzepts zu einem zentralen Body Controller als Integration in einen Mercedes SL-Demonstrator sowie die Realisierung ausgewählter C2X-Anwendungen als zweite Integration in den SL-Demonstrator.

1.2 Fragestellung und Beitrag der Arbeit

Um sich diesem komplexen Feld anzunähern, richtet sich das inhaltliche und methodische Vorgehen der Arbeit auf folgende erkenntnisleitende Fragestellungen:

- Ist es möglich, eine spezialisierte auf rekonfigurierbarer Hardware basierende Architektur für ein Fahrzeuggateway zu realisieren, welche die Merkmale Effizienz, Modularität, Erweiterbarkeit und Skalierbarkeit vereint?

- Wie sehen Ansätze für einen Toolflow aus, der einerseits die Bedürfnisse des Architekturansatzes unterstützt, gleichzeitig jedoch auch eine Schnittstelle zu im Bereich der Automobilindustrie verwendeten Werkzeugen bietet?

- Welche zusätzlichen bzw. andersartigen Anforderungen entstehen durch den Einsatz der C2X-Kommunikation?

- Lassen sich die für den Gateway eingesetzten Architekturmerkmale und Prinzipien auf C2X-Anwendungen übertragen bzw. erfüllen sie die Anforderungen des Forschungsfeldes?

- Wie kann eine integrierte Gatewayarchitektur aussehen, die eine Schnittstelle zur C2X-Kommunikation beinhaltet?

Als Ergebnis wird diese Arbeit ein Architektur- und Toolkonzept vorstellen. Neben dessen Entwicklung, Analyse und Erörterung werden ebenso dessen Grenzen kritisch diskutiert sowie mögliche weitere Anknüpfungspunkte skizziert.

1.3 Vorgehensweise - Aufbau der Arbeit

Der Aufbau der Arbeit leitet sich aus den oben formulierten Fragestellungen ab. Nach einer generellen thematischen Präzisierung führt Kapitel zwei in die für den Forschungsgegenstand relevanten Grundlagen ein. Ausgangspunkt sind die E/E-Architekturen und die grundsätzliche Betrachtung typischer, im Kraftfahrzeug eingesetzter Bussysteme. Es folgt eine kurze Übersicht heutiger Kommunikationsstacks, welche gleichzeitig den Ausgangspunkt für das Designs des Gateways bilden. Die C2X-Kommunikation wird als zweiter Aspekt in diesem Kapitel in ihrer Grundcharakteristik und mit einer Auswahl typischer Anwendungen eingeführt. Auf dieser Basis werden auch die regionalen und funktionalen Besonderheiten der C2X-Kommunikation herausgearbeitet werden.

Bevor das Modell an sich entwickelt werden wird, widmet sich Kapitel drei der Betrachtung des aktuellen Stands der Forschung. Hierfür erfolgt zunächst eine Betrachtung der grundsätzlichen Arbeiten innerhalb dieses Themenbereichs bevor auf die aktuelle Entwicklung der üblichen und verfügbaren Bausteine eingegangen wird. Die Abrundung der Darstellungen bezüglich Automotive-Gateways bildet die Erörterung zweier thematisch affiner Dissertationsprojekte. Die Einführung der C2X Forschung erfolgt zunächst anhand eines Überblicks der aktuellen grundlegenden Fragestellungen dieses Bereichs. Eine Übersicht maßgeblicher nationaler und internationaler Förderprojekte vervollständigt die allgemeine Forschungsübersicht. Es folgen eine gesonderte Betrachtung der COMeSafety Architektur als zentraler Vertreter aller Projekte sowie eine detaillierte Darstellung von Routing und Forwarding. Abschließend stellt das Kapitel relevante Details über verfügbare Testplattformen vor.

Aufbauend auf diesen Grundüberlegungen legt das in Kapitel vier entwickelte Modell den theoretischen Grundstein für ein umfassendes Verständnis der fahrzeuginternen Kommunikation sowie deren Realisierung. Ebenfalls herausgearbeitet werden in diesem Kapitel die Anforderungskategorien, die an Fahrzeugsteuergeräte im allgemeinen und an Gateways im Besonderen gestellt werden.

Das Architekturkonzept für die fahrzeuginterne Kommunikation führt Kapitel fünf ein. Den grundlegenden Bestandteil bildet die Sytemarchitektur, welche abgeleitet und deren Implementierung erläutert wird. Die modulweise Darstellung der Implementierung ermöglicht hierbei eine gute Nachvollziehbarkeit der Realisierung und der gewählten Grundprinzipien. Im weiteren Verlauf erfolgt eine Betrachtung des Toolflows, in deren Zentrum das Bibliothekskonzept und die automatische Ableitung der Gateway Architektur stehen. Vervollständigend werden gleichfalls die Generierung von Software und Konfigurationsdaten dargestellt bevor das Kapitel mit einer kurzen Darstellung der Erweiterungen des Konzepts sowie einer Präsentation der Fahrzeugdemonstratoren schließt.

Kapitel sechs erweitert die in Kapitel fünf gewonnenen Erkenntnisse auf die C2X-Kommunikation. Als Ausgangspunkt dient die Ableitung des Systemkonzepts, dessen Erläuterung in der Vorstellung der einzelnen Module mündet. Die drei zentralen Komponenten Kommunikationsarchitektur, Informationsverarbeitung und Routing

Modul dienen in ihrer detaillierten Darstellung der Vermittlung der verwendeten Prinzipien und Methoden. Die Erweiterungen des Konzepts runden die Architekturdarstellung ab und schließen die Lücke zum Toolflow des Gatewaysystems. Abschließend betrachtet Kapitel fünf den Demonstrator und die im Rahmen dieser Arbeit entstandene Simulationsumgebung für diesen Demonstrator.

Kapitel sieben erörtert die Gesamtarchitektur und resümiert das Zusammenspiel der Module im Gateway, im C2X-Systemteil sowie die Kommunikation zwischen beiden Systemkomponenten. Weiterhin erfolgt eine vergleichende Einordnung zu den wesentlichen angrenzenden Arbeiten in diesem Forschungsbereich, die als Ausgangspunkt für eine kritische Beurteilung des entwickelten Systemansatzes herangezogen werden.

Kapitel acht schließt die Arbeit mit einem Fazit, in welchem die wesentlichen Ergebnisse zusammenfassend dargestellt werden, ab. Ein kurzer Ausblick, der mögliche sich anschließende Forschungsschritte skizziert, rundet die Gesamtdarstellung ab.

2 Grundlagen

Dieses Kapitel führt in die für die weiteren Ausführungen der Arbeit notwendigen Grundlagen ein und gibt einen Überblick über die sehr heterogenen Teilbereiche sowie über weiterführende und vertiefende Literatur. Zunächst erfolgt eine generelle Betrachtung der fahrzeuginternen Kommunikation und der damit verbundenen Anforderungen. Die typischen automobilen Kommunikationsstrukturen werden erläutert und die wesentlichen Merkmale herausgearbeitet bevor auf die standardisierten Softwarestrukturen und Betriebssysteme im Automobilbereich, insbesondere auch hinsichtlich der Kommunikation, eingegangen werden kann. Ebenfalls Bestandteil dieses Kapitels ist die Einführung der Fahrzeug-zu-Fahrzeug-Kommunikation in Bezug auf ihre grundlegenden Eigenschaften, Anwendungsgebiete und Besonderheiten. Abgeschlossen wird das Kapitel mit einer kurzen Betrachtung der Zielarchitekturen und verwendeten Hardwareplattformen.

2.1 Kommunikation im Fahrzeug

2.1.1 E/E-Architekturen

Bereits seit Einführung mikroprozessorgesteuerter Systeme wie Motronic und ABS im Kraftfahrzeug ab 1980 war es notwendig, zwischen diesen Systemen und von diesen Systemen mit der Außenwelt Daten auszutauschen (vgl. [322]). Während im Fahrzeug zunächst diskrete Leitungen verwendet wurden, war mit der ISO 9141 für die Diagnose als erstes ein herstellerübergreifender Standard gefunden. 1992 hielt dann mit dem als ISO 11898 und SAE J1939 standardisierten CAN Bus ein Datennetz für die On-Board-Kommunikation in der Mercedes-Benz S-Klasse Einzug (vgl. [285]). Mit dem Siegeszug der Elektronik im Kraftfahrzeug wurden die Systeme derart komplex und das Datenaufkommen so hoch, daß Neufahrzeuge heute über eine Vielzahl an Kommunikationsnetzwerken verfügen. Gründe hierfür sind der Wunsch nach mehr Fahrsicherheit und Komfort, Wirtschaftlichkeitsüberlegungen oder auch die gesetzlich gestiegenen Anforderungen (vgl. [234]).

Ursprünglich von der SAE in 3 Klassen (A, B und C) unterteilt (vgl. [236]), definiert man heute 5 Anforderungsgruppen für Bussysteme, die in Abbildung 2.1 dargestellt sind. Zur Klasse A gehören Systeme, bei denen Fehlerfreiheit und Übertragungsgeschwindigkeit keine besondere Rolle spielen. Es handelt sich dabei häufig um Kommunikation zwischen Steuergeräten und angeschlossenen Sensoren und Aktoren.

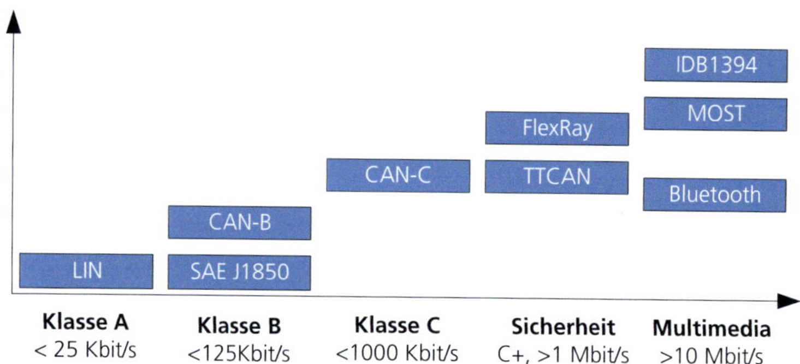

Abbildung 2.1: Klassifizierung von Bussystemen [285, 322]

Zur Klasse B gehören vornehmlich Steuergeräte aus dem Karosseriebereich. In der Klasse C spielen Datenrate und Fehlertoleranz eine entscheidende Rolle; hierzu gehören unter anderem Steuergeräte des Antriebsstrangs. Noch höhere Anforderungen hinsichtlich Fehlertoleranz, Determinismus und Datenrate sind von sicherheitsrelevanten Systemen zu erfüllen. Die höchsten Anforderungen an die Datenrate werden von Multimediasystemen gestellt, die die letzte Klasse bilden. Abbildung 2.1 zeigt typische Vertreter (vgl. auch 2.2 und [212]).

Unter anderem bedingt durch die historische Entwicklung werden die Steuergeräte unterschiedlichen Domänen zugeordnet, die sich sowohl in ihrer räumlichen Anordnung als auch den Anforderungen hinsichtlich Bandbreite und Ressourcenverbrauch unterscheiden. Die Innenraumelektronik wird häufig als Class-B Netz realisiert (CAN-B). Für den Antriebsstrang und Chassis Elektronik mit hohen Anforderungen kommt ein Class-C Netz zum Einsatz (CAN-C, FlexRay). Zur Vernetzung der Multimedia- und Infotainmentkomponenten wird der MOST Bus eingesetzt. Verteilte Sensor- und Aktorknoten werden diskret oder über den LIN-Bus angeschlossen. Eine exemplarische E/E-Architektur ist in Abbildung 2.2 dargestellt. Der Datenaustausch zwischen den einzelnen Netzen erfolgt über Gatewaysteuergeräte.

2.1.2 Automotive Gateways

Die Verknüpfung der Bussysteme kann zentral über einen Gateway erfolgen. Man spricht in diesem Fall von einem zentralen Gateway (ZGW, CGW), welcher in der Regel den zentralen Zugangspunkt für die testerbasierte Fahrzeugdiagnose bietet (vgl. [180]). Eine Alternative ist die Verwendung eines verteilten Gatewayansatzes in Kombination mit einem Backbone Netz (vgl. [234]). Außerdem anzutreffen ist die Kombination eines ZGW, welches um weitere kleine Gateways, z.B. CAN-LIN, ergänzt wird. In Oberklassefahrzeugen werden Gateways eingesetzt, die fünf CAN Kanäle und vier bis sechs LIN Kanäle miteinander verbinden (vgl. [213]), in neueren Fahrzeugen werden die CAN Busse teilweise auch durch FlexRay ersetzt (vgl. [152]).

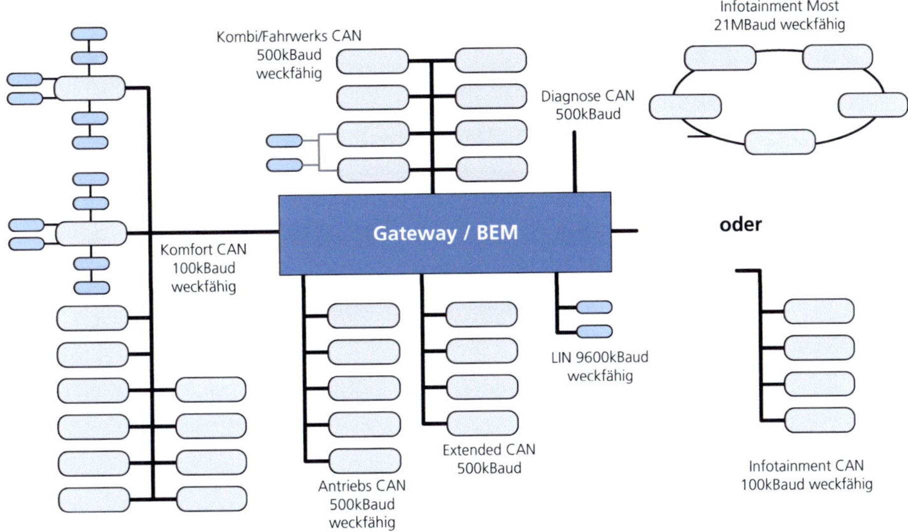

Abbildung 2.2: Beispielhafte Elektronikarchitektur des Audi Q5 [87]

Ein Austausch von Informationen zwischen Steuergeräten unterschiedlicher Busse ist aufgrund vorrangig verteilter Funktionalitäten die Regel. Je nach Typ der angeschlossenen Bussysteme ist eine Kopplung auf unterschiedlichen Schichten des ISO/OSI-Schichtenmodells denkbar (vgl. Abbildung 2.11 und 2.3). Auf der niedrigsten Ebene ist dies der Einsatz eines Repeaters (Hub), der lediglich einer Signalverstärkung dient (Schicht 1); ein Einsatzgebiet sind die aktiven Sternkoppler bei FlexRay (vgl. [112]). Bridges bieten die Kopplung auf Schicht 2 und damit Mechanismen zur Fehlererkennung und -filterung, werden in dieser Form jedoch nicht im Fahrzeug verwendet (vgl. [112]). Router dienen der Kopplung auf Schicht 3, wobei die Hauptfunktionalität „dynamisch zu routen" durch die Festlegung des Routings zur Designzeit, keine Verwendung findet. Gateways werden zur Kopplung von Netzwerken unterschiedlicher Architektur eingesetzt; sie sind in der Lage, Protokollanpassungen in allen Schichten des OSI-Referenzmodells vorzunehmen. In Fahrzeugnetzen dienen Gateways der Trennung von Netzen, bieten Filterung, Speicherung der Botschaften sowie Anpassungen und Durchführung der Mappings auf Signalebene. Im einfachsten Fall einer Weiterleitung kann der Gateway die Aufgabe einer Bridge zwischen zwei Bussystemen übernehmen.

Gateways sind bei verteilten Systemen als kritisch anzusehen, da sie die Möglichkeit haben, Daten anzupassen und zu verändern und somit einen systemweiten einheitlichen Datenbestand zerstören können (vgl. [285]). Die Ausführung als eigenständiges Gateway-Steuergerät ist in der Regel nur bei zentralen Gateways zu finden - kleinere Gateways, die beispielsweise einen LIN-Subbus an den CAN anbinden,

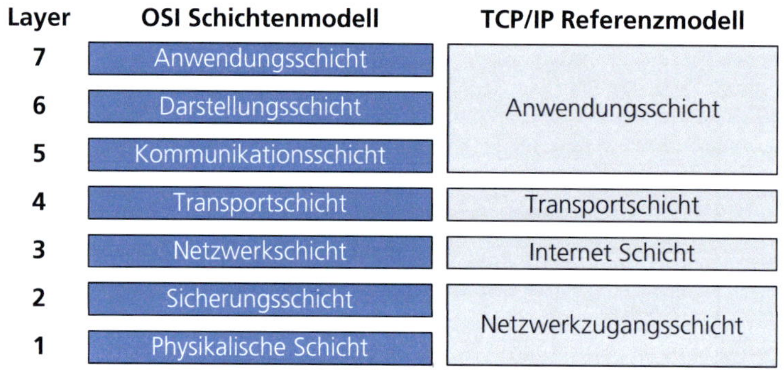

Layer	OSI Schichtenmodell	TCP/IP Referenzmodell
7	Anwendungsschicht	Anwendungsschicht
6	Darstellungsschicht	Anwendungsschicht
5	Kommunikationsschicht	Anwendungsschicht
4	Transportschicht	Transportschicht
3	Netzwerkschicht	Internet Schicht
2	Sicherungsschicht	Netzwerkzugangsschicht
1	Physikalische Schicht	Netzwerkzugangsschicht

Abbildung 2.3: ISO/OSI-Schichtenmodell

laufen als Task in einem der Applikationssteuergeräte. Die Entscheidung, ob und inwieweit Gateway-Funktionalität und Applikation in einem einzigen Steuergerät integriert werden können, ist vor allen Dingen von der Performanz des im Steuergerät eingesetzten Mikrocontrollers abhängig, der eine akzeptable Latenz bei der Weiterleitung von einem zum anderen Bus bieten muß. Als einfaches Beispiel kann die Ansteuerung von Blinkerleuchten im Außenspiegel dienen, die über LIN angeschlossen sind und synchron zu den in den Vorder- und Rücklichtern verbauten Blinkern leuchten müssen. Eine durch das Gateway eingebrachte schwankende Latenz[1] macht eine Synchronisierung unmöglich. Als noch kritischer angesehen werden muss die Latenzzeit bei sicherheitsrelevanten Anwendungen, die über das zentrale Gateway kommunizieren (vgl. [175]).

Üblicherweise wird das Gateway in die Softwarearchitektur eines Steuergerätes eingebettet und ist ein Teilmodul des Softwarestacks. Bis zur Verwendung von AUTOSAR (vgl. Abschnitt 2.3.4) wurden von den meisten Herstellern proprietäre Standardsoftwarestacks für Mikrocontroller verwendet, die eine Vereinheitlichung zumindest innerhalb eines Herstellers darstellen. Abbildung 2.4 zeigt beispielhaft den Aufbau einer solchen Standardsoftware eines Automobilherstellers. In erster Näherung erfolgt die Einteilung in einen Flashmodus und die Standardkonfiguration, die alternativ gestartet werden können. Als Betriebssystem kommt OSEK/VDX zum Einsatz. Die unteren Layer bilden die Treiberschichten, welche den Nachrichtenempfang und -versand koordinieren. Innerhalb des Kommunikationsteils befindet sich der Gateway als eigenständige Softwareapplikation, wobei je nach Granularität des Routings unterschiedliche Abstraktionsebenen betroffen sind. Auf der obersten Abstraktionsebene sind, soweit in dem Steuergerät vorhanden, die Applikationen angesiedelt.[2]

---

[1]Latenz: Zeit zwischen Empfang auf dem Quellbus und Senden auf dem Zielbus; zur genauen Betrachtung vgl. 2.1.3

[2]Die hier dargestellte Architektur war der Ausgangspunkt für die Entwicklung des In-Car-Gateways Systemteils. Eine Beurteilung, inwieweit die abgeleiteten Konzepte zu AUTOSAR kompatibel sind, erfolgt in Abschnitt 7.2.3.

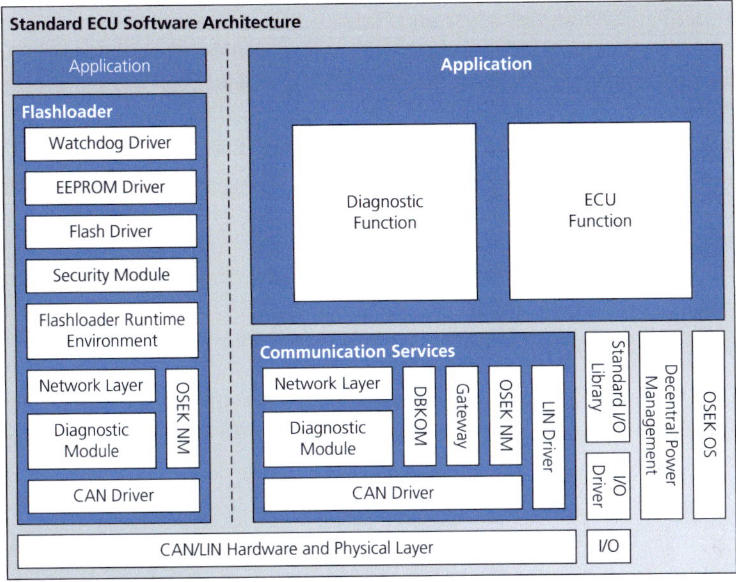

Abbildung 2.4: Struktur der Standardsoftware

In Abhängigkeit der Anzahl der angeschlossenen Bussysteme und Mappings erzeugt der Gateway eine hohe Grundauslastung des Systems (vgl. [239]). Je nach Auslegung und Priorisierung kann dies dazu führen, daß ein Steuergerät nicht mehr in der Lage ist, Applikation und Gatewayfunktion in geforderter Güte darzustellen - ein Grund dafür ist die hohe Interruptbelastung durch eingehende Botschaften. Im Extremfall kann dies zum Überlaufen der Puffer und somit zu verlorenen Nachrichten führen, was zum Versagen einzelner oder mehrerer Funktionen führen kann (vgl. [239, 122]). Aus diesem Grunde werden zentralen Gateways mitunter außerhalb des Routings keine weiteren Funktionen zugeordnet.

2.1.3 Anforderungskategorien für Automotive Gateways

Die an einen Automotive Gateway gestellten Anforderungen entstammen verschiedenen Kategorien und umfassen neben funktionalen auch nichtfunktionale technische Aspekte wie beispielsweise Zertifizierung oder Toolflow, sowie nicht zuletzt ökonomische Gesichtspunkte: der folgende Überblick beleuchtet exemplarisch ausgewählte Aspekte aus Sicht eines OEMs und Systemzulieferers (vgl. im Folgenden [172] und [278]).

Funktionalität und Zertifizierung Bereits der Ausfall einer einzelnen Komponente kann im Fahrzeug zu kritischen Fahrsituationen führen (vgl. [195]). Aus diesem Grunde muß für alle Teilsysteme die größtmögliche Zuverlässigkeit garantiert werden. Dies trifft insbesondere auch auf Gateways zu, die als zentrale Kommunikationsknoten einen Großteil der Fahrzeugkommunikation übernehmen. Die Zuverlässigkeitsanforderung und deren Nachweis läßt sich auf die Teilkomponenten des Gatewaysystems herunterbrechen und übertragen.

Latenz Im allgemeinen kann die Latenz als die Zeitspanne bezeichnet werden, die zwischen zwei Verarbeitungsschritten vergeht. In Bezug auf den Gateway ist dies vor allem die den Routingvorgang einschließende Zeitspanne, die zwischen dem Empfang auf dem Quellbus und dem Senden auf dem Zielbus vergeht. In Anlehnung an 3.3.3, setzt sich die Latenz eines Gateways aus mehreren Teilschritten zusammen.

Generierungslatenz ist die Zeit, die benötigt wird, um eine Nachricht nach einem Event zu generieren.

Übertragungslatenz ist die Übertragungszeit einer Nachricht auf dem Bus. Bei zeitgesteuerten Bussystemen hängt sie neben der Busgeschwindigkeit vom Schedule ab; bei ereignisgesteuerten Bussystemen entscheidet die Priorität.

Gateway Latenz beschreibt die Verarbeitungszeit des Gateways vom Empfang der Nachricht bis die geroutete Nachricht im Ausgabepuffer zur Verfügung steht.

Empfangslatenz ist die Latenzzeit, die für den Empfang und die Behandlung der Nachricht benötigt wird.

Jitter Der Jitter bezeichnet eine zeitliche Variation, die bei der Nachrichtenübertragung auftreten kann. Jitter tritt insbesondere bei ereignisgesteuerten Bussystemen auf, bei denen eine hohe Busauslastung zu unvorhersehbaren Sendeverzögerungen führen kann (vgl. [268, 122]). Da für Echtzeitsysteme vorhersehbare Übertragungszeiten von Bedeutung sind, ist eine Minimierung des Jitters innerhalb des Gateways anzustreben.

Bandbreite und Durchsatz werden durch den zunehmenden Einsatz schneller Bussysteme wie FlexRay und Ethernet sowie die hohe Anzahl funktionaler Domänen relevant. Der maximal erreichbare Durchsatz (Worst Case) muß vom Gateway ohne Nachrichtenverlust verarbeitet werden können.

Verfügbarer Speicher spielt insbesondere bei μ-Controller basierten Bausteinen eine Rolle. Zusätzlicher Speicher erhöht einerseits die Flexibilität und Erweiterbarkeit durch zusätzliche Software, besitzt aber auch in Bezug auf die Systemkosten gewisse Relevanz.

Skalierbarkeit Eine Gatewayarchitektur muß für möglichst viele Szenarien einsetzbar sein. Dies betrifft sowohl Anzahl und Typ der Schnittstellen als auch die zur Verfügung stehende Performanz, die mit den variierenden Anforderungen skalieren muß.

Erweiterbarkeit Neben der Skalierung auf Basis bestehender Anforderungen spielt die Erweiterbarkeit hinsichtlich zum Designzeit nicht bekannter Anforderungen eine große Rolle.

Toolunterstützung und Designflow Da Gateways lediglich Bestandteile einer größeren Systementwicklung sind, spielt die nahtlose Einbettung der Flows in die Tool- und Prozesskette eine wesentliche Rolle. Insbesondere bei neuartigen Technologien, deren Toolketten nicht den Reifegrad lang optimierter Tools erreicht haben, ist dies eine Herausforderung.

Entwicklungsaufwand und Risiko Der für die Entwicklung benötigte Aufwand ist ebenfalls von großer Bedeutung für die Systementscheidung, da er ebenso wie der Einsatz neuer Technologien das Entwicklungsrisiko erhöht. Daher kann jedem System ein Reifegrad zugeordnet werden.

Businessmodell Die Verteilung von Aufgaben und Verantwortlichkeiten ist ebenfalls relevant für die Entscheidung. In diesen Bereich fallen auch Aspekte der Zertifizierung, langfristigen Verfügbarkeit (z.B. Ersatzteilversorgung) und Gewährleistung.

Energieverbrauch, Temperaturbereich, Frequenz und EMV beschreiben wesentliche technische, aber nichtfunktionale Eigenschaften des Systems. Diesen grundlegenden Anforderung muss jede Elektronikkomponente gerecht werden, was von den jeweiligen Herstellern nachzuweisen ist. Insbesondere der erweiterte Temperaturbereich von -40°C bis 125°C ist für Halbleiterbauelemente eine Herausforderung. Umgekehrt führt zu viel Verlustleistung zu erhöhter Wärmeentwicklung der Komponente, deren Abführung ebenfalls aufwendig ist: neben der eigentlichen Energieeffizienz ist dies ein wesentlicher Ursprung zusätzlicher Kosten (z.B. Notwendigkeit eines Kühlkörpers). Ursächlich dafür sind beispielsweise hohe Taktfrequenzen, die auch aus EMV Sicht nicht unproblematisch sind. Eine hohe Effizienz bei der Verarbeitung ist daher wünschenswert.

Kosten Die Systemkosten spielen eine wesentliche Rolle bei der Systemauswahl. Dies liegt insbesondere in den Stückzahlen begründet, die eine Einsparung multiplikativ wirken lassen. Aus Sicht der Halbleiterentwicklung bedeutet dies, die Chipfläche und Speicheranforderungen zu minimieren. Bestandteile sind innovative Konzepte und eine optimierte Implementierung (vgl. [172]). Zusätzlich hat ein verkleinerter Flächenbedarf eine positive Auswirkung auf den Energieverbrauch des Systems oder erlaubt die Integration zusätzlicher Funktionen.

2.2 Busprotokolle im Automobilbereich

Für die Vernetzung der im Fahrzeug existiert bislang kein universell einsetzbares Bussystem, welches immer die wirtschaftlichen und technischen Randbedingungen erfüllt. Die wesentlichen technischen Auswahlkriterien stellen sich wie folgt dar:

Die *Datenübertragungsrate* gibt die Datenmenge an, die pro Zeiteinheit übertragen werden kann und wird zumeist in Bit/s angegeben. Da Fahrzeuge unbekannten elektromagnetischen Störungen ausgesetzt sind, ist die *Störsicherheit* von wesentlicher Bedeutung, um eine hohe Zuverlässigkeit der auf die Kommunikation angewiesenen Funktionen sicherzustellen. Dies betrifft zum einen die elektrische Robustheit des Systems, zum anderen die durch das Protokoll gegebenen Möglichkeiten zu Fehlererkennung und Korrektur. Für einige Applikationen wird zudem *Echtzeitfähigkeit* gefordert (vgl. [250]). Insbesondere sicherheitskritische Funktionen (ESP, ABS) müssen Daten in Echtzeit austauschen können. Die *Anzahl möglicher Netzknoten, Botschaften und Datenraten* ist weiterhin für die Auslegung des Systems wichtig. Insbesondere bei nichtdeterministischen Übertragungen darf es nicht zur dauerhaften Blockade von Botschaften kommen.

2.2.1 Controller Area Network (CAN)

Das von der Robert Bosch GmbH entwickelte Controller Area Network Bussystem wurde 1986 auf der SAE Konferenz in Detroit vorgestellt (vgl. [51, 88]), bereits ein bzw. zwei Jahre später wurden erste Controller Implementierungen von Intel und Philips auf den Markt gebracht. Der CAN Bus ist auch 18 Jahre nach seiner erstmaligen Einführung im Automobil in der Mercedes-Benz S-Klasse immer noch das am häufigsten eingesetzte Protokoll für die Vernetzung von Steuergeräten im Fahrzeug (vgl. [185]). So wurden bereits im Jahr 2006 mehr als 100 Millionen CAN Controller eingesetzt (vgl. [285]). 1993 wurde das Protokoll in der ISO Norm 11898 international standardisiert (vgl. [139]), wobei Teil zwei und drei des Dokuments die wesentliche Basisnorm für die Anwendung in der Automobilindustrie sind.

Gemäß der SAE Kommunikationsklassen (vgl. [232]) wird in Netze des Typs CAN-C und CAN-B unterschieden, die jeweils unterschiedliche Anforderungen erfüllen. Im Bereich des Antriebsstrangs oder der Fahrdynamiksysteme wird aufgrund der Echtzeitanforderungen und hohen Updateraten der CAN-C mit einer Bitrate von 125kBit/s bis 1MBit/s eingesetzt. Für die Komfort- und Innenraumelektronik ist in der Regel ein CAN Bus der Klasse B ausreichend (vgl. [234]).

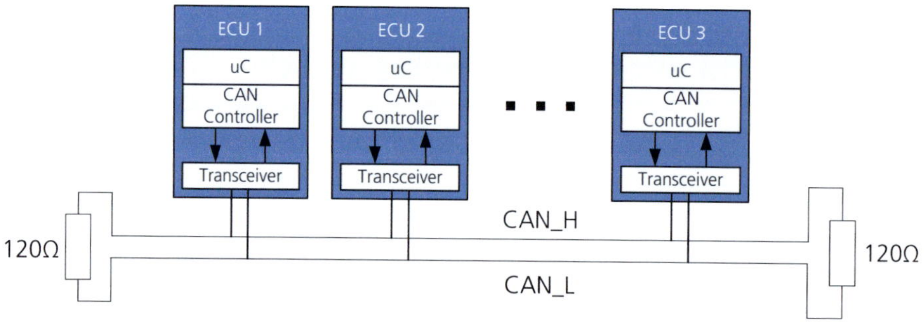

Abbildung 2.5: Prinzipieller Aufbau eines CAN Netzwerkes [322]

Da es keinen ausgezeichneten Master-Knoten gibt, wird der CAN Bus als Multi-Master System betrachtet. Die Verwendung sowohl von Stern- als auch Bustopologie sind möglich. Die maximale Bruttodatenrate beträgt 1MBit/s, die Effizienz erreicht 58%, die maximale Länge des Mediums ist abhängig von der Baudrate. Nach [322] gilt für die Länge auf dem Bus die Faustformel: Buslänge $\leq 40 \dots 50m * \frac{1Mbit/s}{Bitrate}$. Bei Verwendung des CAN-C sind Abschlußwiderstände, verdrillte Zweidrahtleitungen und maximale Stichleitungen von 30cm vorgeschrieben. Auch wenn die Verwendung von Eindrahtkommunikation möglich ist, werden in der Regel zwei Leitungen aufgrund der höheren Robustheit verwendet. CAN-C und CAN-B verwenden unterschiedliche differentielle Signalpegel. Durch eine Wired-AND Ansteuerung können dominante[3] (logische 0) und rezessive (logische 1) Pegel unterschieden werden.

Der CAN Bus gehört zu den nachrichtenorientierten Protokollen, da jede Botschaft durch eine eindeutige CAN ID gekennzeichnet ist, wobei jede ID genau einem Sender zugeordnet ist. Die Relevanz einer empfangenen Botschaft wird von jedem Knoten eigenständig auf Basis eines Filtermechanismus oder in der Applikationsschicht bestimmt. Die Anzahl unterschiedlicher IDs ist beim Basic bzw. Extended CAN auf 2^{11} bzw. 2^{29} begrenzt. Unicast, Multicast und Broadcast werden direkt unterstützt, da alle Botschaften von keinem, einem, mehreren oder allen Knoten verarbeitet werden können. Der Buszugriff erfolgt im CSMA/CA Verfahren. Um Konflikte bei gleichzeitigem Sendewunsch zu vermeiden, erfolgt zu Beginn der Übertragung eine Arbitrierungsphase, welche auf der ID basiert. Aufgrund der Dominanz der logischen 0 besitzt die Botschaft mit der ID 0x0 die höchste bzw. 0x3FF die niedrigste Priorität. Da jede ID nur von genau einem Sendeknoten verschickt werden darf, ist die Arbitrierung immer eindeutig. Nachteilig anzumerken ist, daß eine garantierte Übertragung zunächst nur für die niedriegste verwendete Botschafts ID, also diejenige mit der höchsten Priorität, möglich ist. Allerdings genügt das Protokoll bei geeigneter Auslegung den Echtzeitanforderungen im Automobilbereich (vgl. [234]).

In einer CAN Botschaft können 0 bis 8 Datenbytes verschickt werden. Grundsätzlich sind vier Telegramm-/Frametypen spezifiziert: Data Frame, Remote Frame, Error Frame und Overload Frame. Eine kurze Beschreibung ist in Tabelle 2.1 dargestellt (vgl. hierzu auch [232]).

Jeder Frame im Standardformat[4] hat den in Abbildung 2.6 dargestellten Aufbau und demzufolge eine datenfeldabhängige Länge von $47 - 111$ Bit. Die tatsächliche Übertragungslänge eines Frames kann aufgrund zusätzlicher Stuffingbits[5] noch verlängert werden.

Verschiedene Fehlererkennungsmechanismen sorgen für eine hohe Übertragungssicherheit bei einer Restfehlerwahrscheinlichkeit von 10^{-11} (vgl. [322]). Neben einem CRC-Check werden Aufbau des Frames und der Buspegel überwacht. Jeder Controller überwacht einen Fehlerzähler, welcher bei Überschreitung eines bestimmten

---

[3]Dominant: Ein Teilnehmer ist für das Setzen des Pegels ausreichend. Rezessiv: Alle Teilnehmer haben diesen Pegel gesetzt.

[4]11 Bit Identifier.

[5]Ist der Pegel 5 Zykluszeiten konstant, wird ein zusätzliches Bit mit invertiertem Pegel hinzugefügt.

Frame Type	Telegramminhalt
Data Frame	Datenübertragung von einem Sender zu einem oder mehreren Empfängern.
Remote Frame	Dieses Telegramm dient zur Anforderung der Daten durch den Empfänger und wird von Empfängerseite initiiert.
Error Frame	Mit diesem Telegramm wird das Erkennen eines Fehlers durch Empfänger oder Sender signalisiert.
Overload Frame	Mit diesem Telegramm kann eine Verzögerung zwischen zwei aufeinanderfolgenden Frames erreicht werden. Der Sender kann im aktuellen Zustand keine weiteren Daten verarbeiten.

Tabelle 2.1: CAN Telegrammtypen

Wertes eigener Fehler den Controller passiv schaltet oder vollständig von der Kommunikation ausschließt.

Die Anbindung des CAN-Busses an μ-Controller erfolgt über einen CAN-Controller, der üblicherweise als Peripherieelement innerhalb des μCs untergebracht und über ein Registerinterface anzusprechen ist. Sämtliche für das Protokoll relevanten Kommunikations- und Sicherungsmechanismen werden autark vom CAN Controller ausgeführt nachdem er von der Software initialisiert wurde. Für das Senden von TX Botschaften sind lediglich ID, DLC, Daten und Sendekommando notwendig. Empfangene Botschaften bestehen ebenfalls aus diesen Daten und können ggf. beim Empfang anhand der IDs gefiltert werden. Die Verwaltung der Nachrichtenobjekte ist nicht festgelegt, kann jedoch implemementierungsabhängig sowohl einzelne Puffer für verschiedene IDs (Full CAN) als auch einfache FIFOs (Basic CAN) oder Mischformen umfassen. Diese Art der Anbindung ist typisch für alle im Fahrzeug eingesetzten Bus-Controller.

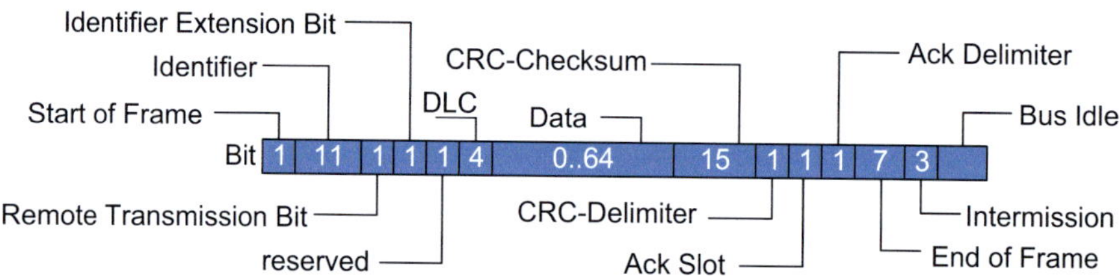

Abbildung 2.6: Aufbau eines einzelnen CAN Frames

2.2.2 Local Interconnect Network (LIN)

Der LIN (Local Interconnect Network) Bus wurde ab 1998 im Rahmen eines Konsortiums verschiedener Fahrzeughersteller und Zulieferer mit dem Ziel, eine kostengünstige Anbindungsmöglichkeit für intelligente Sensor- und Aktorkomponenten zu erhalten, spezifiziert. Die Ergebnisse wurden bereits im Jahr 2000 bei der SAE Convention vorgestellt (vgl. [285]), der erste Serieneinsatz erfolgte im darauffolgenden Jahr im Mercedes-Benz SL (vgl. [234]). Der aktuell gültige Stand ist V2.1, in den USA wurde als SAE J2602 eine 10,4kbit/s schnelle Variante zur Standardisierung eingereicht (vgl. [322]). Heute gilt LIN als etablierter Standard. Die anfänglichen Erwartungen hinsichtlich der Kosten konnten nicht erfüllt werden. Dennoch sind LIN Busse vor allen Dingen im Bereich der Karosserieelektronik wie etwa Tür- und Spiegelsteuerungen oder Multifunktionslenkrädern mittlerweile weit verbreitet (vgl. [322]).

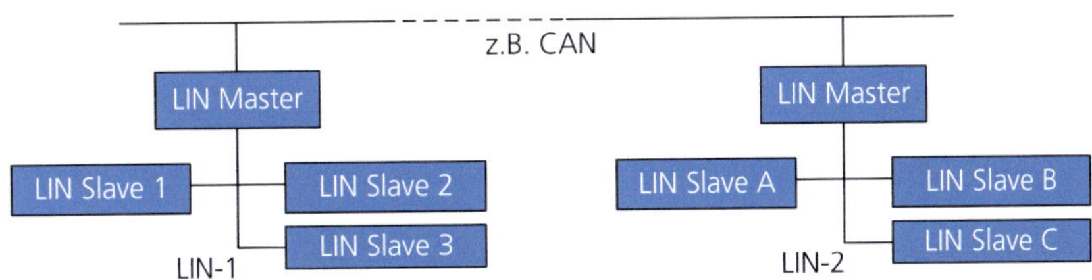

Abbildung 2.7: Aufbau eines LIN Netzwerkes

LIN basiert auf einer zeichenbasierten, UART kompatiblen bidirektionalen Kommunikation (8N1) über eine Eindrahtleitung. Die Bitrate kann zwischen 1...20 kBit/s liegen (üblich 19,2 kBit/s). Die maximale Nettodatenrate beträgt 1,2KB/s. Die Anzahl der Busteilnehmer ist aus elektrischen Gründen auf 16 begrenzt, wobei nur relativ kurze Buslängen von max. 40m erlaubt sind. Da der Buspegel auf Batteriespannung liegt, sind in der Regel zusätzliche Bustransceiver notwendig. Die Anforderungen an Bittakt-Genauigkeit und Protokolltiming des Slaves sind so gering, daß sie kostengünstig ohne eigenen Quarz realisiert werden können.

Für die Übertragung existiert ein ausgezeichneter Master, welcher alle Übertragungen mittels eines Botschafts-Headers startet, der von genau einem Steuergerät (Slave) beantwortet wird (Single Master/Multiple Slave). Die Antwort kann bis zu 8 Datenbytes und ein Byte Prüfsumme umfassen (vgl. Abbildung 2.8). Das Senden aller Botschaften erfolgt zyklisch in einem festen Zeitraster. Für die ID sind 6 Bit vorgesehen, die 60 unterschiedliche Botschaften zuzüglich reservierter Botschaften ermöglichen. Es erfolgt lediglich eine einfache Fehlerüberwachung und keine Fehlerkorrektur. Die Fehlerbehandlung ist auf Applikationsebene durchzuführen und damit vom Hersteller- und der Anwendung abhängig.

Das Scheduling wird vom Master anhand einer Schedule Table vorgenommen und ist statisch konfiguriert - die Übertragung ist daher deterministisch. Eine Umschaltung zwischen unterschiedlichen Schedules ist zulässig und bei speziellen Frametypen und Kollisionen auch gefordert. Der Inhalt der Botschaft wird durch die vom Master gesendete ID bestimmt (vgl. CAN Bus 2.2.1). Mit LIN 2.x wurden neben der zyklischen Übertragung als Unconditional Frame noch weitere Übertragungsmöglichkeiten definiert: für selten auftretenden Events können Event Triggered Frames definiert werden, die von den Slaves nur bei Ereignissen beantwortet werden; dadurch wird die Verwendung desselben Zeitslots von mehreren Slaves ermöglicht, birgt jedoch die Gefahr von Kollisionen, auf die der Master mit dem einzelnen Abfragen aller relevanten Slaves reagiert. Sporadic Frames erlauben dem Master dynamisches Scheduling und damit das Aufprägen eines nicht deterministischen Verhaltens innerhalb des Timeslots. Diagnostic Frames werden für Diagnose und Konfiguration des Knotens verwendet und sind in der Lage, die Diagnoseprotokolle KWP2000 (vgl. [67, 322]) oder UDS (vgl. [180, 322]) zu tunneln. Der User-defined-Frame darf als einziger Frame länger als 8 Datenbytes sein. In der Regel stellt das Master Steuergerät den Gateway zu den anderen Bussystemen, üblicherweise CAN, dar.

Da bei Unconditional Frames im Nichtfehlerfall eine Antwort des Slaves erfolgen muß, müssen die Sendedaten im Slave zur Verfügung stehen oder in Echtzeit übergeben werden. LIN erlaubt explizit die Verwendung von Standard USARTs, wie sie in praktisch jedem Mikrocontroller zur Verfügung stehen. In diesem Fall ist das LIN Framing in Software zu implementieren. Die Daten werden dann über einen Sende-/Empfangs-FIFO (Speichertiefe ≥ 1) mit der seriellen Schnittstelle ausgetauscht. Je nach Anforderung kann noch zusätzliche Beschaltung für die Realisierung von Wakeups benötigt werden. Bei einer Hardwareimplementierung des Slaves kann ein Message RAM für alle relevanten Botschaften zur Verfügung stehen. In diesem Fall ist für den korrekten Betrieb des LIN Slaves kein Hosteingriff notwendig. Implementierungen können beliebig zwischen einer reinen Hardware- und Softwarelösung des LIN Protokolls partitioniert werden.

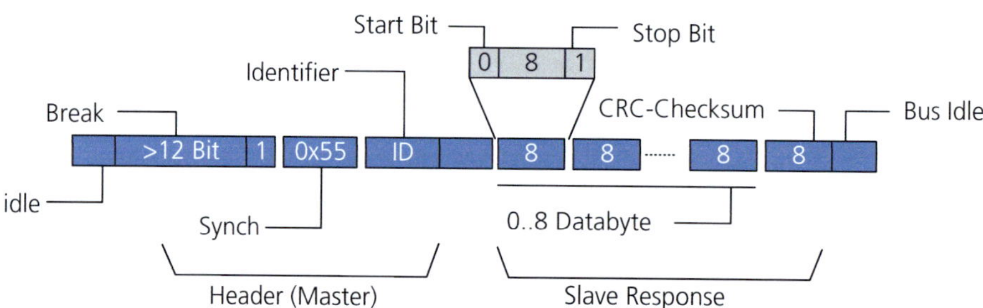

Abbildung 2.8: Aufbau eines LIN Frames

Als Besonderheit zu erwähnen ist, daß die Spezifikation des Protokolls über die Definition der unteren Protkollschichten hinausgeht. In zusätzlichen Dokumenten legt das LIN Konsortium ebenfalls den Entwurfsprozess für das LIN Netzwerk fest und vereinheitlicht so die Werkzeugkette. Insbesondere werden mit der LIN Configuration Language Specification (CLS) und Node Capability Language Specification (NCL) auch Konfigurations- und Austauschformate für die LIN Knoten festgelegt (vgl. [285]).[6]

2.2.3 FlexRay

FlexRay ist ein noch relativ junges Bussystem, welches den gestiegenen Anforderungen bei der Steuergerätekommunikation Rechnung tragen soll. Bei der Entwicklung stand die Eignung für sicherheitskritische Steuerungs- und Regelungssysteme im Vordergrund. Mögliche Einsatzgebiete sind im Bereich des Antriebsstrangs, bei Sicherheitssystemen ohne mechanische Rückfallebene (X-by-Wire) oder Backboneverbindungen zwischen Gateways. Verglichen mit dem weitverbreiteten CAN Bus erlaubt es deterministische Übertragungen, eine deutlich höhere Datenrate und erweiterte Möglichkeiten zur Fehlerbehandlung. FlexRay entstammt den jeweils voneinander unabhängigen Erfahrungen insbesondere von BMW, Daimler, Motorola und Philips, die 2000 das FlexRay Konsortium gründeten. Die aktuelle Spezifikation ist in der Version 2.1A frei verfügbar und als ISO 10681 spezifiziert. Der erste Serieneinsatz erfolge 2006 im BMW X5, für die dynamische Dämpferregelung (vgl. [180]). Im Ende 2008 vorgestellten BMW 7er werden in Vollausstattung bereits 15 FlexRay Steuergeräte miteinander vernetzt (vgl. [230, 38]). Es ist zu erwarten, daß in naher Zukunft weitere Fahrzeuge mit einem oder mehreren FlexRay Kommunikationssystemen vorgestellt werden.

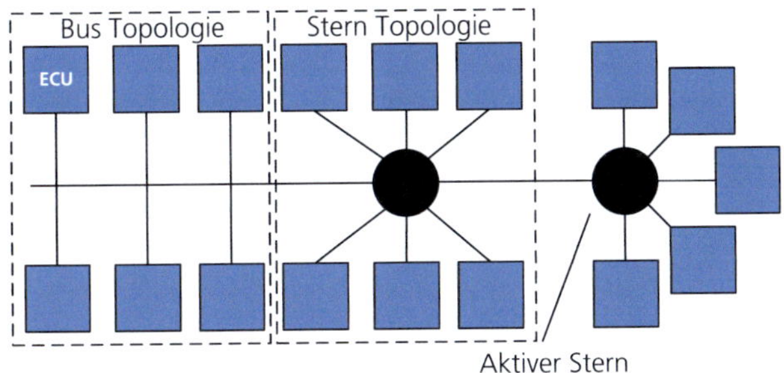

Abbildung 2.9: Beispielhafte Struktur eines FlexRay Netzwerks

---

[6]Für detaillierte Informationen über den LIN Bus vgl. [180, 322, 234, 285, 112].

In der FlexRay Spezifikation sind maximal 64 Steuergeräte pro Bussegment vorgesehen. Die Übertragung erfolgt Bitstrom-orientiert auf einer bidirektional verwendeten Zwei-Draht-Leitung, wobei unterschiedliche Topologien möglich sind. Neben der Busstruktur können passive und aktive Sterne sowie Mischstrukturen für die Vernetzung eingesetzt werden (vgl. Abbildung 2.9). Die Länge der Busstruktur bis zum Sternpunkt ist auf 24m begrenzt. Für die Übertragung sind ein- und zweikanalige Systeme vorgesehen. Zwei Kanäle ermöglichen sowohl die redundante Übertragung als auch eine Steigerung der Datenrate, aktuell ist die Datenrate pro Kanal auf 10 MBit/s begrenzt. Ein FlexRay Knoten besteht aus einem Microprozessor (Anwendung), FlexRay-Controller (Protokoll), Transceiver (PHY Anbindung) und einem optionalen Bus Guardian (Überwachung).

Die Kommunikation ist in Zyklen fester Länge organisiert, wobei jeder Zyklus in einen statischen und dynamischen Teil unterteilt wird, welchen wiederum eine feste Länge zugeordnet ist (vgl. Abbildung 2.10). Der statische Teil besteht aus mehreren Slots, die jeweils für die Übertragung eines fest zugeordneten FlexRay Frames vorgesehen sind und so eine deterministische Zykluszeit ermöglichen; alle Frames im statischen Teil müssen dieselbe Nutzdatenlänge besitzen. Im dynamischen Teil werden Sendeberechtigungen aufgrund eines Priorisierungsmechanismus vergeben, wodurch insbesondere für Frames niedriger Priorität keine garantierte Zykluszeit mehr möglich ist, was für verschiedene Anwendungen jedoch ausreicht. Aufeinanderfolgende Zyklen sind zwar in ihrer Struktur identisch, müssen in den einzelnen statischen Slots jedoch nicht dieselben Botschaften enthalten. Dadurch kann eine Abwägung zwischen Zykluszeit und Anzahl unterschiedlicher Botschaften für einzelne Slots erreicht werden. Ähnlich dem CAN Bus werden nicht Teilnehmer direkt adressiert sondern die Informationen können von allen am Netz angeschlossenen Knoten ausgewertet werden. Alle Frames haben den in Abbildung 2.10 dargestellten Aufbau, der grob in Header, Daten und Trailer zu unterteilen ist. Die Länge des Datenfeldes kann in zwei Byte Schritten von 0 bis 254 Datenbytes variiert werden. Da sowohl niedrige Zykluszeiten als auch eine bestimmte Anzahl statischer Slots für die Kommunikation im Fahrzeug notwendig sind, sind eher kürzere Datenfelder zu erwarten, was in ersten Serienfahrzeugen beobachtet werden kann (vgl. [38]).

Insbesondere die Etablierung und Aufrechterhaltung der globalen Zeitbasis, welche für die TDMA basierte Kommunikation notwendig ist, ist für einen Großteil des Aufwands bei FlexRay verantwortlich. Das gemeinsame Zeitverständnis basiert auf der Definition von Mikro- und Makroticks. Mikroticks leiten sich aus der Taktfrequenz des Controllers ab und können somit für verschiedene Steuergeräte unterschiedlich sein. Makroticks wiederum leiten sich aus Mikroticks ab und sind im gesamten Verbund identisch - ein Beispiel für die Verwendung wäre die Definition der Zykluslänge, die in Anzahl Makroticks angegeben wird.

Im Ruhezustand kann der Bus von jedem angeschlossenen Steuergerät durch ein WakeupSymbol (WUS) geweckt werden. Darauf hin beginnt der eigentliche Startup, der von mindestens zwei Kaltstartknoten mittels Synchronisationsframes durchgeführt werden muß. Nach einigen Zyklen (im Idealfall 8) ist die Zeitbasis etabliert und die

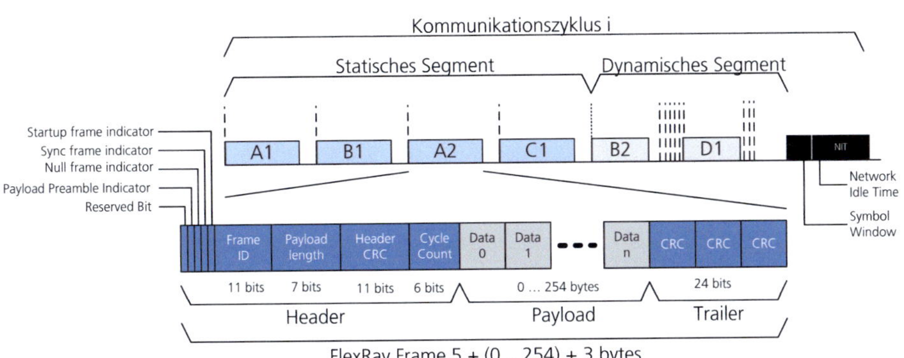

Abbildung 2.10: Struktur von FlexRay Zyklus und Frame

Steuergeräte fangen mit der normalen Übertragung an. Synchronisationsfehler machen sich durch Steigungs- und Offsetfehler bemerkbar (vgl. [232]) und werden regelmäßig von jedem Controller ausgeglichen, um ein Auseinanderlaufen der Uhren zu verhindern. Dies geschieht durch Korrektur des Offsets, genauer in der Verlängerung/ Verkürzung der Network Idle Time am Ende des Kommunikationszyklus´. Zusätzlich werden Steigungsfehler durch Anpassung der Takte pro Bit korrigiert, wobei dafür das Verhältnis Mikrotick/ Makrotick angepasst wird (für eine detaillierte Darstellung vgl. [230, 229]).

Die Ausgestaltung der Nachrichtenspeicher ist in der Spezifikation nur grob vorgegeben. Die auf dem Markt befindlichen Controller bieten in der Regel die Möglichkeit, die Struktur der Nachrichtenspeicher zu konfigurieren. Neben einem eigenen Speicherplatz für alle Nachrichten sind bei FlexRay auch FIFOs vorgesehen. Zusammen mit den Daten ist der Header vom steuernden Microcontroller zu übergeben. Bei statischen Frames reicht in der Regel eine einmalige Konfiguration des Headers aus. Da dynamische Frames in der Länge variabel sind, kann hier eine erneute Übergabe des Headers notwendig sein. Die Datenkonsistenz einer Nachricht wird entweder durch das Puffern der Botschaft oder das Sperren des Speichers erreicht. Damit immer die aktuellen Werte im Datenfeld versendet werden sind zusätzliche Mechanismen zur Synchronisierung von Mikrocontroller und FlexRay-Controller vorgesehen, die sogar eine synchrone Ausführung von Tasks in allen Steuergeräten ermöglichen. Liegen im Controller für einen Sendeframe keine aktuellen Daten vor, besteht die Möglichkeit, einen Null Frame zu senden (für detaillierte Beschreibungen zu Flex-Ray vgl. [230, 322, 234, 180, 285, 232]).

2.2.4 Ethernet und TCP/IP im Fahrzeug

Trotz seines großen Erfolgs bei der Vernetzung von Computern wurden Ethernet und TCP/IP als Kommunikationsmöglichkeit zwischen Steuergeräten kaum beachtet. Doch nach erfolgreichem Einsatz auch bei industriellen Steueranwendungen, wird es nun als Alternative zu bestehenden Protokollen ernsthaft in Betracht gezogen (vgl. [145]). Spätestens seit der Verwendung von Ethernet für Regelungs- und Steuerungsaufgaben im Airbus A380 (vgl. [214, 47]) gilt die Technologie grundsätzlich für den Einsatz im Kraftfahrzeug als geeignet. Beim A380 kommt allerdings die modifizierte und erweiterte Variante von Ethernet AFDX/Arinc 664 zum Einsatz, welche Echtzeitfähigkeit und Redundanz sicherstellen (ebd.). BMW untersucht seit geraumer Zeit den Einsatz von IP Protokoll und Ethernet für den Einsatz zur Steuergerätevernetzung und ist hinsichtlich eines möglichen Einsatzes optimistisch (vgl. [85, 119]). In der Literatur zur Automobilelektronik finden TCP/IP und Ethernet allenfalls am Rande Beachtung, in erster Linie ist die einfache standardisierte Anbindung von Consumer Electonic von Interesse. So kann TCP/IP beispielsweise zusammen mit MOST verwendet werden und bietet somit einen direkten Kommunikationskanal zum Infotainment System des Fahrzeugs (vgl. [185]).

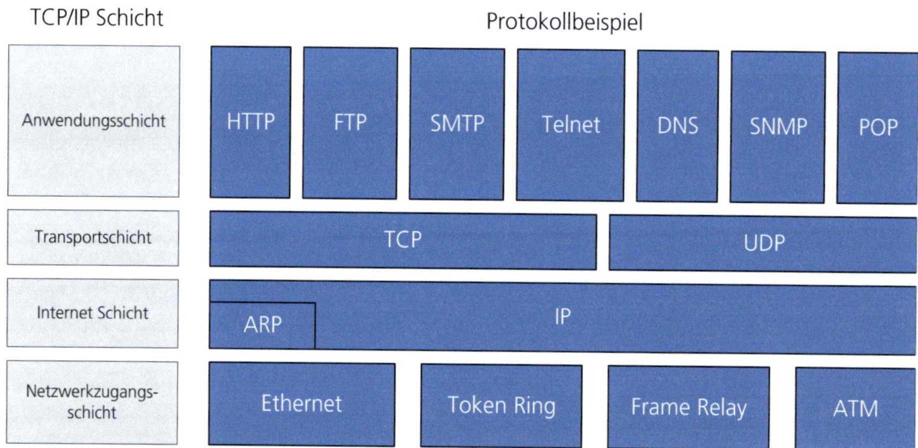

Abbildung 2.11: Aufbau des TCP/IP Ethernet Protokollstapels

Ein weiterer interessanter Anwendungsbereich steht in direktem Zusammenhang zu dieser Arbeit und findet sich im Bereich der Diagnose und Softwareupdates. Mit dem gestiegenen Softwarevolumen in allen Steuergeräten kann die Dauer eines Updates durchaus 8 bis 15 Stunden betragen. Eine deutliche Verkürzung der Zeit läßt sich über einen breitbandigen Anschluß und die Verwendung parallelen Flashens erreichen. So besitzt beispielsweise der neue BMW 7er am zentralen Gateway eine Ethernetschnittstelle, die für Updates und Diagnose verwendet wird und die Zeit des Updates auf ca. 20 min für eine Datenmänge von bis zu einem Gigabyte reduziert (vgl. [152]). Darüber hinaus hat die Verwendung von Ethernet, gerade beim Einsatz höherer Protokollschichten, den Vorteil, mit Standardhardware kommunizieren zu können. Dies kann das drahtlose Flashen auf dem Hof der Werkstatt oder eine sichere verschlüsselte Verbindung zum OEM für kritische Updates oder Ferndiagnose, möglicherweise sogar über den Internetzugang des Kunden, umfassen.

Der Protokollstapel für die TCP/IP Ethernet Verbindung ist in Abbildung 2.11 in Form eines hybriden Modells aus OSI und TCP/IP Schichtenmodell dargestellt, welches [271] entliehen ist. Physical und Data Link Layer werden durch Ethernet dargestellt. Die Internetschicht ist für das Routing zwischen verschiedenen Teilnetzen zuständig, die Transportschicht stellt eine Ende-zu-Ende-Verbindung her. Im Fall des TCP Protokolls erfolgt eine sichere[7] Übertragung der Daten zwischen zwei Endpunkten. TCP ist verbindungsorientiert, das heißt, es wird eine Verbindung aufgebaut, verwendet und wieder abgebaut. Auf Anwendungsschicht befinden sich Protokolle, die direkt mit Anwendungsprogrammen zusammenarbeiten. Auf eine weitere detaillierte Darstellung wird an dieser Stelle verzichtet, es scheint jedoch fragwürdig, ob sich die höheren Protokollschichten unverändert im Automobilbereich einsetzen lassen.[8] Eine Betrachtung zum Einsatz von IP im Fahrzeug erfolgt im in Q3/2009 gestarteten Projekt SEIS (vgl. [123, 137]).

2.3 Betriebssysteme & Kommunikationsstacks für Kraftfahrzeuge

Automobilhersteller und Zulieferer begannen mit der Einführung der Vernetzung auch mit der Standardisierung der Steuergerätesoftware. Als erstes Ergebnis wurde Mitte der neunziger Jahre der Vorschlag für das Betriebssystem OSEK/VDX (Offene Systeme für den Einsatz im Kraftfahrzeug) vorgelegt (vgl. [322]). Im Zusammenschluß mit den französischen Aktivitäten innerhalb des Vehicle Distributed Executive (VDX) Konsortiums entstand OSEK/VDX, dessen Einsatz bis heute Standard in modernen Kraftfahrzeugen ist. Die Weiterentwicklung und Pflege von OSEK/VDX erfolgt heute im AUTOSAR Konsortium, dessen Standardisierung jedoch weit über die bei OSEK/VDX angestrebten Ziele hinausgeht. Im folgenden werden OSEK/VDX und AUTOSAR eingeführt und die grundlegenden Prinzipien und Ziele beider Konsortien mit Fokus auf die Kommunikationsarchitekturen erläutert. Auf eine detaillierte Vorstellung weiterer Konsortien wie beispielsweise JASPAR (vgl. [141]) im japanischen Raum wird an dieser Stelle verzichtet, da deren Ziele sich im wesentlichen mit den Aktivitäten der europäischen Konsortien decken.

---

[7]Im Sinne von zuverlässig (safe).
[8]Für weitere Erklärungen der zugrundeliegenden Konzepte und Implementierungen vgl. [271, 166].

2.3.1 Der OSEK/VDX-Standard

Ursprünglich von nur sieben Gründungsmitgliedern geschaffen, sind heute über 50 Partner aus dem Umfeld der Automobilelektronik an der Weiterentwicklung des OSEK/VDX Standards beteiligt (vgl. [232]). Die wesentlichen Spezifikationen (OSEK-OS, OSEK-COM, OSEK-NM und OSEK-OIL) sind mittlerweile in den internationalen Standard ISO 17356 überführt, wodurch die wesentliche Bedeutung des Systems für die Automobilektronik nochmals manifestiert wurde. Überarbeitung und Aktualisierung der Spezifikationen erfolgen vornehmlich im Rahmen des AUTOSAR Konsortiums.

Den Kern der Spezifikation bildet das Betriebssystem OSEK OS, bei dem es sich um ein ereignisgesteuertes Echtzeit-Multitasking-Betriebssystem handelt. Das Betriebssystem wurde ausschließlich für Ein-Prozessor-Controller entwickelt, adressiert jedoch verteilte Systeme, die über eine Kommunikationsschnittstelle miteinander kommunizieren. Es gilt zu beachten, daß es sich bei OSEK/VDX nicht um eine spezifische Implementierung eines Betriebssystems handelt, sondern um einen Standard, der die Rahmenbedingungen für die Implementierung festlegt, nach welcher Hersteller OSEK konforme Betriebssysteme entwickeln können (vgl. [232]). Heute ist eine Vielzahl unterschiedlicher Implementierungen verfügbar, diese sind aufgrund herstellerspezifischer Erweiterungen jedoch nicht notwendigerweise miteinander kompatibel.

Viele Details sind eng an die Mechanismen des CAN Busses angelegt, der zum Zeitpunkt der primären Spezifikation das einzig geeignete Bussystem war. Im Zusammenhang mit FlexRay sind eine zeitgesteuerte Ausführung oder die Robustheit gegenüber Fehlern in den Fokus gerückt, die sich mittlerweile auch in eigenen OSEK Spezifikationen OSEK Time (vgl. [203]) und OSEK FTCOM (Fault Tolerant Communication, vgl. [202]) niedergeschlagen haben (vgl. [322]).

Abbildung 2.12 zeigt den prinzipiellen Aufbau der OSEK Software Architektur einschließlich der in OSEK nicht spezifizierten Applikationen. Das Betriebssystem stellt die grundlegenden Betriebsmittel zur Verfügung, die für die Ausführung mehrerer Tasks benötigt werden (OSEK-OS). Dazu gehören neben dem Scheduling auch Mechanismen für den Datenaustausch zwischen Tasks mittels Messages oder die Koordinierung des parallelen Hardwarezugriffs mittels Semaphoren. Der Aufruf der Tasks in OSEK erfolgt ereignisgesteuert, wodurch in Abhängigkeit der Konfiguration eine Verdrängung des laufenden Tasks auftreten kann (preemptiv). Die Ereignissteuerung erlaubt die Synchronisation auf empfangene Daten, externe Ereignisse (z.B. Kurbelwellenstellung) oder Zeitereignisse. Die Betriebssystemspezifikation formalisiert ebenfalls die Behandlung von Interrupts. Zudem werden Konformitätsklassen definiert, die vor allem die Taskausführung und damit verbunden den Implementierungs- und Ausführungsaufwand des Schedulers beschreiben. Die Notwendigkeit begründet sich in der großen Varianz von Microcontrollern, die OSEK als Betriebssystem nutzen. OSEK-OS spezifiziert zudem eine API, die den einheitlichen Zugriff auf Standardfunktionen regelt.

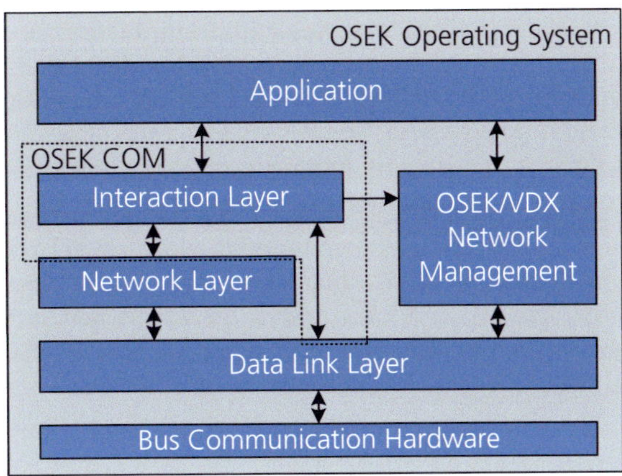

Abbildung 2.12: Aufbau der OSEK Architektur

OSEK erlaubt die Definition unterschiedlicher Anwendungsmodi, die je nach Anwendungsfall während des Betriebssystemstarts ausgewählt werden können. Typische Beispiele sind neben dem Standardmodus ein Flashmodus für das Softwareupdate oder ein Testmodus des Geräteherstellers.

Laut OSEK-Entwicklungsmodell (vgl. [207, 206]) ist die gesamte Betriebssystemkonfiguration statisch und muß also während der Entwicklung festgelegt werden. Eine dynamische Anpassung der laufenden Tasks während der Laufzeit ist nicht möglich. Die Konfiguration erfolgt über die proprietäre Konfigurationssprache OSEK Implementation Language (OIL), wobei die Wahl der Einstellungen üblicherweise über graphische Softwaretools von den Tool Herstellern geschieht. Je nach Hersteller können in der Entwicklungsumgebung oder dem Betriebssystem Erweiterungen vorhanden sein, die den Umgang erleichtern, aber die Portabilität erheblich einschränken können (vgl. [322]). Das OSEK Entwicklungsmodell setzt zudem voraus, daß die einzelnen Komponenten und deren Zusammenwirken bereits vorab getestet wurden. Eine gesonderte Überprüfung während der Generierung oder zur Laufzeit erfolgt nicht. Zudem stellt OSEK nur wenige Möglichkeiten zur Verfügung, Überlastfälle zur Laufzeit zu erkennen und darauf zu reagieren.

2.3.2 Kommunikationsmechanismen bei OSEK/VDX

Die Kommunikation ist als OSEK-COM (vgl. [204]) spezifiziert und beschreibt die Verhaltensweisen mehrerer Layer. OSEK-COM unterscheidet zwischen einer internen Kommunikation, welche zwischen den Tasks eines Steuergerätes stattfindet und der externen Kommunikation über die Steuergerätegrenzen hinweg. Bereits bei OSEK wird dabei versucht, die Applikation von der Kommunikation zu entkoppeln[9]. Der Einsatz eines Transportprotokolls auf dem entsprechenden Layer ist optional. Die Konfiguration von OSEK-COM erfolgt ebenfalls über OIL. Alle Kommunikationsbeziehungen sind statisch konfiguriert. OSEK-COM ist auch ohne OSEK-OS lauffähig, jedoch erfolgt der Einsatz in der Regel unter Verwendung beider Bestandteile.

OSEK-COM definiert vier Konformitätsklassen (COM Conformance Class - CCC). Die beiden einfachen Konformitätsklassen unterstützen lediglich die Inter Task Kommunikation, aufwendige Kommunikationsfunktionen werden jedoch erst von der letzten Konformitätsklasse CCC-1 unterstützt. Dazu gehören unter anderem Botschaftsfilter, automatisches periodisches Senden und die Überwachung von Deadline und Timeouts (vgl. dazu 4.4.1).

Optional können einzelne Verarbeitungsschritte für jede Botschaft eines Steuergerätes selektiert werden. So kann beispielsweise die Byte Order konvertiert werden (Big Endian $\leftrightarrow$ Little Endian). Die Filterfunktion erlaubt einfache Datenfilterung aufgrund der IDs, ermöglicht aber auch die Anwendung komplexer Filtermechanismen, die die Ausführung einer Aktion verhindern oder ermöglichen (vgl. Abschnitt 4.4). Einfluß haben die Filter auf den Empfang, das Senden oder die Verarbeitung - sie sind für jede Botschaft einzeln selektierbar. Beispiele für Filteraktionen sind die Äquivalenz oder Antivalenz, eine Änderung gegenüber dem letzten Wert oder der Vergleich bezüglich eines Wertebereichs (vgl. OSEK-COM Spezifikation [204]).

Für den Versand von Botschaften werden in OSEK-COM drei Sendemechanismen definiert. Bei der *Triggered Direct Transmission* erfolgt der Botschaftsversand so schnell wie möglich sobald das Sendeereignis eintritt. Die *Periodic Transmission* versendet die Botschaft mit einer vorgegebenen Zykluszeit. Im *Mixed Mode* erfolgt eine Mischung der beiden Sendetypen, so daß die Botschaft zyklisch und zusätzlich bei Eintreten des Sendeereignisses versand wird.

Sowohl beim Versand als auch beim Empfang läßt sich optional der Zeitabstand zwischen zwei Nachrichten überwachen. Eine obere Schranke wird als *Timeout Monitoring* bezeichnet und führt zur Benachrichtigung, falls eine Nachricht nicht innerhalb einer Maximalzeit versendet werden konnte oder der erwartete Empfang der Botschaft ausbleibt. Der Mindestabstand zwischen zwei Nachrichten ist für den Sendefall relevant, um den Bus nicht zu überlasten. Die Ableitung von bestimmten Sendeverhalten mittels der zuvor beschriebenen Filtermechanismen führt schließlich zu den Sendetypen, die in Abschnitt 4.4.2 eingeführt werden.

Eine weitere, direkt mit der Kommunikation in Zusammenhang stehende Komponente ist das Netzwerkmanagement (NM) (vgl. [205]), dessen Zweck in der Überwachung des Systemzustands der verteilten Architektur liegt. Das NM beschränkt sich auf eine einfache Kontrolle des Vorhandenseins der Busteilnehmer als Kommunikationspartner. Dazu baut der Teilnehmer einen logischer Ring auf, in dem wie bei einem Token-Ring-Netzwerk eine einzelne Ringbotschaft zwischen allen Busteilnehmern ausgetauscht wird. Diese Methode bezeichnet NM als direktes Netzmanage-

---

[9]Tatsächlich ist dies eines der wesentlichen Prinzipien von AUTOSAR, die im Zusammenhang mit der Taskverteilung auf die einzelnen Steuergeräte eine Rolle spielen.

ment. Alternativ kann auch ein indirektes Netzmanagement zum Einsatz kommen, bei welchem bereits existierende Nachrichten für die Ermittlung des Wachzustands genutzt werden. Zur Überwachung eignen sich lediglich zyklisch versendete Nachrichten, so daß eine Kontrolle von Steuergeräten ohne diesen Typ nicht möglich ist. Zusätzlich koordiniert das NM den Zeitpunkt, zu dem sich alle Steuergeräte in einen Schlafmodus versetzen. Dazu signalisieren alle Steuergeräte die prinzipielle Schlafbereitschaft und schalten dann sämtliche nicht für den Wakeup benötigten Komponenten ab. Die Konfiguration des NM erfolgt ebenfalls statisch zur Designzeit. Da Codierung und Aufbau der Botschaften sowie der Konfigurationslisten nur vage spezifiziert sind, sind die Implementierungen herstellerabhängig.

2.3.3 OSEK Erweiterungen

Die Spezifikationen von OSEK/VDX beschränken sich auf die zuvor eingeführten Punkte und beschreiben demzufolge nur einen Teil der vollständigen Steuergerätesoftware. Im weiteren Verlauf der Fahrzeugentwicklung haben OEMs über OSEK hinausgehende Standardisierungen getroffen, die alle Elemente der Steuergerätesoftware beschreiben. Beispiele hierfür sind die Standardsoftware von Daimler oder der BMW Standard Core. Dabei handelt es sich jeweils um herstellerspezifische Standards. Beispiele für die zusätzlich beschriebene Funktionalität sind das Power Management, der Hardwarezugriff (Treiber) oder Diagnosedienste. Für diese Arbeit von entscheidender Bedeutung ist der Gateway, der als Softwaremodul Bestandteil der Kommunikationsdienste ist. Der gesamte Softwarestack, der Dienste für die Applikationen bereitstellt, wird als Standardsoftware bzw. Basissoftware bezeichnet und ist für die gesamte E/E-Architektur eines Fahrzeugs, idealerweise sogar über Baureihen hinweg, einheitlich. Die Basissoftware kann hinsichtlich Funktionsumfang mit Standardbetriebssystemen bei PCs verglichen werden (vgl. [322]).

Die Herstellerinitiative Software (HIS) hat die Standardisierung einzelner Softwarekomponenten über Herstellergrenzen hinweg betrieben und unter anderem Teile der Hardwareabstraktionsschicht[10] spezifiziert. Als Komponenten wurden unter anderem digitale Ein- und Ausgänge, Pulsweiten(de)modulationen, analoge Ein- und Ausgänge oder Impulssignalgeber (Capture-Compare-Units) ausgewählt (vgl. [322]). Der Zugriff auf all diese Komponenten wurde vereinheitlicht und eine gemeinsame API geschaffen. HIS spezifiziert ebenfalls die CAN Treiber, deren Zugriff sich jedoch von den anderen Komponenten unterscheidet, da die Standardisierung eine weit verbreitete Implementierung zum Standard erhebt (vgl. [322]). Als weiterer Grund für die abweichende Struktur wird die höhere Komplexität im Vergleich zu anderen Hardwarekomponenten angeführt.

---

[10]Auch Hardware Abstraction Layer - HAL.

2.3.4 Das AUTOSAR Konsortium

All diese Bestrebungen mündeten schließlich im AUTOSAR[11] Konsortium, welches neben der Standardisierung des Softwarestacks auch den Entwicklungsprozeß beschreibt und formalisiert. Die Softwarearchitektur abstrahiert von der darunterliegenden Hardware und ermöglicht es so, hardwareunabhängige Applikationen zu entwickeln. Die einzelnen Softwarekomponenten können von verschiedenen Herstellern stammen und werden in einem weitgehend automatisierten Konfigurationsprozess zu einem Projekt zusammengesetzt (vgl. [322, 33]).

Das Konsortium wurde 2003 von Automobilherstellern und Systemzulieferern gegründet und umfasst mittlerweile als Steuerkreis die Core Partner BMW, Bosch, Continental, Daimler, Ford, GM, PSA, Toyota und Volkswagen. Eine der wesentlichen Grundideen des Konsortiums lautet *„cooperate on standards - compete on implementation"*. Unter dieser Prämisse liegen vor allem die folgenden Eigenschaften im Fokus: Standardisierung von Systemfunktionen, Skalierbarkeit, Portierbarkeit von Funktionen, herstellerübergreifende Austauschbarkeit, Wartbarkeit und Verwendung von Seriensoftware. Diesen Zielen liegt vor allem die Hoffnung zugrunde, die wachsende Komplexität im Fahrzeug durch Einsatz standardisierter Produkte beherrschbar zu halten (vgl. [232]). Zudem sehen insbesondere OEMs in der Basissoftware keine nennenswerten wettbewerbsrelevanten Bestandteile, die einer Vereinheitlichung im Wege stehen würde (vgl. [23]). Mit dem aktuellen BMW 7er befindet sich mittlerweile das erste AUTOSAR konforme Fahrzeug im Serieneinsatz. Die Softwarearchitektur basiert auf einem Schichtenmodell, das an die Basisarchitekturen der einzelnen OEMs und damit auch an die OSEK/VDX Architektur angelehnt ist. Tatsächlich sind Teile des OSEK Standards direkt in die Spezifikation eingeflossen. Weiterhin stützt sich AUTOSAR unter anderem auf die Vorarbeiten in HIS, ASAM, ISO, CAN, Flex-Ray und LIN, weshalb viele bekannten Konzeptansätze wiederzufinden sind. AUTOSAR versteht sich als Standardisierungsgremium, weshalb keine verbindliche Implementierung vorgeschrieben ist. Aufgrund der hohen Komplexität werden jedoch Referenzimplementierungen unterstützt, die die generelle Machbarkeit nachweisen sollen.

Der grundlegende Aufbau der Architektur ist in Abbildung 2.13 dargestellt (vgl. auch [322, 33, 23]). Die Entkopplung von Hardware und Software erfolgt durch die Basissoftware, die neben einer *µController-* und *Steuergeräteabstraktionsschicht* auch einen *Service Layer* enthält, welcher anwendungsunabhängige Dienste zur Verfügung stellt. Dazu gehören unter anderem das Betriebssystem, Kommunikationsprotokolle und eine Speicherverwaltung. Die Kommunikation zwischen den Anwendungen, die von AUTOSAR als Software Komponenten bezeichnet werden und den Basisdiensten erfolgt über ein *Runtime Environment*, das für alle Applikationen den Informationsaustausch mittels standardisierter API ermöglicht. Um eine optimale Steuergeräteauslastung zu erreichen, sollen die SW Komponenten vom Steuergerät unabhängig sein und damit bei einem Mappingprozeß, der Bestandteil der AUTOSAR Methodik ist, über Steuergerätegrenzen hinweg verschoben werden können.

---

[11]**AUT**omotive **O**pen **S**ystem **AR**chitecture.

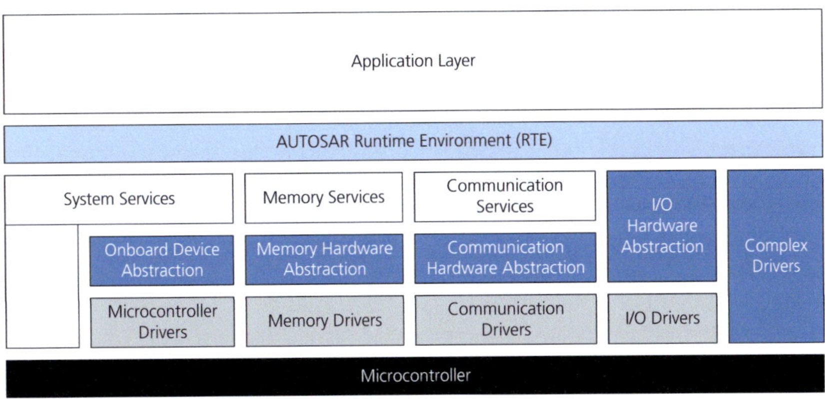

Abbildung 2.13: Schichtenmodell der AUTOSAR Basissoftware

Die Basissoftware läßt sich in die vier vertikalen Säulen Systemdienste, Speicherdienste, Kommunikationsdienste und I/O Dienste unterteilen. Jede dieser Säulen untergliedert sich wiederum in die drei Schichten μController Abstraktion, ECU Abstraktion und Diensteschicht. Als fünfte Säule stehen die Complex Device Drivers zur Verfügung, welche es ermöglichen, die Schichtenarchitektur zu umgehen. Dies kann notwendig sein, falls die Schichtenarchitektur die Timingvorgaben im μs Bereich nicht einhalten kann, wie sie etwa im Bereich der Motorsteuerung vorkommt. Dies gibt bereits einen ersten Eindruck der von AUTOSAR zu erwartenden Latenzzeiten. Alternativ wird über diese Säule auch eine Migrationsstrategie ermöglicht, bei der bestehende Standardsoftwarekomponenten nur mit einer AUTOSAR konformen Schnittstelle versehen werden. Für jede Säule und Schicht kommt mindestens ein Softwaremodul zum Einsatz, so daß die Basissoftware in Summe mehr als 60 Module umfasst (vgl. [24, 322]).

Die zunächst willkürlich erscheinende Unterteilung zwischen μ-Controller und Steuergeräteabstraktion spiegelt die Aufteilung der Verantwortlichkeiten und Bereitstellung des jeweiligen Moduls wider. Die Module der untersten Schicht sind demnach vom jeweiligen Halbleiterhersteller, jene in der zweiten Abstraktionsschicht liegenden vom Steuergerätelieferanten zur Verfügung zu stellen. Die von AUTOSAR definierten Hardwaretreiber bilden im wesentlichen die in HIS formalisierten Funktionen, allerdings mit einer anderen API, ab. Dazu gehören Grundfunktionen des μControllers (Interrupts, Watchdog, Timer, etc.), die digitale Ein- und Ausgabe (Portkonfiguration, Digitale IOs, PWM, ADC, etc.), Speicherbausteine (Ansteuerung interner und externer Flash Speicher und EEPROMs) und die Kommunikationsschnittstellen (SPI, CAN, LIN und FlexRay)[12]. Auf die einzelnen Dienste soll im Rahmen dieser Arbeit mit Ausnahme des Kommunikationsstacks nicht genauer eingegangen werden. Eine übersichtliche Einführung findet sich in [322], die Details können in der jeweiligen Spezifikation nachgelesen werden (vgl. [21, 33]).

---

[12]Die gewählte Gruppierung zeigt zugleich die Einteilung in die vier zuvor beschriebenen Säulen.

Neben der Softwarearchitektur gibt AUTOSAR den Rahmen für die Werkzeugkette vor und spezifiziert die jeweiligen Austauschformate (vgl. [22]). Der vorgeschlagene Ablauf ist in Abbildung 2.14 dargestellt und umfasst die drei Hauptschritte Systemkonfiguration, Steuergerätekonfiguration und schließlich die Generierung des Softwarestacks, wobei AUTOSAR den Automatisierungsgrad der einzelnen Prozeßschritte offen läßt. Grundlage für die Systemkonfiguration sind die sogenannten Descriptions, die für jede SW Komponente, das System und die einzelnen ECUs vorliegen müssen. Sie beschreiben die Eigenschaften des zugehörigen Systemaspekts. Im ersten Schritt der Systemkonfiguration werden die Softwarekomponenten unter Berücksichtigung von Randbedingungen auf die vorhandenen Steuergeräte gemappt. Dabei muß vor allem die Ausführbarkeit der Anwendung auf dem jeweiligen Steuergerät gewährleistet sein. Zusätzlich werden sich durch die E/E-Architektur ergebende Randbedingungen in diesem Prozeßschritt berücksichtigt. Generiert werden zunächst die Konfigurationsbeschreibungen der Steuergeräte, die als Basis für die Konfiguration jedes einzelnen Steuergerätes im zweiten Schritt herangezogen werden. Weitere Parameter werden (teil)automatisiert gesetzt und führen schließlich zur vollständigen Beschreibung der ECU Konfiguration. Im letzten Schritt generieren Code Generatoren aus Bibliotheken die vollständige Basissoftware, die mit dem bereits vorhandenen Code der Softwarekomponenten die Steuergeräte Software ergibt. Wie auch bei OSEK ist die Konfiguration statisch (vgl. [22]).

2.3.5 Kommunikationsmechanismen bei AUTOSAR

Aus Sicht der Gatewayfunktion ist vor allem der in AUTOSAR verwendete Kommunikationsstack entscheidend, da erstere auf die verschiedenen Basissoftware Module verteilt wurde. Der Aufbau des Kommunikationsstacks ist in Abbildung 2.15 dargestellt. Unterstützt werden CAN, FlexRay und LIN, für die jeweils eine eigene Hardwareabstraktion zur Verfügung steht. Gegenüber den Anwendungskomponenten wird von den jeweiligen Busspezifika abstrahiert und eine einheitliche Schnittstelle zur Verfügung gestellt, die im wesentlichen aus dem Diagnostic Communication Manager (DCM, vgl. [28]) und AUTOSAR COM (vgl. [32]) besteht. Ersterer übernimmt die Diagnose gemäß ISO 14229 und ISO 15031. AUTOSAR COM ist für die On Board Kommunikation zuständig und ist vergleichbar zum OSEK COM. Der darunterliegende PDU Router (vgl. [31]) und der IPDU Multiplexer (vgl. [30]) verteilen die Signale auf die unterschiedlichen Botschaften. Teile der Gatewayfunktion können direkt von diesen beiden Komponenten übernommen werden, solange keine aufwendigen Zwischenspeicherungen der Nachrichten notwendig sind. Das Anpassen der Botschaftsinhalte oder die Generierung eines spezifischen Sendeverhaltens erfolgt innerhalb der AUTOSAR COM Schicht, die diesen Teil der Gatewayfunktion übernehmen kann.

Unter der Routing Schicht liegen die busspezifischen Transportprotokolle, die langfristig für die Kommunikation eingesetzt werden sollen. Momentan erfolgt deren Einsatz jedoch ausschließlich für die Diagnosekommunikation (vgl. [322]). Das Netz-

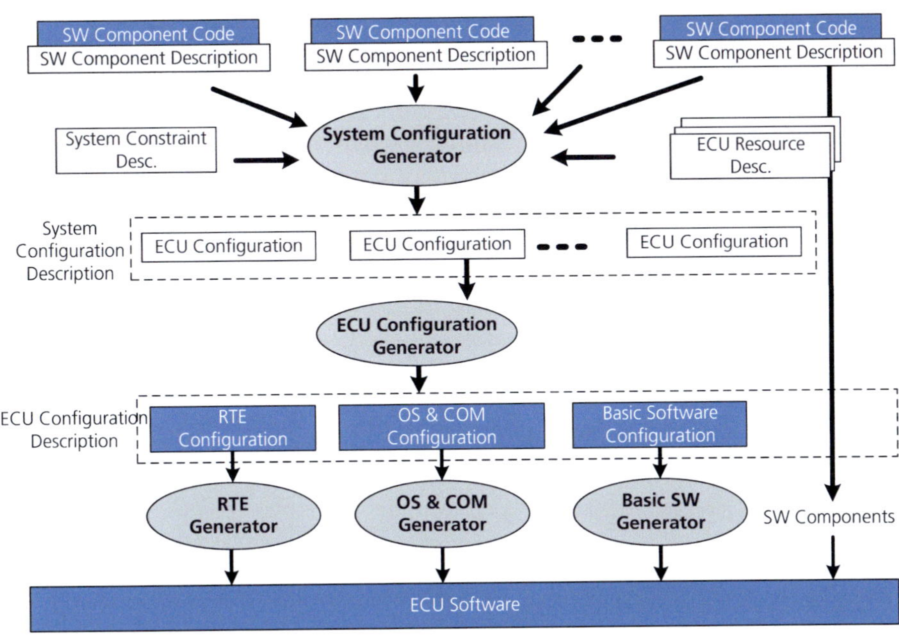

Abbildung 2.14: AUTOSAR Toolchain

werkmanagement leitet sich ebenfalls vom OSEK-Pendant ab, ist jedoch abstrakter und für unterschiedliche Bussysteme anwendbar (vgl. [29, 26]). Der Communication Manager initialisiert und verwaltet die Verarbeitung im gesamten Kommunikationsstack (vgl. [27]).

AUTOSAR COM beruht auf der OSEK COM Version 3.0, wobei einige Mechanismen nicht berücksichtigt werden, da sie durch andere AUTOSAR Konzepte abgelöst wurden. Dazu gehören beispielsweise Botschaftswarteschlangen, die in der RTE abgebildet sind. Ebenfalls nicht vorhanden sind Botschaften dynamischer Länge und die sendeseitige Botschaftsfilterung. Der Versand zyklischer Botschaften ist möglich. Da kein Transportprotokoll zum Einsatz kommt (AUTOSAR 2.x), dürfen CAN und LIN Botschaften eine Länge von 8 Datenbyte nicht überschreiten. Die Zusammensetzung der Signale[13] zu Botschaften wird zur Konfigurationszeit festgelegt, wobei die Zusammenfassung zu Signalgruppen möglich ist. AUTOSAR COM implementiert darüber hinaus die Routing- und Gatewayfunktionen (vgl. [32, 31, 30, 25], die auf Signalebene Daten zwischen Bussystemen übertragen können (vgl. Signalrouting in Abschnitt 4.3.2).

---

[13]Signale in AUTOSAR sind übertragbare Informationen wie beispielsweise Motordrehzahl. Das Kommunikationsmodell in Kapitel vier teilt den AUTOSAR Signalbegriff in Transmission und Signal auf (vgl. Definition 4.1 und 4.6).

Der CAN Protokollstapel übernimmt die ereignisbasierte Charakteristik des Bussystems und reicht Nachrichten bei Empfangs- oder Sendeereignissen unmittelbar weiter, sofern sie den Filter passieren. Darüber hinausgehend existiert eine Vielzahl an Funktionen, die eine Beeinflußung der jeweiligen Verarbeitungsschritte ermöglichen oder Rückmeldungen per Callback Funktionen geben.

Die Funktion des FlexRay Protokollstapels weicht trotz vergleichbarer Struktur erheblich von der CAN Variante ab. So kann beispielsweise ein automatischer Versand konfiguriert werden, welcher die Daten vor dem jeweiligen Slot mit dem bei FlexRay verwendeten Zeitraster in den Controller überträgt. Die Synchronisierung erfolgt dabei über Interrupts, die synchron zu den Makroticks des Kommunikationssystems aufgerufen werden.

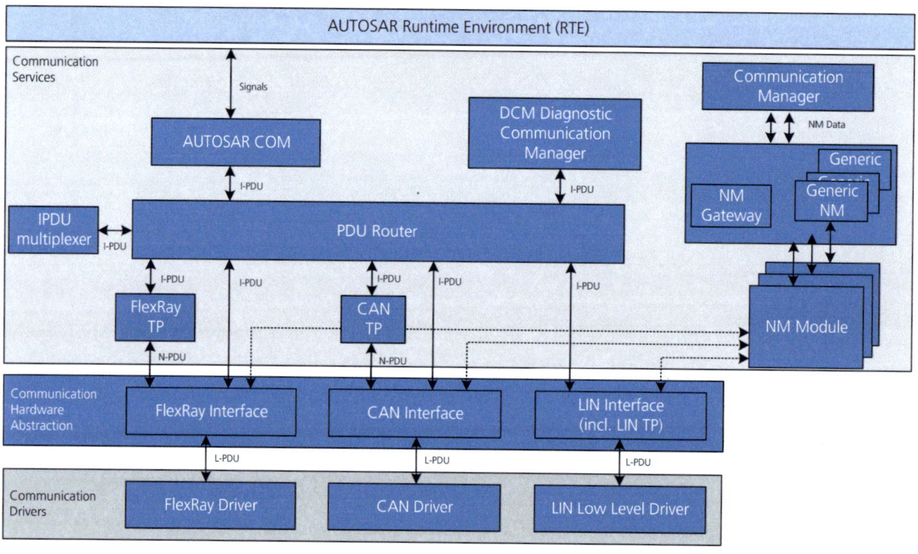

Abbildung 2.15: AUTOSAR Kommunikationsstack

Der LIN Protokollstapel bezieht sich auf LIN in der Version 2.0. Es wird zwingend von einer Master Funktion ausgegangen, d.h. das AUTOSAR konforme Steuergerät ist immer LIN Master. Das Betriebssystem ruft für die Bearbeitung des LIN Schedules zyklisch eine Funktion des LIN Interfaces auf, welches die jeweiligen Schedule Tables bearbeitet und die Slave Responses sendet oder empfängt. Die Umschaltung zwischen unterschiedlichen Schedule Tables wird unterstützt, diese werden dann einmalig oder zyklisch abgearbeitet. Das Versenden von Sporadic Frames erfolgt, wie bei Diagnose Frames, über einen eigenen Funktionsaufruf.

2.4 Fahrzeug-zu-Fahrzeug-Kommunikation

Obwohl moderne Kraftfahrzeuge sich in den letzten Jahren zu immer komplexeren Rechnernetzen entwickelt haben, ist die Kommunikation der verteilten Systeme in der Regel auf das Fahrzeug beschränkt. Einige Ausnahmen ermöglichen die Verwendung von Mehrwertdiensten, wie beispielsweise durch OnStar von GM (vgl. [200]) oder ConnectedDrive von BMW (vgl. [42]). Eine Verbindung zu sicherheitskritischen oder Fahrerassistenzsystemen erfolgt bei beiden Systemen nur in Ausnahmefällen. Als Beispiel seien das Abregeln der Motorleistung eines gestohlenen Fahrzeugs bei OnStar oder Emergency-Call bei Connected Drive genannt. In beiden Fällen kommuniziert das Fahrzeug dabei über bestehende Funknetze mit einem zentralen Servicecenter. Der sensorische Erfassungsbereich eines Fahrzeugs, der sich in den letzten Jahren insbesondere durch Radar-basierte oder Kamera-gestützte Systeme erheblich erweitert hat (z.B. ACC oder Nachtsichtsysteme), bleibt in der Regel jedoch auf das lokale Umfeld des Fahrzeugs beschränkt. In vielen Fällen wäre es dennoch wünschenswert, den Fahrer frühzeitig vor einer möglichen Gefahr zu warnen, die außerhalb des Sichtbereichs liegt.

Der Gedanke, hierzu Informationen voraus fahrender Fahrzeuge zu nutzen, liegt nahe und führt unmittelbar zur Notwendigkeit der drahtlosen Vernetzung der Fahrzeuge untereinander (Car-to-Car, C2C) bzw. der drahtlosen Vernetzung von Fahrzeug und Infrastruktur (Car-to-Infrastructure, C2I). Häufig wird die Klasse fahrzeugbasierter Kommunikation unter dem Begriff Car-to-X (C2X) zusammengefasst, dieser ist vor allem im europäischen Raum gebräuchlich[14]. Obwohl der Gedanke nicht neu ist und bereits in den 1980er Jahren Projekte zur Vernetzung von Fahrzeugen, wie beispielsweise das Prometheus Projekt (vgl. [289]) existierten, sind die Mehrzahl der Projekte und wissenschaftlichen Veröffentlichungen zu diesem Thema nach der Jahrtausendwende datiert. In einem Whitepaper der EU mit dem wesentlichen Ziel, bis 2010 die Anzahl der Verkehrstoten zu halbieren, wird die C2X Kommunikation als eine der dafür notwendigen Technologien angeführt (vgl. [281]). Im folgenden werden die wesentlichen Grundprinzipien, Herausforderungen und Klassifikationen der C2X Kommunikation eingeführt, hernach wird auf die regional unterschiedlichen Ausrichtungen der Hauptakteure in diesem Bereich eingegangen. Die Darstellung erfolgt vor allem in Anlehnung an die Ergebnisse des Projekts COMeSafety, dessen wesentliche Aufgabe die Harmonisierung der europäischen Bestrebungen ist. Eine Übersicht über den Stand der Technik gibt Abschnitt 3.4.

---

[14]Weitere gebräuchliche Bezeichnungen in der Literatur sind Vehicular Ad Hoc Network (VANET), Vehicle-to-Infrastructure (V2I), Vehicle-to-Vehicle (V2V), Vehicle-to-X (V2X), Inter-Vehicular-Communication (IVC), Intelligent Transportation System (ITS), etc. (vgl. [164]). Im folgenden wird vornehmlich die Abkürzung C2X verwendet.

2.4.1 Grundprinzipien und Kommunikationstypen

Die Kommunikation eines Fahrzeugs mit seinem Umfeld ist vielfältig und ermöglicht die Kooperation mit unterschiedlichen Verkehrsteilnehmern oder Dienstleistern. Ein grober Überblick ist in Abbildung 2.16 skizziert, die [58] entliehen wurde. Grundsätzlich lassen sich die Anwendungen in die drei Kategorien Verkehrssicherheit, Verkehrsflußoptimierung und Infotainment einteilen, die den Hauptzweck der Anwendung wiedergeben. Das Hauptziel von C2X Kommunikation ist die Erhöhung der Verkehrssicherheit durch kommunikationsbasierte Assistenzsysteme. Dabei ist insbesondere die Warnung des Fahrers vor Gefahren außerhalb des Sichtfeldes aber innerhalb der geplanten Route angedacht (z.B. Kreuzungsassistent oder Warnung bei Notbremsungen). Die zweite Kategorie bilden alle Anwendungen zur Verkehrsflußoptimierung, hierzu zählen eine im Vergleich zu heutigen Möglichkeiten genauere Erfassung der Verkehrssituation und darauf aufbauende Verkehrsleitsysteme, die entweder lokal innerhalb des Fahrzeugs eine erneute Routenplanung vornehmen oder den Verkehr mittels Steuerung über Roadside Units (RSU) umleiten. In die dritte Kategorie fallen Mehrwertdienste, die vor allem aus dem Bereich Infotainment stammen (z.B. Internetzugang). Eine genauere Benennung ausgewählter Applikationen erfolgt in Abschnitt 2.4.2.

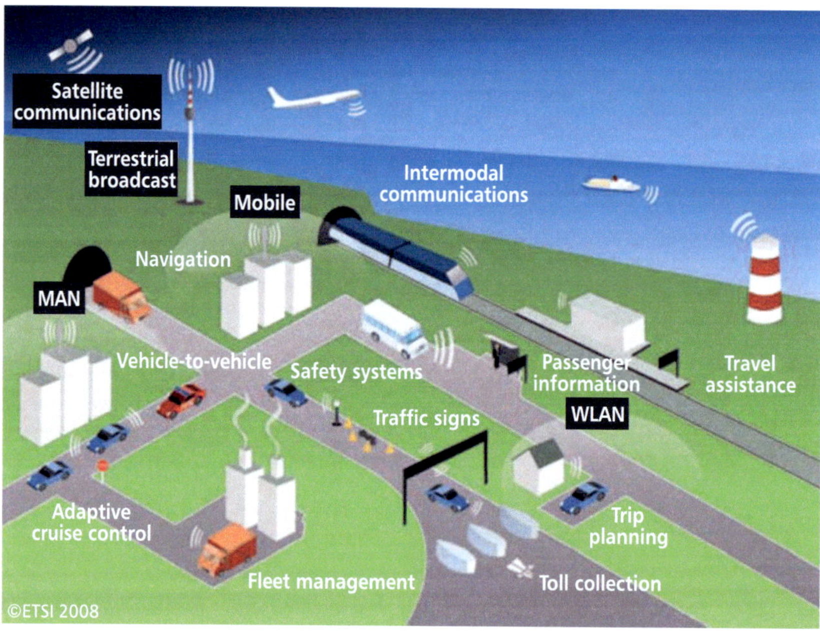

Abbildung 2.16: Szenarien für kooperative Systeme [155, 89]

Bei den Kommunikationsteilnehmern lässt sich eine Kategorisierung in Fahrzeug, Roadside Unit und Infrastruktur vornehmen. Grundsätzlich ist der Informationsaustausch zwischen allen Teilnehmern möglich. Mitunter werden auch Personal Stations wie beispielsweise PDAs als gesonderte Kategorie hinzugenommen (vgl. [58]). Jede Kommunikationsbeziehung läßt sich einer der in Abbildung 2.17 dargestellten Kategorien zuordnen (vgl. [265]). Jegliche Kommunikation ist unter dem Begriff Vehicular Communications zusammengefasst. Es erfolgt eine Einteilung abhängig davon, ob die Kommunikation zwischen Fahrzeugen oder zu Roadside Units, einschließlich Infrastruktur, stattfindet. Befindet sich bei IVC der Kommunikationspartner in unmittelbarer Reichweite handelt es sich um Single Hop Communication, werden Datenpakete über mehrere Fahrzeuge in ein Gebiet größerer Entfernung[15] weitergeleitet, spricht man von Multi-Hop Communication. Dies ist insbesondere für die Verbreitung von Informationen über sporadische Ereignisse (Stau, Unfall, etc.) vorgesehen, die auch in Größeren Distanzen von Interesse für die Verkehrsteilnehmer sein können. Bei den RSUs werden alleinstehende Units (SRVC) und solche, die den Zugang in die Infrastruktur ermöglichen (URVC), unterschieden. Hybride Netze (HVC) ermöglichen schließlich die Multi Hop Kommunikation zu einer RSU.

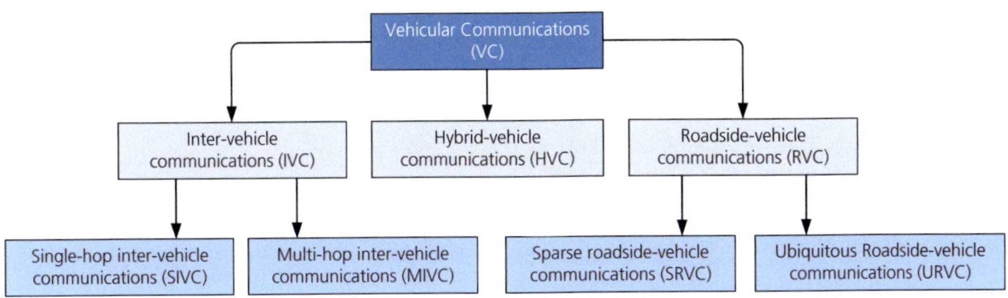

Abbildung 2.17: Klassifikation der Kommunikationsbeziehungen [265]

Auch wenn viele Bereiche bislang nicht detailliert spezifiziert oder standardisiert sind, kristallisieren sich grundlegende Prinzipien, nicht zuletzt durch den Versuch zumindest in Europa einen einheitlichen Architekturansatz zu finden, heraus (vgl. [58]). Dazu gehört vor allem die Festlegung auf den Funkstandard 802.11p, für welchen in den USA und in Europa bereits Frequenzenbänder (in unterschiedlichen Frequenzbereichen) reserviert sind (vgl. [129]).

Abhängig vom Zweck kommen unterschiedliche Kommunikationsmuster zum Einsatz (vgl. [249]). Beim Beaconing werden alle direkt benachbarten Knoten mit aktuellen Zustandsinformationen versorgt. Der Versand erfolgt zyklisch und dient dem-

---

[15]Die genau erzielbaren Reichweiten für Single Hop sind aufgrund fehlender Realisierung unbekannt. Abhängig von der Umgebung werden 200m bis 1000m als maximale Reichweite erwartet (vgl. [275]).

nach auch als Heartbeat. Beim Geobroadcast werden Nachrichten in einer vorgege-benen geographischen Region verteilt, diese können beispielsweise der Information über ein bestimmtes Event dienen. Das Unicast ist für die direkte Kommunikation mit einem dedizierten Knoten zuständig. Die Advanced Information Disseminati-on dient dem Transport von Informationen auch über Netzwerkpartitionen hinweg. Hierbei werden Informationen gespeichert und an bislang nicht bekannte Netzwerk-teilnehmer weitergeleitet (vgl. [291, 293, 290, 292]). Ebenfalls möglich ist die Aggre-gation von Informationen, die es erlaubt, den Informationsoverhead zu minimieren. COMeSafety definiert insgesamt vier Nachrichtentypen, die in einen allgemeinen Frame Aufbau eingebettet sind (vgl. [58]):

Cooperative Awareness Message (CAM) Die CAMs werden zyklisch als Beacons unabhängig von der Konfiguration von allen Netzwerkteilnehmern versandt und besitzen damit vorrangig die Funktion eines Lebenszeichens. Im aktuellen Konzept von COMeSafety ist eine Frequenz von 2Hz vorgesehen (vgl [58]). Die enthaltenen Informationen unterscheiden sich abhängig davon, ob es sich um ein Fahrzeug oder eine RSU handelt. Beide Varianten beinhalten Identität und die wesentlichen GPS Da-ten (Position, Zeitstempel, Geschwindigkeit, Richtung). Beim Fahrzeug kommen Ab-messungen und allgemeine Informationen des Fahrzeugzustandes hinzu. Die RSU informiert über den Straßentyp und benachbarte RSUs. Zusätzliche Daten können über optionale Datenfelder angehängt werden[16].

Decentralized Environmental Notification Message Die DENMs beschreiben orts-abhängige Zustandsinformationen und sind daher nicht notwendigerweise an ein Fahrzeug gebunden. Die Information bleibt in der Regel mehrere Minuten aktuell und wird über Store and Forward Mechanismen im Netz verteilt (vgl. Abschnitt 3.4.4). Die Nachrichten werden auf Basis von Ereignissen erzeugt und zyklisch bis zu einer Ablaufzeit wiederholt. Erneuerung oder Abbruch sind in Abhängigkeit des Ereignisses möglich. Die Nachricht besteht aus den drei Bestandteilen Message Ma-nagement-, Situation- und Location-Container, die einen festen Inhalt tragen.

Periodic Message (PM) Sie dient vor allem für Sicherheitsanwendungen (Safety) und können mit einer maximalen Wiederholrate von 10Hz versendet werden. Der Aufbau der Nachricht ist abhängig vom Anwendungszweck und wird mit der Nach-richt codiert.

Service Messages (SM) decken alle in den letzten drei Fällen nicht enthaltenen Sze-narien ab. Der Aufbau bestimmt sich über das Transportprotokoll, das auch den Ab-lauf der Kommunikation definiert.

Der vollständige Aufbau der Nachrichtenformate läßt sich, soweit spezifiziert, [58] und [59] entnehmen. Die Definitionen entsprechen den Anforderungen europäischer Forschungsprojekte und lassen eine Anlehnung an Standardisierungen aus ETSI ITS, IEEE 1609.x und ISO TC204 WG16 erkennen (ebd.).

---

[16]Die vollständige Liste ist in [58] und [59] zu finden

2.4.2 Applikationsklassifikation

Die Applikationen wurden in [249] in vier Hauptkategorien[17] unterteilt, denen in der weiteren Verfeinerung unterschiedliche Situationen und Anwendungszwecke zugeordnet wurden (vgl. auch Tabelle 2.2[18]). Die Funktionen der ersten Klasse sind diejenigen, die einen direkten Einfluß auf die Sicherheit im Straßenverkehr haben. Die Auffächerung innerhalb der Gruppe lehnt sich an die potientielle Gefahr in der Situation an (vgl. [76]). Das prominenteste Beispiel der zweiten Applikationsklasse sind virtuelle Sirenen bei Einsatzfahrzeugen mit dem Ziel, diese schneller an ihren Bestimmungsort zu bringen. Die Klasse des Improved Driving ist unterteilbar in mikroskopische Komponenten für das lokale Umfeld des Fahrzeugs (z.B. Einfädelassistent an Verengungen) und makroskopische zur Verkehrsflußsteuerung. Die letzte Kategorie umfasst Zusatzdienste, die sich einerseits direkt auf das Fahrzeug beziehen können (z.B. Wartung), die Fahrzeugverwaltung unterstützen oder den Zugang in das Internet ermöglichen. Die Reihenfolge stellt auch eine ungefähre Priorisierung der Applikationen in der Literatur dar.

Eine alternative Klassifikation der Applikationen wird in [291] gegeben. Sie charakterisiert zunächst die Applikationen hinsichtlich Kundennutzen, Realisierungsaufwand, Teilnehmer etc. Weiterhin werden den ausgewählten Applikationen Kommunikationseigenschaften (Multi-Hop, Infrastruktur, Routing, etc.) zugeordnet und klassifiziert.

2.4.3 IVC Besonderheiten und Herausforderungen

Obwohl Ad-Hoc Netzwerke aus der Literatur bekannt sind und viele Lösungen für diese Netze existieren, werden VANETs in der Forschung übereinstimmend als eigener Forschungsbereich angesehen (vgl. [41, 265]). Dies hängt insbesondere mit den Fahrzeugen als Knoten zusammen (vgl. [265]). Zusätzliche technische, nichttechnische und ökonomische Herausforderungen erhöhen den Realisierungsaufwand. Die wesentlichen Merkmale sind im Folgenden aufgelistet:

Knotengeschwindigkeit Die Bewegung der einzelnen Knoten liegt in einem weiten Geschwindigkeitsbereich von $0\frac{km}{h}$ bis $200\frac{km}{h}$ (vgl. [249]). Dadurch verkürzen sich u.a. die Kommunikationszeiten bei sich aufeinander zu bewegenden Fahrzeugen. Es wird erwartet und wurde experimentell bestätigt (vgl. [253]), daß die Dauer der Kommunikationsverbindung im statistischen Mittel im Sekundenbereich liegt. Die hohen Relativgeschwindigkeiten haben Einfluß auf alle Layer der Kommunikationsschicht. Die Transceiver müssen mit physikalischen Effekten wie dem Dopplereffekt umgehen können, dem Link Layer ist nicht bekannt, wie lange eine Verbindung hält und die sich ständig ändernde Topologie erschwert das Routing. Überdies verkomplizieren die schnellen Kontextwechsel die Realisierung von Applikationen.

---

[17]Public Safety ist in dieser Aufstellung eine eigene Kategorie.

[18]Die Applikationsklassifikation wurde im englischen Original übernommen, um übersetzungsbedingte Zweideutigkeiten auszuschließen.

Situation /Purpose	Application Examples
Active Safety (60-500ms latency)	
Dangerous road features	Curve speed warning, Low bridge warning, Warning about violated traffic lights or stop signals
Abnormal traffic and road conditions	Vehicle-based road condition warning, Infrastructure-based road condition warning, Visibility enhancer, Work zone warning
Danger of collision	Blind spot warning, Lane change warning, Intersection collision warning, Forward/Rear collision warning, Emergency electronic brake lights, Rail collision warning, Warning about pedestrians crossing
Crash imminent	Pre-crash sensing
Incident occurred	Post-crash warning, Breakdown warning, SOS service
Public Service	
Emergency response	Approaching emergency vehicle warning, Emergency vehicle signal preemption, Emergency vehicle at scene warning
Support for authorities	Electronic license plate, Electronic drivers license, Vehicle safety inspection, Stolen vehicles tracking
Improved Driving	
Enhanced Driving	Highway merge assistant, Left turn assistant, Cooperative adaptive cruise control, Cooperative glare reduction, In-vehicle signage, Adaptive drivetrain management
Traffic Efficiency	Notification of crash or road surface conditions to a traffic operation center, Intelligent traffic flow control, Enhanced route guidance and navigation, Map download/update, Parking spot locator service
Business / Entertainment	
Vehicle Maintenance	Wireless diagnostics, Software update/flashing, Safety recall notice, Just-in-time repair notification
Mobile Services	Internet service provisioning, Instant Messaging, Point-of-interest notification
Enterprise solutions	Fleet management, Rental car processing, Area access control, Hazardous material cargo tracking
E-Payment	Toll collection, Parking payment, Gas payment

Tabelle 2.2: Klassifikation Car2X Applikationen nach [249]

Bewegungsmuster Fahrzeuge bewegen sich nicht zufällig gemäß eines Random-Walk-Modells, sondern entlang von Straßen. In Stadtgebieten liegen die Straßen zwar eng beieinander, aufgrund der Gebäude spielen Effekte wie Abschattung oder Reflektion jedoch eine zusätzliche Rolle. Häufige nicht vorhersagbare Richtungswechsel der Fahrzeuge an Kreuzungen erschweren den Aufbau von Routen. Landstraßen zeichnet ein üblicherweise deutlich geringerer Verkehr aus, wodurch der Erhalt eines geschlossenen Netzes häufig erschwert wird. Schnellstraßen haben definierte Ein- und Ausfahrten, dazwischen sind Bewegungen näherungsweise eindimensional (vgl. [249]). Diese Unterschiede stellen große Herausforderungen an die Routingprotokolle, die sowohl mit dem unvorhersagbaren Verhalten im Stadtverkehr als auch mit dem eindimensionalen Routingfall auf Autobahnen umgehen können müssen (vgl. Abschnitt 3.4.4). Es zeigt sich, daß sogar auf Autobahnen Fragmentierung möglich ist und längere Verbindungen als 1min schwer zu erreichen sind (vgl. [41]).

Knotendichte Die Fahrzeugdichte ist ein weiterer wesentlicher Einflußfaktor auf die Kommunikation. In Gebieten mit sehr niedriger Dichte, in denen eine direkte Weiterleitung nicht möglich ist, müssen die Nachrichten vom Fahrzeug gespeichert werden, bis ein neuer Kommunikationspartner in Reichweite oder die Gültigkeit der Nachricht abgelaufen ist. Andererseits kann die Fahrzeugdichte in einem Stau dazu führen, daß deutlich über hundert Fahrzeuge im Empfangsbereich sein können - in diesem Falle sollten Nachrichten nur von ausgewählten Knoten weitergeleitet werden, da andernfalls die Überlastung des Kanals die Folge sein kann (vgl. [249]).

Sicherheit (Security) In der Literatur wird üblicherweise davon ausgegangen, daß die Einführung von Sicherheitsmaßnahmen für den Erfolg von C2X-Systemen am Markt ein entscheidender Faktor ist (vgl. beispielsweise [60, 209, 148]). Eine Verschlüsselung der übertragenen Daten ist dabei jedoch nicht vorgesehen, da dies dem wesentlichen Grundgedanken, Informationen allen Teilnehmern zugänglich zu machen, entgegen stehen würde. Die Sicherheitsmaßnahmen haben vielmehr zum Ziel, die Vertrauenswürdigkeit der Daten sicherzustellen und das System gegen Angriffe von außen abzusichern. Die Sicherheitsbetrachtungen lassen sich -gemäß [209]- in die folgenden Anforderungen aufteilen: Authentifizierung und Integrität stellen sicher, daß die Nachricht von einem vertrauenswürdigen Kommunikationspartner stammen; in der Regel werden diese Anforderungen durch Signaturen und Zertifikate gelöst. Zudem muß die Nicht-Abstreitbarkeit (non-repudiation) gewährleistet sein, damit der Sender jeder Nachricht bekannt ist. Jede Nachricht muß einem Generierungsintervall zugeordnet werden können um die *liveness* des Senders sicherzustellen (Entitiy Authentication). Jeder Teilnehmer besitzt eine bestimmte Rolle, die festlegt, welche Nachrichten verschickt werden dürfen (access control, authorization). In Sonderfällen sind Daten vertraulich zu behandeln, also zu verschlüsseln (message confidentiality). Weiterhin spielt der Schutz der Fahrzeugfunktion vor Angriffen eine große Rolle, da die Einbringung der OBU in die E/E-Architektur einer Öffnung derselben nach außen entspricht (vgl. [160]).

Privatheit In engem Zusammenhang zu den Sicherheitsmaßnahmen steht die Privatheit (privacy) jedes Teilnehmers. Wie beispielsweise in [209] angeführt, können anhand des Teilnehmertyps unterschiedliche Anforderungen ausgemacht werden. So haben RSUs, da sie nicht personengebunden sind, keine Privatheitsbedürfnisse. Anders verhält es sich bei Fahrzeugen, die durch das Versenden der C2X-Nachrichten nicht besser verfolgbar sein dürfen als dies heute ohnehin bereits der Fall ist - man spricht in diesem Zusammenhang auch von location privacy. Ein weiterer wichtiger Aspekt ist die Anonymisierung der Senderdaten, um beispielsweise nachträgliche Mahnbescheide für Geschwindigkeitsübertretungen auf Basis von Loggingdaten zu vermeiden. Wäre letzteres Bestandteil der C2X Kommunikation würde dies die Akzeptanz von C2X Systemen vermutlich umgehend zerstören (vgl. [265, 75, 126]).

Privatheit und Sicherheit sind vom Charakter gegensätzlich, da einerseits die Identität verschleiert werden, andererseits der Sender einer Nachricht aber identifizierbar sein soll. Häufig in der Literatur zu finden ist der Ansatz, die Identität jeweils nach kurzer Zeit zu ändern. Jedem Fahrzeug stehen dafür eine größere Anzahl an zertifizierten Identitäten (Pseudonyme) zur Verfügung, die gegebenenfalls auch in nicht näher bezeichneten Intervallen aktualisiert werden können (vgl. [209, 231]).

Latenz Insbesondere bei sicherheitsrelevanten C2X-Applikationen ist die Gesamtlatenz für die Realisierung der Funktion entscheidend. Neben der Übertragungszeit auf dem Funkkanal zählen dazu die Verarbeitungszeiten in den OBUs sowie die Kommunikation mit den fahrzeuginternen Steuergeräten, oder allgemein, die vollständige Verarbeitungskette vom Sensor des Sendefahrzeugs bis zum Aktor des Zielfahrzeugs (vgl. 3.4). Die Anforderungen liegen bei den besonders kritischen Funktionen im Bereich einiger 10ms (vgl. [194, 313, 100, 284]).

Fahrzeugintegration Im direkten Zusammenhang mit der Latenz ist die Anbindung der OBU in die fahrzeuginterne Elektronikarchitektur zu nennen. Eine Kommunikation von OBU und weiteren Steuergeräten ist in jedem Fall notwendig, da einerseits Sensordaten innerhalb der C2X-Nachrichten (z.B. CAM) verschickt werden, andererseits aber auch Aktorik des Fahrzeugs (z.B. Sensordatenfusion mit ACC) über C2X erhaltene Daten zur Verarbeitung verwenden kann. Hier muß sichergestellt sein, daß die Daten schnellstmöglich transportiert und prozessiert werden. Unter allen Umständen ist die Integrität des Fahrzeugnetzes, beispielsweise durch eine Firewall, sicherzustellen (vgl. [91]).

Harmonisierung Das Schaffen einheitlicher Standards, die zumindest Großteile des relevanten Marktsegments abdecken, sind eine weitere wichtige Voraussetzung für die Akzeptanz des Systems (vgl. [146]). Aus Kundensicht muß so, analog zum Roaming in GSM Netzen, die Funktionsfähigkeit des Systems bei Grenzübertritt gewährleistet sein. Aus Sicht der Fahrzeughersteller und Zulieferer ist es kaum möglich, vollständig unterschiedliche und länderspezifische Systeme für den weltweiten Markt zu entwickeln. Aus diesem Grund beinhalten die Aktivitäten der C2X-Forschung auch die Vereinheitlichung der Standards zu einem möglichst einheitlichen Systemansatz. In Europa repräsentiert beispielsweise das COMeSafety Projekt diese Konsolidierungsaktivitäten (vgl. [61, 58] sowie Abschnitt 3.4.3).

Einführungsszenarien und ökonomische Randbedingungen stellen eine wesentliche weitere Herausforderung dar. An dieser Stelle ist vor allem bemerkenswert, daß zunächst ein gewisser Prozentsatz an Fahrzeugen mit einem C2X System ausgestattet sein muß, damit Vorteile nutzbar sind. So wird davon ausgegangen, daß eine Verbreitungsrate von 10% notwendig ist, um typische Sicherheitsanwendungen realisieren zu können (vgl. [99, 146]). Bei einigen Anwendungen läßt sich diese Rate durch spezielle Store and Forward Mechanismen auf 1-3% reduzieren (vgl. [291, 290]). Diejenigen, die als erstes auf die neue Technologie setzen würden, hätten daher keinen unmittelbaren Nutzen und somit nur einen sehr eingeschränkten Anreiz, als erste dieses Feature anzubieten. Für Deutschland kann gezeigt werden, daß die Einführung bei einer vollständigen Ausstattung aller Neufahrzeuge mindestens 1.5 Jahre dauert (vgl. [146, 156]). Zusätzlich zeigt sich, daß bereits eine Ausstattungsrate von 50% der Neuwagen schwer zu erreichen sein wird (ebd.), sich die Einführungszeit also dementsprechend verlängert (vgl. Abbildung 2.18).

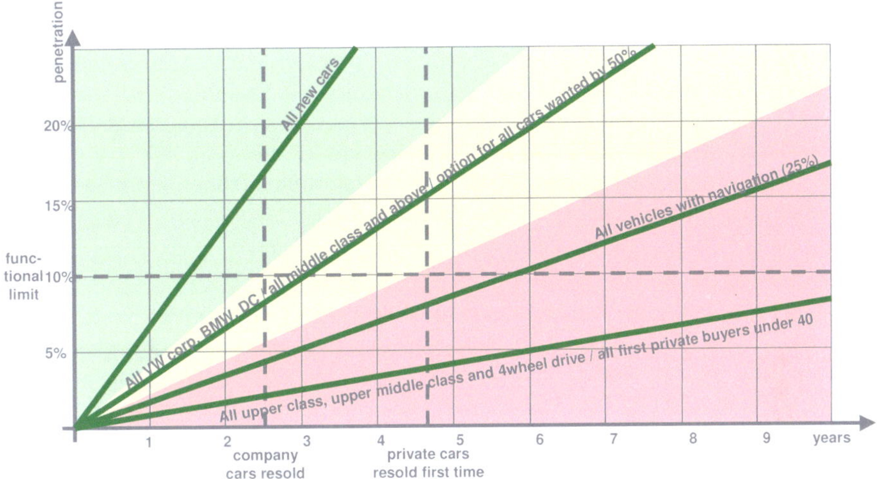

Abbildung 2.18: Verbreitungsszenarion C2X OBUs [146]

Schlußfolgernd wird in [146] die Einführung von OBUs als Standardequipment als einzig möglicher realistischer Weg angeführt. Die Autoren schlagen zusätzlich ein fünfstufiges Modell vor, das sie für die Einführung für geeignet halten (ebd.). Der Ansatz basiert auf der Einführung von Basiseinheiten im ersten Schritt, die keine Applikation ermöglichen. Es folgt die Markteinführung von Infotainmentdiensten, die sowohl die Basiseinheiten als auch die erweiterten Einheiten finanzieren, zusätzlich werden alle Units vom OEM für eigene Dienste zur Refinanzierung des Aufwands genutzt. Bei ausreichender Abdeckung werden schließlich alle Applikationen eingeführt; Basiseinheiten können dann durch ein entsprechendes Nutzerinterface (HMI) erweitert werden. Die Applikationen des ersten Einführungsschritts werden in [146] nicht näher bezeichnet, jedoch kategorisiert. So wird davon ausgegangen, daß Privatnutzer bereit sind, nur wenig Geld auszugeben, Flottenmanager jedoch bereit wären, weit mehr Geld zu investieren. Als wesentlicher Punkt für eine erfolgreiche Einführung wird zudem die Harmonisierung genannt.

2.4.4 Regionale Fokussierung: USA, Japan und Europa

Die hauptsächlichen Aktivitäten in Richtung C2X Forschung, Entwicklung und Standardisierung finden in den USA, Japan und Europa statt (vgl. [247]). In den USA ist die Standardisierung vergleichsweise weit fortgeschritten.

USA In den USA ist das Department of Transportation (DOT) die treibende Kraft für Forschung und Entwicklung im C2X Bereich, wobei es insbesondere auch Forschungsprojekte aktiv fördert. Unterstützt werden die Projekte durch die Industriekonsortien VIIC c15_12 und CAMP. Das Vehicle Safety Communications Consortium (VSCC) ist ein Industriekonsortium der großen internationalen Automobilhersteller, welches im Rahmen des Vehicle Safety Communication Projekts (VSC) das Einsatzpotential von DSRC[19] Systemen für aktive Sicherheitsanwendungen untersucht, Anforderungen definiert und die Standardisierung vorantreibt (vgl. [100]). Ein weiteres Ziel des VSCC ist es, die Markteinführung zu unterstützen (für eine umfassende Liste möglicher Anwendungen vgl. exemplarisch [284]).

Für die Funkübertragung wurden bereits 1999 75MHz im 5.9GHz Band reserviert, die ausschließlich für den Einsatz im Automobilbereich gedacht und vornehmlich Sicherheitsapplikationen vorbehalten sind. Vorgesehen sind 7 Kanäle mit einer Bandbreite von 10MHz. Für die Funkübertragung ist der noch in der Standardisierung befindliche IEEE 802.11p Standard vorgesehen, welcher von dem weit verbreiteten Wireless LAN Standard 802.11a abgeleitet ist (vgl. [100]). Die darüber liegenden Schichten sind durch die IEEE 1609.x Protokollfamilie abgedeckt (vgl. [131, 130, 132, 133]). Die Standardisierung der Anwendungsschicht erfolgt innerhalb des SAE (vgl. [237]). Zusammenfassend bezeichnet man den Stack aus 801.11p, 1609.x und SAE J2735D als Wireless Access in a Vehicular Environment (WAVE). Die Forschung in den USA fokussiert sich vor allem auf infrastrukturbasierte Dienste (V2I), eine Realisierung von Interfahrzeugkommunikation ist geplant, sobald eine ausreichende Verbreitung erreicht wurde (vgl. [247]).

Japan Die Aktivitäten in Japan werden vor allem durch einige Ministerien vorangetrieben und unterstützt. Dazu gehören das Ministerium für Land, Infrastruktur und Transport (MLIT), das Ministerium für Inneres und Kommunikation (MIC), das Ministerium für Wirtschaft, Handel und Industrie (METI) sowie die staatliche Polizei (NPA) (vgl. [247, 100]). Die Arbeiten zur Erhöhung der Verkehrssicherheit wer-

---

[19]DSRC - Dedicated Short Range Communication

den seit 1996 in der Advanced Cruise Assist Highway System Research Association durchgeführt. Ihr gehören 18 Vollmitglieder und 360 assoziierte Mitglieder an (vgl. [2]). Letztendliches Ziel ist, die Anzahl von Unfällen und deren Folgen zu verringern.

Der produktive Einsatz von C2X Systemen hat mit dem Aufbau eines elektronischen Mautsystems (ETC) begonnen, welches im Standard ARIB STD T55 (vgl. [18]) beschrieben wird. Die Infrastruktur ist vollständig aufgebaut, weshalb bereits heute eine breite Unterstützung von V2I Kommunikation möglich ist. Die Nutzung über ETC hinaus ist im Nachfolgestandard ARIB STD T75 (vgl. [19]) vorgesehen. Um C2C Kommunikation zu ermöglichen, werden zudem ein modifizierter WAVE Standard im 5.8 GHz Bereich und ein völlig neuer Standard im 700 MHz-Band entwickelt und untersucht (vgl. [247]).

Die Forschung für V2X in Japan läuft hauptsächlich in den drei Projekten Advanced Safety Vehicle (ASV), Advanced Highway Systems (AHS) und Driving Safety Support Systems (DSSS) ab. In ASV werden sowohl fahrzeuginterne Systeme als auch DSRC Komponenten betrachtet. AHS setzt sich mit der infrastrukturbasierten Kommunikation auseinander. In DSSS werden vor allem Infrarot Beacons untersucht, die als Baken am Straßenrand angebracht sind (vgl. [247]).

Europa In Europa wird vor allem die infrastrukturlose C2C-Kommunikation betrachtet - Die Schaffung einer einheitlichen Infrastruktur ist aufgrund der vielen nationalen Behörden schwierig zu erreichen (vgl. [247, 164]). Daher beschäftigt sich die Mehrzahl der Projekte vor allem mit der Kommunikation zwischen Fahrzeugen. Die Forschung in Europa wird sowohl durch nationale Fördergeber als auch durch die EU in zahlreichen Projekten unterstützt. Die Konsolidierung der Ergebnisse erfolgt durch das Car-to-Car-Kommunikation Consortium (C2CCC), dem sowohl Automobilhersteller und Zulieferer als auch Forschungsinstitute angehören. Das Konsortium bereitet unter anderem auch die Standards für V2X vor, um sie bei den entsprechenden Standardisierungsgremien einzubringen. Als wesentlichen Erfolg hat das C2CCC eine Reservierung eines 30MHz großen Frequenzbereichs im 5.9 GHz Band erreicht, der ausschließlich für die Verbesserung der Verkehrssicherheit genutzt werden darf. Weitere 20MHz sind verfügbar, um beispielsweise den Verkehrsfluß zu verbessern (vgl. [247]). Die Harmonisierung der in EU Projekten erzielten Ergebnisse und technischen Inhalte wird innerhalb des bereits erwähnten COMeSAFETEY Projekts vorangetrieben (vgl. auch 3.4.3).

2.4.5 Routing und Forwarding in C2X-Netzen

In diesem Abschnitt soll ein gesonderter Einblick in die Routing und Forwardingverfahren gegeben werden, die die Basis für die Designentscheidungen im für das Routing zuständigen Modul des C2X-Architekturansatzes bilden (vgl. 6.3.5).

Da die Reichweite einer direkten Übertragung begrenzt und durch die stark unterschiedlichen Umgebungsbedingungen nicht vorhersagbar ist, müssen spezielle Maßnahmen für die Weiterleitung von Botschaften getroffen werden. Die direkte Weiterleitung zwischen Fahrzeugen, bei der jedes Fahrzeug als intelligenter Router agiert, ermöglicht die Verteilung von Informationen ohne eine gesondert zu installierende Infrastruktur und hat somit den Vorteil, auch in schwach abgedeckten Gebieten alleine durch das Vorhandensein kommunikationsfähiger Fahrzeuge nutzbar zu sein.

Es ergeben sich unmittelbar zwei Vorteile: Erstens steigt die Zahl potenzieller Router mit der Zahl der Fahrzeuge an, so daß die Last geschickt auf eine Vielzahl von Knoten verteilt werden kann. Dies ist insbesondere im Stadtbereich interessant, wo Routingpfade entlang der Straßenzüge entstehen, die einem Mesh Netzwerk entsprechen. Zweitens bietet die Bewegung des Routers im Raum die Möglichkeit, Nachrichten nicht nur über den drahtlosen Kanal weiterzuleiten, sondern sie auch mit dem Router an einen anderen Ort zu transportieren (Store and Forward [291, 292]). Vorteile bietet diese Möglichkeit insbesondere bei schwach befahrenen Strecken, wo C2X Kommunikationsteilnehmer nur sporadisch aufeinandertreffen. Die Nutzung des Gegenverkehrs ermöglicht so, auch größere Lücken der Netzabdeckung zu überbrücken.

Die hohe Dynamik des Netzes hat aus Sicht der Routingalgorithmen jedoch nicht nur Vorteile. Das ständig wechselnde Umfeld geht einher mit einer sich verändernden Netztopologie, was insbesondere den Einsatz von Algorithmen, die Nachbarschaftstabellen aufbauen und aktiv warten, problematisch macht, da allein das Update der Tabellen den Funkkanal bereits signifikant auslasten kann. Zusätzlich muß die Zuteilung spezieller Eigenschaften von Knoten ebenfalls dynamisch erfolgen, da die Dichte der Teilnehmer stark variiert und so unter anderem eine Unterdrückung von Weiterleitungen notwendig macht. So muß zu jeder Zeit definiert sein, welcher Knoten eine Nachricht weiterleitet, um unerwünschte Paketvervielfältigungen zu vermeiden. Generell gilt, daß jeder relevante Knoten jede Nachricht genau einmal gehört haben soll. Im Regelfall wird sich ein mehrfacher Empfang für einige der Knoten jedoch nicht vermeiden lassen, da die Funkkommunikation ungerichtet erfolgt und der Router demnach auch in das Gebiet abstrahlt, aus dem die Nachricht empfangen wurde.

Ein weiterer Aspekt ist die Art der Kommunikation, die sich ebenfalls von der Vielzahl anderer Netze unterscheidet. Die große Mehrheit der verteilten Informationen erfolgt ungerichtet und ist für eine Vielzahl an Teilnehmern relevant. Die Informationsverteilung ist somit ein Broadcast, welcher über die Router hinweg verbreitet wird und entspricht demnach eher einem Forwarding denn einem Routing von Informationen. Dieses Phänomen ergibt sich unmittelbar aus dem Anwendungsbereich von C2X Netzen, deren Zweck gerade die Verbreitung von Information an die größtmögliche Zahl Verkehrsteilnehmer ist. Auch können mittels GeoCasts definierte geographische Gebiete adressiert werden, die die relevanten Adressaten einer Information enthalten. Im Gegensatz dazu steht die Nutzung von Mehrwertdiensten, die von einem dedizierten Teilnehmer genutzt werden und so einen gerichteten Datenstrom bedingen. Im Rahmen dieser Arbeit liegt der Fokus auf den beiden primären Zielen Safety und Verkehrsflußoptimierung: Betrachtet man die Verteilung der Informationen in VANETs, so lassen sich die Prinzipien der Broadcast, Multicast und Unicast Kommunikation zwar prinzipiell übertragen, können in diesem Umfeld jedoch nicht ohne Änderung genutzt werden. Ein wesentlicher Grund ist der bewußte Verzicht auf die Verwendung von festen IDs zur Wahrung der Privatheit (vgl. [58, 61, 255]), so daß nur temporäre IDs zur Verfügung stehen, die sich nicht direkt für die Verwendung einer globalen und zeitinvarianten Unicast- oder Multicast-Adressierung eignen.

2.4.5.1 Infrastruktur vs. Ad-Hoc

Die Verbindung mobiler Kommunikationsteilnehmer kann in zwei grundlegende Ansätze unterschieden werden. Auf der einen Seite stehen Infrastruktur Netzwerke, welche als zentralen Bestandteil Basisstationen verwenden, die wesentliche Funktionen des Netzwerkmanagements wie beispielsweise Routing übernehmen. In Abhängigkeit des Netzes existiert eine Basisstation oder ein Netz aus Stationen, die über Backbones gestützt werden. Die Kommunikation der Teilnehmer erfolgt immer über die Basisstation, Beispiele sind IEEE 802.11 (welches auch Ad-Hoc Verbindungen erlaubt), GSM und DECT.

Auf der anderen Seite stehen mobile Ad-Hoc Netzwerke (MANETs), bei welchen es sich um spontane Netze handelt, die nur kurzzeitig und zu einem bestimmten Zweck gebildet werden. Der wesentliche Unterschied ist die dezentrale Organisation, wodurch keine Basisstationen benötigt werden. Die Netze bestehen aus unabhängigen Funkknoten, die in der Lage sind, dynamische Verbindungen untereinander herzustellen. Das Netzwerkmanagement ist verteilt und erfolgt stets in Selbstorganisation durch die einzelnen Teilnehmer. Auf diese Weise kann sich das Netz verkleinern, vergrößern oder fragmentieren. Bei größeren Netzen ergibt sich die Notwendigkeit, Nachrichten über mehrere Knoten als Multi Hop Verbindungen weiterzuleiten. Da das Routing durch keine zentrale Instanz realisiert ist, müssen die einzelnen Knoten dabei selbst die dafür notwendigen Mechanismen bereit stellen. Typische Anwendungen von Ad-Hoc Netzen sind Sensor-Aktor-Netzwerke oder VANETs.

2.4.5.2 Ergänzungen in VANETs

Neben den bekannten Mechanismen zur Weiterleitung werden für die C2X-Kommunikation zusätzliche Übertragungsmechanismen definiert. Beispiele dafür sind in [98] und [99] zu finden. Unicast und Multicast bleiben dort unverändert erhalten. Ein Topologically-Scoped Broadcast (TSB) ist ein Broadcast in N-Hop Reichweite. Ein Geographically-Scoped Broadcast (GSB) adressiert die Empfänger anhand einer geographischen Region, die auch den Sender enthält. GSB kommt bei der Großzahl der Safety-Anwendungen zum Einsatz. Der GeoCast bezeichnet den Datentransport von einem Sender an alle Knoten innerhalb einer geographischen Region. Die Pakete gelangen per Unicast in die Region (Line Forwarding) und werden dann per GSB verteilt (Area Forwarding).

2.5 Rekonfigurierbare Hardware

Dieser Abschnitt erläutert die Eigenschaften der gewählten Zieltechnologie, die sich je nach Anwendung deutlich von denen der normalerweise im Automobilbereich eingesetzten Mikrocontroller unterscheiden. Insbesondere die Möglichkeit der dynamischen Hardwareanpassung zur Laufzeit ist ein Alleinstellungsmerkmal rekonfigurierbarer Hardware. Aber auch die Möglichkeit, aufwendige Verarbeitungsschritte zu parallelisieren und auf die jeweilige Anwendung zu optimieren, hat durch die stark fallenden Kosten von Field Programmable Gate Array (FPGA) Bausteinen an Attraktivität gewonnen. Und nicht zuletzt sind diese geeignet, um Architekturen prototypisch umzusetzen, um Testsysteme und Demonstratoren darzustellen.

2.5.1 Hardware-Architektur

Bei FPGAs, welche die populärsten Vertreter rekonfigurierbarer Hardware sind, handelt es sich um programmierbare Hardwarebausteine, die in der Lage sind, beliebige Logikfunktionen zu realisieren. Sie bestanden bereits 1985, als sie vorgestellt wurden, aus den drei Hauptkomponenten programmierbare Logikzellen, Verbindungsnetzwerk und Input/Output-Zellen. Eine im FPGA zu implementierende Funktion wird in kleine Teile partitioniert, welche jeweils in eine Logikzelle gemappt werden können. Die Logikblöcke wiederum werden dann über das Verbindungsnetzwerk miteinander verschaltet. Eine abstrakte Darstellung der Architektur ist in Abbildung 2.19 gegeben. Alle drei Typen können vom Nutzer konfiguriert werden (vgl. [44, 49]).

Für die Herstellung von FPGAs werden hauptsächlich drei unterschiedliche Technologien verwendet. Antifuse basierte FPGAs lassen sich einmalig durch das Schaffen von Verbindungen, welche durch das Durchschmelzen eines Dielektrikums geschaffen werden, programmieren. SRAM basierte FPGAs verwenden SRAM Speicherzellen an allen Konfigurationspunkten und können beliebig häufig neu konfiguriert werden. Sie haben allerdings den Nachteil, daß bei Spannungsverlust am Baustein die Konfiguration verloren ist. Demzufolge muß der Baustein nach jedem Einschalten neu aus einem nichtflüchtigen Speicher konfiguriert werden, was zusätzlich Zeit in Anspruch nimmt. Dies wird von flashbasierten FPGAs, die ihre Konfiguration auch nach dem Ausschalten behalten, vermieden. Technologisch bedingt werden von diesen Bausteinen jedoch nicht die Logikdichten erreicht, die heute bei SRAM basierten FPGAs möglich sind.

Für die Realisierung von Logikfunktionen werden von den Herstellern zwei Möglichkeiten angeboten. So setzt der Hersteller Actel[1] auf Multiplexer-basierte Integration, bei der die Shannon Expansion verwendet wird (vgl. [44]). Xilinx[295] und Altera[6] setzen auf Look Up Table (LUT)- basierte Implementierung. Bei einer LUT werden alle möglichen Funktionswerte einer n-wertigen Funktion in einem SRAM Speicher abgelegt und der gültige Funktionswert durch einen Multiplexer ausgewählt. Die Auswahlleitungen des Multiplexers stellen die Eingabewerte der Funktion dar. Um die Implementierung sequenzieller Logik zu ermöglichen, werden die LUTs noch mit nachgeschalteten FlipFlops und Zusatzlogik für Arithmetik und Ähnliches versehen. Xilinx fasst jeweils zwei der Basisblöcke zu einem Slice und vier Slices zu einem CLB mit acht Basisblöcken zusammen (vgl. [308, 312]). Vergleichbare Strukturen findet man bei den FPGAs von Altera (vgl. Abschnitt 5.3.2).

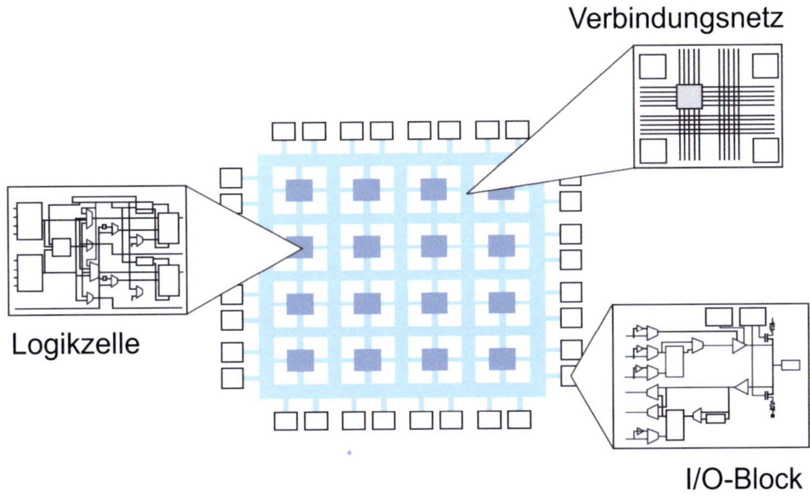

Abbildung 2.19: Abstrakte Struktur eines FPGAs

Im Regelfall werden komplexere Funktionen abgebildet, als in einer einzelnen Zelle realisiert werden können. Daher bieten alle FPGAs die Möglichkeit, Logikzellen flexibel miteinander zu verbinden. Für die Verbindungsstrukturen existieren vier unterschiedliche Konzepte: Symmetrical Array (Xilinx Virtex), Row-Based (Actel ACT3), Sea-of-gates (Actel ProAsic) und Hierarchical-based (Altera Cyclone, Stratix). Leitungsverbindungen können über Pass Transistoren mit einer SRAM Zelle am Gate hergestellt werden. Alternativ sind die Verwendung eines EPROM-basierten Ansatzes mit Floating Gate oder Antifuse Verbindungen möglich. Neben den für Logik verwendeten Verdrahtungskanälen sind in den meisten FPGAs spezielle Taktnetze vorhanden, die zu einer möglichst gleichmäßigen Verteilung des Taktes zu den einzelnen Logikzellen beitragen.

Als Schnittstelle zu externen Komponenten werden konfigurierbare IO Blöcke verwendet, die unterschiedliche IO Standards unterstützen, einschaltbare Pull-Up und Pull-Down Widerstände besitzen und in Single-Data-Rate oder Double-Data-Rate Modus betrieben werden können. Ein- und Ausgabe können jeweils direkt oder über

Register erfolgen, die Mehrzahl der IO Zellen sind sowohl als Eingabe- als auch Ausgabepin verwendbar. Eine Umschaltung zur Laufzeit ist möglich und erlaubt so bidirektionale Übertragungen. Die Anzahl konfigurierbarer IOs kann bei aktuellen FPGAs in BGA Gehäusen mehrere hundert Pins betragen.

Viele FPGAs bieten neben den drei grundsätzlichen Elementen spezialisierte Elemente, welche, als Hardmakro optimiert, eine spezielle Funktion erfüllen können. Bereits seit einigen Bausteingeneration sind Speicherelemente auf dem FPGA integriert, in denen wenige KByte an Daten vorgehalten werden können, wobei die Anzahl dieser Blöcke mit der Größe des jeweiligen FPGAs variiert. Xilinx bietet mittlerweile von einer Bausteinfamilie verschiedene Varianten an, die sich in den Zusatzkomponenten unterscheiden. So enthält die Virtex-5FX Familie einen festverdrahteten PowerPC Kern, Ethernet MAC-Layer und weitere Einheiten. Im Virtex-5SX sind spezielle Digital Signal Processing (DSP) Blöcke, diese sind für die Integration von MAC Rechenoperationen optimiert. Die Virtex-5LX Bausteine wiederum beinhalten eine möglichst große Anzahl konfigurierbarer Logikblöcke und kommen so dem FPGA Grundgedanken am nächsten. Die hier genannten Bausteinvarianten sind exemplarisch anzusehen und auf Produkte anderer Hersteller übertragbar.

2.5.2 Toolflow und IP-Cores

Die Standard FPGA Implementierungsmethodik ist eng an den ASIC Designprozess angelehnt. Üblicherweise werden HDL-Beschreibungen als Einstiegspunkt in den weitgehend automatisierten Toolflow verwendet. An dieser Stelle wird davon ausgegangen, daß die Hardwarebeschreibung des Systems funktional korrekt und synthetisierbar ist. In einem ersten Schritt, der Logik Synthese, wird das Design analysiert, optimiert und in eine FPGA implementierbare Repräsentation[20] in Form einer Netzliste gebracht. Je nach Hersteller ist dieser Schritt noch in verschiedene Einzelphasen unterteilt (Xilinx: Synthese, Translate, Map - vgl. [306]). Danach erfolgt die Phase des Place and Route, in welcher die Elemente der Netzliste auf Elementen des gewünschten Devices platziert und miteinander verdrahtet werden. Die Erebnisse werden wiederum in Form einer Netzliste dargestellt. In einem letzten Schritt erfolgt dann die Umsetzung der Netzliste in einen Bitstrom, der die Parameter aller im FPGA verwendeter Konfigurationszellen enthält und zur Konfiguration des FPGAs geeignet ist. Der gesamte Toolflow ist in Abbildung 2.20 dargestellt.

Bedingt durch die fortschreitende Verbreitung von FPGAs und das starke Anwachsen der Device Komplexitäten wird in den letzten Jahren zunehmend versucht, das Abstraktionslevel weiter anzuheben. So können einerseits mit dem Matlab HDL-Coder aus Simulink/Stateflow-Modellen HDL Beschreibungen des Modells generiert werden. Andererseits werden bereits implementierte und funktional verifizierte Funktionsblöcke (IP Cores) angeboten, die dem Gedanken des System-on-Chip Designs folgend zu einem neuen Gesamtsystem kombiniert werden. Die wohl bekanntes-

---

[20]Damit ist die ausschließliche Verwendung von FPGA Primitiven wie LUTs, RAM Blöcke, IOs etc. gemeint.

te Form, FPGAs in dieser Art und Weise zu verwenden, ist die Zusammenstellung eigener Prozessorsysteme mit ausgewählten Peripherie- und Speicherelementen in der Xilinx EDK (vgl. [307, 299]) oder im Altera SoPC Builder (vgl. [5]). Durch die Verwendung von Prozessoren innerhalb des FPGAs besteht zudem die Möglichkeit, (bestehende) Softwarekomponenten zu verwenden und nur kritische Verarbeitungspfade in Hardware auszulagern. Für Software können bereits bestehende Toolflows wiederverwendet werden.

Abbildung 2.20: Toolflow für FPGAs [44]

2.6 Verwendete Hardwareplattformen

Dieser Abschnitt führt die in dieser Arbeit verwendeten Hardwareplattformen ein. Neben kommerziellen Entwicklungsboards ist im Umfeld dieser Arbeit ein spezielles Automotive Gateway FPGA Board entstanden, bei dem die Physical Layer bereits auf der Platine integriert sind. Bei den kommerziell verfügbaren Entwicklungsplatinen wurden die für die Anbindung der Busse notwendigen Transceiver nachträglich angebunden.

Für die Entwicklung des Gateways wurde vor allem das FPGA Gateway Board verwendet. Abhängig von der Bestückung enthält es einen Spartan-3 5000 oder einen Pin kompatiblen Spartan-3 2000 FPGA. Als externe Speicher stehen sowohl ein 16 MByte großer Flash Baustein als auch 4x256kByte große SRAM Speicher zur Verfügung. Die Konfiguration des FPGAs erfolgt wahlweise über JTAG oder aus dem Flash mittels eines CPLDs, welcher den Bootvorgang und das Powermanagement realisiert. Ebenfalls integriert sind 4 Transceiver für die Anbindung an einen High Speed CAN sowie zusätzlich 4 LIN Transceiver. Die Erweiterung auf 5 bzw. 6 CAN Schnittstellen erfolgte über die Verwendung der I/O Header. Als Schnittstelle zum PC dienen zwei UARTs, sowie ein vom USB Modul verwendeter USB Physical Layer. Weiterhin integriert sind die Spannungsversorgung und eine Möglichkeit die Core und Hilfsspannung seitens CPLD abzuschalten. Aufbau und Realisierung des FPGA Boards sind in Abbildung 2.21 dargestellt. Optimierungsbedarf besteht hinsichtlich der vorhandenen Anzahl frei verfügbarer FPGA Pins des Boards, so daß nur eine eingeschränkte Erweiterbarkeit durch zusätzliche Schnittstellen möglich ist.

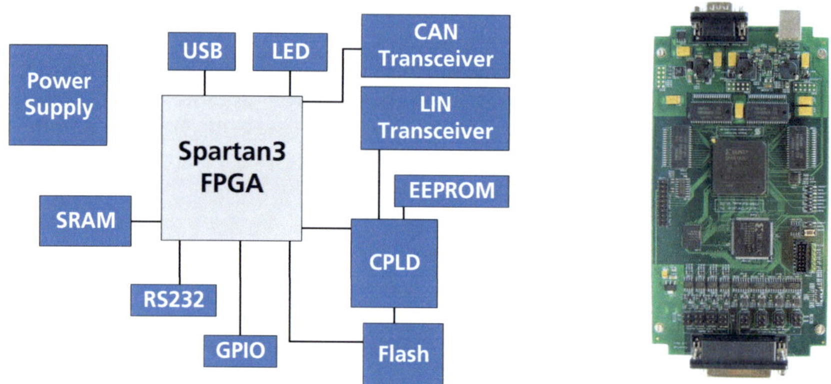

Abbildung 2.21: Spartan-3 FPGA Gateway Board

Für die Realisierung eines Ethernet Physical Layers ist das Gateway Board jedoch nicht vorgesehen, weshalb für diesen Einsatzzweck auf ein Entwicklungsboard des Xilinx University Programs (vgl. [296]) zurückgegriffen wurde. Daher wurde es auch für die Realisierung der C2X-Architektur verwendet. Das XUP V2P [297] verfügt über einen FPGA der Virtex-II Pro Familie, die im Gegensatz zur Spartan-3 Familie nicht für den Low Cost Markt gedacht ist. Die Größe des FPGAs ist in der Ausführung XC2VP30 für den hier angestrebten Einsatzzweck mehr als ausreichend. Zudem verfügt der FPGA über zwei hier nicht verwendete fest integrierte PowerPC Prozessorkerne. Als Zielanwendung dient das Board vor allem für rekonfigurierbarer Prozessorsysteme auf Basis des PowerPCs, weshalb die bei einem PC üblichen Schnittstellen (VGA, Tastatur, Audio, SATA, Ethernet, etc.) bereits integriert sind. Zudem besteht die Möglichkeit, externen DDR Speicher und Compact Flash Karten zu verwenden. Eine zusätzliche CAN Transceiverplatine realisiert die nicht vorhandenen CAN Schnittstellen.

Der Test der Altera Implementierung des FPGA Gateways erfolgte auf einem Altera DE2 Development Board (vgl. [11]), welches einen zum Spartan-3 vergleichbaren FPGA (EP2C35) der Cyclone II Familie enthält. Die Konfigurationsschnittstelle ist direkt integriert. Zudem verfügt das Board über Standardschnittstellen (Ethernet, RS232, USB, Video, Audio, etc.) sowie externen SRAM (512k) , SDRAM (8MBytew) und Flash (4MBytes) Speicher. Darüber hinaus enthält es ein LCD, Schalter und LEDs und die Spannungsversorgung. Die Anbindung des CAN Busses erfolgte über die Verwendung der IO Erweiterungen und der CAN Transceiverplatine.

3 Stand von Forschung und Technik

Dieses Kapitel fasst, ausgehend von Ausführungen in Kapitel zwei, den aktuellen Stand von Forschung und Technik in den relevanten Themenbereichen zusammen. Es wird die grundlegende Unterteilung in fahrzeuginterne Gateways und C2X-Kommunikation vorgenommen, um eine schlüssige Einordnung der unterschiedlichen Forschungsfelder zu ermöglichen - dies erscheint insbesondere aufgrund der Heterogenität der für das weitere Gesamtkonzept notwendigen Forschungsbereiche sinnvoll. Auf Seiten des Gateways schlüsselt die Betrachtung weitere Forschungsansätze auf, die sich jedoch nur eingeschränkt auf die Inhalte dieser Arbeit übertragen lassen. Die Darstellung gängiger μ-Controllerlösungen gibt einen Einblick in aktuelle Realisierungen und einen Ausblick, wohin sich die Standardbausteine der Automobilelektronik entwickeln werden. Zwei weitere Forschungsansätze weisen einen engen Bezug zu dieser Arbeit auf und werden daher detailliert diskutiert. Hinsichtlich der C2X-Funktionalität wurden Implementierung und E/E-Architekturintegration bislang von der Forschung nur unzureichend erörtert. Ein allgemeiner Überblick über die allgemeinen Forschungsaktivitäten im Bereich der C2X-Kommunikation sowie die Betrachtung der wichtigsten Projekte und Konsortien erlauben dennoch Rückschlüsse auf den technischen Stand der C2X-Kommunikation. Die Überlegungen in diesem Bereich werden anhand des COMeSafety Projekts dargestellt, welches die Harmonisierung um europäischen Bereich anstrebt. Abschließend gibt das Kapitel eine Einführung in Routing und Forwarding, gefolgt von einer Betrachtung der Hardwareplattformen.

3.1 Forschung im Umfeld von Automotive Gateways

Wie in Abschnitt 2.1.2 erläutert, unterscheiden sich die bei Automotive Gateways eingesetzten Kommunikations- und Routingmechanismen erheblich von den Paradigmen aus der allgemeinen Vernetzungs- bzw. Kommunikationstechnik. Dies hat aus verschiedenen Gründen einen unmittelbaren Einfluß auf die Forschungsaktivitäten in diesem Bereich, zumal ein Teil der Kommunikationsmechanismen OEM spezifisch ist (vgl. [68, 283, 69]) und nicht öffentlich zugänglich dokumentiert wird. Allgemein gültige Spezifika finden sich in den einschlägigen Standards AUTOSAR und OSEK wieder (vgl. dazu [204],[32]), die das grobe Sendeverhalten und Mechanismen beschreiben. So lassen sich die Betrachtungsweisen in der Literatur grob in vier Kategorien einteilen: Abstrakte Betrachtungen, alternative Kommunikationsansätze sowie Gatewayansätze mit und ohne Einbeziehung der speziellen Kommunikationsanforderungen. Letztere werden aufgrund der besonderen Bedeutung für diese Arbeit in den gesonderten Abschnitten 3.3.2 und 3.3.3 vorgestellt.

Abstrakte Betrachtungen sind von der exakten Funktionsweise des Gateways unabhängig und bilden die Funktion in einem allgemeinen Modell ab. Sie betrachten häufig die gesamte E/E-Architektur eines Fahrzeugs und treffen allgemeine Aussagen, die sich nicht notwendigerweise alleine auf den Gateway beziehen. Mahmud betrachtet in [176] zukünftige Netzwerkarchitekturen aus Sicht der Domänenpartitionierung im Zusammenhang mit den Auswirkungen auf Kommunikationslatenz über mehrere Gateways. In die Untersuchung einbezogen werden unter anderem die Auswirkungen eines hierarchischen Ansatzes im Sinne einer Layer Architektur, die Gruppierung nahe beieinander liegender Partitionen[1] und die Einführung einer Ringarchitektur mit mehreren Clustern, welche aus Sicht des Autors den zu favorisierenden Ansatz darstellt. Mahmud skizziert ebenfalls die Vernetzung mehrerer Fahrzeuge und führt die Notwendigkeit einer integrativen Betrachtung von Sicherheit (security/safety) und Privatheit mit der Netzwerkarchitektur ein (vgl. dazu auch Abschnitt 3.4.1).

In [268] evaluieren die Autoren verschiedene Dimensionierungsaspekte eines CAN-CAN Gateways. Sie beziehen sowohl die Verarbeitungzeit des Gateways als auch die Größen der Eingangs- und Ausgangspuffer in ihre Betrachtung ein, die sich auf die direkte Weiterleitung von Botschaften beschränkt. Die Studien basieren auf dem in [269] eingeführten Kommunikationsmodell, in der bereits Head of Line Blocking[2] durch niedrigpriore CAN Nachrichten als kritisch im Sinne eines zusätzlichen Delays identifiziert wird. Die Ergebnisse legen zunächst den Schluß nahe, daß alleine eine Reduktion der Buslast diesen Effekt reduzieren kann. Eine Erweiterung der Betrachtung erfolgt in [268], in der die Autoren das Dimensionierungsproblem als trade off zwischen Verarbeitungzeit und Wahrscheinlichkeit für einen Nachrichtenverlust beschreiben. Als Vorschlag zur Reduktion der Verlustwahrscheinlichkeit wird ein möglichst performanter Gateway mit maximierten Ausgangspuffern beschrieben. Eine niedrigere Verarbeitungsperformanz führt zu vergrößerten Eingangspuffern, um Bursts abfangen zu können. Interessant ist der Aspekt, daß ein langsamer Gateway eingehende Bursts glättet und der Effekt auf dem Zielbus reduziert werden kann. Nachteilig hierbei ist jedoch die Erhöhung der Latenzzeit. Weiteren Einfluß auf die Kommunikation haben Offsets beim zyklischen Versand von Nachrichten (vgl. [228]), was für den Gatewayansatz dieser Arbeit bei der Generierung der Konfigurationsdaten von Relevanz ist (vgl. Abschnitt 5.1.3, 5.2.6 und 5.2.7).

Eine weitere Modellierung des CAN Busses, basierend auf dem Netzwerk Calculus, verspricht zukünftig noch genauere Aussagen über die Anforderungen und Charakteristiken der CAN Kommunikation (vgl. [122]). Offen in der Arbeit ist die Modellierung der Gateways, die sich basierend auf dem vorgestellten Ansatz jedoch vielversprechend ankündigt.

---

[1]Die Nähe bestimmt sich hier durch die Anzahl der Routings zwischen zwei Partitionen.
[2]Prioritätsumkehr durch niedrigpriore Nachrichten am Anfang des TX FIFOs

Neben den funktionalen Aspekten ist zusätzlich eine Modellierung der Systemkosten notwendig, um die optimale Lösung für ein Netz zu finden. Eine solche Herangehensweise wird in [225] am Beispiel eines LIN Knotens vorgestellt. Andere Betrachtungsweisen klassifizieren die ECUs anhand ihrer funktionalen Domäne und diesbezüglicher Eigenschaften [257] und leiten grobe Anforderungen an die einzelnen Domänen ab. Für die Erweiterung des hier beschriebenen Gateway Ansatzes in Richtung C2X Kommunikation (vgl. Abschnitt 6.3.6 und 6.2.2) ist die Klassifikation hinsichtlich Auswirkungen der Angreifbarkeit auf die funktionale Sicherheit und der Folgen bei deren Versagen für zukünftige Entwicklungen von Interesse (vgl. [195]).

Die in der Literatur vorgeschlagenen alternativen Konzepte (die zweite Strömungsrichtung der Forschung) bringen häufig einen Paradigmenwechsel sowohl bei den Bussystemen als auch den Netztopologien mit sich, wodurch ein Großteil gesammelter Erfahrungen hinfällig wäre, zumal bestehende Standards wie AUTOSAR überarbeitet werden müssten. Für Halbleiterhersteller ergäbe sich die Herausforderung, möglichst schnell Bausteine für die neuen Architekturen zur Verfügung zu stellen. Entsprechend mit dem steigenden Aufwand sinkt die Wahrscheinlichkeit auf eine baldige Umsetzung. Seinen Weg in die Forschung der Hersteller gefunden hat allerdings das Protokoll Ethernet mitsamt TCP/IP (vgl. Abschnitt 2.2.4 bzw. [152] und [123, 137]). Auf der anderen Seite hat der evolutionäre Charakter bestehender Lösungen Nachteile, da wachsende Anforderungen einerseits und Grenzen bestehender Lösungen andererseits immer weiter auseinander klaffen und damit suboptimale Lösungen notwendig machen (vgl. zwei Prozessorlösung [117], S.7).

Mitunter zur Diskussion steht die Verwendung von Lösungen aus dem Luftfahrtbereich im Automobil. Die Autoren von [245] betrachten beispielsweise die Verwendung des SpaceWire Standards für die fahrzeuginterne Kommunikation. Basierend auf den Punkt zu Punkt Verbindungen des Standards wird eine Routerarchitektur vorgeschlagen, die auf einem Switch basiert. Die hohe Bandbreite von mehreren hundert MBit/s wird als besonders vorteilhaft angeführt. Hinzu kommt die bereits berücksichtigte Robustheit des Protokolls beim Einsatz für Raumfahrtanwendungen. Der in [226] vorgestellte Ansatz basiert auf der Verwendung von FireWire als Backbone im Fahrzeug (vgl. [227],[285]). Das besondere Merkmal der Arbeit ist die Verwendung von Ad-Hoc Verbindungen zur Kommunikation und eine hohe Robustheit, die dadurch erreichbar ist. Für das Finden, Aufbauen und Verwenden der Verbindungen werden spezielle Mechanismen vorgeschlagen. Trotz Optimierung des Overheads, beispielsweise durch StandBy Modi, ist vor allem die Echtzeitfähigkeit des Ansatzes problematisch. Der auf dem OSI Modell basierende Ansatz und die Verwendung offener Schnittstellen strukturiert die fahrzeuginterne Kommunikation jedoch in vorteilhafter Weise hinsichtlich hoher Skalierbarkeit.

Eine derartige Struktur erleichtert zudem die Einführung von Mechanismen, die die Systemstabilität überwachen und ggf. auf Funktionseinschränkungen selbstständig reagieren und so eine Selbstheilung ermöglichen (vgl. dazu [13]). Zudem unterstützt die Architektur damit Service-basierte Ansätze, wie sie beispielsweise von der Open Services Gateway Initiative (OSGI, vgl. [208]) verfolgt werden. Obwohl der Ansatz ursprünglich nicht für den Einsatz im Fahrzeug geplant war, finden sich mittlerweile Konzepte für automobile Anwendungen (vgl. [179]). Der OSGI Ansatz ist als Alternative zu bestehenden E/E-Architekturen jedoch nicht geeignet, da er insbesondere nicht echtzeitfähige Infotainmentdienste adressiert. Damit ist der fahrzeuginterne Einsatz insbesondere im Bereich der Telematik zu suchen (vgl. [4, 167] und Abschnitt 3.4). Die starke Abstraktion des Ansatzes und die hohe Dynamik durch Austausch von Applikation lässt den Einsatz im Fahrzeug in naher Zukunft unwahrscheinlich erscheinen.

Andere Arbeiten fokussieren sich auf die Echtzeitfähigkeit und globale Uhrensynchronisation eines automotive SoC mit Gateway Funktionalität. Ein zentrales Ziel ist die Integration vieler Applikationen auf einem Steuergerät. Die entsprechende Architektur wird in [154, 198] beschrieben und enthält mehrere Recheneinheiten sowie ein Time Triggered (TT) NoC. Insbesondere das vorhersagbare Verhalten von TT Architekturen ist bei diesem Systemansatz vorteilhaft, wie zusätzlich bei der formalisierten Beschreibung deutlich wird [199]. Die Realisierung des Software Gateways basiert auf einer echtzeitfähigen Datenbank. Als weiterer Bestandteil der Arbeit wird die automatische Generierung der Gatewaykonfiguration eingeführt. Offen bleibt, welche im Fahrzeugumfeld relevanten Routingfunktionen von dem System realisiert werden.

Die dritte Klasse umfasst Arbeiten, die sich mit Gatewaylösungen beschäftigen, deren Realisierung im Vergleich zu im Fahrzeug eingesetzten Lösungen jedoch stark vereinfacht ist. Ein aus dem asiatischen Raum stammender Ansatz wurde in unterschiedlichen Nuancen auf mehreren Konferenzen präsentiert (vgl. [188]). Der Gateway ist softwarebasiert, läuft auf Standardarchitekturen und kann ausschließlich einfache Weiterleitungen vornehmen. Eine Erweiterung des Systems hinsichtlich Robustheit wird in [260] beschrieben. Sie verwendet einen sekundären, weniger leistungsfähigen Microcontroller, der den primären Baustein überwacht und im Fehlerfall kritische Gatewayfunktionen übernimmt.

Die in [224] vorgestellte Architektur basiert auf zwei FPGAs und bietet die Möglichkeit, die Architektur an die Anforderungen anzupassen, realisiert die Gatewayfunktion jedoch auf einem Prozessorkern (vgl. auch Abschnitt 3.3.1). Es sollte insbesondere eine Plattform geschaffen werden, die eine Erweiterung der Diagnosemöglichkeiten ermöglicht. Eine weitere Arbeit, die sich explizit auf Anwendungen im Automobil bezieht, bildet ebenfalls nur grundlegende Routingmechanismen ab und fokussiert sich auf die interne Verteilung der Nachrichten zwischen den einzelnen Buskomponenten mittels eines Round Robin Message Routers, der die Nachrichten auf Basis einer Ringstruktur weiterleitet (vgl. [264, 263]). Die exemplarische Umsetzung enthält jedoch keine automotive Schnittstellen. Diesbezügliche Ergebnisse stehen daher nicht zur Verfügung.

Prinzipiell läßt sich feststellen, daß die allgemeinen Konzepte durch den generellen Architekturwechsel Vorteile hinsichtlich Performanz oder Strukturierung erzielen können. Sie beinhalten jedoch nicht die nahtlose Integration des in dieser Arbeit beschriebenen Ansatzes oder die Erweiterung auf C2X-Kommunikation. Die letzte

Klasse vereinfacht das Routing zu sehr, um vergleichbar zu sein, so daß lediglich einzelne Aspekte im folgenden relevant sein werden. Die allgemeinen Betrachtungsweisen hingegen geben an verschiedenen Stellen Einblick in Hintergrundinformationen für Entscheidungen.

3.2 Off-the-shelf Gateway Mikrocontroller

Wie der Großteil der Steuergeräte im Fahrzeug basieren Gatewaybausteine üblicherweise auf Standard-μ-Controllern, die in Abhängigkeit der auszuführenden Aufgabe aus dem großen Sortiment automotive zertifizierter Bausteine (vgl. [102]) ausgewählt werden und die Gatewayfunktion in Software realisieren (vgl. [147]). Die Selektion war dabei bis vor wenigen Jahren auf Standardarchitekturen beschränkt, die allenfalls zusätzliche Busschnittstellen als weitere Peripherieelemente besaßen. Als Reaktion auf die stetig ansteigenden Anforderungen an die Gateways und die damit verbundene Problematik, daß bis dahin existierende Lösungen für die echtzeitfähige Kommunikation nicht mehr ausreichend waren, wurden spezialisierte μ-Controller entwickelt, deren Hauptaufgabe im Bereich der Gatewayfunktionalität liegt. Um trotz dieser hohen Spezialisierung dennoch ausreichende Stückzahlen erreichen zu können, müssen die Bausteine eine hohe Breite an Anwendungsfällen abdecken können. Mit dieser Generalisierung verbunden ist die Folge, daß die Controller häufig deutlich mehr Schnittstellen beinhalten als gebraucht werden. Die Folge sind eine nichtbenutzte Silizumfläche mit einem negativen Einfluß auf Energieverbrauch und Kosten.

3.2.1 Ansätze und Trends

Die notwendige Steigerung der Performanz wird in vielen Fällen durch den Schritt von 16Bit auf 32Bit Lösungen und vor allem durch die Erhöhung der Taktfrequenz erreicht. Zudem sind die Unterstützung von Speicherschutz (MMU) oder die Verwendung einer Floating Point Unit (FPU) bei vielen Controllern Standard. Einige Lösungen aus jüngster Zeit enthalten zudem frei programmierbare Coprozessoren, die als Master am Peripheriebus agieren und den Hauptprozessor dadurch entlasten können. Bei Infineon zeigen sich zudem Ansätze, einen gewissen Anteil an Intelligenz direkt in die Peripherie zu verlegen, um den Prozessor zu entlasten [35]. Die stetig zunehmenden Forschungsaktivitäten im Bereich von eingebetteten Prozessorsystemen lassen erwarten, daß in Zukunft auch Lösungen mit mehreren Prozessorkernen zu finden sein werden. Als erstes realisiertes Beispiel sei der im MPC5668G eingesetzte DualCore angeführt, bei dem es sich jedoch nicht um ein symmetrisches Prozessorsystem handelt [101].

In Bezug auf die Peripherieschnittstellen läßt sich ebenfalls der Trend erkennen, immer mehr Busschnittstellen in die Controller zu integrieren. Auf den High End Gatewaybausteinen befinden sich bis zu sechs CAN Buscontroller. Mit der Einführung von FlexRay beispielsweise im BMW X5 oder im BMW 7er ([38, 86, 43]), bieten nahezu alle im Automobilbereich aktiven Halbleiterhersteller verschiedene Controller mit FlexRay Schnittstellen an. Bei vielen Bausteinen wird das LIN Protokoll mittels Standard SCI Schnittstellen realisiert und das eigentliche Protokoll in Software abgebildet, einige Hersteller integrieren aber auch LIN Support in Hardware. Als weitere Schnittstelle ist zunehmend Ethernet in den Datenblättern zu finden.

Um ein Bild aktueller und möglicher zukünftiger Lösungen zu erhalten, werden nun ausgewählte Controller dargestellt, wobei im einzelnen auf Besonderheiten hingewiesen werden wird, die sich trendmäßig in die Richtung der in dieser und in angelehnten Arbeiten vertretenen Ansätze entwickeln.

3.2.2 Freescale MPC5668G

Der dedizierte Anwendungsbereich des Freescale MPC5668G [101] ist das Automotive Gateway mit allen üblichen Schnittstellen. In der schematischen Darstellung sind einige Besonderheiten zu erkennen (vgl. Abbildung 3.1). Der Prozessorkern basiert auf der 32Bit dual core Power Architektur, ist also ein vollwertiges Multiprozessorsystem. Die Ausgestaltung beider Prozessoren ist nicht symmetrisch, so daß eine klare Master Slave Struktur gegeben ist. Die Kommunikation erfolgt über ein Crossbar Switch, der einen gleichzeitigen Zugriff der unterschiedlichen Kommunikationsmaster auf die Peripheriekomponenten ermöglicht. Sowohl die FlexRay als auch die MOST Schnittstelle agieren als Master an der Crossbar Struktur. Da der Baustein sich noch im Entwicklungsprozeß befindet, sind jedoch keine genauen Daten über die Funktionsweise und Aufgabenpartitionierung verfügbar. Enthalten ist überdies eine Ethernet Schnittstelle, die ebenfalls als Master an der Crossbar angebunden ist.

3.2.3 NEC V850E/CAG4-M

Der Gatewaybaustein für das obere Leistungssegment von NEC ist der V850E/CAG4-M [193]. Er integriert sowohl FlexRay als auch ein MOST Interface. Neben 6 CAN Schnittstellen stehen zusätzlich vier serielle Schnittstellen für die LIN Anbindung zur Verfügung. Für die Steuerung der LIN Kommunikation steht als Besonderheit ein Multi-LIN Master zur Verfügung, der das Protokoll abbildet und dadurch den Prozessor entlastet. Der V850E Phoenix-FS aus der gleichen Bausteinfamilie ermöglicht bereits eine Taktrate von bis zu 128MHz [192].

3.2.4 Infineon XC2200 Serie

Infineon bietet mit der XC2200 Serie ebenfalls eine für Gateways spezialisierte Bausteinfamilie an [136]. Diese basiert auf dem C166SV2-Core, der eine kombinierte

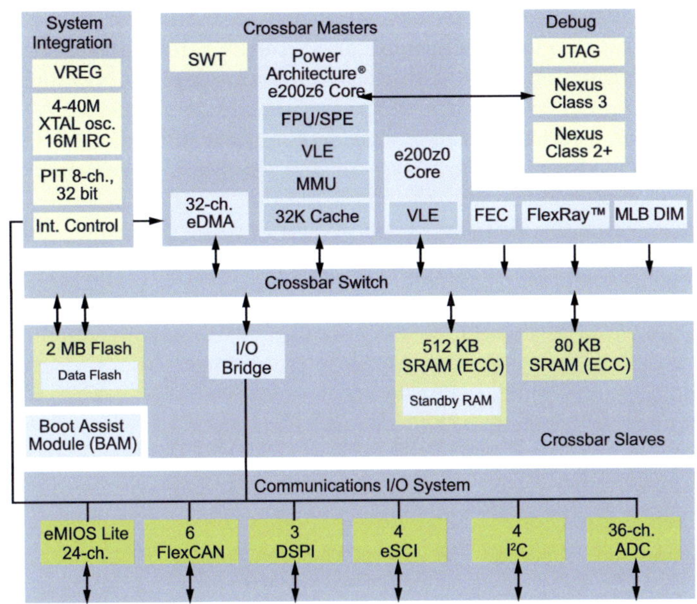

Abbildung 3.1: Struktur des Freescale MPC5668G [101]

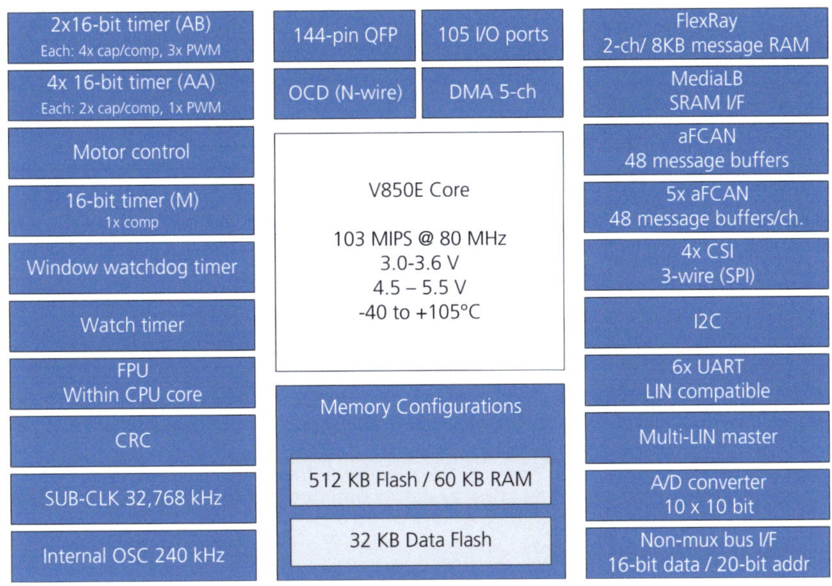

Abbildung 3.2: Struktur des NEC V850E/CAG4-M [193]

16/32 Bit Architektur besitzt. Als Besonderheiten der Architektur in Richtung Gateway Applikation sind die konfigurierbaren seriellen Schnittstellen sowie das MultiCAN Module zu nennen. Das vergleichsweise komplexe CAN Modul erlaubt eine freie Verteilung der 256 Nachrichtenpuffer auf die bis zu sechs CAN Controller, weiterhin kann das Modul einfache Routingvorgänge übernehmen. Für die Gatewayfunktion nicht direkt relevant aber für den Prozessor entlastend, übernehmen weitere Peripherieelemente ebenfalls einen Teil der grundlegenden Aufgaben (vgl. [35]). Aktuelle Varianten enthalten noch keinen FlexRay Controller, dieser soll mit dem XC2299H in naher Zukunft integriert angeboten werden (vgl. [135]).

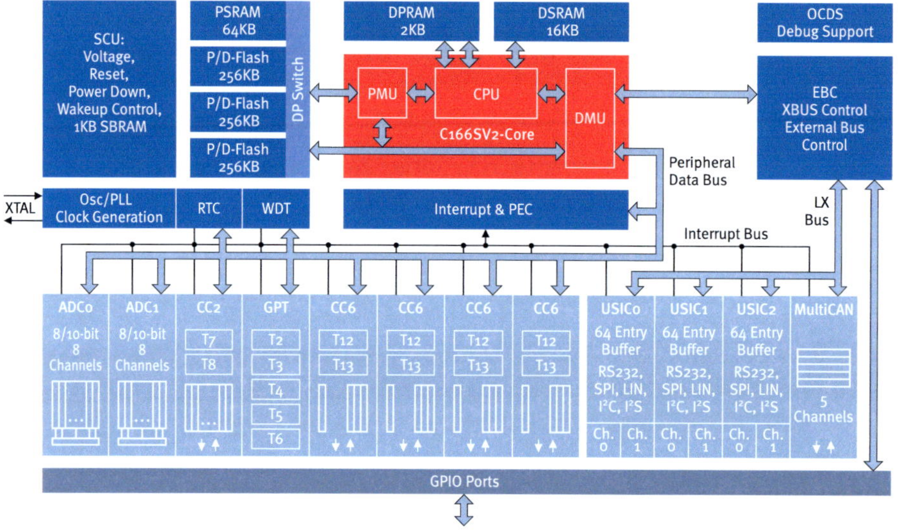

Abbildung 3.3: Struktur des XC2200 [136]

3.2.5 Freescale HSC12X

Der HCS12X enthält eine 16Bit HCS12 kompatible CPU. Als Besonderheit besitzt der Controller einen Coprozessor (XGate), welcher hardwarenahe Aufgaben wie den Datentransport im System übernehmen soll. Er ermöglicht eine leichte Performanzsteigerung, benötigt jedoch spezielle Software [177]. Der XGate ist als RISC CPU ausgeführt und ermöglicht durch den Anschluß an den Interrupt-Controller, die Interrupt Last am Hauptprozessor zu senken. Da Standard Gateway Software für den XGate nicht verfügbar ist, wird der HSC12X nur ohne den Coprozessor bei Gatewayimplementierungen eingesetzt. Trotzdem kann der XGate hierfür unabhängige Aufgabenverwaltung, wie beispielsweise die Interruptverwaltung, übernehmen. Der Controller besitzt bis zu 5 CAN Schnittstellen und eine FlexRay Anbindung. Letztere ist jedoch nur mit maximal einem CAN Controller zusammen verfügbar [102].

3.2.6 Infineon Tricore TC1130

Der Infineon TriCore TC1140 enthält wie in Abbildung [134] dargestellt vier CAN Controller und einen Ethernet Controller. Die 32 Bit TriCore Architektur kombiniert RISC, CISC und DSP Funktionalität mit einer MMU und FPU. Die Taktfrequenz des Prozessorkerns kann dabei bis zu 150MHz betragen. Die hardwareunterstützten Kontextswitches für Tasks und Interrupts reduzieren nach Angaben des Herstellers die Latenz und den Jitter bei Antwortzeiten.

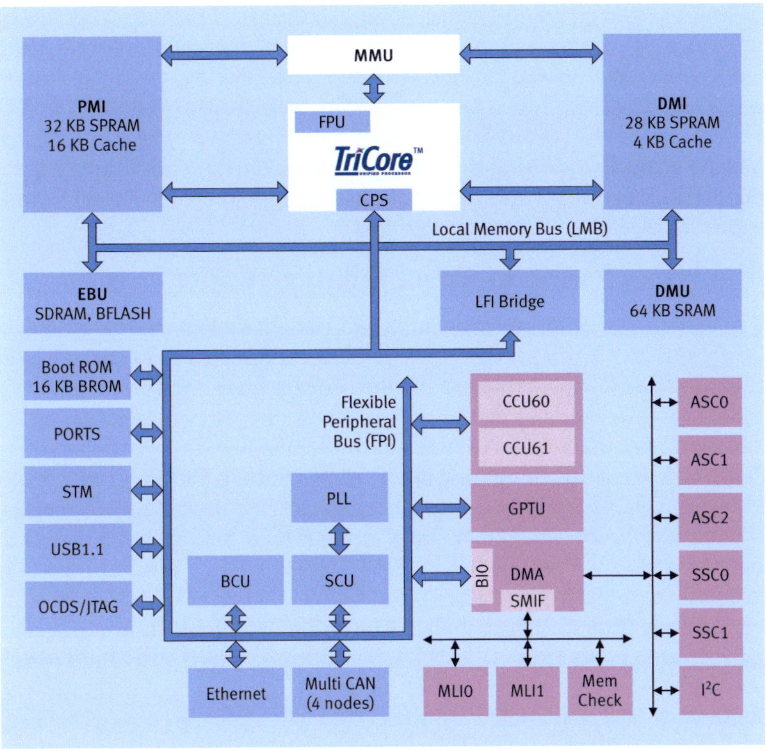

Abbildung 3.4: Blockdiagram des TriCore TC1130 [134]

3.3 Gateways auf rekonfigurierbarer Hardware

Neben den Entwicklungen der Halbleiterhersteller in den letzten Jahren, deren Ergebnisse im letzten Abschnitt umrissen wurden, gab es Bestrebungen, die Performanzengpässe bei Gateways mittels alternativer Ansätze zu lösen. Im Vordergrund stehen hierbei einerseits die Darstellung von Konzepten, die genau die gewünschte Anzahl Schnittstellen enthalten und andererseits mittels alternativer, für Gateways spezifischer Architekturen eine höhere Performanz erzielen. Die dazu existierenden Ansätze lassen sich in zwei Gruppen partitionieren, die sich in der Realisierung des Gateways unterscheiden und die Aufgabe entweder in Software oder mit weitreichender Hardwareunterstützung lösen - bei ersteren reduziert sich die Architekturvariation nahezu vollständig auf die Anpassung der Schnittstellen. Allen Konzepten gemein ist die Verwendung von rekonfigurierbarer Hardware zumindest in der Prototypenphase. Im späteren Verlauf der Entwicklung erfolgt dann ggf. eine Abbildung des fertigen Systems auf einen kostenoptimierten Structured ASIC wie beispielsweise ALTERA HardCopy [9, 10].

Für diese Arbeit von besonderer Bedeutung sind die Ergebnisse, die im Rahmen zweier Dissertationen entstanden sind, deren Ansätze und Konzepte für interne Fahrzeuggateways sich aufgrund einer ähnlich gelagerten Fragestellung und Rahmenbedingungen vergleichen lassen. In der Literatur sind dies die einzigen Arbeiten, die spezialisierte Hardwarearchitekturen entwerfen, welche für den Einsatz im Fahrzeug im Sinne der Gatewayfunktionalität geeignet sind. Zunächst erfolgt in Abschnitt 3.3.2 und 3.3.3 eine kurze Darstellung der beiden Systemkonzepte und deren wesentlicher Merkmale. Die Einordnung und der Vergleich zu dem in dieser Arbeit vorgestellten Ansatz wird in Kapitel 7.2.1.2 vorgenommen.

3.3.1 Hardware konfigurierbare Mikrocontroller

Die von Altera dargestellte Architektur basiert auf einem Prozessorkonzept, bei dem der NIOS-II Softcore Prozessor das zentrale Element des Ansatzes ist (vgl. [320, 321]). Die Anbindung der Peripheriekomponenten erfolgt über ein Bussystem, so daß die resultierende Architektur der eines μ-Controllers gleicht (vgl. Abbildung 3.5). Abweichend davon beinhaltet die Architektur ausschließlich die benötigten Busschnittstellen, wodurch Ressourcen eingespart werden können. Während der Prototypenentwicklung ist das Hinzufügen und Entfernen der Schnittstellen jederzeit möglich. Diese Eigenschaft bleibt erhalten, solange im weiteren Verlauf der Entwicklung ein FPGA eingesetzt wird. Zusätzlich kann das System einen Hardware Beschleuniger enthalten. Eine detaillierte Darstellung der Architektur des Beschleunigers ist in der Literatur nicht zu finden. Jedoch bietet Altera die Möglichkeit, automatisch Hardware aus C Code zu erzeugen (C2H) [7], so daß möglicherweise Teile des Systems automatisch ausgelagert werden können. Offen ist, ob dies bei einer komplexen Softwarekomponente wie dem Gateway umsetzbar ist. Aussagen über den Beschleunigungsfaktor am Beispiel einer CRC Berechnung von 27 als spezielle Instruktion, bzw. 530 als eigenständiger Hardwarebeschleuniger geben jedoch einen grundsätzlichen Hinweis auf das Potential der FPGA Technologie [320, 8].

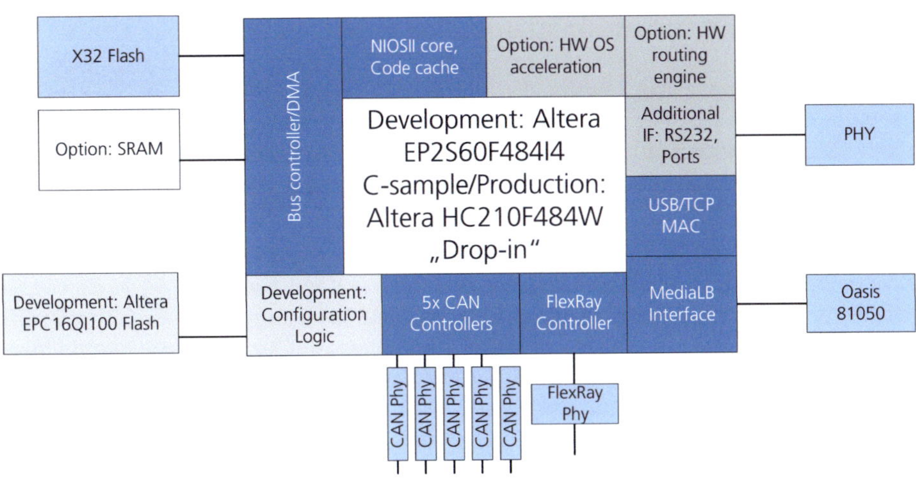

Abbildung 3.5: Architekturansatz von ALTERA [320]

Sobald das Hardwaresystem festgelegt ist, gleicht der Entwicklungsprozeß demjenigen von Standard μ-Controllern. Gegebenenfalls ist die Weiterverwendung bestehender Softwarekomponenten denkbar. Durch die Verwendung bestehender Standard-Software-Stacks lässt sich jedoch kein Performanzgewinn erzielen. Die Umsetzung des Softwaregateways von K2L (vgl. [147]) auf den NIOS-II Prozessor wurde exemplarisch von X2E dargestellt (vgl. [172], S. 41). X2E hat bereits zuvor einen vergleichbaren Ansatz für Xilinx FPGAs präsentiert, bei dem wahlweise ein PowerPC oder ein MicroBlaze zur Verfügung stehen [286].

3.3.2 Forschungsansatz - Optimales Gatewaydesign

Die Dissertationsschrift von Wolfgang Hauer setzt sich mit der Frage eines optimalen Gatewaydesigns aus Partitionierungs- und Mappingsicht auseinander (vgl. [117]). Der zentrale Bestandteil der Arbeit ist eine Modellierung der Gatewayfunktion, die für die algorithmische Partitionierung mittels Genetischer Algorithmen (GA) (vgl. [187]) und Integer Linear Programming (ILP) (vgl. [211]) geeignet ist. Die Funktionsweise des Ansatzes wird im Verlauf der Arbeit anhand einer konkreten, aber beispielhaften Implementierung nachgewiesen. Die Fokussierung liegt insbesondere auf der Optimierung hinsichtlich Allokation und Binding von Gatewayfunktionen auf Hardwarekomponenten. Die Selektion erfolgt anhand vorgegebener Mappingmöglichkeiten und der Vernetzungsstruktur von Hardwarekomponenten. Die sich durch die Methodik ergebenden Anknüpfungspunkte zu dieser Arbeit werden in Abschnitt 5.2.4.4 dargestellt.

3.3.2.1 Gateway-Graphen

Hauer formuliert für die Lösung des Problems zunächst in Anlehnung an gängige Verfahren der Hardware/Software-Partitionierung basierend auf Graphen (vgl. dazu [272]). Zunächst führt er einen Gateway-Funktionsgraphen, einen Gateway-Architekturgraphen und als Kombination aus beiden den Gateway-Systemgraphen ein (vgl. [117], S.21ff).

Der Funktionsgraph $G_F(V_F, E_F)$ zerlegt die Funktionalität in Teilaufgaben, die als Knoten $v_i \in V_F$ dargestellt werden. Die gerichteten Kanten $e = (v_i, v_j) \in E_F$ repräsentieren die Abhängigkeiten der Funktionen (vgl. Abbildung 3.6). Die Granularität der Aufgabenaufteilung ist ein wählbarer Parameter und ist durch die Graphendefinition nicht festgelegt. Hauer formuliert zudem eine Einteilung in Ereigniszone, Verarbeitungszone und Aktionszone (vgl. [117], S.22).

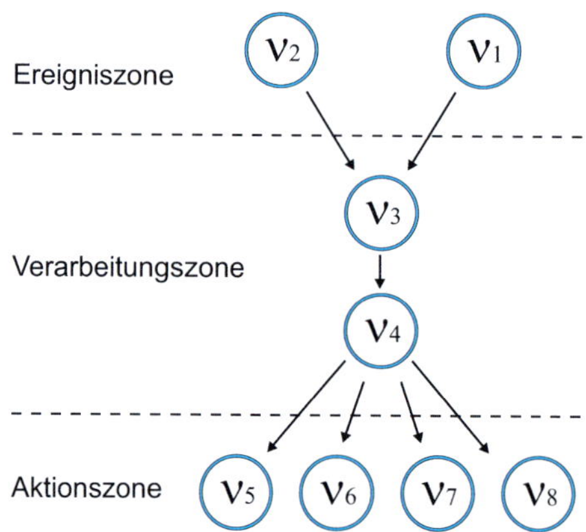

Abbildung 3.6: Gateway-Funktionsgraph [117]

Der Gateway-Architekturgraph $G_A(V_A, E_A)$ ist ebenfalls gerichtet. Er besteht aus den Hardwarekomponenten, die durch die Knoten $v_i \in V_A$ repräsentiert werden. Diese sind potenziell allozierbar, müssen also nicht zwangsläufig in dem optimierten System verwendet werden, was sich vorteilhaft auf den Ressourcenverbrauch auswirken kann. Jede Kante $e = (v_i, v_j) \in E_A$ entspricht einem Daten- oder Kontrollfluß; sie verdeutlichen die Kommunikationsfähigkeit zwischen zwei Modulen (vgl. [117], S.22).

Der Gateway-Systemgraph $G_S(V_S, E_S)$ ist ein bipartiter Graph, der aus einem Funktionsgraphen G_F und einem Architekturgraphen G_A sowie einer Menge von Mappingkanten E_M besteht. Eine Mappingkante $e = (v_i, v_j) \in E_M$ weist eine Teilfunktionalität

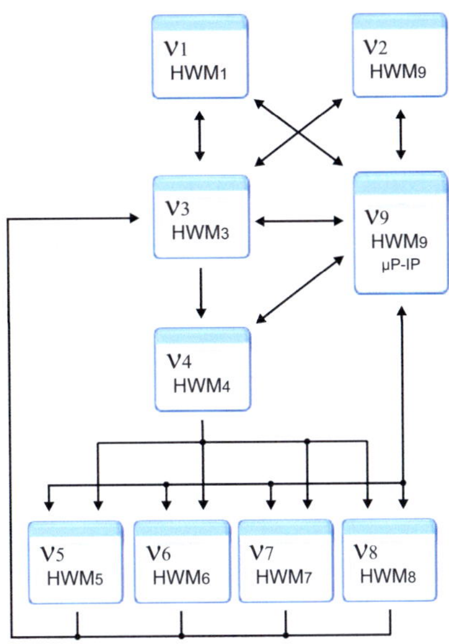

Abbildung 3.7: Gateway-Architekturgraph [117]

v_i des Funktiongraphen einer Hardwarekomponente v_j des Architekturgraphen zu (vgl. [117], S.22). Diese bilden damit das Bindeglied zwischen Funktion und Architektur und stellen die Realisierbarkeit einer Funktion auf einer Hardwarekomponente dar. Da sowohl mehrere Funktionen auf eine Komponente als auch eine Funktion auf mehreren Komponenten abbildbar ist, sind die Mappings nicht eindeutig und bilden die Basis der Optimierung, welche auf einer Gewichtung der Mappingkanten basiert. Als Beispiele für die Gewichtung werden Taktzyklen und Ressourcengröße angegeben (vgl. [117], S.23ff).

Die Gewichtungen der Mappingkanten sind im Ansatz von Hauer die Bewertungskriterien für die Entwurfsraumexploration (vgl. [117], S.23ff). Es erfolgt eine Unterscheidung in Hardware- und Software-Funktionsblöcke. Erstere werden durch ihren Flächenbedarf und die Verarbeitungsdauer beschrieben. Bei letzteren spielt die Softwareperformanz eine zusätzliche Rolle. Hauer formuliert zusätzlich Vorgehensweisen für eine Messung der Gewichtungen (vgl. [117], S.27). Der mit dem Mapping variierende Overhead, der durch die Datenübergabe zwischen Hardwaremodulen entsteht und ein Mapping von zwei Funktionen auf einem Knoten potenziell begünstigt, wird in der Arbeit nicht modelliert.

3.3.2.2 ILP und GA Formulierung des CAN Gateway

Für die Optimierung des Mappingproblems wählt Hauer aus der Klasse der möglichen Algorithmen ILP und genetische Algorithmen für die Systemoptimierung aus (vgl. [117], S.28ff). Hauer führt eine multikriterielle Optimierung für ILP ein, so daß beide Algorithmen eine Lösungsmenge liefern, aus der gewählt werden kann (vgl. [117], S.51ff). Schließlich werden beide Verfahren miteinander verbunden, indem der Zielbereich des ILP durch den GA Algorithmus gefunden wird. Die Kombination beider Verfahren begründet sich in der exponentiell ansteigenden Laufzeit des ILP, die bereits bei einer grob und mittelgranularen Darstellung eines Gateways zu relevanten Verzögerungen führt (vgl. [117], S.59ff).

Die Formulierung der Eingangsparameter für die beiden Algorithmen erfolgt anhand eines beispielhaften CAN zu CAN Gateways im Antriebsstrang. Das System besitzt zwei CAN Bus Schnittstellen sowie eine direkte Anbindung zum zweiten Controller des Motorsteuergeräts. Als Funktionalitätsumfang werden Botschafts-/Signalrouting und Netzwerkmanagement genannt, als Anforderung für die Latenz des Botschaftsroutings sind 0.5ms angegeben. Weitere Designziele sind zudem minimale Leistungsaufnahme und optimierte Designgröße sowie die Möglichkeit, die Gatewaykonfiguration über eine Konfigurationsdatei vorzunehmen (vgl. [117], S.62).

Der der Optimierung zugrundeliegende Gateway Systemgraph ist in Abbildung 3.8 dargestellt. Gemäß Definition enthält er sowohl den Architektur- als auch den Funktionsgraphen der Optimierungsformulierung. Diese basiert auf den drei Kriterien Taktzyklen, Slices (Ressourcen) und Leistungsaufnahme (vgl. [117], S.66ff). Der Systemgraph zeigt, daß nur wenige Wahlmöglichkeiten für die Realisierung der einzelnen Module bestehen, die in der Regel zwischen Hardware und Software (also der Abbildung auf den MicroBlaze) unterscheiden und den Lösungsraum beschränken. Im ersten Schritt erfolgt die Suche mittels GA, welche den Suchraum auf Lösungen mit gültiger Latenzzeit einschränkt. Der ILP dient dann der Optimierung hinsichtlich Delay, Kosten und Leistung (vgl. [117], S.72). Auf die für das ILP notwendigen Randbedingungen und Zielfunktion soll an dieser Stelle nicht detailliert eingegangen werden. Die Festlegung erfolgt anhand der Fluß-, Datenabhängigkeits-, Zeit-, Sequentialisierungs-, Ressourcen- und Ganzzahligkeitsbeschränkungen. Die Laufzeit des Verfahrens gibt Hauer bei der Problemkomplexität mit wenigen Sekunden an (vgl. [117], S.75-79). Das Verfahren liefert verschiedene Lösungen, die neben den Kosten Allokations- und Bindungsvektor enthalten, die Auswahl der Hardwarekomponenten und das Mapping der Funktionen festlegen.

Als Resultat ergeben sich drei Lösungen, die entweder alles in Software realisieren, das Botschaftsrouting in Hardware ausführen oder alles in Hardware darstellen. Hauer realisiert in der prototypischen Umsetzung die reine Hardwarelösung (vgl. [117], S.84). Die Umsetzung erfolgt manuell, durch Selektion und Vernetzen der Module. Die resultierende Struktur ist in Abbildung 3.9 dargestellt. Eine detaillierte Beschreibung der umgesetzten Funktionalität der einzelnen Module wird jedoch nicht gegeben, so daß eine Beurteilung der Vollständigkeit der implementier-

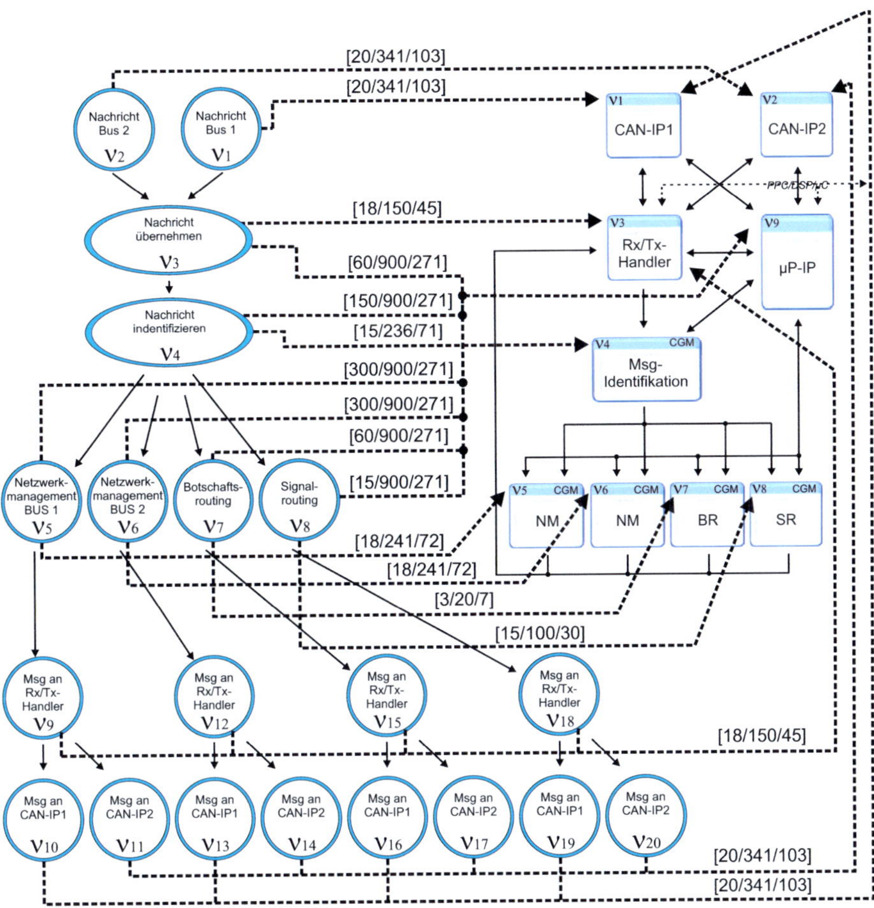

Abbildung 3.8: Gateway Systemgraph [117]

ten Funktion nicht möglich ist. Die Konfiguration der Filter und Routingbeziehungen erfolgt mittels Routingeinträgen, die manuell zu setzen sind. Durch die Verwendung von Speicherblöcken besteht die Möglichkeit, die Routingkonfiguration unabhängig von der Gatewaystruktur zu ändern (vgl. [117], S.87ff). Die Vernetzung der Hardwareblöcke entspricht dabei der ausgewählten Untermenge des Gateway-Architekturgraphen.

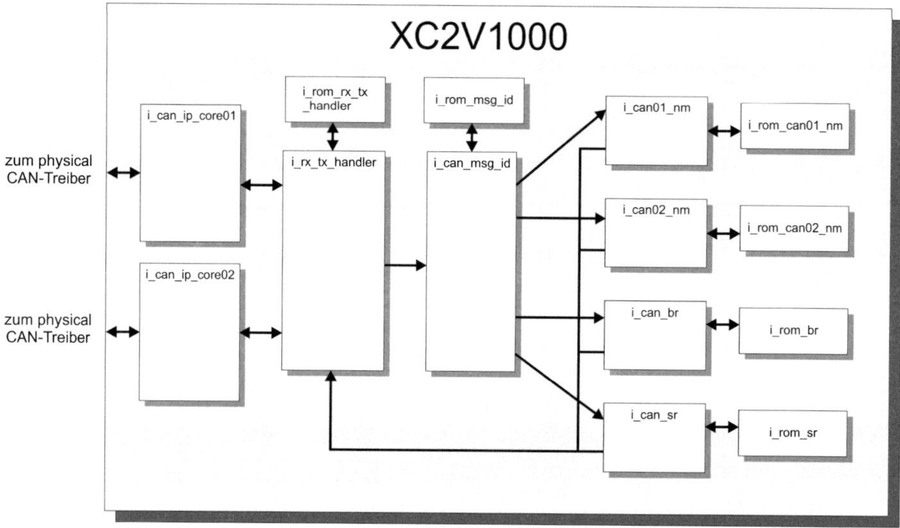

Abbildung 3.9: Blockstruktur des entstandenen Gateways [117]

3.3.3 Forschungsansatz - Bosch Gateway

Der zweite für diese Arbeit relevante Ansatz wird vornehmlich in der Dissertationsschrift von Tobias Lorenz beschrieben (vgl. [172]). Zunächst stellt er das Konzept für einen CAN-CAN Gateway dar, welches im weiteren Verlauf der Arbeit verallgemeinert und zu einem allgemeinen automotive Gatewaykonzept ausgebaut wird. Das Konzept beruht auf einem konfigurierbaren, für die Gatewayfunktionalität spezialisierten Coprozessor, der das Routing übernimmt. Das Ziel beider Architekturen ist eine hochperformante Datenverarbeitung. Die automatische Generierung der Routingkonfiguration aus K-Matrizen ist ein weiterer Bestandteil des Konzepts. Die Absicherung der Funktionalität erfolgt über eine Testumgebung, deren Testszenarien ebenfalls automatisch generiert werden können.

3.3.3.1 CAN-CAN Gateway

Der CAN-CAN Gateway basiert auf erweiterten CAN Controllern, einer Data Integration Unit (DIU), die das Kopieren von Signalen ermöglicht sowie einer Gateway Control Unit (GCU), welche die Steuerung des Systems übernimmt (vgl. Abbildung 3.11). Die CAN Module basieren auf dem C_CAN IP von Bosch [233], der um ein Gatewayinterface erweitert wurde (vgl. Abbildung 3.10). Dieses ermöglicht die vollparallele Übertragung von CAN Frames zwischen den Modulen. Zusätzlich wurde das Modul um eine weitere Host Schnittstelle erweitert, die den Zugriff von zwei Mastern ermöglicht. Die CAN Module sind in einem kaskadierten Ring miteinander verschaltet, bei dem der Gateway Datenausgang mit dem entsprechenden Eingang des nachfolgenden Moduls verbunden ist. Das zweite Hostinterface ist mit der Gateway Control Unit verbunden.

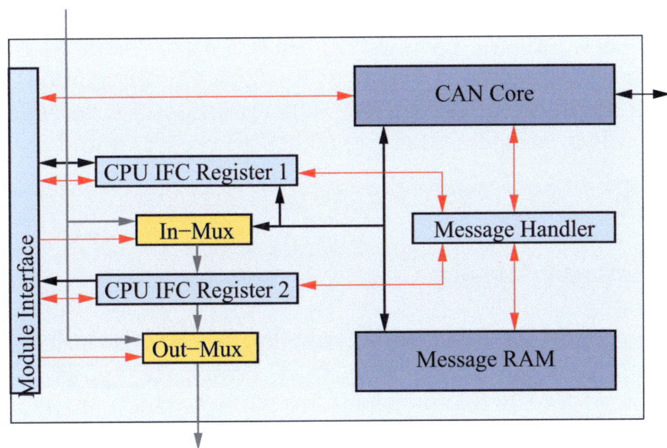

Abbildung 3.10: Erweitertes CAN Modul [172]

Die Anpassung der Datenfelder erfolgt über die Data Integration Unit, die als weiteres Modul in den kaskadierten Ring eingeführt wird. Dieses Modul dient als exemplarische Implementierung einer spezialisierten Funktionseinheit, welche einzelne Bits von einem Quell- in ein Zielregister kopieren kann. Die Steuerung des Vorgangs erfolgt ebenfalls durch die GCU.

Für die Realisierung der GCU werden zwei Möglichkeiten untersucht, bei denen die Steuerung entweder im Host Prozessor oder als eigenständiges Modul realisiert wird. Die Architektur ist in beiden Fällen vergleichbar strukturiert. Die GCU steuert den Datenfluß zwischen den Modulen über entsprechende Kontrollsignale, das Laden und Speichern von Daten der Message RAMs der CAN Controller und die Steuersignale für die DIU. Die Schnittstelle zur Steuerung des Gateways sind die Special Function Registers (SFR). Die Realisierung des Routings benötigt trotz der Hardwareunterstützung längere Zeit, weshalb in einer zweiten Variante die Routingfunktion in eine Hardware FSM ausgelagert wurde (vgl. [172], S.48ff). Diese besteht aus einer zentralen Message Handler FSM, die die zentrale Steuerung übernimmt. Der Vector RAM (VRAM) enthält Direktiven zum Umgang mit Events. Der Instruktions RAM (IRAM) enthält die eigentlichen Angaben zum Vorgehen beim Routing, indem die Behandlung der einzelnen Nachrichten als jeweiliges Programm festgelegt wird. Der Instruktionssatz läßt sich in die drei Klassen Flußkontrolle, Nachrichten Transfer und Steuerung der DIU einteilen. Lediglich grundlegende Routingmechanismen werden im Gateway behandelt, Sonderfälle sind in Software auf dem Hostprozessor zu realisieren. Die Programmierung erfolgt auf Basis der K-Matrizen, welche als Eingabe für den Compiler dienen. Dieser erzeugt daraus Gateway Assembler Code, der im zweiten Schritt dann in die Inititalisierungsdaten der Gatewayspeicher umgesetzt wird.

Die Evaluierung dieses Gatewayansatzes zeigt bereits eine deutliche Verbesserung verglichen mit einer Software Lösung (vgl. [172], S.82ff). Allein die Einführung der SFR reduziert die Routinglatenz um mehr als 50%. Die Integration der Hardware GCU verringert die Zeit um weitere 85%. Der erreichte Jitter von $0\mu s$ zeigt zusätzlich, daß die Hardwareimplementierung nicht ausgelastet ist und sofort auf Events ragieren kann.

3.3.3.2 Multi-Protocol Gateway

Lorenz verallgemeinert im weiteren Verlauf den Ansatz des instruktionsbasierten Coprozessors auf die Verwendung für mehrere Protokolle (vgl. [172], S.52 und Abbildung 3.12). Wrapper für die einzelnen Protokolldomänen abstrahieren von den jeweiligen Protokollspezifika und gruppieren Controller eines Protokolls. Die Kommunikation erfolgt parallel mittels zweier Bussysteme, von denen je eines dem Host Prozessor und der Gateway Control Unit zugeordnet ist. Der Systemansatz unterscheidet zwischen den Processing-, Bus-, Wrapper- und Communication-Controller-Schichten. Der Processing Layer umfasst die CPU und die GCU. Erstere wird hauptsächlich für die Konfiguration der GCU und erweiterte Routingalgorithmen benötigt, deren Aufwand mit ca. 20% angegeben wird (vgl. [172], S.43). Der Bus Layer enthält die Prozessorbussysteme sowie die Peripherieelemente des Prozessors. Der Wrapper Layer fasst Einheiten von 32 Message Buffern zu einem Wrapper zusammen und abstrahiert von spezifischen Events der Protokolle. Der Communication Controller Layer enthält die modifizierten Controller, die jeweils zwei Schnittstellen für einen parallelen Zugriff der GCU und der CPU enthalten - alternativ kann ein paralleler Zugriff über Mutex Locks erfolgen.

Die GCU enthält zwei Speicher (VRAM, IRAM), die für die Konfiguration genutzt werden. Der VRAM selektiert die Communication Controller und enthält spezielle Informationen wie Vektoren, die auf Funktionen im IRAM zeigen und damit als

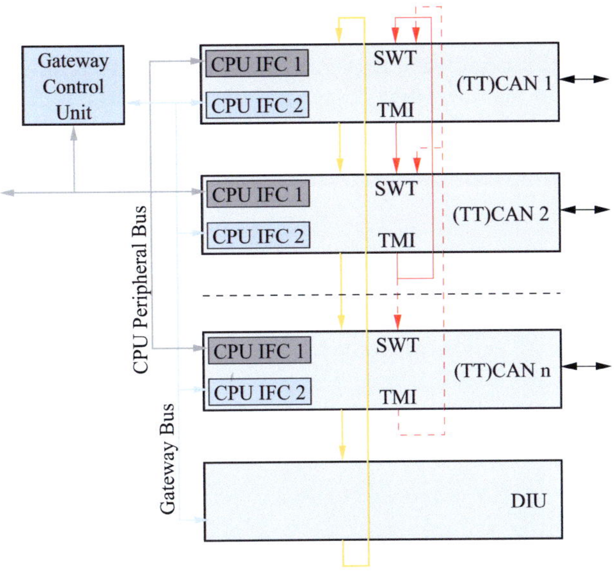

Abbildung 3.11: Darstellung der Gateway Architektur [172]

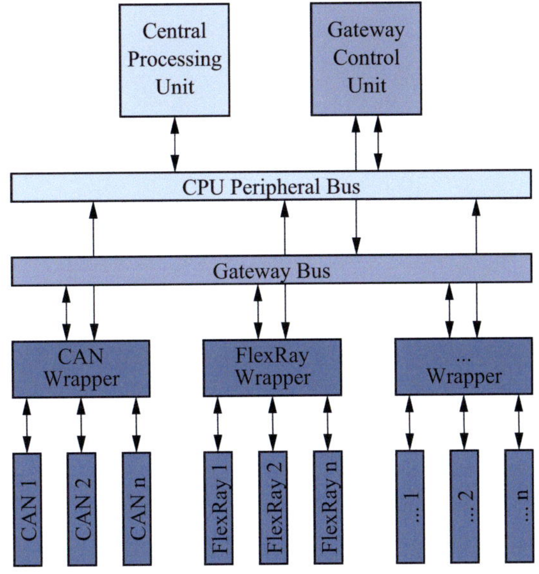

Abbildung 3.12: Aufbau der Multi Protocol Architektur [172]

Pointer agieren. Die GCU reagiert auf empfangene Nachrichten sowie zeitgesteuerte Ereignisse wie beispielsweise das zyklische Versenden von Nachrichten. Für jedes zu routende Element existiert ein Message Object Eintrag im VRAM, der sowohl die Routingkonfiguration als auch den Zeiger auf den zugehörigen Eintrag im IRAM enthält, in dem das für das Routing des Message Objects benötigte Programm hinterlegt ist.

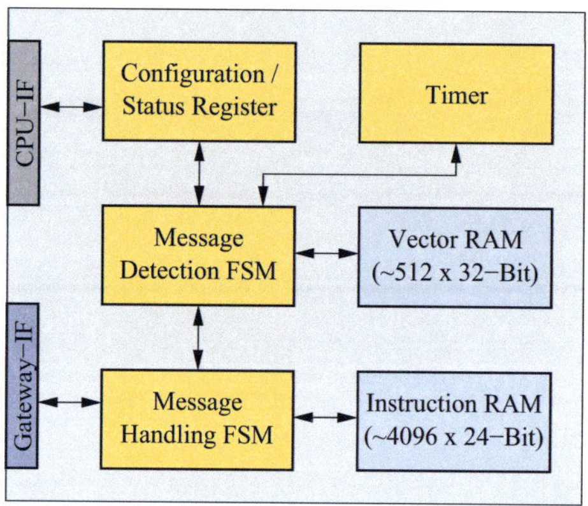

Abbildung 3.13: Gateway Control Unit [172]

Für Fälle, bei denen der Routingvorgang nicht in der GCU abbildbar ist, existiert eine Schnittstelle zum Hostprozessor, die einen Datenaustausch sowie das Triggern der CPU bei bestimmten Events ermöglicht - exemplarisch angeführt ist das Aktivieren oder Deaktivieren einzelner Mappingbedingungen durch die CPU. Weiterhin können durch die CPU Verbindung komplexe Timingbedingungen sowie Transport- und Diagnoseprotokolle abgebildet werden (vgl. [172], S.55ff).

Die Bearbeitung des Routings erfolgt mittels mehrerer, parallel arbeitender FSMs (vgl. Abbildung 3.13), welche einen Routingeintrag suchen und die Abarbeitung mittels spezieller Routingfunktionen starten. Diese Funktionen beschreiben jeweils die Verarbeitungsschritte eines konkreten Routings mittels eines nicht standardisierten Instruktionssatzes, wobei jeder Routingbeziehung hierbei eine spezielle Funktion zugeordnet ist, die den Routingvorgang beschreibt. Die Instruktionen lassen sich in die Klassen Kontrollfluß, Datenfluß (intern und extern), Arithmetik und Bitoperationen einteilen und besitzen in Abhängigkeit der Anzahl der Argumente eine Länge von zwei bis acht Byte (vgl. [172], S.85ff).

Die Generierung der Routinginstruktionen sowie der Konfigurationseinträge basiert auf einem eigenen Toolflow, der die K-Matrizen (DBC und Fibex) als Eingabe verwendet. Der vorgeschlagene Toolflow interpretiert im ersten Schritt die Fibex Daten und generiert daraus eine interne Zwischenrepräsentation, die bereits die gewünschten Instruktionen enthält. Ein Assembler setzt die Instruktionen im zweiten Schritt in die Initialisierungsdaten des Speichers um (vgl. [172], S.61ff). Aufgrund der Kürze der Darstellung des Toolflows läßt sich dieser nicht genauer analysieren. Vergleichbares gilt für den Instruktionssimulator und die Verifikationsumgebung, die ebenfalls eingeführt werden.

Die Implementierung des Systems basiert auf Altera FPGAs (vgl. [172], S.75ff). Als Prozessor kommen zwei Nios II CPUs zum Einsatz. Der CPU kommt insbesondere die Aufgabe zu, das System, einschließlich der GCU Speicher, zu initialisieren. Die Systemkomponenten laufen gemischt mit 85MHz (CPU), 80MHz (FlexRay) und 50 MHz (Gateway). Bei den Ressourcenzahlen ist insbesondere der geringe Ressourcenverbrauch der GCU auffällig, der im Bereich der Größe eines CAN Cores liegt (vgl. [172], S.92).[3] Interessant an dieser Stelle ist jedoch die Schlußfolgerung, daß sich die Anforderungen eines Ober- und Mittelklassefahrzeugs nicht signifikant unterscheiden.

3.4 C2X-Kommunikation - Stand der Technik

Dieser Abschnitt gibt, ergänzend zu den Grundlagen aus Kapitel 2.4, eine Übersicht über den aktuellen Stand der Forschung im Bereich der IVC, der wesentlichen europäischen Projekte und der in den unterschiedlichen Prototypen eingesetzten Hardwareplattformen. Hierbei ergibt sich die Problematik, daß Untersuchungen hinsichtlich Performanz, Implementierung und Latenzen in der Forschung bislang kaum erfolgten, weshalb vor allem Arbeiten herangezogen werden, die Implikationen für die Implementierung haben. Im Allgemeinen läßt sich zusammenfassen, daß die wesentlichen Forschungsaktivitäten (insbesondere der akademischen Forschung) sich auf die Kommunikation konzentrieren. Dazu zählen unter anderem Untersuchungen des Funkkanals, des Kanalzugriffs, der Kommunikationsprotokolle, des Routings (vor allem GSB), der Informationsverteilung sowie die Modellierung einzelner Kommunikationsschichten. Ebenfalls mehrfach betrachtet sind mögliche Applikationen, die unter verschiedenen Gesichtspunkten zusammengefasst wurden. Ansätze zur Standardisierung und Konzepte der Kommunikationsarchitektur werden vor allem im Rahmen der unterschiedlichen Förderprojekten (vgl. 3.4.1) verfolgt.

3.4.1 Forschungsaktivitäten

Übersicht In der Literatur läßt sich nachvollziehen, daß viele der Überlegungen, die heute technisch verfeinert und umgesetzt werden, bereits in den frühen C2X Forschungsprojekten Ende der 80er Jahre angedacht wurden. Auf amerikanischer Seite wurden die ersten Forschungen innerhalb des PATH Programms gebündelt (vgl. z.B.

---

[3]Für die Beschreibung der Implementierung der Verifikationsumgebung vgl. [172], S.94ff.

[282]). Auf europäischer Seite gilt Prometheus [289], dessen Forschungsergebnisse seinerzeit nicht öffentlich verfügbar waren [282], als Vorreiter der C2X Forschung. Akademische Partner nahmen vor allem am DRIVE Projekt [90] teil, dessen Ergebnisse zumindest teilweise in der Literatur zu finden sind. Die Autoren in [282] nennen bereits damals einen Vorsprung der japanischen C2X Forschung und führen dies auf die verkehrsdichtenbedingte Situation in Japan zurück, die eine höhere Effizienz verlangt. Bereits im Jahr 2000 konnten so von Honda die Vorteile der Kommunikation bei Platooning Szenarien in einer praktischen Umsetzung gezeigt werden (vgl. [270]). In dem Testszenario bewegen sich dabei die Fahrzeuge mit einer Geschwindigkeit von bis $100\frac{km}{h}$ mit lediglich zwei Metern Abstand kollisionsfrei im Konvoi auf einem vorgegebenen Kurs.

Eine grundsätzliche Einführung zur C2X Kommunikation und die regionalen Besonderheiten geben die Autoren in [247, 100, 164]. Einen allgemeinen Blick auf die IVC Forschung werfen zusätzlich die Veröffentlichungen [265, 106]. Insbesondere [265] tangiert dabei die wesentlichen Themen innerhalb aller Schichten einer fiktiven Verarbeitungskette. Hinzu kommt eine Übersicht einiger ausgewählter Projekte. Für eine erfolgreiche Einführung der C2X Kommunikation sind neben technologischen Anforderungen auch ökonomische Aspekte ausschlaggebend (vgl. Abschnitt 2.4.3). Einen Überblick samt Lösungsvorschlag geben die Autoren von [146]. In ihrer Arbeit zeigen sie anhand von Zulassungsstatistiken, daß nur ein geplantes und zwischen den Automobilherstellern harmonisiertes Vorgehen zum Erfolg führen kann. Zusätzlich werden Zielgruppen identifiziert und der jeweilige Wert unterschiedlicher Applikationen betrachtet.

Protokolle Obwohl die Kommunikation zwischen Fahrzeugen klassischen Ad-Hoc Netzen ähnelt, wurde in verschiedenen Veröffentlichungen gezeigt, daß sich die Herausforderungen derart unterscheiden, daß bestehende Algorithmen nicht geeignet sind (vgl. exemplarisch [41, 174]). Aus diesem Grunde entstand eine Vielzahl an Protokollen, die häufig für spezielle Anwendungsfälle und Szenarien konzipiert sind. Einen relativ aktuellen Überblick der Hintergründe und Anforderungen geben [265] und [3]. Viele Protokolle beziehen die Betrachtung der unteren Protokolllayer mit ein und setzten mitunter auf andere Netzarchitekturen als 802.11p (vgl. [174, 265]). Kommunikationsmöglichkeiten werden zudem häufig an den Anforderungen konkreter Applikationen ausgerichtet (vgl. [265, 291]). Einen strukturierten Überblick über die Kommunikationsschemata und ihre Implikationen geben die Autoren von [249].

Latenz Um die Funktion zeitkritischer Sicherheitsfunktionen (Safety) gewährleisten zu können, müssen vorgegebene Verarbeitungslatenzen unterschritten werden (vgl. auch Abschnitt 2.4.3 und [313]). Aus Sicht der Applikation ist dabei die Gesamtlatenz zwischen dem ursprünglich auslösenden Ereignis und der Reaktion im Empfänger entscheidend. Die Gesamtlatenz setzt sich hierbei aus der Dauer der Verarbeitungsschritte innerhalb der Fahrzeuge (vgl. Abschnitt 2.1.3) und der Übertragungsdauer auf dem Funkkanal zusammen. Eine exemplarische Aufteilung der Verarbeitungsschritte einschließlich erster Meßergebnisse wird in [53] gezeigt. Die Gesamtlatenz für die Übertragung liegt im Bereich von 30ms, ist jedoch im Absolutwert nur begrenzt aussagekräftig, da sich die Kommunikationsarchitektur nicht an typische C2X Aufbauten anlehnt. Bemerkenswert ist allerdings der Einfluß der CAN Baudrate auf die Gesamtlatenz, die in den gemessenen Szenarien bereits 3ms übersteigt. Es ist davon auszugehen, daß dieser Wert sich bei realistischem Busverkehr noch verstärkt, so daß die fahrzeuginterne Kommunikation bei der C2X Kommunikation nicht vernachlässigbar ist. Ebenfalls [53] entnommen werden kann die grobe Struktur der Verarbeitungsstrecke, die sich auf Sender wie auf Empfängerseite aus einer ECU, dem CAN Bus und der OBU zusammensetzt - es sei angemerkt, daß dieses Szenario einen der einfachsten Anwendungsfälle darstellt.

Neben der eigentlichen Verarbeitungszeit der Systeme geht bei Applikationen, die keine eigenständige Aktion auslösen, sondern lediglich eine Warnmeldung an den Fahrer ausgeben, dessen Reaktionszeiten in die Gesamtlatenz ein. Dies setzt natürlich auch eine obere Schranke für die Anforderungen an automatisierte Systeme, die schneller als der Fahrer reagieren müssen, um vorteilhaft wirken zu können, voraus. Durchschnittliche Reaktionszeiten für den Fahrer betragen 1,25s, wobei lediglich 0,3s für die eigentliche Körperbewegung benötigt werden (vgl. [111]). Bei Ablenkung steigt die Reaktionszeit auf ungefähr 2,5s an, so daß sich für Sicherheitssysteme hier noch größeres Potential ergibt (vgl. [178]). Aus diesen Randdaten leiten die Autoren in [178] die Anforderung ab, eine C2X Nachricht innerhalb eines 1 bis 2km Radius in maximal 1 bis 2s auzuliefern. Wie im Projekt CoCar gezeigt wurde, sind diese Zeiten auch bei Nutzung von UMTS Systemen einzuhalten (vgl. [74, 316]). Als Kenngröße nennen die Autoren 500ms, die bei Nutzung von UMTS Systemen zuverlässig eingehalten werden können. Latenzzeiten darunter sind zwar möglich, können aber nicht mehr garantiert werden. Damit eignet sich UMTS nicht für die Anwendung bei besonders zeitkritischen Applikationen (vgl. [316]). Unbekannt ist, welche Verarbeitungsschritte in den angegebenen Zeiten einbezogen wurden. Für zeitkritische Funktionen lassen sich 100ms als Annahme für die Latenz finden (vgl. [100, 284, 314]). Die in [194] ermittelten Ergebnisse liegen mit 60ms sogar noch deutlich unterhalb dieses Wertes.

Die beiden letzten Abschnitte lassen bereits erahnen, daß nicht für alle Applikationen und Nachrichten dieselben zeitlichen Anforderungen gelten. Aus diesem Grunde ist eine Einteilung der Botschaften anhand ihrer Dringlichkeit praktisch systemimmanent. In [313] unterscheiden die Autoren in die drei Nachrichtenklassen Notfallwarnung, weitergeleitete Notfallwarnung und nicht zeitkritische Warnungen, und ordnen diesen unterschiedliche Prioritäten zu. In der Literatur lassen sich hierfür die Begriffe Quality of Service (QoS) oder Priorisierung finden (vgl. [319, 217, 106, 313, 126]). In [39] zeigen die Autoren, daß eine Priorisierung von Nachrichten vorteilhaft für die Übertragung zeitkritischer Daten ist. Die Betrachtung fokussiert sich hier vor allem auf den Funkkanal. Weiterhin ist eine Priorisierung bereits im WAVE Standard vorgesehen, der ein bevorzugtes Versenden hochprioror Nachrichten vorsieht (vgl. [128]). Die Untersuchungen beziehen sich jeweils vorrangig auf die Kommunikationskanäle, Anforderungen an eine priorisierte Verarbeitung hingegen werden nur vage beschrieben.

Sicherheit Bereits in Abschnitt 2.4.3 wurde Sicherheit als ein wesentlicher Bestandteil der C2X Kommunikation eingeführt. Für die vollständige Einordnung soll dennoch ein kurzer Überblick gegeben werden. Die Forschung im Bereich der Absicherung von C2X Kommunikation war bis 2004 ein weitgehend unbeachtetes Feld (vgl. [126, 317]) und wird erst in den letzten Jahren zunehmend betrachtet. Eine Klassifikation der Angriffsszenarien wurde in [159] durchgeführt. Die Arbeit beschreibt zudem auf abstraktem Level Gegenmaßnahmen. Im Ergebnis werden Denial of Service (DoS) Attacken als größte Gefahr für C2X Systeme identifiziert. Dies ist insbesondere auch deshalb von Bedeutung, weil die bislang fahrzeuginterne E/E-Architektur nach außen geöffnet wird, so daß Absicherungsmaßnahmen des fahrezuginternen Busverkehrs notwendig sind (vgl. [189, 190]).

Eine der großen Herausforderungen ist die Definition einer Sicherheitsarchitektur, deren Anforderungen mit der Rechenleistung von eingebetteten Systemen realisiert werden können. Berechnung und Überprüfung von Signaturen haben aufgrund der Komplexität kryptographischer Verfahren einen nennenswerten Einfluß auf die Gesamtlatenz (vgl. [168]) und stellen einen der aufwendigsten Verarbeitungsteile der C2X Kommunikation dar. Mehrere Veröffentlichungen, so auch die Ergebnisse des SeVeCom Projekts, zeigen, daß für die Realisierung spezialisierte Kryptohardware notwendig sein wird, um die vorgegebenen Anforderungen erfüllen zu können (vgl. [209, 148]). Bestandteil einiger Lösungsansätze ist die Schaffung von Trusted Platforms (vgl. z.B. [115]), basierend auf den Aktivitäten der Trusted Computing Group (vgl. [280]). Dieser Ansatz wird auch für das in dieser Arbeit vorgestellte Konzept verfolgt (vgl. [109]). Für die Wahrung der Privatheit sind aktuell[4] Identitätswechsel mittels Pseudonymen vorgesehen. Eine Beschreibung der Problematik aus Sicht eines Automobilherstellers läßt sich beispielsweise in [75] finden.

Plattformen und Prototypen Aufgrund des andauernden Standardisierungsprozesses existieren momentan nur einige wenige Plattformen, die für den Einsatz im C2X Umfeld entwickelt wurden. Die Mehrzahl der Prototypen ist in Forschungsprojekten entstanden und dient jeweils nur als Grundlage für die Demonstration der Projektergebnisse und ist, soweit in der Literatur nachvollziehbar, in keinem Projekt zentraler Bestandteil. In vielen Fällen werden für die exemplarische Umsetzung PCs, Notebooks oder leistungsfähige Prototypenrechner eingesetzt, die mit GPS Empfängern und Kommunikationsschnittstellen versehen werden (vgl. [217]). Dieser Umstand ist auch in der Literatur so dokumentiert: So wird in [78] beispielsweise eine Plattform vorgestellt, die auf Industrie PCs basiert. Für den drahtlosen Kanal kommen Standard WIFI Karten zum Einsatz, die Positionsdaten werden durch einen USB GPS Receiver ermittelt. Eine Einbettung in die Fahrzeugarchitektur ist nicht dokumentiert. Basis des Softwarestacks ist Debian Linux mit einer zusätzlichen Dienstarchitektur (Airplug - vgl. [77]). Für die von Nokia präsentierten Messungen der Kommunikationscharakteristik kamen Debian Linux basierte Tablets Nokia N800 zum Einsatz, die ebenfalls nicht fest in die Fahrzeuge integriert wurden (vgl. [253]). Die in [50] präsentierten Ergebnisse zur Videodatenübertragung zwischen Fahrzeugen basieren ebenfalls auf einer Standard PC Plattform, die zwar fest im Fahrzeug verbaut ist,

---

[4]Aktueller Stand der C2CCC Security Working Group - vgl. dazu [210]

jedoch nicht mit den fahrzeuginternen Steuergeräten kommuniziert.

Im Gegensatz dazu wird an der Universität Ulm, basierend auf Modellfahrzeugen, ein vollständiges Plattformkonzept entwickelt und umgesetzt, mit dem Ziel, VA-NET Protokolle testen zu können ([246]). Zu diesem Zweck wird die Kommunikation mittels Software Defined Radio (SDR) integriert und die unteren Kommunikationsschichten auf einem FPGA realisiert. Aufgrund des eigenen Ansatzes der Uni Ulm besteht bei diesem „Testfahrzeug" die Möglichkeit, unterschiedliche Sensorik und Aktorik zu integrieren und anzusteuern, wobei die Basissoftware auf Embedded Linux basiert. Eines der genannten Ziele ist ein weicher Übergang zwischen Simulation und Testfahrzeug. Bemerkenswert an diesem Projekt sind die Selbstbeschränkung auf Embedded Prozessorarchitekturen und die explizite Einbeziehung von Sensorik und Aktorik. Ebenfalls auf Modellfahrzeugen basiert das in [252] vorgestellte Konzept, dessen Zweck vor allem die Applikationsentwicklung ist. Zu diesem Zweck wurden unterschiedliche Simulatoren gekoppelt, deren Bestandteile durch die Modellfahrzeuge ersetzt werden können (vgl. [251, 251]).

Die Verknüpfung der bestehenden E/E-Architektur mit den Kommunikationseinheiten wird in der Literatur ebenfalls nur selten thematisiert. Tendenziell wird die C2X-Kommunikationsfähigkeit als Erweiterung bestehender Telematikeinheiten betrachtet. Das Konzept für eine solche Einheit wird zum Beispiel in [149] vorgestellt. Die Autoren erörtern vor allem die Verwendung unterschiedlicher infrastrukturbasierter und -loser Schnittstellen und stellen hierfür ein Gatewaykonzept vor. Zusätzlich vorgesehen sind die Anbindung von Geräten der Consumerelektronik. Das Konzept abstrahiert stark von den jeweiligen Protokollen und sieht eine mehrschichtige Architektur vor, die für zeitkritische Anwendungen nicht geeignet scheint: gerade diese Anwendungsklasse wird in der Veröffentlichung nicht betrachtet. Die Integration einer solchen Telematikplattform wird in [244] beschrieben. Hier basiert die OBU ebenfalls auf einem PC Konzept mit Fedora Linux als Betriebssystem und einer Java Virtual Machine als Basis für die OSGI Softwarearchitektur. Die Plattform hat nicht näher bezeichneten Zugriff auf verschiedene Fahrzeugsensoren, eine Kommunikation mit bestehenden Steuergeräten wird nicht beschrieben. Als Kommunikationsmedium wird hier UMTS verwendet. Die Ergebnisse der Latenzmessungen sind mit denjenigen des CoCar Projekts vergleichbar und liegen im Bereich von 750ms (im Fall des Downlinks sogar bei 200ms). Für die Verteilung der Informationen setzen die Autoren auf P2P Technologie, wodurch sich dieser Ansatz von den anderen Ansätzen der VANET community unterscheidet.

Das Konzept der DRIVE Architektur ist vergleichbar zu den beiden letzten Konzepten und stellt ebenfalls den allgemeinen Ansatz eines Car Gateways dar (vgl. [217]). Neben der Anbindung zu Infrastruktur- und Sensornetzkomponenten wird die Kommunikation mit der E/E-Architektur des Fahrzeugs explizit eingeführt. Das System basiert ebenfalls auf einer Standard PC Architektur sowie Linux als Betriebssystem und OSGI als Middleware, worauf aufbauend eine dienstbasierte Architektur vorgeschlagen wird. Den Hauptvorteil der Architektur sehen die Autoren in der Flexibilität und Erweiterbarkeit sowie der Tatsache, das Umfeld typischer C2X Fragestellungen vollständig abdecken zu können. Offen bleibt jedoch die Leistungsfähigkeit der Plattform und die Latenzzeiten, die durch die hohe Abstraktion noch von der Hardware erreichbar sind. Zusätzlich muss der Einsatz eines vollwertigen Car PCs für eine OBU kritisch hinterfragt werden. Explizit als das Aufeinandertreffen zweier Welten -CAN und OSEK vs. WIFI und Linux- wird die Einbringung von C2X in Fahrzeuge durch Volkswagen beschrieben (vgl. [160]): neben der effizienten Einbindung von CAN Schnittstellen in Linux Betriebssysteme wird eine Vehicle API definiert, die einen abstrakten Zugriff auf die Fahrzeugdaten erlaubt.

3.4.2 Projekte und Konsortien

Ein Großteil der C2X Forschung wird in öffentlichen Förderprojekten bearbeitet. Im folgenden werden die wichtigsten EU-weiten und deutschen Förderprojekte kurz vorgestellt. Da nicht in allen Fällen die Ergebnisse öffentlich zugänglich sind, werden vor allem die Zielsetzungen und Ausrichtungen der Projekte angeführt. Die Reihenfolge der Auflistung steht in keinem Zusammenhang der Wichtigkeit des jeweiligen Projekts. Eine Übersicht der Projektlandschaft ist in Abbildung 3.14 dargestellt.

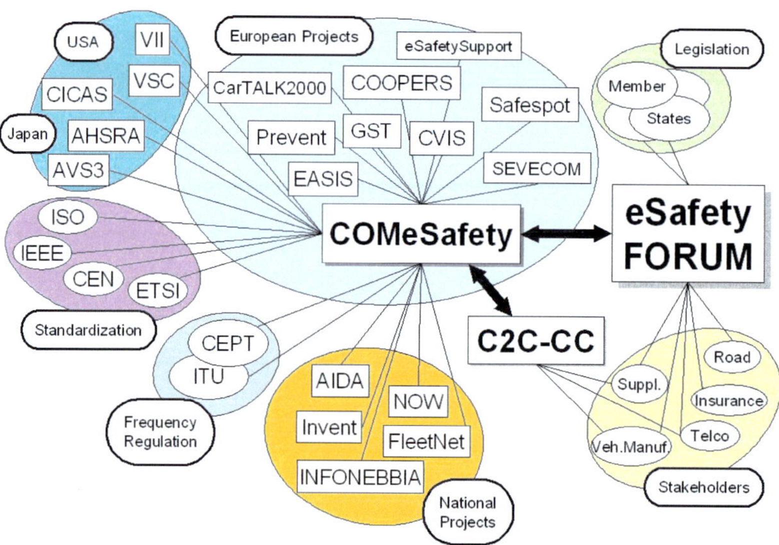

Abbildung 3.14: COMeSafety Projektübersicht [58]

SEVECOM Das Sevecom Projekt betrachtet vorrangig die Sicherheitsmechanismen in IVC Netzen. Sowohl Automobilhersteller als auch Universitäten sind als Projektpartner in diesem EU Projekt vertreten. Neben der Sicherheit werden auch Aspekte zur Privatheit untersucht. Als wesentliche Ziele werden in der Projektübersicht [262] sowohl eine Sicherheitsarchitektur als auch eine Roadmap für die Einbringung der Sicherheitsmechanismen genannt. Als Kernkomponenten des Projekts dienen die Identifikation von Bedrohungsszenarien, die Architekturspezifikation, die Definition von Sicherheitsmechanismen und kryptographischen Primitiven. Das Projekt ist abgeschlossen (01/2009), die zentralen Ergebnisse des Projekts sind in [209, 148] zusammengefasst.

PReVENT Bei Prevent handelt es sich ebenfalls um ein von der EU gefördertes Projekt des 6. Rahmenprogramms, welches Anfang 2008 abgeschlossen wurde. Als primäre Vision wird die Schaffung einer Sicherheitszone um das Fahrzeug mittels zusätzlicher Sicherheitsfunktionen angegeben. Bestandteile des Projekts sind Entwicklung, Test und Bewertung von Sicherheitsfunktionen, Erweiterung von Sensor- und Kommunikationstechnologien und die Integration der Projektergebnisse in Demonstratorplattformen. PReVENT gehört zu den eSafety Programmen des 6. Rahmenprogramms, verfolgt also die wesentlichen Ziele des EU Whitepapers, in dessen Zentrum die Halbierung der Verkehrstoten steht ([281]). Von den in PReVENT bearbeiteten Projekten benutzt lediglich WILLWARN die C2X-Kommunikation für die Realisierung von Sicherheitsmechanismen, die über den Bereich von Standard ADAS Sensoren hinausgehen. WILLWARN ist innerhalb von PReVENT das am weitesten in die Zukunft gerichtete Projekt, dessen Ergebnisse unter anderem in das C2CCC eingeflossen sind. Am Rande wird die Sensordatenfusion mit anderen Systemen wie ACC in WILLWARN adressiert (vgl. [223]).

SAFESPOT ist ein weiteres Forschungsprojekt des 6. Rahmenprogramms, das Anfang 2010 abgeschlossen sein wird. Wesentliches Ziel des Projektes ist, ein Verständnis für das ideale Zusammenwirken intelligenter Straßen und Fahrzeuge zu erreichen, um die Sicherheit signifikant zu erhöhen (vgl. [48]). Unfälle sollen durch einen Safety Margin Assistant (SMA) verhindert werden, der frühzeitig potenziell gefährliche Situationen erkennt und den Sichtbereich des Fahrers zeitlich wie räumlich erweitert. Der SMA basiert explizit auf C2C und C2I Kommunikation, deren Informationen mit den On Board Sensoren fusionieren und zu einem geeigneten Gesamtbild zusammengefügt werden, mit dem Ziel, dem Fahrer Informationen zur Verfügung zu stellen oder ihn zu warnen. Aus technischer Sicht werden sowohl Applikationen als auch Basistechnologien betrachtet. Dazu zählen das Ad-hoc Networking, relative Lokalisierung und dynamische Straßenkarten. Zusätzlich untersucht werden Aspekte zu infrastrukturbasierten Sensortechnologien, die Beurteilung der Auswirkung einzelner Applikationen, die Einführung der Systeme und die Betrachtung von Haftungsaspekten, Regulierungen und Standardisierungsprozessen. Für die Validierung wurden Testgebiete in Frankreich, Deutschland, Italien, den Niederlanden, Spanien und Schweden ausgewählt. Das Konsortium besteht insgesamt aus 51 Partnern, die sowohl Hersteller als auch Straßenbetreiber, Zulieferer, Forschungsinstitute und Universitäten umfassen (ebd.).

COOPERS Als weiteres Projekt des 6. Rahmenprogramms der EU fokussiert sich COOPERS auf die Entwicklung innovativer Telematikapplikationen, welche vor allem auf der Kommunikation mit der Infrastruktur basieren. Als Langzeitziele werden die Erhöhung der Verkehrssicherheit und ein kooperatives Verkehrsmanagement angegeben. Innerhalb des Projekts wird dabei, soweit möglich, auf bestehenden Infrastrukturkomponenten aufgebaut. Ein weiteres Ziel besteht darin, Fahrzeugindustrie und Netzbetreiber enger miteinander zu vernetzen. Coopers definiert eine Dienstarchitektur, die weitgehend unabhängig vom jeweiligen Kommunikationsmedium ist. Weitere Teilaspekte umfassen die Datenaquise durch Roadside Units, die zentrale Verarbeitung in einem Traffic Control Center, das Verteilen mittels Road Side Transmittern und die Definition von Informationsdiensten. Insgesamt umfasst das Projekt 39 Partner, zu denen Fahrzeughersteller, Forschungsinstitute und Dienstanbieter zählen. Die Demonstrationsstrecken befinden sich entlang der Brennerautobahn, bei Rotterdam, in Deutschland und in Frankreich (vgl. [62, 46, 55]).

GEONET wird im 7. Rahmenprogramm der EU gefördert und besteht aus sieben Projektpartnern. Der zentrale Schwerpunkt liegt auf der geographischen Adressierung und dem geographischen Routing (geonetworking), welche es ermöglichen, Fahrzeuge, die sich in bestimmten Regionen aufhalten, zu adressieren und Informationen gezielt an diese Regionen weiterzuleiten. Der gewählte Ansatz basiert auf der Idee, die Anforderungen des Geonetworkings mit der Standardadressierung IPv6 zu vereinen, um auf diese Weise die Abstraktion zu erhalten und ein weites Feld an Applikationen zu ermöglichen. Ein zentrales Ziel ist eine Referenzspezifikation für das IPv6 Geonetworking. Der Nachweis der Funktionstüchtigkeit soll über linuxbasierte Prototypenimplementierungen erfolgen. Zusätzlich soll eine Emulationsumgebung implementiert werden, die es erlaubt, Tests in vorgegebenen Szenarien wiederholbar durchzuführen. Die im Projekt erzielten Ergebnisse sind öffentlich verfügbar: Als Basis für die Kommunikation wird 802.11p eingesetzt, Ausgangspunkt der Arbeiten ist die Architektur des C2CCC mit dem zugehörigen Protokoll Stack (vgl. [104, 105]).

simTD ist ein durch die deutsche Bundesregierung gefördertes Projekt, in dem Automobilhersteller, Zulieferer, öffentliche Einrichtungen und Netzbetreiber das Konsortium stellen. Das 2008 gestartete Projekt hat den Feldversuch als wesentlichen Inhalt, wobei die Schwerpunkte technologische Umsetzung und Erprobung eines hybriden Kommunikationssystems aus Infrastrukturkomponenten und 802.11p sind. Weitere Komponenten sind die Untersuchung zur Wirksamkeit von C2X Anwendungen sowie die nahtlose Integration von Fahrzeug-, Kommunikations- und Verkehrstechnologien. Weiterhin sollen geeignete Einführungsszenarien und Betreibermodelle untersucht werden, die eine schnelle Marktdurchdringung der Technologie unterstützen. Als Testregion wurde das Rhein-Main Gebiet um Frankfurt ausgesucht, das mit entsprechenden Infrastrukturkomponenten aufgerüstet werden soll. Für die Erprobung unter realen Bedingungen sind der Einsatz von 400 Fahrzeugen und bis zu 150 RSUs vorgesehen. Die ausgewählten Strecken decken Autobahnen, Landstraßen und Teile des Stadtgebiets ab. Als erstes Projektergebnis wurden die zu implementierenden Anwendungen vorgestellt, die den Bereichen Verkehr, Fahren und Sicherheit sowie Ergänzende Dienste entstammen (vgl. [266, 287, 267]).

EVITA Das von der europäischen Union geförderte Projekt EVITA fokussiert sich auf das Design, die Verifikation und die prototypische Umsetzung von Schutzmechanismen für Steuergeräte und sensible Daten. Zentrale Anwendung hierbei ist die C2X Kommunikation, wobei der Schutz der fahrzeuginternen Komponenten im Vordergrund steht. Der Ansatz berücksichtigt sowohl Hardware als auch Softwarekomponenten und basiert auf Überlegungen aus dem Bereich des Trusted Computing. Im Ergebnis soll eine prototypische Umsetzung erfolgen, bei der Standard Controller kryptographische Coprozessoren erhalten. Die Darstellung der Mechanismen erfolgt anhand eines Laborfahrzeugs, wobei eine Fokussierung auf die grundlegenden Aspekte erfolgt. Die Ergebnisse werden von den Projektpartnern offen zur Verfügung gestellt. Das EU Projekt des 7. Rahmenprogramms setzt sich zusammen aus Forschungsinstituten, BMW als Fahrzeughersteller und Zulieferern (vgl. [91, 81]).

PRE-DRIVE C2X In diesem Projekt sind Feldtests ebenfalls ein wichtiger Bestandteil. Das COMeSafety Architekturkonzept wird innerhalb des Projekts verfeinert und prototypisch umgesetzt. Weiterhin soll ein Simulationsmodell entstehen, welches es erlaubt, den zu erwartenden Nutzen hinsichtlich Sicherheit, Effizienz und Umgebungsauswirkungen abzuschätzen. Eingeschlossen sind Werkzeuge und Methoden, die sowohl einen Labortest als auch Feldtests erlauben. Die gefundenen Methoden sollen auf den Prototypen angewendet und evaluiert werden mit dem Ziel, die Ergebnisse in die laufenden Standardisierungsaktivitäten und das Nachfolgeprojekt DRIVE C2X einfließen zu lassen (vgl. [221, 165, 220, 222]).

GST Die Vision des von der EU geförderten Projekts GST war es, eine offene Telematikplattform zu schaffen, die eine kosteneffiziente Erweiterung mit neuen Zusatzdiensten erlaubt. Vergleichbar mit dem Apple Appstore [14] kann jeder Nutzer seine eigenen Applikationen auswählen und im Fahrzeug installieren, wobei die Beteiligten -mehrere Automobilhersteller, Zulieferer, Dienstleister und Forschungsinstitute- die Hoffnung hatten, eine vergleichbare Dynamik zu erzeugen, wie es Apple beim IPhone gelungen ist[5]. Das Projekt wurde 2007 abgeschlossen, die Ergebnisse sind dem C2CCC zugeflossen (vgl. auch [113]).

CVIS Mit einem Etat von über 41 Mio. Euro ist CVIS eines der größten europäischen C2X Forschungsprojekte. In diesem Konsortium sind über 60 Partner aus allen potenziell beteiligten Bereichen vertreten (vgl. [65, 64, 63]). Die Hauptziele des Projekts sind das Finden einer einheitlichen technischen Lösung, die die Kommunikation von Fahrzeugen und Infrastruktur unter Nutzung verschiedenster Kommunikationstechnologien in transparenter Art und Weise ermöglicht. Die Dienste sollen dabei innerhalb eines offenen Frameworks realisiert werden, welches Basis sowohl der RSUs als auch der OBUs ist. Innerhalb des Projekts soll die Architektur entwickelt, realisiert und bewertet werden, wobei der Fokus auf den Kernkomponenten des Systems liegt. Zusätzlich spielen Inhalte wie Akzeptanz bei Nutzern, Privatheit, Sicherheit, generelle Systemoffenheit, Interoperabilität, Haftung sowie Kosten-Nutzen Verhältnis in der Untersuchung eine wichtige Rolle.

---

[5]Zeitlich lag das Projekt allerdings vor der Einführung des iPhones.

Im Ergebnis soll ein Terminal entstehen, welches die unterschiedlichsten Zugangs-
technologien nutzen kann, auf einer offenen Architektur basiert, erweiterte Lokalisierung erlaubt und zusätzliche Protokolle unterstützt. Zusätzlich sind Applikationen, die Kernkomponenten der Software sowie Guidelines für weitere andere Aspekte vorgesehen. Als Basis der Architektur werden CALM und IPv6 als transparentes
Kommunikationsprotokoll genannt. Als Kommunikationskanäle stehen 2G/3G Netze, WIFI, DSRC oder Infrarotnetze zur Auswahl, welche je nach Verfügbarkeit ausgewählt werden. Eines der Ziele ist es, eine ständige Verbindung zur Infrastruktur,
wie beispielsweise dem Internet, zu halten. Applikationen können, basierend auf der
OSGI Architektur, zu den Plattformen hinzugefügt werden. Innerhalb des Projekts
kommen CarPCs zum Einsatz, wobei die Referenzplattform zwei PCs umfasst, von
denen einer die Routerfunktion übernimmt und der zweite Middleware und Appli-
kationssoftware ausführt (vgl. [65, 64]). Offen ist, inwieweit zeitkritische C2X Funktionen innerhalb des Projekts erörtert werden, wobei [74] vermuten läßt, daß dies nur
eingeschränkt der Fall sein wird.

Aktiv-CoCar Das Projekt CoCar ist ein durch das BMBF gefördertes Projekt, welches als eines von drei Teilprojekten im Rahmen der AKTIV Initiative bearbeitet wird.
Im Projekt wurde untersucht, inwieweit sich UMTS Mobilfunknetze und nachfolgende Generationen für die Übertragung von Verkehrsinformationen eignen. Das Projekt wurde Mitte 2009 mit dem Ergebnis abgeschlossen, daß viele Anwendungsfälle
durch die verfügbare Mobilfunktechnik realisiert werden können (vgl. [74, 56]). Für
den Bereich der zeitkritischen Anwendungen werden die Netze jedoch nicht als ausreichend betrachtet, da die vorgegebenen Latenzzeiten nicht einzuhalten sind (ebd.).
In diesen Fällen wird die direkte Kommunikation zwischen Fahrzeugen mittels DS-
RC bevorzugt. Für einen detaillierten Einblick in das Projekt vgl. [74].

NOW Das Projekt Network on Wheels wurde ebenfalls vom BMBF gefördert. Innerhalb des Projekts wurde eine Softwarearchitektur entwickelt und umgesetzt, mit
welcher die unterschiedlichen Aspekte demonstriert werden können. Zentrale Bestandteile sind grundlegende Betrachtungen von Protokollen, Datensicherheit und
der Kommunikation. Die Projektergebnisse fließen in die Betrachtungen des C2CCC
ein. Weiterhin wurde die NOW Plattform WILLWARN Projekt eingesetzt, die in anderen Projekten, beispielsweise SAFESPOT, SEVECOM oder AKTIV (vgl. [94]), als
Basis für Weiterentwicklungen diente. Grundlage des Softwarestacks sind Linux,
sowie JAVA/OSGI für die Applikationsentwicklung, Sicherheitsmechanismen sind
mittels Signaturen und Zertifikaten implementiert. Die Ergebnisse sind in einem Re-
ferenzsystem zusammengeführt, jedoch zu Latenzen oder Basishardware finden sich
keine Angaben (vgl. [94]).

C2CCC Das CAR 2 CAR Communication Consortium wurde auf die Initiative der
europäischen Automobilhersteller gegründet. Die Ziele des Konsortiums sind es,
einen europäischen Industriestandard für C2X Kommunikation und die Entwicklung aktiver Sicherheitsfunktionen bei der Spezifikation, dem Prototyping und der
Demonstration zu unterstützen, darüber hinaus ein europaweites Frequenzband zu
reservieren, die weltweite Harmonisierung von C2X Standards voranzutreiben so-

wie realistische Einführungsszenarien und Geschäftsmodelle zu entwickeln, um eine Markteinführung zu unterstützen. Mitglieder des Forums sind neben den Herstellern Zulieferer und Forschungsinstitute (vgl. [52]). Die Ansätze des Konsortiums bilden zusammen mit der COMeSafety Architektur die Grundlage für das Design des C2X Kommunikationssystems in Kapitel 2.4. Auf die Architektur wird in Abschnitt 3.4.3 gesondert eingegangen.

3.4.3 COMeSafety

3.4.3.1 Projektübersicht

Das COMeSafety Projekt ist ein von der EU als Specific Support Action gefördertes Projekt im 6. Rahmenprogramm, welches 2006 gestartet und auf eine Projektdauer von vier Jahren angelegt ist. Die Projektpartner setzen sich zusammen aus europäischen Automobilherstellern und dem Gesamtzentrum für Verkehr Braunschweig (GZVB) das vornehmlich als Koordinator agiert. Die Projektziele liegen vornehmlich in der Koordinierung der Aktivitäten und Konsolidierung der Forschungsergebnisse, die in nationalen und europäischen Projekten oder innerhalb von Konsortien wie dem C2CCC erzielt werden, mit dem Ziel einen für Europa einheitlichen Ansatz zu finden, der alle Bereiche der C2X Kommunikation berücksichtigt und dem Standardisierungsprozess zugeführt werden kann.

Weiterhin dient das Projekt der Unterstützung des eSafety Forums, das als Initiative der EU und führender Industriepartner gegründet wurde, mit dem Ziel, die Sicherheit des Straßenverkehrs zu erhöhen (vgl. [274, 273]). Die entscheidenden Forschungsergebnisse sollen hierbei aufgearbeitet und der eSafety Arbeitsgruppe Kommunikation zugeführt werden sowie einen generellen Informationsaustausch ermöglichen. Weiterhin soll COMeSafety die weltweite Harmonisierung von C2X Systemen vorantreiben. Kooperationen erfolgen vor allem mit den Konsortien VSC und VII in den USA sowie AHSRA und ASV3 in Japan. Die Allokation eines exklusiven Frequenzspektrums ist ebenfalls Bestandteil der Projektaktivitäten. Um die Systemeinführung zu unterstützen sollen die erzielten Ergebnisse an alle relevanten Einrichtungen und Partner verteilt werden,

Die Aufgabe der Architecture Task Force ist es, aus allen europäischen und nationalen Projekten die entscheidenden Projektergebnisse zu sammeln und zu konsolidieren, um einheitliche Anforderungen definieren und einen Architekturvorschlag unterbreiten zu können. Mitglieder der drei großen integrierten Projekte CVIS, COOPERS und SAFESPOT sind aktiv an diesem Prozeß beteiligt. Zusätzlich besteht eine enge (personelle) Vernetzung zwischen COMeSafety und dem C2CCC, das die Harmonisierung vorantreiben und die Ergebnisse an ETSI zur Standardisierung übergeben soll. Die Verbindung der Beteiligten ist in Abbildung 3.15 dargestellt. Für die Kommunikation zu den EU Projekten und Standardisierungsorganisationen ist eine Expertengruppe verantwortlich, zusätzlich werden Liaison Manager für die Kommunikation zu den Standardisierungsgremien eingesetzt.

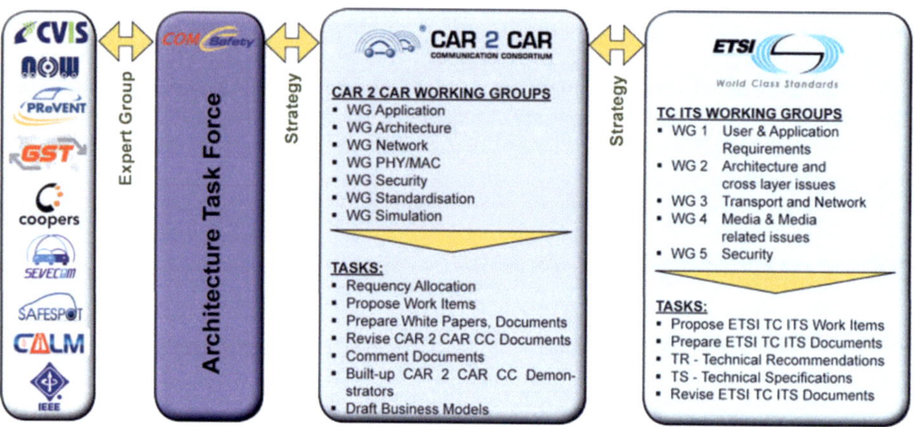

Abbildung 3.15: COMeSafety - Teilnehmer und Aufgaben [61]

3.4.3.2 Architektur

Die Vorschläge der Kommunikationsarchitektur sind vornehmlich in [58] zusammengefasst. Im folgenden soll ein kurzer Überblick über deren Aufbau und Bestandteile gegeben werden. Die allgemeine Darstellung der C2X Kommunikation in Abschnitt 2.4 wurde hierfür so gewählt, daß dort bereits die Grundprinzipien der COMeSafety Empfehlungen enthalten sind, so daß an dieser Stelle eine ergänzende Betrachtung erfolgen kann.

Die ITS Architektur sieht vier unterschiedliche Komponententypen vor: Fahrzeug, Roadside Unit, Zentrale und Mobile Geräte. Die Komponenten sind durch ein Netzwerk verbunden, welches sich aus unterschiedlichen Teilnetzen zusammensetzen kann. Möglich sind sowohl die Kommunikation mit der Infrastruktur als auch die Kommunikation der Komponenten untereinander. Jede Komponente besteht aus einer ITS Station, die ausschließlich ITS Funktionen übernimmt und einem Gateway, der die Verbindung mit den anderen Teilsystemen, z.B. Steuergeräten im Fahrzeug, herstellt. Die Verteilung der Funktionalität auf einen oder mehrere Rechner ist expliziter Bestandteil des Konzepts. Die Referenzarchitektur ist in Abbildung 3.16 dargestellt. Sie basiert auf den Überlegungen zu den drei bekannten Applikationskategorien Traffic Safety, Traffic Efficiency und Value Added Services, für welche in [58] jeweils spezifische Vertreter genannt werden. Die Architekturdefinition erfolgt in Anlehnung an die CALM Architektur. Die einzelnen Layer beinhalten die im folgenden dargestellten Funktionalitäten.

Access Technologies Die Zugriffstechnologien werden in Gruppen eingeteilt. Die Short Range und ad-hoc Systeme umfassen CEN DSRC, European 5,9GHz ITS, WLAN 5GHz und IR. Als Vertreter von zellbasierten Systemen werden WiFI, WiMAX, GSM-GPRS und UMTS angeführt - beispiele für Broadcastsysteme sind DAB, DVB und

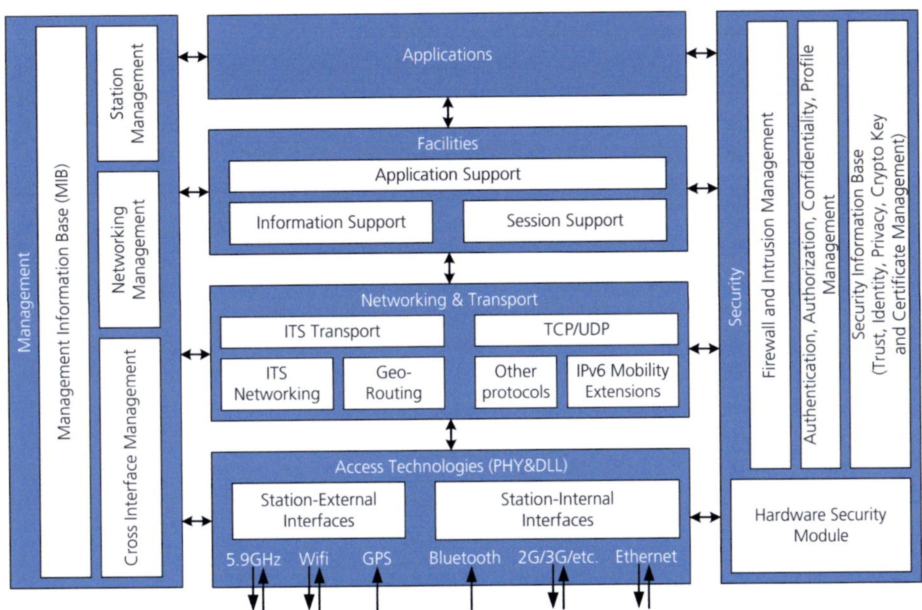

Abbildung 3.16: ITS Station Referenzarchitektur

GPS. Die drahtgebundenen Technologien dienen vornehmlich zur internen Kommunikation. Die Schnittstellen beschränken sich typischerweise auf die unteren ISO/OSI Layer PHY, MAC und DLL, wobei für einige, z.B. Bluetooth oder 2G/3G, jedoch die Integration des vollständigen Layers notwendig ist. Eine Übersicht der jeweiligen Eigenschaften der Funkprotokolle kann [58] entnommen werden.

Networking and Transport Die Kommunikationsprotokolle werden in einer Netzwerk- und Kommunikationsschicht zusammengefaßt. Zu den Protokollen zählen sowohl bekannte Vertreter wie TCP und UDP als auch angepasste Protokolle wie IPv6 mit spezifischen Erweiterungen. Hinzu kommen völlig neue Protokollvertreter wie eine ITS Transportschicht, ITS Netzwerkebene (Broadcasts, Multicasts, Kanalkontrolle) und GeoRouting. Nicht näher benannt sind die weitere Protokolle unter Other Protocols, die beispielsweise den Handover zwischen verschiedenen Stationen übernehmen sollen. Ebenfalls vorgesehen ist eine dynamische Priorisierung der Nachrichten in der Netzwerkschicht, die abhängig von der Bewegungsgeschwindigkeit, dem Inhalt, der Nachrichtengröße und der Gültigkeitsdauer ist.

Facilities In dieser Schicht werden die grundlegenden Dienste realisiert, die sich in drei Kategorien einteilen lassen. Der Application Support realisiert die Middleware. Deren Funktionalitäten können das Herunterladen, Initialisieren und Ausführen von Diensten, die Schnittstelle zur HMI etc., sein. Die Verwaltung der Daten erfolgt durch den Information Support, zu dem unter anderem die Überwachung der Gültigkeit,

Beurteilung der Vertrauenswürdigkeit, Datenfusion und die geographische Einordnung zählen. Für diejenigen Dienste und Funktionen, welche eine feste Verbindung benötigen, ist der Session Support vorgesehen, der die Verbindungsverwaltung übernimmt - dazu zählt auch die Auswahl einer geeignete Kommunikationsschnittstelle. Im Zusammenhang mit den Facilities werden auch die unterschiedlichen Nachrichtentypen und das Transportprotokoll definiert (vgl. 2.4.1).

Security Die Sicherheitsmaßnahmen adressieren alle Abstraktionsschichten und besitzen entsprechende Schnittstellen zwischen Security und dem jeweiligen Layer. COMeSafety führt drei Hauptziele der Sicherheitsmaßnahmen an, die denjenigen der entsprechenden Abschnitte gleichen: korrekte und vertrauenswürdige Kommunikation, Robustheit des Systems und Funktionstüchtigkeit auch bei Attacken und schließlich der Schutz der Privatheit des Teilnehmers. COMeSafety fordert zudem die Beibehaltung niedriger Latenzzeiten für zeitkritische Funktionen. Die Sicherheitsmechanismen sind für den Applikationslayer transparent, die Vorschläge für die Sicherheitsarchitektur entstammen vor allem dem Projekt Sevecom: vorgesehen sind die Verwendung von Pseudonymen und Signaturen. Kandidaten für die Realisierung sind Elliptic Curve Cryptography (ECC) oder RSA, wobei ECC favorisiert wird (vgl. [57, 210]).

Die Sicherheit des Systems setzt sich aus vier Modulen zusammen. Zu den Aufgaben des Authentication-, Authorization-, Confidentiality-, Profile Management-Moduls gehört die sichere Kommunikation. Adressiert werden sichere Kanäle, Beaconing, Geocast und Georouting. Das Security Information Base Module verwaltet Identitäten und Zertifikate. Dazu gehört auch die Verwaltung der eigenen Pseudonyme und die Durchführung von Plausibilitätschecks. Das Firewall and Intrusion Management Module verhindert den Zugriff auf die Fahrzeugsysteme mittels einer Firewall und detektiert zusätzlich Attacken auf das System. Das Hardware Security Module bietet Möglichkeiten zur sicheren Speicherung sowie der Hardwareunterstützung für kryptographische Algorithmen.

System Management Die Aufgabe des System Managements besteht darin, die Interaktion der einzelnen Layer miteinander zu koordinieren. Dazu zählen die Steuerung der einzelnen Blöcke, Koordinierung der dynamischen Interface Auswahl für jede Applikation, Verwaltung der Sendeberechtigung und Synchronisation sowie Verwalten der Sicherheits- und Privacy Funktionen. Die enthaltenen Funktionen und Strukturen variieren in Abhängigkeit der Aufgabe der jeweiligen ITS Station. Es sind vier Einzelkomponenten vorgesehen: das Station Management verwaltet die komplette ITS Station, zu der mehrere Hosts und Router gehören können - dazu zählen unter anderem die Initialisierung und Konfiguration sowie die Zuordnung von Applikationen zu Interfaces. Das Networking Management verwaltet Netzwerkaspekte wie das Update von IPv6 Routingtabellen und GeoNet Management. Das Cross-Interface Management ist für die Initialisierung und Verwaltung der einzelnen Interfaces zuständig. Die Management Information Base ist ein zentraler Datenspeicher für zentrale Konfigurationsdaten.

Application Auf die Architektur des Applikationslayers geht die Architekturbeschreibung [58] nicht näher ein.

3.4.4 Routing und Forwarding

Den in Abschnitt 2.4.5 angeführten Herausforderungen zur Informationsverteilung in C2X-Netzen widmet sich eine große Community, die in den letzten Jahren eine Vielzahl an Verfahren vorgestellt hat, welche jeweils auf bestimmte Anwendungszwecke optimiert wurden. Im folgenden soll ein Überblick über die unterschiedlichen Algorithmenklassen und die bekanntesten Vertreter gegeben werden, die den aktuellen Stand der Forschung in diesem Bereich repräsentieren.

Eine zusammenfassende Darstellung der Klassifizierung von Ad-Hoc Routingverfahren ist in Abbildung 3.17 dargestellt. Topologiebasierte Verfahren arbeiten mit globalen Informationen über bestehende Verbindungen zwischen den Knoten im Netzwerk, um Routen innerhalb des Netzes zu finden. Oft orientieren sich diese dabei an grundlegenden Prinzipien, die auch bei klassischen Protokollen Anwendung finden [276]. Proaktive Verfahren erstellen und pflegen stets die kompletten Pfadinformation unabhängig davon, ob diese benötigt werden. Der damit verbundene hohe Kommunikationsoverhead macht diese Verfahren ungeeignet für die Anwendung in dynamischen Netzen. Im Gegensatz dazu erstellen und warten reaktive Verfahren eine Route nur dann, wenn sie gerade benötigt wird, wodurch sie besser skalieren. Beide Typen setzen ein globales Wissen über die Netzstruktur voraus. Sie bilden stets die vollständige Route zwischen Quelle und Ziel, die sich in einem VANET jedoch während der Übertragung bereits ändern kann. In gewissen Szenarien können die Algorithmen als Recovery-Strategien eingesetzt werden, falls heuristische Methoden versagen. Zudem existieren hierarchische Ansätze, die nur lokal eine Route bilden (für Beispiele dieser Algorithmenklasse vgl. DSR [143] sowie AODV [215]).

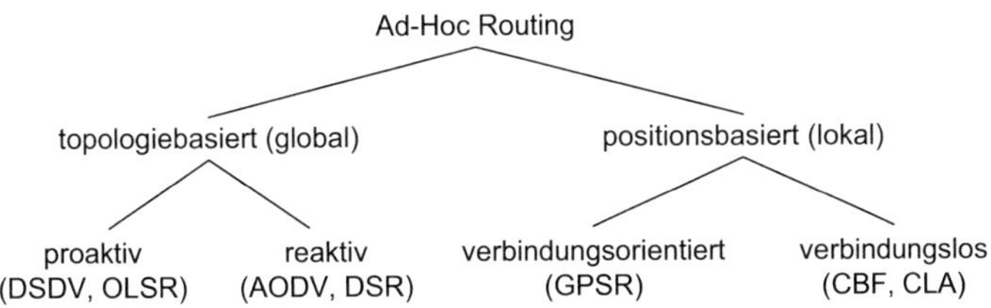

Abbildung 3.17: Klassifikation der Ad-Hoc Routingverfahren

Die Metrik positionsbasierter Routings gründet sich auf der geographischen Position einzelner Netzwerkteilnehmer. Die Verfahren setzen voraus, daß jedem Teilnehmer seine geographische Position bekannt ist, z.B. durch GPS. Der wesentliche Unterschied zu den topologiebasierten Verfahren ist die lokale Entscheidung über den nächsten Hop, die auf den Positionen des Forwarders, der direkten Nachbarn und der Zielposition beruht. Da die lokale Entscheidungsfindung nur heuristischer Natur sein kann, ist jedoch nicht sichergestellt, daß die optimale Route gefunden wird. Wesentliche Vorteile sind ein reduzierter Kommunikationsoverhead, kein Delay zur Routenfindung und wenig Unterbrechungen durch lokale Routingentscheidungen, die die Topologieänderung einbeziehen.

Bei C2X sind in der Mehrzahl der Fälle die zu versendenden Informationen an eine geographische Region gerichtet, für welche die Information relevant ist. Soll dennoch ein dedizierter Teilnehmer angesprochen werden, muß dessen Position zunächst mittels eines Location Services ermittelt werden, um die Nachricht durch das Netz routen zu können. Aufgrund des dynamischen Netzes und einer potenziell nicht vorhandenen Infrastruktur kommen ebenfalls nur dezentrale Lösungen in Betracht. Eine Übersicht gibt [183]. Typische Vertreter von Lokalisierungsalgorithmen sind: RLS [96], GLS, QLS, DREAM und Homezone.

Positionsbasierte Verfahren können in verbindungsorientiert und verbindungslos unterteilt werden. Die verbindungsorientierten Routingverfahren sind dadurch gekennzeichnet, daß jeder Knoten im Netzwerk seine direkten Nachbarn einschließlich ihrer geographischen Position kennt und auf Basis dieser Information eine Forwardingentscheidung treffen kann. Bei den meisten dieser Algorithmen geschieht dies mittels periodischer Single-Hop Beacons, die zum Pflegen der Nachbarschaftstabelle ausreichen. Beispiele für verbindungsorientierte Verfahren sind GPSR [153], DREAM [36], LAR [153], TMNR [40] und GRID [71]. Ein Vergleich findet sich in [150]

Verbindungslose Verfahren treffen die lokale Routingentscheidung ohne die Pflege einer Nachbarschaftstabelle und benötigen daher weniger Speicher. Zudem reduziert sich der Kommunikationsaufwand, da keine speziellen Beacons gesendet werden müssen. Überdies sind diese Verfahren robust, da in der Regel mehrere Knoten an dem Forwardingprozess beteiligt sind. Da keine gezielte Auswahl des Nachfolgers durchgeführt werden kann, entscheidet jeder Knoten für sich ob er ein geeigneter Forwarder ist. In vielen Fällen wird Contention Based Forwarding (CBF) [97] als Basis für die Verfahren genommen. Die Auswahl erfolgt dezentral und implizit über eine Wartezeit, die bei dem idealen Forwarder am kürzesten ist. Sie verkürzt sich mit wachsendem Fortschritt in Richtung Ziel oder mit maximalem Abstand zum Sender und ist definiert als:

$$t(f,d,n) = T * \left(1 - \left(max\left\{0, \frac{dist(f,d) - dist(n,d)}{r_{radio}}\right\}\right)\right) \tag{3.1}$$

f ist die Position des Forwarders, n sind die Single Hop Nachbarn, r_{radio} ist die Funkreichweite und d die Zielposition. Jeder Knoten n bestimmt seine Wartezeit dann gemäß Formel 3.1 und erhält eine Wartezeit zwischen 0 und T, wobei der Ausdruck bei einer maximalen Nähe zum Ziel minimal wird. Sobald der erste Timer abgelaufen ist, fängt dieser Knoten an zu senden. Alle anderen empfangen, brechen den Timer ab und verwerfen die Nachricht. Dadurch ist prinzipiell sichergestellt, daß nur ein Knoten die Nachricht weiterleitet. Dennoch kann es bei einigen Szenarien (vgl. Abbildung 3.18) zu Paketverdopplungen kommen, die mittels unterschiedlicher Maßnahmen unterbunden werden können. Ergibt sich bei keinem der Knoten ein Fortschritt, müssen zudem Repair Strategien eingesetzt werden, die das entkommen aus einem lokalen Minimum ermöglichen. Ein Beispiel hierfür ist das CBDV [95], das an AODV angelehnt ist. Weitere Verbindungslose Verfahren sind BLR [120], welches die Timerdelays über andere Funktionen definiert und dadurch Paketverlust minimiert oder CLA [124], bei dem die Pakete über ein Grid weitergeleitet werden, das aber ebenfalls auf CBF zurückgreift.

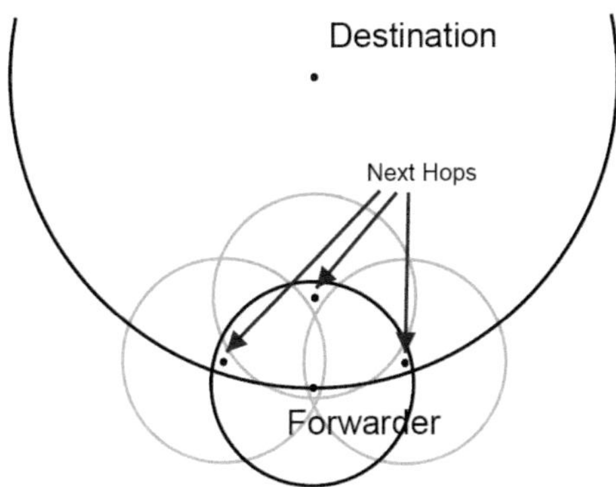

Abbildung 3.18: CBF Funktionsweise und Paketverdopplungen

Zusätzlich können bei der C2X Kommunikation weitere Verfahren eingesetzt werden, die in statischen Netzen nicht von Bedeutung sind. In vielen Fällen sind sie als Recovery Strategien für die zuvor beschriebenen Verfahren gedacht. Ein Beispiel dafür ist das in [290, 292, 291, 293] beschriebene Store and Forward Prinzip. Die Grundidee besteht darin, die Nachricht lokal zu speichern (Store), solange kein geeigneter Forwarder gefunden werden kann zu behalten (Carry) und schließlich, sobald ein Empfänger gefunden wurde, weiterzusenden (Forward). Die Ausbreitungsgeschwindigkeit ist natürlich vergleichsweise gering, kann aber auch ansonsten unmögliche Pfade beinhalten.

Weitere Routingverfahren fokussieren auf die Nachrichtenweiterleitung in Städten, die eine direkte Übertragung durch die Abschirmung der Häuser häufig unmöglich machen. Routingentscheidungen werde in der Regel an den Kreuzungen gefällt, was die Standardverfahren durch die Umwege häufig in den Recovery Modus zwingt. GSR [170] und A-Star [258] legen hierzu Wegpunkte fest, die den Routingpfad der Nachrichten beschreiben. Diese Wegpunkte werden dann beispielsweise über statische oder dynamische Pfadgewichte festgelegt, die sich aus der Anzahl der Verkehrsteilnehmer auf einer Straße bestimmen. BLER [256] verwendet die Buslinien[6] mit den bekannten Fahrplänen als Backbone für die Nachrichtenübertragung über weite Strecken. Weitere Verfahren für das innerstädtische Routing sind GyTAR [142], das Geschwindigkeits und Richtungsinformationen mit einbezieht, LOUVRE [161] das zudem Kartendaten benutzt und GPCR [171], bei dem die auf Kreuzungen befindlichen Fahrzeuge als Coordinator arbeiten.

3.4.5 Testplattformen

In der Literatur dokumentierte Forschungsergebnisse zu Hardwareplattformen für C2X Kommunikation sind kaum zu finden. Dennoch läßt sich feststellen, daß neben den bereits angeführten CarPCs vor allem Plattformen von NEC und Denso eingesetzt werden. Für diese wird dann ein i.d.R. auf Linux basierender Softwarestack eingesetzt. Bei beiden Varianten handelt es sich um Testplattformen, die vor allem für das Prototyping konzipiert wurden. In den folgenden beiden Abschnitten werden die wesentlichen Architekturmerkmale aufgezeigt.

NEC Die Hardwareplattform von NEC ist der LinkBird-MX. Sie basiert auf einem 64 Bit MIPS Prozessor, der mit 266MHz getaktet wird. Als Speicher stehen ein 512MB NAND-Flash, ein 16MB NOR-Flash und 128 MB SDRAM zur Verfügung. Als Schnittstellen sind Ethernet, RS232, GPS, CAN, USB, MOST, WiFi und zwei 2PCMCIA Slots möglich. Als Funkstandard kommt 802.11p in der Draft Version 3.0 zum Einsatz, mit dem Bitraten bis 27 MBits bei 10MHz Bandbreite möglich sind. Die Hardware wurde für den Einsatz im Fahrzeug konzipiert, ist erschütterungsresistent und erfüllt die Automotive EMC Richtlinien .

Die Software basiert auf dem Linux Kernel 2.6.19. Für die Entwicklung stellt NEC eine C2X-SDK zur Verfügung, welche Ergebnis der Forschungsprojekte NOW, Fleetnet und NEC internen Projekte ist. Die SDK besteht aus einem Protocol Stack, der die Netzwerk und Transportschichten realisiert. Dazu gehören das Wireless- und Ad-hoc-Routing sowie multihop Networking. Ebenfalls unterstützt werden geographische Adressierung und Routing. Für die Anwendungsentwicklung steht eine offene, auf JAVA/OSGI basierende API zur Verfügung. Zusätzlich werden Bibliotheken für eine schnelle Funktionsentwicklung zur Verfügung gestellt. Um die OBU zu entlasten bietet die API die Möglichkeit, Applikationen auf einem weiteren Rechner auszuführen. Weitere Informationen zu Hardware und Stack lassen sich in [191, 92, 168, 93] finden.

---

[6]Hier im Sinne des öffentlichen Nahverkehrs.

Denso Die Denso Wireless Safety Unit basiert auf einem PowerPC (SPC5200B), der mit 400MHz getaktet wird (Abbildung 3.19). Als Speicher stehen 64MB Flash, sowie 128MB SDRAM zur Verfügung. Die Schnittstellen umfassen CAN, USB, RS232 GPS, Ethernet, miniPCI Radio Module, PCMCIA und Compact Flash. Sowohl die Verwendung von 802.11p als auch 802.11a/b/g ist mittels unterschiedlicher WLAN Karten möglich. Die Hardware ist Stoß- und Vibrationsfest und wurde für automotive typische Temperaturbereiche konzipiert. Das System unterstützt Linux mit RT Erweiterung.

Der verfügbare Software Stack erlaubt unterschiedliche Betriebsmodi. Neben einem WAVE Mode und einem RAW Mode bei dem lediglich 802.11p MAC und PHY verwendet werden gibt es einen C2CCC Mode, der entweder den ACUp (OpenWave) Softwarestack von BMW oder eine C2CCC Variante enthält. Neben den Softwarestacks sind verschiedene Test Tools verfügbar, die vor allem das Messen der Funkparameter ermöglichen (vgl. [315, 72, 158]).

Abbildung 3.19: DENSO Wireless Safety Unit

Weitere Plattformen Von anderen Plattformen sind nicht ausreichend Informationen vorhanden, um sie gesondert hier aufführen zu können. Die bei CVIS verwendeten Einheiten scheinen auf CarPCs zu basieren (vgl. [58]). Im Projekt COOPERS kommt eine Kombination aus einem CarPC mit der EFKON OBU3 zum Einsatz, wobei letztere für den Einsatz in Mautsystemen konzipiert ist; Details zur Hardware sind aber unbekannt (vgl. [55, 62, 82, 46]). Renesas hat ebenfalls eine Plattform entwickelt, Informationen sind außerhalb der COMeSafety Dokumente (vgl. [58]) jedoch nicht zu finden.

4 Kommunikationsmodell

Im folgenden wird ein Modell entwickelt, welches an die in Kapitel zwei erörterten grundlegenden Kommunikationsparadigmen im Allgemeinen und mit Bezug zu OSEK und AUTOSAR im Besonderen anknüpft (vgl. Abschnitt 2.3.2 und 2.3.5). OSEK-COM und AUTOSAR-COM bilden die Basis für die formale Definition des Kommunikationsmodells, welches als Hilfsmittel für die Beschreibung der Vorgänge, Methoden und Routingmechanismen in der Gatewayarchitektur dient. Die Formulierung erfolgt in Anlehnung an das FIBEX Modell (vgl. [20]), wobei der hier geschaffene Ansatz eine detailliertere Beschreibung der auf den Gateway bezogenen Vorgänge erlaubt. Das Modell umfasst die Signal-, Nachrichten- und Busstruktur, die dem Routing von Signalen und Nachrichten innerhalb des Fahrzeugs zugrunde liegt. Die Modellierung ist dabei so allgemein gehalten, dass sie sich entsprechend auf verwandte Domänen übertragen lässt. Über diese formale Modellierung der Kommunikation hinaus werden die Sendemechanismen und -typen eingeführt, die von der Gatewayarchitektur implementiert werden. Das Kapitel schließt mit der Zusammenstellung der Anforderungskriterien, welche an Gateways im Automobilbereich bzw. der Automobilelektronik gestellt werden.

4.1 Signale und Transmissionen

Zunächst erfolgt die Definition der Transmissionen. Sie bilden die kleinste Einheit, die mit dem Modell beschreibbar ist.

Definition 4.1 *Eine abstrakte, binär codierte Datengruppe τ heißt **Transmission**, falls gilt:*

- *τ ist zusammenhängend*

- *τ hat eine eindeutige (Bit)Länge $L(\tau) > 0$.*

- *τ hat einen eindeutig bestimmten Sender.*

- *$\exists!$ Datenfeld D mit $\tau \in \Theta(D)$. Damit hat τ auch eine eindeutige Stelle in D.*

- *τ ist instantiierbar.*

- *τ hat ein festgelegtes Sequenzbündel aus Verarbeitungspfaden, deren Länge, nicht jedoch deren Abfolge sich auf Instanzenebene unterscheiden kann. Dieses Sequenzbündel entspricht einem Baum über den Instanzkopien. Dabei entspricht jeder Pfad von der*

Wurzel zu einem Blatt des Baumes der Verarbeitung einer Kopie. Die Wurzel wird definiert vom Beginn der Verarbeitung im sendenden Busteilnehmer. Jedes Blatt entspricht der Löschung einer Kopie nach Ende der Verarbeitung.

Die Menge Θ aller Transmissionen des Systems heißt **Transmissionsmenge**.

Damit ist eine Transmission zunächst ein Bitvektor definierter Länge, der jedoch weder einen Wert, dessen Zuordnung erst bei der Instanziierung erfolgt, noch eine Semantik in Form einer physikalisch interpretierbaren Größe besitzt. Eine Transmission hat genau einen Sender, kann jedoch beliebig vielen Senken zugeordnet sein, die die Transmission verarbeiten. Damit entspricht eine Transmission zunächst einer abstrakten Information, deren Instanzen zwischen Sendern und Empfängern ausgetauscht werden. Die Gültigkeit einer Transmission beschränkt sich auf einen Netzabschnitt. Eine direkte Übertragung einer Transmission oder Transmissionsinstanz über einen Gateway ist nicht möglich. Die Gruppierung mehrerer Transmissionen zu einer neuen Transmission ist möglich, solange der Zusammenhangsaspekt erhalten bleibt. Dadurch ist eine Minimierung der Anzahl zu definierender Mappings realisierbar, da sich ein Mapping auf eine Gruppe von Transmissionen beziehen kann. Dies motiviert eine Unterscheidung zwischen elementaren und zusammengesetzten Transmissionen.

Definition 4.2 *Eine Transmission τ heißt* **elementar** *oder* **Signaltransmission**, *falls sie sich nicht in kleinere Transmissionen aufteilen lässt. Die minimale Länge ist gegeben durch die codeimmanente Blockstruktur. In diesem Fall ist sie genau einem Signal fest zugeordnet. Außerdem hat jede elementare Transmission einen* **Sendetyp**, *der angibt, welche Ereignisse zum Erzeugen einer Instanz führen.*

Eine Transmission τ heißt **zusammengesetzt** *oder* **Container**, *wenn sie sich als ein nichtleeres, geordnetes Tupel von Transmissionen $\tau = (\tau_1, \ldots, \tau_n)$ darstellen läßt.*

Ein Container τ_k heißt **Teilcontainer** *von τ, wenn τ_k komplett in τ enthalten ist. Ein bezüglich dieser Teilcontainerbeziehung maximaler Container heißt* **Datenfeld** *D. Die Menge aller in D enthaltenen Transmissionen heißt $\Theta(D)$.*

Die eindeutige Zuordnung einer elementaren Transmission zu einem Signal fügt der Transmission die für die Interpretation notwendige Semantik hinzu. Der Sendetyp beschreibt das zeitliche Auftreten der Transmissionsinstanzen auf dem jeweiligen Bus; Beispiele für Sendetypen sind "zyklisch alle 10 ms" oder "bei Änderung des Sensorwertes".

Korollar 4.3 *Aus den Definitionen lassen sich direkt die folgenden Eigenschaften ableiten:*

- *Die Teilcontainerbeziehung definiert eine (Teil-)Ordnung auf Θ.*

- *Die Länge $L(\tau)$ eines Containers $\tau = (\tau_1, \ldots, \tau_l)$ lässt sich eindeutig bestimmen aus den Längen der Teilcontainer: $L(\tau) = \sum_{i=1}^{l} L(\tau_i)$.*

Das Zusammenfassen der Transmissionen zu Containern muß die Sendetypen der Transmissionen berücksichtigen; eine Gruppierung ist möglich, wenn die Sendetypen identisch oder miteinander kompatibel sind. Eine Detaillierung der Kompatibilität ist nicht Bestandteil des Modells. Im allgemeinen gilt folgende Einschränkung:

Definition 4.4 *Ein Container τ heißt* **gültig**, *wenn alle enthaltenen Transmissionen den gleichen oder einen kompatiblen Sendetyp haben.*

Erst mit der Instanziierung wird einer elementaren Transmission ein Wert zugeordnet. Die Instanziierung erzeugt ein konkretes Objekt jeweils zu den im Sendetyp festgelegten Zeitpunkten, wobei jede Transmissionsinstanz in einen Busframe eingebettet ist, der protokollkonform übertragen werden kann. Erzeugung und Löschen der Instanz geschieht zu definierten Zeitpunkten - deren Differenz ist als Lebenszeit der Instanz interpretierbar.

Definition 4.5 *Sei $\tau \in \Theta$ eine Transmission, dann heißt τ^i eine* **Instanz von** τ *mit den Eigenschaften:*

- *τ^i trägt einen eindeutigen, unveränderlichen Wert $W(\tau^i)$ mit $W(\tau^i) \in \{0,1\}^{L(v)}$,*

- *τ^i hat eine Lebenszeit $LT(\tau^i)$. Diese beginnt mit der Sendeanforderung des sendenden Busteilnehmers für τ^i und endet mit Löschung der letzten Kopie der Transmissionsinstanz im letzten empfangenden Busteilnehmer,*

- *die Instanz ordnet jedem Knoten des Verarbeitungsbaumes der Transmission eine konkrete Verarbeitungszeit zu.*

Bemerkung: Nach Übertragung einer Transmissionsinstanz über den entsprechenden Bus können mehrere Kopien der Instanz in verschiedenen empfangenden Busteilnehmern oder auch innerhalb einer Verarbeitungseinheit existieren. Das Ende der Lebenszeit von τ^i entspricht dann dem Zeitpunkt der Löschung der letzten im System existierenden Kopie.

Bemerkung: Der oben eingeführte Verarbeitungsbaum $G = (V, E)$ einer Transmission ist gerichtet und besteht aus den einzelnen Verarbeitungsschritten als Kantenmenge E und den gespeicherten Arbeitskopien (Ergebnisse und Ausgangswerte) als Knotenmenge V. Jeder Verarbeitungsschritt definiert eine gerichtete Kante vom Beginn zum Ende der Verarbeitung. Das Gewicht der Kante entspricht der Verarbeitungsdauer. Dies ist auf Transmissionsebene ein Zeitintervall, gegeben durch das Tupel aus minimaler und maximaler Verarbeitungszeit. Ausgehend von einer Arbeitskopie können mehrere Verarbeitungsschritte, d.h. ausgehende Kanten, starten, was einer Vervielfältigung der Instanzenkopien entspricht. Eine Verarbeitungssequenz stellt sich dann als Kantenfolge entlang eines Pfades von der Wurzel bis zu einem Blatt des Baumes dar. Die Granularität des Verarbeitungsbaumes ist nicht Bestandteil der Definition. Abhängig vom Anwendungsfall kann bereits die Definition einer Verarbeitungszeit im Sender und Empfänger sowie die Übertragungszeit ausreichend sein. Bei anderen Anwendungsfällen mag die detaillierte Betrachtung einzelner Verarbeitungsschritte innerhalb eines Steuergerätes notwendig sein.

Definition 4.6 *Ein **Signal** ζ ist die semantische Interpretation der Daten, die die Abbildung eines Signaltransmissionsinstanzwertes auf einen Informationsinhalt ermöglicht. Jede elementare Transmission ist genau einem Signal zugeordnet - einem Signal können aber mehrere elementare Transmissionen zugeordnet sein, die jedoch durch entsprechende Mappings verbunden sein müssen.*

Im Signal sind auch die entsprechenden Codierungsregeln für die Signale festgelegt. Beispiel für ein Signal: "Stellung Fensterheber vorne links" oder "Temperatursensorwert für Außentemperatur in °C, 8-bit-codiert im Big-Endian-Format..."

4.2 Busse und Frames

Eine Übertragung der Transmissionsinstanz über ein Kommunikationssystem beschränkt sich zunächst auf die Übertragung des zugeordneten Wertes $W(\tau^i)$. Sie erfolgt grundsätzlich in Form eines Datenfeldes, das heißt, es werden immer alle Instanzen der im jeweiligen Datenfeld enthaltenen Container und Signaltransmissionen übertragen. Das gewählte Kommunikationssystem stellt zusätzliche Anforderungen an den Aufbau einer auszutauschenden Einheit, die von dem verwendeten Protokoll abhängen. Da - vergleichbar zu ISO/OSI-Schichtenmodell - eine Schachtelung von Protokollen möglich ist, soll zunächst der allgemeine Fall der Protokollbehandlung definiert werden:

Definition 4.7 *Eine **Packet Data Unit (PDU)** ist eine Übertragungseinheit, die einem Kommunikationsprotokoll genügt.*

- *Eine PDU besteht aus einem Header, einer Payload und einem Trailer.*

- *Die Payload entsteht aus Service Data Units (SDUs) durch Anwendung einer Anpassungsoperation. Eine SDU ist ein Datenfeld oder eine PDU eines oberen Layers.*

- *Aus Sicht des Mappings ist eine SDU wie eine elementare Transmission zu behandeln.*

Bemerkung: Anpassungsoperationen im obigen Sinne sind neben der Identität Verschlüsselungsoperationen, Codierungsoperationen wie bspw. Bitstuffing oder das Konkatenieren oder Segmentieren verschiedener SDUs.

Diese sehr allgemeine Definition geht über die regulären Anforderungen der meisten im Fahrzeug verwendeten Busprotokolle hinaus. Sie erlaubt eine Beschreibung von

Transportprotokollen, die insbesondere für die Diagnose sowie für Update Zwecke zum Einsatz kommen. Im Standardfall entspricht das Datenfeld der SDU, welches einer busübertragbaren PDU (vgl. 4.8) zugeordnet wird. Die Anpassungsoperationen beschränken sich auf einfache Sicherungsmaßnahmen zur Fehlerreduktion wie insbesondere des Bitstuffings. Die Übertragung der Daten erfolgt demnach im Klartext. Eine PDU, die über einen Bus übertragen werden kann, muß spezifische Eigenschaften erfüllen, welche einen zum Protokoll konformen Aufbau sicherstellen:

Definition 4.8 *Eine busübertragbare Einheit f heißt **(Bus)Frame** falls gilt:*

- *f ist eine PDU.*

- *f hat einen eindeutig definierten Frametyp, der den Aufbau und Bustyp festlegt.*

- *f hat eine feste, zum Frametyp passende Buszuordnung.*

- *f ist instantiierbar in Instanzen f^k.*

Ein Frame beschreibt somit immer die unterste Ebene einer Übertragung und enthält die vollständigen Informationen, die für die Übertragung von einem Sender zu einem oder mehreren Empfängern notwendig ist. Dies ist insbesondere ein Identifier (ID), der es auf Empfängerseite ermöglicht, Frames voneinander zu unterscheiden. Ein Frame etabliert zudem die Verknüpfung einer PDU mit einem Bussystem und einem vorgegebenen Frameaufbau. Die Datenübertragung erfolgt schließlich in Instanzen von f, die definitionsgemäß nicht voneinander unterscheidbar sein müssen. Eine explizite Unterscheidung von Frametyp und Bustyp ist notwendig, da ein Bussystem unterschiedliche Frametypen unterstützen kann (vgl. z.B. 2.1). Die Anforderungen, die an den Aufbau von Frametypen gestellt werden, werden durch die jeweilige Protokollspezifikation festgelegt. Damit ergibt sich für den Frametyp die folgende Definition:

Definition 4.9 *Ein **Frametyp** spezifiziert das Format und den Aufbau einer Busnachricht eines zugeordneten Bustyps. Er enthält Voraussetzungen an die Payload und die Algorithmen, welche festlegen, wie Header und Trailer aus der Payload bestimmt werden.*

Jeder Frametyp ist genau einem Bustyp zugeordnet, wohingegen einem Bustyp unterschiedliche Frametypen zugeordnet werden können. Ein Bustyp erfüllt die folgende Definition:

Definition 4.10 *Ein **Bustyp** definiert eine gemultiplexte Kommunikationsstruktur, die den Austausch von Daten unter verschiedenen Busteilnehmern über geeignete Frames erlaubt. Hierzu sind dem Bustyp Frametypen zugeordnet. Ein Bustyp ist instantiierbar in einen konkreten **Bus** b.*

Bemerkung: Beispiele für Bustypen sind CAN, LIN, FlexRay, etc. Die Instanzen sind als konkrete Realisierungen im Fahrzeug zu finden. Beispiele sind Body CAN, Powertrain CAN, Powertrain FlexRay etc.

Bemerkung: In Anlehung an die im Fahrzeugbereich übliche Terminologie werden alle gemultiplexten Kommunikationssysteme, unabhängig von der physikalischen Topologie, als Bus bezeichnet. Einige der Bussysteme bieten jedoch explizit die Möglichkeit, andere Topologien einzusetzen. Dies trifft insbesondere auf FlexRay zu, bei welchem aktive Sterne zum Einsatz kommen können. Oberhalb des Physical Layers macht dies jedoch keinen Unterschied, da in allen Netzsegmenten der selbe logische Buspegel anliegt, also jeweils nur eine Übertragung stattfinden kann.

Bemerkung: Durch die Instanziierung eines Busses müssen zusätzliche Parameter festgelegt werden, welche die Eigenschaften des Busses und der Kommunikation bestimmen. Typische Beispiele dafür sind Bittimings bei CAN oder die Zykluseinstellungen bei FlexRay.

4.3 Informationsaustausch zwischen Bussen

Das Kommunikationsmodell ermöglicht in diesem Definitionsstadium zwar die Instanziierung mehrerer Bussysteme, diese stehen jedoch jeweils isoliert für sich. Der Beschreibung eines Informationsaustauschs zwischen zwei Netzen soll im folgenden Rechnung getragen werden, wobei eine Unterscheidung zwischen Mappings, welche eine Relation zwischen Transmissionen beschreiben und Routing, welches als technische Realisierung des Mappings eingeführt wird, vorgenommen wird.

4.3.1 Mappings

Zunächst erfolgt die Einführung der abstrakten Zusammenhangsbeschreibung. Wie bereits zuvor angeführt, können Transmissionsinstanzen in dem hier eingeführten Modell nicht von einem Netz in ein weiteres Netz übertragen werden. Dies trägt insbesondere dem Umstand Rechnung, daß eine Transmission - und damit auch deren Instanzen - genau einen Sendetyp besitzt, der nicht notwendigerweise auf unterschiedliche Bussysteme übertragbar ist. Um den Informationsaustausch in diesem Modell beschreiben zu können werden daher Mappings eingeführt, die wie folgt definiert und in einer Mappinggesamtheit vereinigt sind:

Definition 4.11 *Die **Mappinggesamtheit** $\mathcal{M}$ ist eine Relation $\mathcal{M} \subset \Theta \times \Theta$ und besteht aus den (**Einzel**)**Mappings** $\mu \in \Theta \times \Theta$.*
Sprechweise: (τ_1, τ_2) bedeutet τ_1 wird gemappt/ abgebildet auf τ_2, bzw. $\tau_1 \rightarrow \tau_2$.

Ein Mapping verknüpft demnach genau zwei Transmissionen in einer eindeutigen Quelle-Ziel-Beziehung miteinander. Durch die Allgemeinheit der Definition kann sich ein Mapping sowohl auf elementare Transmissionen als auch Container oder Datenfelder beziehen, wodurch sich die minimale Anzahl nötiger Mappingbeziehungen mit positiver Auswirkung auf das Routing reduziert.

Bemerkung: Für das Mapping können auch SDUs gemäß Definition 4.7 verwendet werden. Die Verarbeitung erfolgt analog zu elementaren Transmissionen, deren Mapping-relevanten Eigenschaften sich auf SDUs übertragen lassen.

Da nicht gefordert wurde, daß für ein Mapping die beiden Bussysteme benachbart, also über ein Steuergerät miteinander verbunden sein müssen, beschreiben die beiden folgenden Aussagen einen identischen Sachverhalt:

$$(\mu_1 = (\tau_0, \tau_1), \mu_2 = (\tau_1, \tau_2)) \; = \; (\mu_3 = (\tau_0, \tau_1), \mu_4 = (\tau_0, \tau_2)) \tag{4.1}$$

Dies führt unmittelbar zu der Frage der Realisierbarkeit eines Mappings. Bezogen auf das vorangegangene Beispiel wären τ_0 und τ_2 über ihre zugehörigen Frames zwei Bussystemen zugeordnet, welche nicht über eine gemeinsame ECU miteinander verbunden sind. Existiert kein τ_1, das als Mittler die in τ_0 enthaltene Information an τ_2 übertragen kann, ist das Mapping in einer Implementierung nicht realisierbar. Dies motiviert die Definition der Realisierbarkeit.

Definition 4.12 *Ein Mapping* $\mu = (\tau_1, \tau_2)$ *heißt **realisierbar**, wenn mindestens ein Steuergerät (ECU) existiert, das Sender von* τ_2 *und Empfänger von* τ_1 *ist.*

Die mittelbare Datenübertragung des vorangegangenen Beispiels erfolgt demnach über eine Kette von Mappings, die jeweils zwei Bussysteme miteinander verbinden. Eine Transmission kann damit gleichzeitig Quelle und Ziel zweier Mappingbeziehungen sein. Auf diese Weise entsteht ein Mappingzug, der den Informationsfluß der Weiterleitungen beschreibt.

Definition 4.13 *Eine Folge von Mappings*
$(\mu_1 = (\tau_0, \tau_1), \mu_2 = (\tau_1, \tau_2), \ldots, \mu_n = (\tau_{n-1}, \tau_n))$, *also* $\tau_0 \xrightarrow{\mu_1} \tau_1 \xrightarrow{\mu_2} \cdots \xrightarrow{\mu_n} \tau_n$, *heißt*
***Mappingzug**. Ist* $\mu_1 = \mu_n$, *so heißt der Mappingzug **geschlossen**.*

Interpretiert man Transmissionen τ *als Knoten und Mappings* μ *als Kanten eines Graphen, so erhält man einen gerichteten, nicht notwendigerweise zusammenhängenden **Mappinggraphen*** $M = (\Theta, \mathcal{M})$.

Ein Mappingzug, welcher ausschließlich aus realisierbaren Mappings besteht, stellt demzufolge die Art und Weise dar, in der die in einer Transmissionsinstanz enthaltenen Werte an andere Bussysteme übertragen werden. Im Rahmen dieser Arbeit werden an die Mappings zusätzliche Anforderungen gestellt, damit es gültig ist.

Definition 4.14 *Ein Mapping $\mathcal{M}$ heißt **gültig**, falls gilt:*

- *$\forall \tau \in \Theta$ gilt: $\nexists (\tau_1, \tau) \in \mathcal{M}, (\tau_2, \tau) \in \mathcal{M}$ mit $\tau_1 \neq \tau_2$.*
  bzw. $\forall \tau \in \Theta$ gilt: $(\tau_1, \tau) \in \mathcal{M}, (\tau_2, \tau) \in \mathcal{M} \Rightarrow \tau_1 = \tau_2$.

- *Es existieren keine reflexiven Kanten, also $\nexists \tau \in \Theta$ mit $(\tau, \tau) \in \mathcal{M}$.*

- *Alle Zusammenhangskomponenten des zugehörigen Mappinggraphen M sind zyklenfrei, d.h. $\nexists$ geschlossener Mappingzug $(\mu_1, \ldots, \mu_n) \subset \mathcal{M}$ mit $\mu_1 = \mu_n$.*

- *Das Mapping ist realisierbar.*

- *Aufeinander gemappte Transmissionen sind dem selben Signal zugeordnet.*

Im weiteren Verlauf wird - sofern nicht anders vermerkt - die Gültigkeit der Mappings vorausgesetzt. Für eine konkrete Anwendung des Modells bedeutet dies aus den folgenden Überlegungen heraus keine Einschränkung.

Um interpretierbar zu sein, darf jede Transmission nur eine Datenquelle besitzen. Diese Notwendigkeit begründet sich darin, daß mit der Transmissionsinstanz lediglich der Wert $W(\tau_i)$, ohne zusätzlichen Identifier, übertragen wird. Damit etwaige Empfänger die Daten verarbeiten können, muß demnach ein einheitliches Verständnis über die im Frame enthaltenen Transmissionen existieren, was ohne gesonderte Kennzeichnung nur über eine eindeutige Zuweisung realisierbar ist.

Da Nutzdaten über die Kommunikationssysteme übertragen werden sollen, muß zu jeder Transmission eine sinnvolle Datenquelle existieren, die den Wert der Transmissionsinstanz bestimmt. Dieser Wert entstammt entweder einem Sensorsignal bzw. einer Applikation oder entspricht der Quelltransmission eines Mappings. Im Falle eines Mappings darf dieses nicht zu einem geschlossenen Mappingzug führen. Ein nicht zulässiger Sonderfall ist das Mapping der Transmission auf sich selbst[1]. In beiden Fällen wäre die Übertragung von Nutzdaten nicht mehr möglich, da keine neuen Datenwerte in die Transmissionsinstanz eingebracht werden können. Eine solche Übertragung eignet sich lediglich für konstante Werte oder bei bestimmten Konstellationen zur Generierung von Oszillationseffekten und ist damit für die praktische Nutzung nahezu ungeeignet. Das Verbot geschlossener Mappingzüge schränkt die Mächtigkeit des Modells demnach nicht nennenswert ein.

Die Zuordnung aufeinander gemappter Transmissionen zu dem selben Signal sichert den Erhalt der einheitlichen semantischen Interpretation der übertragenen Daten bei der Weiterleitung über mehrere Bussysteme. Da sich die Bedeutung des Transmissionswertes während der Übertragung üblicherweise nicht ändert, stellt dies bei der praktischen Anwendung des Modells ebenfalls keine nennenswerte Einschränkung dar.

---

[1] In der Grapheninterpretation wäre dies eine reflexive Kante.

Die Erfüllung der Gültigkeitseigenschaft gemäß Definition 4.14 hat Auswirkungen auf den in Definition 4.13 eingeführten Mappinggraphen. Durch den Verzicht auf geschlossene Mappingzüge und reflexive Kanten erfüllt jeder zusammenhängende Teil des Mappinggraphen die Baumeigenschaft. Mit anderen Worten, der Mappinggraph entspricht einem Wald aus Bäumen. Da die Mappings nicht notwendigerweise elementare Transmissionen aufeinander abbilden, können zwei unterschiedliche Mappinggraphen zu demselben Implementierungsergebnis führen. Sollen Aussagen über die Isomorphie zweier Mappinggesamtheiten getroffen werden, so kann dies mit einem Zwischenschritt der Transformation der nicht auf elementaren Transmissionen beruhenden Mappings erreicht werden. Dies ist beispielsweise mittels Aufspaltung der Container in elementare Transmissionen möglich. Zu jeder Transmission, die Bestandteil des Quell-Containers ist, muß dann ein eigenes Mapping definiert werden. Werden die jeweiligen Mappinggesamtheiten derart in eine Form überführt, welche ausschließlich elementare Transmissionen aufeinander mapped, drückt sich eine Identität der Mappings durch die Isomorphie der Mappinggraphen aus.

4.3.2 Routing

Der Begriff des Mappings bezeichnet die (abstrakte) Abbildung bzw. Relation der Signale. Die konkrete technische Umsetzung der Mappings, beispielsweise in einem Gateway, wird im Gegensatz dazu als **Routing** bezeichnet. Hier werden auch technisch notwendige Zusätze wie Pufferung betrachtet. Auf dieser Ebene soll die Gesamtarchitektur in die Betrachtungen mit einbezogen werden, wobei diese Arbeit den Schwerpunkt insbesondere auf die Steuergeräte und die Kommunikationsnetze legt.

Definition 4.15 *Die Gesamtheit aller in einem System vorhandenen Busse werden als die* **Kommunikationstopologie** *bezeichnet. Die Gesamtheit aller Busse und Steuergeräte heißt* *Elektrik-/Elektronik-Architektur bzw. E/E-Architektur. Die Verbindungsknoten zwischen den verschiedenen Bussen heißen* **Gateways***.*

Der hier genannte Begriff der E/E-Architektur bezieht sich vor allem auf die aus Kommunikationssicht entscheidenden Gesichtspunkte, eine vollständige Definition würde eine Vielzahl weiterer mechanischer Aspekte wie beispielsweise Bauraum oder nichttechnischer Anforderungen wie z.B. Kosten, umfassen. Die Realisierung der Mappings erfolgt auf Gateways, bei denen es sich um ganze Steuergeräte oder Softwarekomponenten handelt.

Definition 4.16 *Die technische Umsetzung einer Mappingbeziehung auf Gatewayebene bezeichnen wir als **Routing**.*

*Existiert ein Mapping zwischen zwei verschiedenen (elementaren) Transmissionen, so heißt die technische Umsetzung **Signalrouting**.*

*Lässt sich die Mappingbeziehung zwischen elementaren Transmissionen konsistent auf einen maximalen Container erweitern, so sprechen wir von einem **Containerrouting**, falls gilt:*

- *Die Mappingbeziehung zwischen den maximalen Containern lässt sich als bijektive Funktion interpretieren.*

- *Die oben definierte Mappingabbildung ist ein Isomorphismus bzgl. Konkatenation, das heißt, sie erhält die Reihenfolge der Transmissionen im Container.*

*Bleiben bei einem Containerrouting die Eigenschaften der aufeinander gemappten Transmissionen erhalten, so sprechen wir von einem **Botschaftsrouting**.*

Bemerkung: Botschaftsrouting $\subset$ Containerrouting $\subset$ Signalrouting. Jedes Botschaftsrouting ist also als Signalrouting darstellbar.

Die Unterteilung in unterschiedliche Routingtypen ist vor allem durch einen stark unterschiedlichen Verarbeitungsaufwand motiviert, der mit dem jeweiligen Typ verbunden ist. Grundsätzlich gilt hinsichtlich des Verarbeitungsaufwands: Botschaftsrouting $<$ Containerrouting $<$ Signalrouting. Dies gilt bereits bezogen auf die einzelnen Routings, wird jedoch zusätzlich durch die Tatsache verstärkt, daß ein Botschaftsrouting durch eine Vielzahl an Signalroutings darzustellen ist.

Bemerkung: Man kann den oben eingeführten Mappinggraphen erweitern, indem man die Knoten (also Transmissionen) durch die entsprechenden Verarbeitungsbäume ersetzt. Die Mappingkanten werden dann zu Verarbeitungskanten mit Gewicht Null zwischen einem Blatt des Baumes der Ausgangstransmission und der Wurzel des Baumes der Zieltransmission des Mappings. Hierdurch entstehen als Zusammenhangskomponenten Signalverarbeitungsbäume über das gesamte System, wobei jedem Signal des Systems genau ein Baum zugeordnet ist.

Die Erweiterung des Mappinggraphen auf die Signalverarbeitungsbäume erlaubt eine detaillierte Beschreibung der Kommunikation innerhalb der E/E-Architektur. Durch die Kenntnis aller für die Kommunikation notwendigen Parameter kann das Modell auch als Grundlage für die Optimierung der Zuordnung der Transmissionen in die einzelnen Frames dienen. Eine Optimierung des Routings kann bereits unter Verwendung des nicht erweiterten Mappinggraphen erfolgen. Da jedes Mapping einer Routingbeziehung entspricht, geht eine Reduktion der Anzahl von Mappingbeziehungen zwangsläufig mit der Reduktion des Aufwands für das Routing einher. Daher sollten aus Sicht der Implementierung nach Möglichkeit einzelne Mappings zusammengefasst werden, solange dies im Sinne der benachbarten Transmissionen konsistent möglich ist (vgl. auch Abschnitt 5.2.6). Prinzipiell entspricht dies dem umgekehrten Vorgehen bei der Untersuchung der Isomorphie.

4.4 Sendetypen

Für das Erzeugen einer Transmissionsinstanz gelten die in den Sendetypen festgelegten Regeln. An dieser Stelle erfolgt in Anlehnung an OSEK und AUTOSAR (vgl. Abschnitt 2.3.5) zunächst die grundlegende Definition der Eigenschaften, welche in den Sendetypen verwendet werden. Die Sendetypen entstehen dann aus der Anwendung und Erweiterung der jeweiligen Definition.

4.4.1 Eigenschaftsdefinitionen

Definition 4.17 *Für das zyklische Senden wird aus Transmissionsebene eine **Zykluszeit** t_{cycle} definiert, die den zeitlichen Abstand zwischen dem Versenden zweier Transmissionsinstanzen bestimmt. Die Zykluszeit kann abhängig von $W(\tau^i)$ variieren.*

Das Senden zyklischer Nachrichten bedingt, daß immer ein gültiger Wert der Datenquelle zur Verfügung steht, der der Instanz zugeordnet werden kann. Fällt eine Datenquelle für eine bestimmte Zeit aus, kann ein spezieller Timeoutwert[2] gesendet werden.

Definition 4.18 *Steht die Datenquelle, aus welcher der Wert für eine zu generierende Instanz entnommen wird, nicht zur Verfügung, so wird nach einer **Timeoutzeit** $t_{timeout}$ ein konstanter **Timeoutwert** $TO(\tau_i)$ für die Instanz verwendet. Es gilt also $W(\tau_n^i) = TO(\tau_n)$ in diesem Fall für das betroffene n.*

Neben dem zyklischen Versenden von Transmissionsinstanzen besteht die Möglichkeit, eine Instanz bei Änderung des zuzuordnenden Wertes zu erzeugen. Dieses ereignisbasierte Senden erlaubt insbesondere bei sporadisch auftretenden Aktionen eine Reduktion des Busverkehrs, da konstante Daten nicht dauerhaft versendet werden.

Definition 4.19 *Das Erzeugen einer Transmissionsinstanz erhält die Eigenschaft **spontan**, wenn die Änderung des Wertes der zugeordneten Datenquelle zum Versenden der Botschaft führt.*

Auf der anderen Seite kann ein rauschender Signalwert zum ständigen Versenden führen und damit den Bus auslasten oder die Kommunikation sogar stören. Daher besteht die Möglichkeit, Anforderungen an das zeitliche Aufeinander folgen zweier Transmissionsinstanzen zu stellen.

---

[2]auch SNA = Signal Not Available genannt

Definition 4.20 *Der **Mindestsendeabstand** t_{min} bezeichnet die Zeit, die von zwei aufeinanderfolgenden Transmissionsinstanzen einer Transmission nicht unterschritten werden darf.*

4.4.2 Ausgewählte Sendetypen

Im folgenden soll das Verhalten der wichtigsten Sendetypen dargestellt werden - dieses basiert auf den zuvor definierten Eigenschaften. Dabei führt jeweils eine Selektion der Eigenschaften zu einem bestimmten Sendetyp. Zusätzlich bieten die meisten Sendetypen Konfigurationsmöglichkeiten, die das jeweilige Verhalten zusätzlich anpassen.

Die Umsetzbarkeit der Sendetypen auf den unterschiedlichen Bussystemen hängt von der jeweiligen Kommunikationscharakteristik ab. So bietet beispielsweise das LIN Protokoll nur sehr eingeschränkte Möglichkeiten, sporadischen Datenverkehr ereignisgesteuert zu übertragen (vgl. sporadic frames [169]). Vielmehr beruht der wesentliche Teil auf einer einfachen zyklischen Übertragung der Daten. Die Darstellung der einzelnen Sendetypen erfolgt in Anlehnung an das CAN Protokoll, daran anschließend wird kurz auf die Besonderheiten der einzelnen Protokolle in Bezug auf die Sendetypen eingegangen.

Die Definition der Sendetypen erfolgt üblicherweise separat für jede Transmission und damit auf Transmissionsebene. Daher ist beim Gruppieren der Transmissionen zu Containern und Datenfeldern darauf zu achten, daß die Kompatibilität gegeben ist. Da die Kommunikationsmatrizen für diese Arbeit als bereits existent betrachtet werden, ist diese Eigenschaft immer gegeben.

Spontan ist der einfachste Sendetyp. Die Erzeugung neuer Transmissionsinstanzen erfolgt jeweils bei Änderung der Datenquelle.

Zyklisch Eine Transmission, welche den Sendetyp zyklisch erhält, wird mit einer festen Zykluszeit t_{cycle} versendet. Die Zykluszeit ist unabhängig vom jeweiligen Wert der Datenquelle. Einer Transmission mit diesem Sendetyp kann optional ein Timeout zugeordnet werden. Damit verbunden ist eine Zeitspanne, nach der der Timeout ausgelöst wird sowie ein Timeoutwert (vgl. Def 4.18).

Fast Bei diesem Sendetyp werden für die Botschaft zwei Zykluszeiten definiert, welche je nach Botschafts- bzw. Transmissionsinhalt gewählt werden. Um zu entscheiden, welche der Zykluszeiten Anwendung finden soll, werden die zugeordneten Transmissionswerte mit einem Default Wert verglichen. Stimmen beide überein, erfolgt das Senden mit einer langsamen Zykluszeit t_{cycle_1}. Weichen der Wert der Transmissionsinstanz und der Default Wert voneinander ab, wird die Nachricht mit der schnelleren Zykluszeit t_{cycle_2} versendet.

Wie bei zyklischen Nachrichten besteht die Möglichkeit, einen Timeout zu definieren. Trifft dieser Fall ein, erfolgt das Versenden der Instanzen mit den Timeoutwerten mit der langsamen Zykluszeit t_{cycle_1}.

BAF steht für „Bei Aktiver Funktion". Dieser Sendetyp ist ein Spezialfall von FAST, bei dem die langsame Zykluszeit unendlich ist ($t_{cycle\_1} = \infty$). Ein zyklischer Versand erfolgt nur, wenn die Daten ungleich dem vorgegebenen Vergleichswert sind. Beim Übergang in den Standard-Fall erfolgt ein mehrmaliger Versand der Standarddaten, bevor das Senden eingestellt wird. Dieser Vorgang soll hier als Nachsenden bezeichnet werden. Die Häufigkeit ist für jede Transmission separat einstellbar, muß innerhalb eines Frames jedoch identisch sein. Ein auftretender Timeout wird wie der Empfang von Standarddaten gehandhabt, der Versand also nach mehrmaligem Senden des Standardwertes eingestellt.

Cyclic and Spontaneous X Bei diesem Sendetyp handelt es sich um eine Kombination des zyklischen Versandes mit dem Sendetyp Spontan. Basis ist der zyklische Versand mit der Zykluszeit t_{cycle_1}. Der Timeout ist ebenfalls vergleichbar zu demjenigen des zyklischen Sendetyps. Zusätzlich werden weitere Nachrichten versendet, wenn der Signalwert sich ändert. In diesem Fall ist zwingend der Mindestsendeabstand einzuhalten und gegebenenfalls der zyklische Sendezeitpunkt um die entsprechende Wartezeit zu verschieben.

onChange bzw. Changed Dieser Sendetyp entspricht dem Sendetyp Spontan, für den jedoch ein Mindestsendeabstand t_{min} einzuhalten ist.

4.4.3 Sendetypen und Bussysteme

Die eingeführten Sendetypen stellen die Auswahl der gängigen Sendetypen auf Basis der bei CAN verwendeten Terminologie dar. Bei FlexRay und LIN lassen sich vergleichbare Mechanismen finden, deren Übertragung jedoch aufgrund des Determinismus' beider Bussysteme nicht direkt vom CAN Bus übernommen werden kann.

In Abhängigkeit des Bussystems entscheidet sich bei der Realisierung auch, welcher Teil des Sendeverhaltens auf welcher Protokollschicht generiert wird bzw. welche Anteile eines Protokolls im jeweiligen Buscontroller integriert sind. So muß beim CAN Bus jegliches zyklisches Verhalten außerhalb des CAN Controllers auf den höheren Protokollschichten generiert werden. Im Gegensatz dazu speichern LIN und FlexRay Controller eine Kopie der zu versendenden Frames zwischen, um zum jeweiligen Sendezeitpunkt den Frame verschicken zu können und Indeterminismen des angeschlossenen μ-Controllers zu vermeiden. Einige Controller bieten zusätzlich die Möglichkeit, eine Synchronisierung der beiden Protokollschichten vorzunehmen, um jeweils die aktuellen Daten zur Verfügung stellen zu können.

CAN Da es sich beim CAN Protokoll um ein ereignisbasiertes Bussystem handelt, werden alle zyklischen Mechanismen durch die darüberliegenden Protokollschichten manuell abgebildet. Einhergehend mit dem wachsenden Datenverkehr im Automobil wurden die komplexen Sendetypen definiert, die eine Mischung der ereignisbasierten Charakteristik mit der zeitgesteuerten Übertragung erlauben. Durch sein Arbitrierungsverfahren ist es beim CAN Bus nicht möglich, allgemeine Garantien für Übertragungszeiten anzugeben. In einigen Arbeiten wurde für spezielle Konfigurationen Eigenschaften des Bussystems untersucht und es konnten Aussagen für bestimmte K-Matrizen gefunden werden (vgl. [122]) - eine Verallgemeinerung ist jedoch nicht möglich.

LIN Im Gegensatz dazu basiert der LIN Bus auf einem vorgegebenen Schedule, welcher eine deterministische Datenübertragung ermöglicht. Bleibt der Schedule unverändert, stellen sich für die einzelnen Frames feste Zykluszeiten ein. Diese Art der Übertragung läßt sich mit dem Sendetyp zyklisch beschreiben. Zusätzlich kann der LIN Master zwischen verschiedenen Schedules umschalten und dadurch die Zykluszeiten einzelner Frames anpassen. Jeder der Schedules führt jedoch, gemäß des Sendetyps zyklisch, wieder zu einer deterministischen Datenübertragung mit festen Zykluszeiten für die einzelnen Frames, weswegen für die Umschaltung des Schedules kein separater Sendetyp eingeführt wird.

Die ereignisbasierte Datenübertragung war in der ursprünglichen Definition des LIN Protokolls nicht vorgesehen, wurde in neueren Versionen jedoch in begrenztem Maße in die Spezifikation aufgenommen (vgl. [169] und Abschnitt 2.2.2). Das Übertragungsverfahren bleibt dabei unangetastet, da einem Slot mehrere Frames von einem oder unterschiedlichen Sendern zugewiesen werden. Im Regelfall lässt sich dieses Verhalten direkt durch die Sendetypen OnChange und Cyclic and Spontaneous X beschreiben. Alternativ können spezielle Sendetypen zur Beschreibung dieses Verhaltens definiert werden.

FlexRay Die Trennung zwischen statischen und dynamischen Slots spaltet die Übertragung in einen deterministischen und einen ereignisbasierten Teil auf. Den Slots im statischen Segment kann eine feste Zykluszeit, zu der die Datenübertragung stattfindet, zugeordnet werden. Beschreibbar ist dies durch den Sendetyp zyklisch. Wird, abhängig von den Dateninhalten, nicht jeder Slot zur Datenübertragung genutzt, wäre ein eigener Sendetyp zu definieren, der in Anlehnung an BAF und FAST die Funktion zur Ermittlung der Sendeanforderung im jeweiligen Slot beschreibt.

Die Arbitrierung im dynamischen Segment erlaubt grundsätzlich die Übertragung aller CAN Sendetypen. Die untere Grenze für die Zykluszeiten wird hier durch die Dauer des FlexRay Kommunikationszyklusses bestimmt. Nicht alle Sendetypen sind im dynamischen Segment sinnvoll einzusetzen, so sollte beispielsweise für das Versenden zyklischer Nachrichten das statische Segment genutzt werden.

5 Modulares Gateway Design - Intra Car Architektur

Die bislang vorgenommenen Erörterungen bilden das Fundament, auf welchem alle Designentscheidungen getroffen wurden und münden in Kapitel fünf in die Entwicklung der grundlegenden Systemkonzepte der Gatewayarchitektur. Zunächst erfolgt eine einführende Betrachtung der Architektur bevor die einzelnen Bestandteile mitsamt der Implementierungsergebnisse vorgestellt werden. Für die Darstellung von Performanz und Latenz wurde im Allgemeinen die analytische Form in Anlehnung an das Kommunikationsmodell gewählt, da die Laufzeit von der jeweiligen Konfiguration abhängig ist.

Kaum von der Architektur zu trennen ist der Toolflow als zweiter wesentlicher Bestandteil des Systemkonzepts. Die Darstellung baut auf der modulbasierten Architektur auf und strukturiert jene zugunsten eines Bibliothekskonzepts, welches die automatische Generierung der Hardwarearchitektur aus hohen Abstraktionsebenen erlaubt. Eine Umsetzung der Gateway-Generierung erfolgt mittels Einbindung in ein E/E-Modellierungstool, wodurch erstmals eine graphische Modellierung gepaart mit einer automatischen Synthese der VHDL Beschreibung ermöglicht wird. Neben der Systemgenerierung beschreibt der Toolflow dieser Arbeit auch die Erzeugung von Software und Hardware aus funktionalen Modellierungstools wie Matlab Stateflow/Simulink oder die Synthese von Konfigurationsdaten aus K-Matrizen. Die Entwicklungen des Toolflow schließen im Wesentlichen die Lücke zu den etablierten Prozessen der Automobilhersteller und Zulieferer und erweitern diese zugunsten des zuvor beschriebenen Systemkonzepts.

Schließlich werden ausgewählte Erweiterungen des Ansatzes dargestellt, die eine allgemeine Nutzung des Konzepts als Body Controller oder die Unabhängigkeit von Chiparchitekturen im Fokus haben. Abgerundet wird dieses Kapitel durch die Darlegung der Testmethoden sowie die Vorstellung der entstandenen Fahrzeugdemonstratoren.

5.1 Systemarchitektur

5.1.1 Partitionierung und Systemkonzept

Da der in dieser Arbeit abgeleitete Systemansatz für fahrzeuginterne Kommunikation vor allem die Optimierung des Gateways hinsichtlich der in 2.1.3 definierten Kriterien zum Ziel hat, liegt das Gatewaysoftwaremodul mit seinen Kommunikationsbeziehungen im Fokus der Betrachtung. Weiterhin sollen explizit die durch die Zielarchitektur gegebenen Möglichkeiten und Freiheitsgrade ausgenutzt werden. Ein detailliertes Profiling existierender Lösungen war aufgrund mangelnder Verfügbarkeit von Seriengeräten mit offenem Quellcode nicht durchführbar. Die allgemeine Aussagekraft eines solchen Profilings wäre ohnehin begrenzt gewesen, da eine Bewertung auf die konkrete Implementierung und nicht den allgemeinen Ansatz bezogen gewesen wäre. Die in dieser Arbeit adressierten Herausforderungen an Softwaregateways basieren zum Zeitpunkt ihrer Entstehung vor allem auf den Erfahrungen eines OEMs. Daß die an dieser Stelle getätigten Annahmen valide sind, läßt sich jedoch a posteriori aufgrund weiterer in diesem Bereich veröffentlichter Arbeiten mit vergleichbaren Aussagen belegen. Zu diesen zählen insbesondere die Dissertationen von Lorenz und Hauer (vgl. [117, 172, 173]).

5.1.1.1 Prämissen und Designziele

Die Nutzung von FPGAs als Zieltechnologie bietet durch die Variabilität der Hardware im Vergleich zu Mikrocontrollern weitere Freiheitsgrade. Auf die im Folgenden aufgeführten Designansätze und Paradigmen wurde im Rahmen dieser Arbeit besonders Wert gelegt. An dieser Stelle konzentriert wiedergegeben, sollen sie die Nachvollziehbarkeit einzelner Designentscheidungen sicherstellen.

Parallelität bezieht sich insbesondere auf Hardwareparallelität, welche im folgenden in *grobgranulare* und *feingranulare Parallelität* aufgeteilt werden soll. Erstere bezeichnet die nebenläufige Ausführung ganzer Teilfunktionen in unterschiedlichen Modulen zu demselben Zeitpunkt. Letztere bezieht sich auf die Verwendung von auf das jeweilige Teilproblem optimierten Bitbreiten innerhalb eines Moduls.

Die Unterscheidung in funktional gekapselte Module mit einer wohldefinierten Kommunikationsschnittstelle dient der *Modularisierung*. Alle Module besitzen eine einheitliche Schnittstelle, die beliebige Kommunikationsbeziehungen ohne Anpassungen in der Hardware ermöglicht und so Systemerweiterungen vereinfacht. Weiterhin können die Module unabhängig voneinander getestet werden. Die Modularisierung entlang des Verarbeitungspfades erlaubt das parallele Verarbeiten mehrerer Botschaften in unterschiedlichen, voneinander unabhängigen Verarbeitungsabschnitten, die in einer klaren Ordnung zueinander stehen. Diese Form des *virtuellen Pipelineings* erlaubt eine Performanzsteigerung ohne signifikante Latenzerhöhung und ist dem Ansatz inhärent. Der Nachweis ist an der Architektur zu erbringen.

Hardware und Softwareteile des Systems wurden parallel zueinander entworfen und folgen so dem Gedankengang eines *Hardware/Software-Codesigns*. Es wurde darauf geachtet, zeitkritische Operationen in Hardware auszuführen. Allgemeine oder kontrollflußlastige Aufgaben wurden in Software verlagert. Im System werden mehrere Prozessorkerne verwendet, so daß Softwareanteile im gesamten System vorhanden sind.

Parallelisierung und Pipelineing sollen verglichen mit Mikrocontrollerlösungen insbesondere zu einer *Performanzsteigerung* und *Latenzminimierung* führen. Der *Ressourcenverbrauch*, der in Logikgattern, FlipFlops und Speicherverbrauch gemessen wird, ist unter diesen Gesichtspunkten zu minimieren. Alle drei Größen sind in das Systemdesign eingegangen.

5.1.1.2 Moduleinteilung und Partitionierung

Die Moduleinteilung basiert auf der grundsätzlichen Überlegung, den Gateway aus dem System herauszulösen und parallel zu dem verbleibenden Softwarestack zu implementieren. Der verbleibende Softwarestack gleicht in erster Näherung somit einem Steuergerät, welches keinerlei Gatewayfunktionalität besitzt. Vor allem aus Gründen der Wiederverwendbarkeit etablierter Softwaremodule, Tools und schließlich mangelnder Notwendigkeit zur Beschleunigung erscheint es sinnvoll, die nach der Entfernung der Gatewayfunktion verbleibende Softwarestruktur beizubehalten.

In Folge der Parallelisierung von Applikation und Gateway muß für beide Teilsysteme der voneinander unabhängige Zugriff auf die Bussysteme gewährleistet sein, wobei aus Überlegungen zum Ressourcenverbrauch eine gemeinsame Verwendung der Buscontroller realisiert ist: ein Zugriff muß von beiden Entitäten möglich sein. Als Resultat folgt eine grobe Einteilung in die drei Modulklassen Buskommunikation, Gateway und Applikation, nebst Verbindungen zur Intermodulkommunikation (vgl. Abbildung 5.1).

Der Datenaustausch zwischen den Modulen erfolgt unabhängig von und ohne Einschränkung der jeweiligen Modulfunktionalität. Ein Warten eines Moduls auf die Empfangsbereitschaft seines Kommunikationspartners soll mittels Sende- und Empfangspuffern ausgeschlossen werden. Ein Datentransfer hat immer einen Sender, kann aber für mehrere Empfänger relevant sein. In jedem Fall werden die Daten nur einmal übertragen, keiner der Knoten ist ein ausgezeichneter Masterknoten. Jedes Modul kann eigenständig Daten an jedes andere Modul zu übertragen. Keiner der Knoten ist ein ausgezeichneter Masterknoten. Weitere Module können zum Gatewaysystem hinzugefügt werden, ohne daß eine Anpassung der anderen Kommunikationsbeziehungen erfolgen muß.

Die Protokollcontroller der Busmodule sind ebenfalls auf dem FPGA integriert. Neben einer Reduktion des Aufwands für die externe Beschaltung erhöht sich dadurch die Flexibilität, da eine Änderung des Protokolls möglich wird. Lediglich die Physical Layer sind, wie auch bei der Mehrzahl der automotive μ-Controller, extern zu

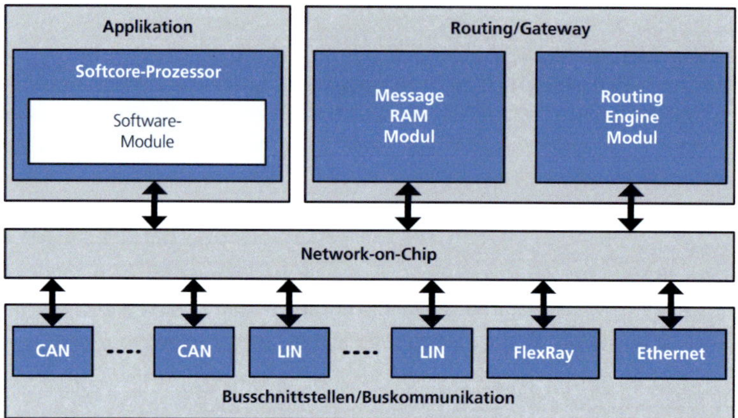

Abbildung 5.1: Partitionierung und Modularisierung

integrieren. Für jede Busschnittstelle ist ein dediziertes Modul vorgesehen, welches externe Botschaften empfängt und an alle weiteren Module weiterleitet. Umgekehrt setzen die Busmodule interne Botschaften in Busnachrichten um, die dem jeweiligen Protokoll konform gesendet werden. Für jeden Protokolltyp existiert daher mindestens ein Busmodultyp. Je nach Anforderung kann für einen Bustyp die Auswahl aus mehreren Modultypen möglich sein, die hinsichtlich einzelner Aspekte wie Ressourcenverbrauch oder Latenz optimiert wurden. So sind beispielsweise bei der Exploration von Anbindungsmöglichkeiten des CAN Busses mehrere CAN-Busmodule entstanden (vgl. 5.1.5.1).

Die Darstellung der Gatewayfunktionalität erfolgt in zwei Modulen, die jeweils eine Teilfunktion der fürs Routing notwendigen Abstraktionsschichten auf Signal- bzw. Datenfeldebene implementieren.

Bleibt das Datenfeld einer Botschaft unverändert, erfolgt die alleinige Verarbeitung des Routings durch das Message RAM Modul. Im einfachsten Fall ist dies die sofortige Weiterleitung an ein anderes Bussystem (Botschaftsrouting). Kompliziertere Routingvorgänge können eine Veränderung des Sendeverhaltens einschließen und bedingen daher die Neugenerierung der Botschaft zu den vorgeschriebenen Sendezeitpunkten (Containerrouting). In diesem Fall sind nur die Busschnittstellen und das Message RAM Modul an der Kommunikation beteiligt.

Das Routing Engine Modul ermöglicht die Anpassung der Datenfelder auf Transmissionsebene um verschiedene Transmissionen aus im Regelfall unterschiedlichen Botschaften zu einem neuen Datenfeld zusammenzufügen (Signalrouting). Dieses Datenfeld wird vom Routing Engine Modul an das Message RAM Modul verschickt, welches den Versand gemäß des definierten Sendetyps vornimmt. Die Verarbeitungskette beteiligter Module umfaßt die Busschnittstellen, das Routing Engine Modul, das Message RAM Modul und schließlich wieder die Busschnittstellen.

In Einzelfällen können Routingvorgänge auch ohne Beteiligung von Message RAM Modul und Routing Engine Modul ausschließlich durch die Busschnittstellen vorgenommen werden (Botschaftsrouting). In diesem Fall findet die Verarbeitung nur auf der untersten Abstraktionsebene statt, die lediglich das Routing ganzer Frames ermöglicht.

Da die an der Kommunikation beteiligten Module eingehende Botschaften gleichzeitig auswerten, führt dies in vorteilhafter Weise dazu, daß Botschafts-, Container- und Signalrouting echtparallel durchgeführt werden können, falls entsprechende Routingeinträge für die eingehende Botschaft existieren.

5.1.2 Intermodulkommunikation

Die Kommunikationsarchitektur, die den Datenaustausch zwischen den Modulen realisiert, ist zentraler Bestandteil des hier beschriebenen Architekturansatzes. Im Gegensatz zu einem klassischen Prozessorbus erfolgt der Datenaustausch, vergleichbar zu einem Netzwerk, mittels Datenpaketen, die von jedem Modul eigenständig verschickt werden ohne auf einen ausgezeichneten Master zurückzugreifen. Modularität, Erweiterbarkeit und Flexibilität werden somit unmittelbar unterstützt. Insbesondere die Einteilung in abgeschlossene, voneinander unabhängige Teilfunktionalitäten ist hierdurch möglich.

5.1.2.1 Einordnung in bereits existierende Lösungsansätze

Die paketbasierte Kommunikation ist in den letzten Jahren unter dem Begriff Network-on-Chip (NoC) intensiv von einer stetig wachsenden Forschergemeinschaft betrachtet worden, weshalb an dieser Stelle ein prägnanter Überblick gegeben werden soll. Vielfach werden große Netzwerke für System-on-Chip (SoC) Systeme angedacht, die in der Regel über Switches und Router mehrere Kommunikationspfade zwischen zwei Knoten ermöglichen und somit eine Vielzahl neuartiger Fragestellungen hinsichtlich on-Chip Routing Algorithmen ermöglichen. Erste Überlegungen, Netzwerke auf einem Chip abzubilden, wurden von Dally und Towle in [70] veröffentlicht. Jantsch beschreibt einen Vorschlag für einen ersten Protokollstack (vgl. [140]). Guerrier und Greiner schlagen in [114] einen ersten Ansatz für die Anbindung unterschiedlicher Komponenten mittels Wrapper vor. Die Verbindung unterschiedlicher Busstrukturen wird von Wielage und Goossens entworfen (vgl. [288]).

Zusätzlich existieren Konzepte, die speziell für FPGA Architekturen entworfen wurden: In [83, 261] ist eine Bewertung unterschiedlicher optimierter NoC Implementierungen zu finden: neben einem Vorschlag zur Realisierung eines Token Ring basierten Konzepts mit minimiertem Overhead (vgl. [116]) wird beispielsweise eine Kommunikationsarchitektur, die die Möglichkeit zur partiell dynamischen Rekonfiguration einschließt und somit ausschließlich FPGAs adressiert, vorgestellt (vgl. [45, 127]). Wie diese selektiven Beispiele bereits zeigen, lässt sich in Forschung und Wissenschaft eine Tendenz in Richtung on-Chip Routingalgorithmen erkennen. Möglichkeiten zur Hardwareanbindung von Komponenten wurden bislang kaum betrachtet, ein Beispiel zur On Chip Peripheral Bus (OPB) Anbindung findet sich jedoch in [125].

Neben dem NoC Ansatz existieren verschiedene Vorschläge, Busstrukturen hinsichtlich zukünftiger Anforderungen zu erweitern. Mit dem Fokus auf rekonfigurierbare Architekturen gibt [162] einen guten Überblick aktueller Bussysteme und diskutiert Einschränkungen im Vergleich zu NoC Ansätzen. Eine mögliche Erweiterung wird in [163] vorgestellt: eine AMBA Busstruktur wird durch einen Crossbar Switch erweitert, was eine höhere Performanz ermöglicht, die Komponentenschnittstellen jedoch unverändert bleiben. Eine Performanzsteigerung kann auch durch die Anpassung der Anbindung des Masters erreicht werden (vgl. [259]), wobei häufig eine Performanzerhöhung nicht das alleinige Ziel ist: eine Einteilung in Segmente kann beispielsweise dem Ziel der Energieeinsparung durch kleinere Kapazitäten und parallele Übertragungen dienen (vgl. [254, 144]). In all diesen Ansätzen bleibt jedoch eine klare Master-Slave Einteilung bestehen. Mit Bezug auf das hier vorgestellte Modulkonzept ergeben sich zwei Möglichkeiten: die Verwendung eines zentralen Masters oder die Realisierung jedes Moduls jeweils mit einem Master und einem Slave-Interface. Zwischen diesen beiden Randlösungen wären Schattierungen denkbar, bei denen einige Module auf ein Interface verzichten. Allerdings liegt das Wissen über Quelle und Ziel der Daten immer beim jeweiligen Master, der die Datenübertragung initiiert. Dies widerspricht dem Ziel dieser Arbeit, daß Module eigenständig über die Relevanz der empfangenen Daten entscheiden bzw. der Sender keine Kenntnis über die weiteren Verarbeitungsschritte haben muß und wird daher als wesentlicher Nachteil betrachtet. Darüber hinaus werden Multi- und Broadcastmechanismen standardmäßig nicht unterstützt, was Mehrfachübertragungen an der jeweiligen Nachricht bedingen würde - dies wäre damit mit einer steigenden Auslastung verbunden. Folglich wird auf eine Verwendung von Prozessorbussen als zentrale Kommunikationsarchitektur verzichtet.

Aus Sicht des Datenflusses wäre alternativ eine diskrete Verbindung der Module in der Reihenfolge der Verarbeitungsschritte denkbar. Eine solche Folge läßt sich aus Sicht der einzelnen Botschaft immer bestimmen, ist aber für unterschiedliche Botschaften nicht zwangsläufig identisch. Auch wäre die Erweiterbarkeit einer solchen Struktur hinsichtlich Kommunikationsbeziehungen eingeschränkt und zumindest mit nicht unerheblichem zusätzlichem Ressourcenaufwand verbunden.

Die vorangegangenen Erörterungen führen zu der Schlußfolgerung, einen der bestehenden NoC-Ansätze zu verwenden. Dies wurde jedoch aufgrund folgender Überlegungen verworfen: trotz Optimierung und Design für FPGAs, besitzen NoCs einen signifikanten Overhead, der auf die Netzwerkinfrastruktur in Form der Router und Switches zurückzuführen ist. Zudem besitzen Mesh-Netzwerke zwischen Modulen unterschiedliche Kommunikationswege, die einerseits zu einer deutlichen Performanzerhöhung durch parallele Übertragung führen, andererseits aber auch die Anwendung von Routingalgorithmen notwendig machen. Ein garantierter Ausschluß von Dead- und Lifelocks ist nur mit enormem Aufwand zu erreichen. Soll Paketverdopplung vermieden werden, ist die Verteilung von Broadcasts, welche in dem Systemansatz eine wichtige Rolle spielen, ebenfalls problembehaftet. Zudem läßt sich in der NoC-Forschung bislang kein standardisierter Ansatz finden, vielmehr handelt es sich in dem Bereich um ein immer noch sehr aktiv bearbeitetes Feld.

5.1.2.2 Kommunikationsarchitektur

Basierend auf dem aktuellen Stand von Forschung und Technik ist daher eine Kommunikationsarchitektur entstanden, deren Konzept sowohl Prinzipien der NoC-Architekturen als auch von Bussystemen verwendet. Sie ermöglicht den paketbasierten Datenaustausch mittels Broad-, Multi-, und Unicast. Als grundlegende Architektur kommt in Anlehnung an Thin Ethernet (IEEE 802.3 Clause 10) eine Bustopologie zum Einsatz, an der alle Module angeschlossen sind. Dies vereinfacht die internen Strukturen erheblich, da keine Router und Switches für den chipinternen Transport eingebracht werden müssen. Die Vereinfachung geht zulasten der Performanz, da im Vergleich zu einem Mesh NoC nur ein Kommunikationskanal für alle Module zur Verfügung steht. Aufgrund der Beschränkung auf unidirektionale Leitungen wird ein zentraler Arbiter eingesetzt, dessen Aufgabe darin besteht, den Buszugriff auf Anforderung an die einzelnen Module zu vergeben. Jedes angeschlossene Modul kann mittels eines Node Interfaces eigenständig senden und empfangen. Sowohl auf Sende- als auch Empfangsseite stehen Puffer zur Verfügung, die Modulfunktionalität und Übertragung entkoppeln. Broadcasts benötigen nur eine einmalige Busübertragung und belegen daher nur einmalig die Busstruktur. Paketverlust kann durch kurzzeitiges Blockieren der Übertragung, die eine Leerung des Puffers ermöglicht, verhindert werden. In Abhängigkeit des Arbitrierungsverfahrens erlaubt die Architektur die Angabe garantierter Übertragungslatenzen. Im Vergleich zu klassischen NoCs besitzt das System[1] eine reduzierte Übertragungsrate, die jedoch deutlich über den Anforderungen liegt. Zudem wurde in [318] gezeigt, daß der Vorteil einer vollständigen NoC basierten Architektur erst bei ca. zwei Dutzend Netzwerkknoten zum Tragen kommt. In keiner der bislang synthetisieren Architekturen war diese Anzahl Module notwendig.

5.1.2.3 Gateway Network on Chip (GNoC)

Die Kommunikationsarchitektur besteht aus dem zentralen Arbiter, welcher die einzelnen Interfaces miteinander verbindet und mehreren Node Interfaces. Die Struktur ist anhand von drei Modulen exemplarisch in Abbildung 5.2 dargestellt. Da innerhalb des FPGAs die Leitungen in der Regel unidirektionale Leitungen sind, besitzt jedes Node Interface eigene Datenleitungen zum Arbiter. Ohne Beschränkung der

---

[1]Selbstredend werden durch die Vereinfachung viele der gerade von der NoC Community angesprochenen Herausforderungen vermieden, so daß es sich nur grenzwertig um ein NoC im Sinne des NoC-Forschungsbereichs handelt. In Anlehnung an IEEE 802.3 Clause 10 wird hier aufgrund der paketbasierten Übertragung das Kommunikationssystem dennoch als NoC bezeichnet.

Allgemeinheit werden hier 8 Bit für die Datenleitung verwendet. Alle Module nutzen die vom Arbiter an die Module gehende Datenleitung gemeinsam. Sendeanforderungen und Buszugriff werden mittels eigener Handshakeleitungen für Request und Grant, welche von allen Modulen geteilt werden, realisiert. Jedes Modul besitzt eine Hardware-ID entsprechend dem Anschlußport des Moduls am Arbiter, die die Unterscheidung der Grants ermöglicht. Die Übertragung eines Datenpakets unterteilt sich in zwei Phasen. Im ersten Schritt teilt das Node Interface dem Arbiter den Sendewunsch mit. Im zweiten Schritt erhält das Node Interface den Buszugriff und übermittelt das Datenpaket. Um die Übertragung zu unterbrechen besitzt jedes Interface eine Busyleitung, die bei vollem Empfangspuffer gesetzt werden kann und eine erneute Arbitrierung verhindert. Auf diese Weise wird der Paketverlust vermieden. Ein fehlerhaftes Interface kann so jedoch auch die gesamte Kommunikation unerwünschterweise anhalten, was an geeigneter Stelle zu überwachen ist (vgl. CTRL-Modul in Abschnitt 5.1.7).

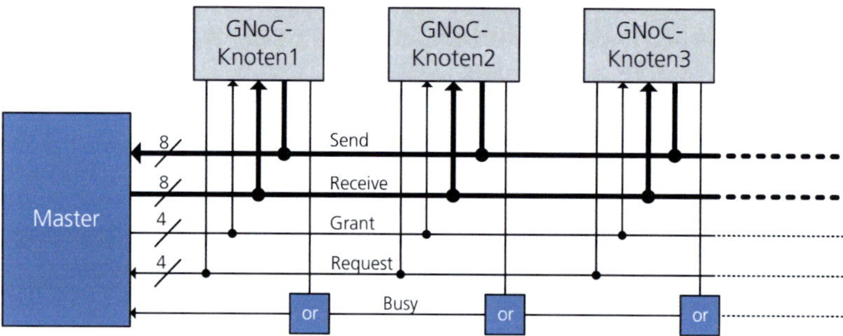

Abbildung 5.2: GNoC Architektur

Arbiter Der Arbiter besteht funktional aus drei voneinander unabhängigen Teilen. Der *Prioritätsdecoder* ermittelt aus allen Senderequests das Modul, welches als nächstes Sendeberechtigung erhält. Der *Datenmultiplexer* schaltet die vom sendeberechtigten Node Interfaces eingehenden Datenleitungen auf den Ausgang durch, so daß alle angeschlossenen Knoten die Daten des Sendeknotens erhalten. Die Steuerung des Moduls wird von einer zentralen *FSM* übernommen, der den Multiplexer steuert und das Frameformat überwacht.

Für den Prioritätsdecoder wurden unterschiedliche Strategien realisiert. Im einfachsten Fall ist den angeschlossenen Interfaces eine feste Priorität zugeteilt, wobei jeweils die höchstpriore Anforderung den Buszugriff erhält. Für einen zeitlich gesteuerten Zugriff mittels Time Division Multiple Access (TDMA) wurden zwei Varianten implementiert. Der Buszugriff wird unabhängig von einer Sendeanforderung dem nächsten Modul in voller Länge zugeteilt. So ist der Slot für die maximale Framelänge belegt, unabhängig davon, ob und mit welcher Framelänge das Modul sendet. Die zweite TDMA Variante ruft zwar ebenfalls jedes Modul auf, verkürzt den Slot aber in Abhängigkeit der Framelänge. Eine weitere Variante führt ein Round Robin (RR) Scheduling durch, bei dem jeweils das nächste Modul mit Sendewunsch gesucht wird und den Buszugriff erhält. Beim prioritäsbasierten Zugriff können garantierte Zugriffszeiten nur für die höchste Priorität angeben werden, da alle Prioritäten sich beliebig häufig verdrängen lassen. Im Worst Case ergeben sich für TDMA und RR identische Zugriffszeiten, da in beiden Fällen alle Frames mit maximaler Länge gesendet werden. In realen Umgebungen werden jedoch nicht alle Slots genutzt, so daß RR wesentlich bessere Antwortzeiten erreichen dürfte. Die Zugriffszeit ergibt sich aus der Summe aller vorher eingeplanten Übertragungen. Im Worst Case Fall wurde der aktuelle Slot gerade verpasst und alle Module haben einen Senderequest und Frame maximaler Länge (vgl. Formel (5.1)).

$$t_{Zugriff} = \sum_{i=1}^{N-1} (t_{frame}^i + t_{arb}) * req^i$$

$$t_{Zugriff\_max} = (N-1) * (t_{frame\_max} + t_{arb})$$

$$(5.1)$$

$req^i \in \{0,1\}$ entspricht dem Sendewunsch des Moduls i. N ist die Anzahl der Module. t_{frame} und t_{arb} beschreibt die jeweilige Frame- bzw. Arbitrierungsdauer. Für ein System mit 8 Modulen unter der Annahme von 18 Takten Framedauer und 2 Takten Arbitrierung ergibt sich eine Zeit von 160 Takten bis zum Beginn des Sendens, bzw. 180 Takten bis zum Ende der Übertragung als garantierte Übertragungszeit.

Node Interface Die Struktur des Node Interfaces enthält Abbildung 5.3. Zentrale Bestandteile sind eine Steuerungs-Statemachine, Akzeptanzfilter sowie ein Sende- und Empfangs FIFO. Als Schnittstelle zu dem Modul existiert ein Registerinterface mit einem einfachen Prozessorbusprotokoll, welches an die 8051 Schnittstelle angelehnt ist und sich direkt mit einem PicoBlaze verbinden läßt. Jedem Node Interface werden bis zu vier Netzwerkadressen zugeordnet, die eine Hardwarefilterung erlauben, auch dynamisch im Betrieb geändert werden können sowie unabhängig von der für die Arbitrierung genutzten Hardware Adresse sind. Sie sind sowohl für Unicast als auch für Broadcast verwendbar. Jedes Modul filtert automatisch eingehende Nachrichten auf Basis der Adressen und verwirft nicht-relevante Pakete. Broadcast Nachrichten werden über eine fünfte, für alle Module identische, Broadcastadresse empfangen.

Protokoll In der allgemeinen Form aus Header, Payload und Trailer wird auf letzteren verzichtet, da keine CRC Checksummen für die Pakete verwendet werden. Diese Entscheidung basiert auf der Annahme, daß Fehler bei der on-Chip Übertra-

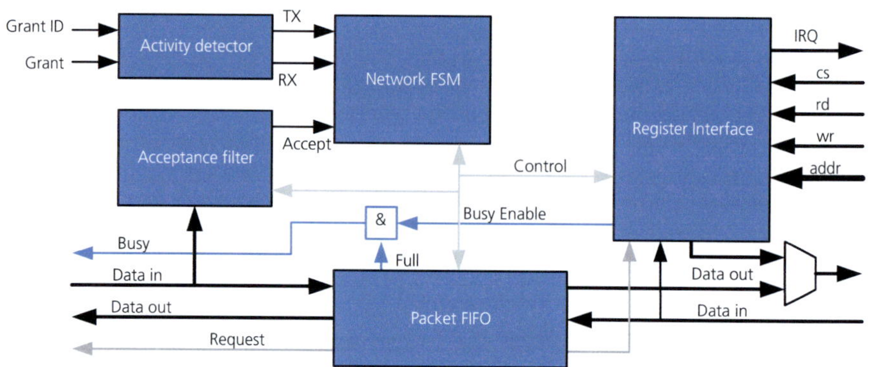

Abbildung 5.3: Aufbau des Node Interfaces

gung sehr unwahrscheinlich sind[2]. Die Ergänzung einer Fehlerüberprüfung kann in die Struktur nachträglich ohne Einschränkung integriert werden, würde die Nutzdateneffizienz des Protokolls aber mindern.

Der Header besteht aus zwei Byte, die neben der Quell- und Zieladresse auch noch eine Längenangabe und ein CTRL Feld als Klassifizierung enthalten. Mit der Länge von 4 Bit ist die Übertragung von 1 bis 16 Datenbyte mit einem Frame möglich, die für die Übertragung eines LIN oder CAN Frames in einem Paket ausreichend sind. Dies entspricht genau den im ersten Schritt anvisierten Zielprotokollen (vgl. Tabelle 5.1).

Byte/Bit	7...4	3...0
	Basis	
Header 0	Source	Destination
Header 1	CTRL	DLC
	Erweitert	
Header 0	Source	
Header 1	Destination	
Header 2	CTRL	
Header 3	DLC	

Tabelle 5.1: Header

Eine Erweiterung des Paketformats nutzt für den Header 4 Byte, wodurch deutlich mehr Module adressiert werden können, mehr Pakettypen zur Verfügung stehen und die maximale Datenfeldlänge auf 256 Byte erweitert wurde. Aufgrund der

---

[2]Ein Fehler in der CRC Überprüfung selbst wäre nicht weniger wahrscheinlich.

statischen Pufferstruktur, die jeweils den maximalen Speicherplatz im Modul reserviert, wurde die maximale Länge künstlich auf 32 Byte pro Paket begrenzt. Da die Pufferplätze immer mit der maximalen Länge reserviert werden, stehen bei 32 Byte Datenfeld nur noch die Hälfte und bei 64 Byte ein Viertel der Paketspeicherplätze zur Verfügung. Die in den folgenden Abschnitten näher skizzierten Modulbeschreibungen basieren jedoch vollständig auf der ursprünglichen Version mit dem verkürzten Header.

	Command 00xx	Data 10xx	Status 10xx	Other 11xx
xx00	Sys CMD	EBM	EBM Stat.	Other
xx01	Flash CMD	Flash Data	Flash Stat.	Other
xx10	Res.	Res.	Res.	Other
xx11	Other	Other	Other	Other

EBM= External Bus Message

Tabelle 5.2: Header - CTRL Feld

Das Kontrollfeld erlaubt eine frühe Entscheidung über die Relevanz einer Botschaft, was insbesondere bei Broadcastnachrichten von Interesse ist. Dazu enthält der Header ein 4 Bit großes Kontrollfeld, anhand dessen die Botschaften unterschieden werden können. Die Grobklassifikation erlaubt eine Unterscheidung in Command, Data, Status und Other. Die feinere Klassifikation gibt Aufschluß über das genaue Paketformat und impliziert die Interpretationsvorschrift für die enthaltenen Daten. So beinhalten beispielsweise Pakete vom Typ EBM in Datenbyte Null immer Informationen über den Bussystemtyp (wie CAN, LIN etc.).

Performanz und Protokolleffizienz Aufgrund der relativ geringen Länge der Nutzdaten erreicht das Protokoll lediglich eine maximale Effizienz[3] von 76%. Wird der Header, der ebenfalls Nutzdaten enthält, hinzugerechnet, sind es 85,7%. Der verbleibende Overhead ergibt sich aus der vom Arbiter benötigten Zeit zur Bestimmung des nächsten Moduls und der Erkennung des Sendens durch das Modul (vgl. Tabelle 5.3). Danach folgen unmittelbar aufeinander Header und Datenbytes, womit der Zyklus abgeschlossen ist. Bei einer Taktfrequenz von 50MHz lassen sich so ca. 340 MBit/s übertragen, was weit über den Anforderungen der Bussysteme liegt.

---

[3]Effizienz bezeichnet in diesem Zusammenhang den Anteil Nutzdaten am theoretischen Maximum und ist abhängig von der Länge des Datenfelds.

Protokoll	Takte		Effizienz	%		Datenrate	Mbyte/s
Arbitrierung	2		min (netto)	16,7		min	8,35
Senden Init	1		max (netto)	76		max	38
Header	2		max (brutto)	85,7		max (brutto)	42,85
Daten	1-16					*Anm: bei 50MHz*	

Tabelle 5.3: GNoC Protokolleigenschaften

Ressourcenverbrauch Der ermittelte Ressourcenverbrauch für Xilinx Spartan-3 und Virtex-5 FPGAs ist in Tabelle 5.4 dargestellt. Es zeigt sich, daß das Node Interface deutlich komplexer als der Arbiter ist, wobei der FIFO bereits die Hälfte der Ressourcen benötigt. Die Größe des Arbiters wird vorrangig durch das Schedulingverfahren bestimmt. Zwischen der einfachsten prioritätsbasierten Implementierung und dem Round Robin Verfahren liegt so der Faktor 1.5 bei beiden Zielarchitekturen.

	Spartan-3		Virtex-5	
	LUT	f_{max}	LUT	f_{max}
GNoC Interface	325	101,576	282	280,214
GNoC FIFO	177	104,36	157	264,201
GNoC Master				
Prioritätsbasiert	96	197,132	57	511,326
TDMA	110	189,782	69	368,148
TDMA (shortslot)	126	180,026	72	434,726
Round Robin	144	169,213	86	475,15

Tabelle 5.4: GNoC Ressourcenverbrauch

5.1.3 Message RAM Modul - Botschafts- und Containerrouting

Das Message RAM Modul (MRM) setzt die Funktionalität des Botschafts- und Containerroutings um. Es erfüllt im wesentlichen die drei Funktionen Routing, Transmissionszwischenspeicher und Transmissionsgenerierung für die an den Gateway angeschlossenen Bussysteme. Zunächst wurde das Modul für den Einsatz bei CAN Bus Systemen konzipiert, eignet sich durch geringfügige Erweiterungen der Datensatztypen aber auch für die Anbindung von LIN und FlexRay. Überdies besitzen LIN und FlexRay Busmodule typischerweise einen zusätzlichen Botschaftsspeicher (vgl. z.B. [235]). Daher dient in diesem Falle das MRM der Weiterleitung von Transmissionen auf Botschaftsroutingebene, welche alternativ auch durch das Routing Engine Modul erfolgen kann. Eine Beschreibung zur Verknüpfung des MRM mit LIN und FlexRay erfolgt in den Beschreibungen der jeweiligen Busmodule sowie in Abschnitt 7.1.1.

Im folgenden wird, sofern nicht anders bezeichnet, von einem ereignisorientierten Busprotokoll wie CAN ausgegangen. Alle innerhalb des Gatewaysystems empfangenen Transmissionen werden von dem Modul auf einen zugehörigen Routingeintrag überprüft und sofern vorhanden die Nachricht weitergeleitet oder zwischengespeichert.

5.1.3.1 Hardwarearchitektur des MRM

Eine erste Implementierung, die ausschließlich in Hardware realisierte Zustandsautomaten verwendete, wurde bereits vor der Fertigstellung aufgrund des relativ hohen Ressourcenbedarfs und der vergleichsweise aufwendigen Anpassungen sehr kontrollflußlastiger Botschaftsbehandlung abgebrochen. Die letztlich umgesetzte Architektur basiert auf einem Softwarekonzept, wobei auf den Einsatz eines vollwertigen Prozessorsystems verzichtet wurde. Neben einer ressourcenminimalen Variante, die nahezu vollständig in Software realisiert ist, löst eine zweite Version den Datenfluß aus der Software heraus und führt den Datentransport und die Verarbeitung außerhalb des Prozessors in Hardware aus, was zu einer signifikanten Beschleunigung führt.

Das zentrale Element beider Varianten ist ein PicoBlaze von Xilinx, bei dem es sich um eine sehr einfache und ressourcenminimale Realisierung eines 8 Bit RISC Prozessorkerns handelt [294]. Aufgrund der vereinfachten Struktur ist der Intellectual Property (IP) jedoch nicht mit von μ-Controllern bekannten Prozessorkernen vergleichbar, da Befehlssatz, Programmlänge und Schnittstellen erheblich eingeschränkt sind. Weiterhin ist keine Hochsprachenprogrammierung möglich und lediglich ein Assembler verfügbar. Als wesentlicher Vorteil kann der minimale Ressourcenverbrauch von unter 100 Slices auf einem Xilinx Spartan-3 FPGA sowie die Möglichkeit, Änderungen zeitsparend nach dem Place and Route durchzuführen, angesehen werden. Letzteres hat sich insbesondere bei Tests im realen Steuergeräteumfeld als nützlich erwiesen.

Der Aufbau des Moduls in der langsameren Softwarevariante ist in Abbildung 5.4 dargestellt. Der PicoBlaze übernimmt den Hauptteil der einzelnen Verarbeitungsschritte einschließlich der zentralen Ablaufsteuerung. Als Zeitbasis kommt ein einzelner Timer zum Einsatz, aus dessen Werten sich alle zeitgesteuerten Funktionen des Moduls ableiten. Als Schnittstelle zur Kommunikationsstruktur dient die Standardvariante des Node-Interface (vgl. Abschnitt 5.1.2).

Der Funktionsblock ID2Addr-Memory ist eine Kombination einer Hardware FSM mit einem Speicherblock. Er dient dem Auffinden der Routingdatensätze auf Basis der Busnummer und Botschafts-ID. Dazu werden Tupel von Bus-ID, Botschafts-ID und Adresse des Routingdatensatzes gebildet und in aufsteigender Reihenfolge abgelegt. Das Auffinden eines Eintrags erfolgt in Abhängigkeit vom Suchalgorithmus in $o(n)$ bei linearer Suche bzw. $o(\log n)$ für die binäre Suche. Eine erfolgreiche Suche liefert die Startadresse des zugehörigen Routingeintrags.

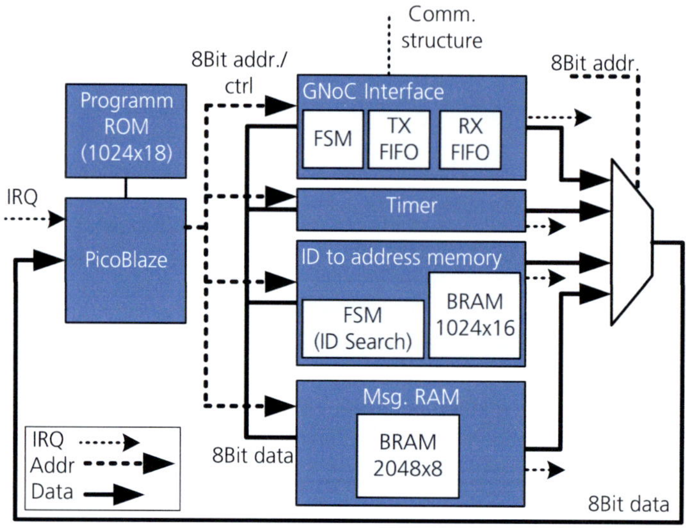

Abbildung 5.4: Architektur des Message RAM Moduls

Beim Message RAM handelt es sich um einen Speicherblock, der allgemeine Konfigurationsdaten, die Routingdatensätze, Timer Werte und Sendelisten für zu generierende Nachrichten beinhaltet. Jeder Routingeintrag besteht aus zumindest zwei Abschnitten Header und Routingdaten, wobei der Header den Aufbau des Datensatzes in Abhängigkeit des jeweiligen Sendetyps und der zugeordneten Eigenschaften definiert. Um einen größeren Bereich als die vom PicoBlaze adressierbaren 2^8 Adressen ansprechen zu können, wird ein flexibles Paging verwendet, bei dem ein beliebiges Offset bytegenau über ein Register eingestellt werden kann. Dadurch ist eine Vereinfachung der Software möglich, da der Anfang eines Routingdatensatzes immer auf die erste Adresse verschoben werden kann. Die Beschreibung der weiteren im Message RAM befindlichen Daten erfolgt im funktionalen Teil der Modulbeschreibung (5.1.3.4)

5.1.3.2 PicoBlaze Laufzeitsystem

Die Basis der PicoBlaze Software bildet ein auf einem kooperativen Multitasking basierendes Laufzeitsystem mit minimalem Overhead. Jedem Task ist eine Maximalzeit von $200\mu s$ zugeordnet. Im Regelfall reduziert sich die Dauer eines Tasks jedoch auf $30\,Takte\,(0,6\mu s@50MHz)$ bzw. $400\,Takte\,(8\mu s@50MHz)$ bei erhöhter Taskaktivität. Die länger benötigte Zeit tritt beispielsweise bei der Nachrichtengenerierung auf und erreicht nach Messungen in Abhängigkeit der Anzahl zu generierender Transmissionsinstanzen τ_i bis zu $1982\,Takte\,(39,6\mu s@50MHz\,\&\,16\tau_i)$ - was somit weit unterhalb der Deadline liegt.

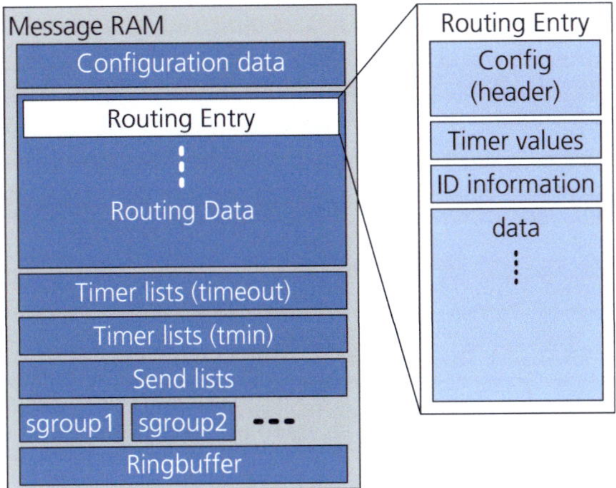

Abbildung 5.5: Struktur von Message RAM und Routingeinträgen

Bei einem alle $200\mu s$ stattfindenden Taskwechsel und 5 eingeplanten Tasks benötigt ein Zyklus $1ms$. Die dadurch entstehende Aufrufhäufigkeit von $1ms$ findet innerhalb der Tasks als Zeitbasis für zyklische Prozesse Verwendung. Daher darf ein verfrühtes Beenden eines Tasks nicht zur direkten Ausführung seines Nachfolgers führen, so daß zwischen den Aufrufen ein Leerlauf entsteht, der für die Verarbeitung eingehender Nachrichten genutzt wird. Für die Erfüllung der zuvor genannten Routingaufgaben des MRM werden die folgenden $4 + 1$ Tasks ausgeführt[4].

- Task1: Verarbeitung der Sendeliste 1 ($1ms$ Zeitbasis),
- Task2: Verarbeitung der Sendeliste 2 ($20ms$ Zeitbasis),
- Task3: Anpassen der t_{min} Werte,
- Task4: Leeren des Ringpuffers,
- Zwischen Taskwechseln: Verarbeitung empfangener Nachrichten.

5.1.3.3 Datenstrukturen

Das Mapping zweier Transmissionen $\mu_x = (\tau_i, \tau_j)$ wird in den Routingdatensätzen abgebildet. Gemäß der Funktionseinschränkung des Moduls und der Eigenschaften von Botschaft- und Containerroutings (vgl. Abschnitt 4.3.2) kann das Datenfeld D für das Routing als Einheit betrachtet werden, so daß jeweils ein Routingdatensatz für die Beschreibung eines Botschafts- bzw. Containerroutings ausreichend ist. Im folgenden wird daher, sofern nicht anders ausgeführt, davon ausgegangen, daß alle für das MR-Modul relevanten Mappings sich auf Datenfelder beziehen, also $\mu_x = (D_i, D_j)$ gilt.

---

[4]Das fünfte mögliche Task wurde als Reserve eingeplant und findet derzeit keine Verwendung

Routingdatensätze Die Routingdatensätze sind zunächst aus Sicht der zu generierenden Transmissionsinstanz definiert und enthalten alle für die Generierung einer Botschaft notwendigen Informationen hinsichtlich Verhalten, Abbildungsvorschriften und Frameheader sowie den Wert der letzten empfangenen Quellentransmissionsinstanz τ_i^t.

Bit	7	6	5	4	3	2	1	0
Header 0		Sendetyp				Ausgangsport		
Header 1	Timeout	Timeout CMP	CMP Mask	Status	Custom			

Tabelle 5.5: Aufbau des Routing Headers

Alle Datensätze enthalten einen Header, welcher die Konfiguration und den Sendetyp des Datensatzes enthält (siehe auch Tabelle 5.5), wobei nicht alle Felder bei jedem Sendetyp unterstützt werden. Die Unterscheidung innerhalb eines Sendetyps zielt insbesondere auf die Verkleinerung des Datensatzes ab. Die in Tabelle 5.6 kursiv beschrifteten Felder haben jeweils die Länge des Datenfeldes D, die als DLC[5] bezeichnet wird. So ergibt sich eine minimale Länge für ein Botschaftsrouting von 3 Byte bis zu einer Länge von 47 Byte für einen Datensatz vom Typ FAST in maximaler Komplexität. Der Ausgangsport in Header 0 bezeichnet die NoC Adresse des ausgehenden Busmoduls.

	BR	Cyclic	BAF	FAST	CsX	Changed		
Header 0	x	x	x	x	x	x		
Header 1	-	x	x	x	x	x		
ID High	x	x	x	x	x	x		
ID Low	x	x	x	x	x	x		
Status Count	-	-	x	x	-	-		
Tmin 0	-	-	-	-	x	x		
Tmin 1	-	-	-	-	x	x		
Timeout 0	-	o	o	o	o	o		
Timeout 1	-	o	o	o	o	o		
Timeout CMP	-	o	-	o	o	o		
Timeout Data	-	o	-	o	o	o		
CMP Mask	-	-	o	o	o	o	vorhanden	x
Dflt Data	-		x	x	-	-	optional	o
Data	-	x	x	x	x	x	nicht vorhanden	-

Tabelle 5.6: Aufbau der Routingdatensätze

---

[5]DLC - Data Length Code

Die für die Generierung der Transmissions- bzw. Frameinstanz f^k notwendige *ID* wurde im MR-Modul auf zwei Byte beschränkt, wobei Erweiterungen für andere Busprotokolle uneingeschränkt möglich sind.

Das Feld *Status Count* dient bei Botschaften des Typs FAST und BAF dem Zählen der noch zu sendenden Botschaften, nachdem der Default Wert der Botschaft wieder erreicht wurde.

Der Mindestsendeabstand, der zwischen zwei Framinstanzen des Typs CsX und Changed eingehalten werden muß, wird in den beiden t_{min} Feldern verwaltet, die sowohl den Rücksetzwert t_{min0} als auch den aktuellen Wert t_{min1} enthalten. Der Wert ist als Multiplikator einer festen für das gesamte System einstellbaren Zeitbasis zu interpretieren. Gleiches gilt für die Timeouts, deren Werte jeweils ein Multiplikator der der Transmission zugeordneten Zykluszeit sind. *Timeout 1* enthält den aktuellen Zählerstand, *Timeout 0* den Rücksetzwert.

Die im Falle eines Timeouts zu sendenden SNA[6] Werte, die von den zuletzt empfangenen abweichen können, sind im Abschnitt *Timeout Data* gespeichert. Da nicht notwendigerweise alle elementaren Transmissionen τ_i einen zugeordneten Timeoutwert besitzen und in dem Fall der letzte Wert zu senden ist, existiert ggf. eine Vergleichsmaske *Timeout CMP*, welche die Zusammenführung der letzten Signalwerte mit den SNA Werten ermöglicht.

Als weiteres Vergleichsfeld kann die *CMP Mask* gespeichert werden, wodurch einzelne Signale beim Vergleich der empfangenen Daten mit den Default Werten D_{init} (BAF,FAST) oder dem zuletzt empfangenen Wert D_{last} (CsX,Changed) ausgeblendet werden können. Existiert dieses Feld nicht, wird jeweils das gesamte Datenfeld verglichen. *Dflt Data* enthält die für den Vergleich notwendigen Standardwerte.

Das Feld *Data* dient als Speicherplatz und enthält schließlich die Werte der zuletzt empfangenen Instanz D_{last}, die gleichzeitig die Werte der vom Gateway generierten Transmission D_j sind. Eine Zwischenspeicherung des Datenfeldes erfolgt bei allen Datensatztypen mit Ausnahme des Botschaftsroutings.

Einbettung des Routingdatensatzes Der Zugriff auf den Datensatz ist durch verschiedene Methoden möglich, die sowohl den Datenempfang als auch das Senden, sowie die übergeordnete Verwaltung der in den Datensätzen verwendeten Zähler realisieren.

Die Verknüpfung über das GNoC eingehender Frameinstanzen mit dem Routingdatensatz erfolgt zunächst durch den ID2Addr-Speicher, der zu jeder relevanten eingehenden Transmissionsinstanz τ_i^t einen Pointer auf den zugehörigen Datensatz gespeichert hat. Der Datensatz definiert dann das weitere Vorgehen. Für alle Instanzen und deren zugeordneten Transmissionen gilt $\mu_i = (\tau_i, \tau_j) \in \mathcal{M}$ und $\tau_i = D_i$, falls das Mapping dem Gateway zugeordnet ist.

---

[6]SNA=Signal Not Available, Spezielle Werte, die auf nicht valide Signale hindeuten.

Existieren für eine eingehende Transmissionsinstanz mehrere Routingeinträge, existieren also mehrere Mappings, so daß gilt $|\{x : [\tau_i, x) \in \mathcal{M}\}| > 1$, dann erfolgt der Zugriff auf den Routingdatensatz zweistufig. Der Eintrag im ID2Addr-Speicher zeigt in dem Fall zunächst auf einen *Multiroutingdatensatz*, der seinerseits eine Liste von Pointern auf alle zugeordneten Routingdatensätze enthält, die nacheinander abgearbeitet werden. Jeder eingehenden relevanten Transmission kann kein oder genau ein Multiroutingdatensatz zugeordnet sein.

Die Generierung und der Versand zyklischer Botschaften erfolgt über die Abarbeitung von *Sendelisten* und *Sendegruppen*, welche ebenfalls statisch im Message RAM hinterlegt werden. Die Sendelisten beinhalten eine Menge an Sendegruppen, die ihnen zugeordnet sind. Sie werden zyklisch mit einem konfigurierbarem Prescaler aufgerufen, der die minimale Zykluszeit (Basiszeit) der zugeordneten Sendegruppen darstellt. Jede Sendegruppe enthält einen weiteren Zähler, der aus der Basiszeit eine Zykluszeit generiert. Weiterhin besteht jede Sendegruppe aus einer Liste an Botschaften, die mit der Zykluszeit der Sendegruppe verschickt werden müssen. Sendeliste und Sendegruppe bilden somit die Zuordnung zwischen Routingdatensatz und der zeitlichen Basis zu generierender Transmissionsinstanzen τ_i^t. Zusätzlich enthalten die Sendegruppen Parameter für die zu generierende Instanz, die Einfluß auf die Generierung nehmen können. Die Verarbeitung der Sendelisten erfolgt zeitgesteuert auf Basis des zugehörigen Tasks.

T_{min}-*listen* sind weitere Zeigerlisten, die alle Datensätze des Sendetyps CsX oder Changed enthalten. Das zugehörige Task verwendet diese Liste, um in vorgegebenen zyklischen Abständen die t_{min}-Zählerwerte im Routingdatensatz zu reduzieren. Ebenfalls mit den Mindestsendeabständen verbunden ist die letzte im Message RAM gespeicherte Liste (vgl. Abbildung 5.5), die in Form eines Ringpuffers verwaltet wird. In ihr werden Pointer auf die Routingdatensätze all jener Nachrichten zwischengespeichert, die aufgrund der Unterschreitung des Mindestsendeabstands nicht verschickt werden konnten. Sobald der Mindestsendeabstand erreicht wurde, kann die Botschaft verschickt werden. Die Leerung des Puffers erfolgt durch den entsprechenden Prozess in der Hauptschleife.

5.1.3.4 Modulfunktionalität

Die Modulfunktionalität ist in die im vorangehenden Abschnitt genannten Teile zerlegt, die unabhängig voneinander zyklisch als Task ausgeführt werden. Der erste logische Schritt beim Routing von Informationen ist der zwischen zwei Taskwechseln stattfindende Nachrichtenempfang, bei dem die im GNoC RX Puffer stehenden Datenpakete nacheinander ausgewertet werden. Die möglichen Verarbeitungspfade für ein empfangenes GNoC Paket sind in Abbildung 5.6 in Form eines UML Aktivitätsdiagramms dargestellt. Nicht eingegangen wird an dieser Stelle auf die Systemkommandos, die der Konfiguration des Moduls dienen und das Anhalten und Starten verschiedener Verarbeitungsschritte ermöglichen.

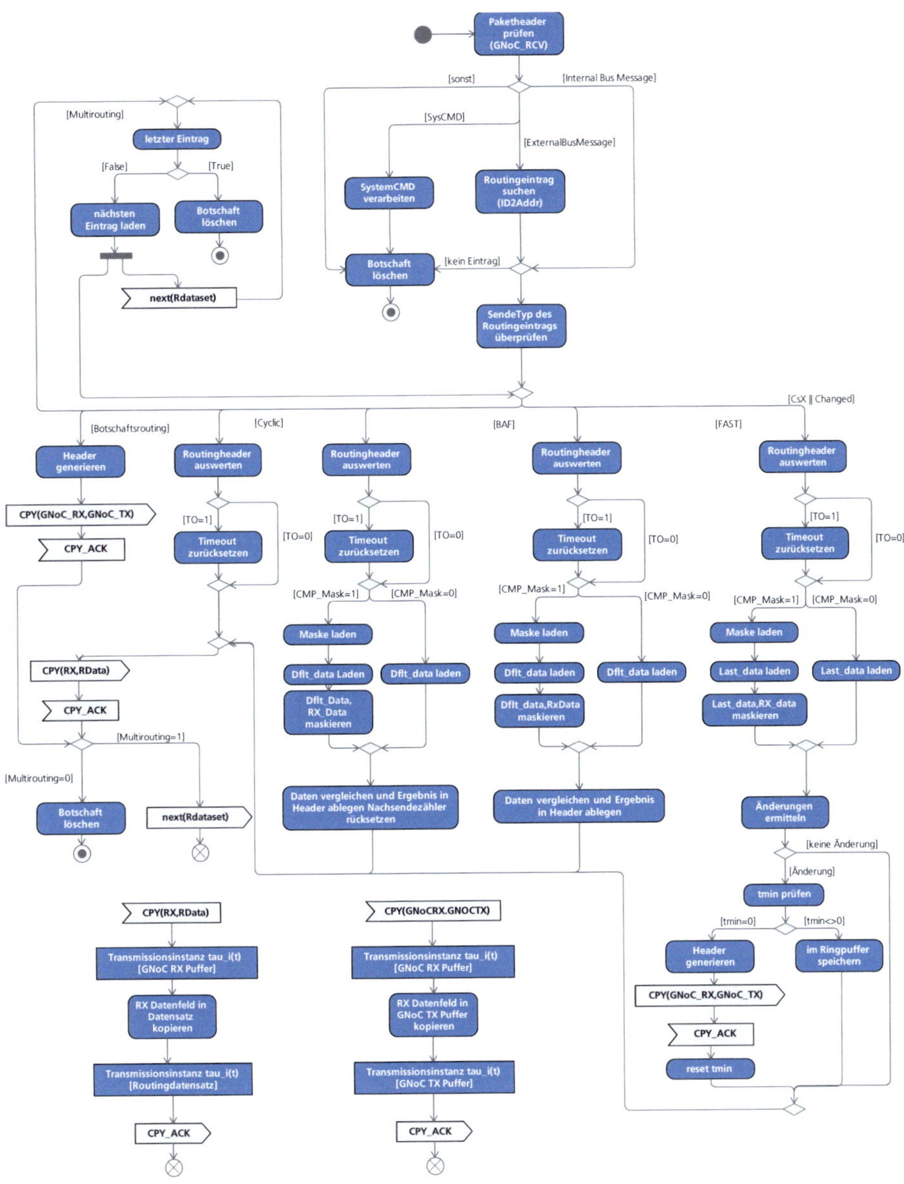

Abbildung 5.6: Verarbeitung eingehender GNoC Pakete

Die untere Hälfte von Abbildung 5.6 stellt die Verarbeitung gemäß der unterschiedlichen Sendetypen in Abhängigkeit ihrer jeweiligen Eigenschaften dar. Der obere Abschnitt enthält die initialen Verarbeitungsschritte, die übergeordnete Schleife für mehrere Routingeinträge sowie eine explizite Darstellung der eigentlichen Kopiervorgänge des Datenfeldwertes $W(D_i^t)$

Nachrichtenempfang Der Empfang eines GNoC Pakets beginnt mit der Überprüfung des Headers und der Einordnung der Botschaft in eine entsprechende Kategorie, wobei System-CMDs an dieser Stelle vernachlässigt werden, da sie nicht zur eigentlichen Modulfunktion beitragen. Bei externen Busbotschaften wird im ersten Schritt mit der Hardwaresuche nach einem Routingeintrag gesucht. Bei internen Busnachrichten, wie sie beispielsweise vom Routing Engine Modul (vgl. Abschnitt 5.1.4) verschickt werden, enthält der Header aus Effizienzgründen direkt die Speicheradresse des Routingdatensatzes. Anhand des gefundenen Routingeintrags wird der Sendetyp der Zielbotschaft ermittelt und in die entsprechende Verarbeitung verzweigt.

Im Fall eines Botschaftsroutings kann die empfangene Instanz τ_i^t direkt als τ_j^t weiter verschickt werden. Der zugehörige Frame f_j^t wird generiert und τ_j^t als SDU in dem Frame verpackt. Im folgenden Schritt kann die entstandene PDU als SDU in einem GNoC Frame an das ausgehende Busmodul geschickt werden. Danach erfolgt das Löschen der Quellbotschaft.

Bei allen anderen Sendetypen wird die empfangene Instanz im Routingdatensatz zwischengespeichert (Funktion *CPY(RX,RData)*). Je nach Konfiguration des Sendetyps erfolgen noch ein Rücksetzen der Zählerwerte für Timeout und eine Ermittlung von Eigenschaften der Instanz τ_i^t, die Einfluß auf das Sendeverhalten der Botschaften haben. Dabei kann es sich um die Erkennung einer Änderung oder Überprüfung der Identität zu einem vorgegebenen Signalwert handeln. Als Aktion kann beispielsweise bei Botschaften des Typs CsX oder Changed eine Veränderung zur unmittelbaren Generierung einer ausgehenden Instanz τ_j^t führen. Die Details können Abbildung 5.6 entnommen werden.

Die in Abbildung 5.6 oben rechts dargestellten Zweige stellen den Kopiervorgang der eingehenden Transmissionsinstanz $\tau_i^t = D_i^t$ entweder in eine direkt generierte Transmissionsinstanz $\tau_j^t = D_j^t$ oder die Zwischenspeicherung der empfangenen Instanzwerte innerhalb des Routingdatensatzes dar. Die Lebenszeit der empfangen Instanz τ_i^t endet aus Sicht des Gateways demnach mit dem Überschreiben durch die Nachfolgeinstanz τ_i^{t+1} oder, falls keine Zwischenspeicherung im Datensatz erfolgt, mit dem Löschen des empfangenen Quellframes $f^k(\tau_i^t)$. Damit sind die beiden Zweige die in der Implementierung umgesetzte Realisierung der Verknüpfung der zu τ_i und τ_j gehörenden Verarbeitungsbäume (vgl. Def. 4.1), indem ein Blatt von τ_i mit der Wurzel von τ_j in Form einer singulären Kopie zusammengeführt wird. In jedem Fall muß ein $\mu_x = (\tau_i, \tau_j)$ existieren, das dem MR-Modul zugeordnet ist.

Nachrichtengenerierung Die Generierung ausgehender Transmissionen erfolgt mittels zyklischer Aufrufe der beiden Sendelisten-Tasks. Sie unterscheiden sich lediglich in der Verwendung unterschiedlicher Zählerwerte zur Erzeugung unterschiedlicher Zeitbasen für den Aufruf der Sendegruppen. Ansonsten verwenden beide dieselbe Verarbeitungsstruktur, wie sie in Abbildung 5.7 dargestellt ist. In Abständen der eingestellten Zeitbasis werden alle Sendegruppenelemente der Sendeliste abgearbeitet. Sobald der interne Zähler einer Sendegruppe abgelaufen ist, wird ein Sendeereignis ausgelöst, welches den Nachrichtenversand aller in der Sendegruppe enthaltenen Nachrichten anstößt. Die Abarbeitung der Listenelemente erfolgt in sequenzieller Reihenfolge, beginnend mit dem ersten Element. Da das zu erzeugende Verhalten abhängig von den Sendetypen ist, wird bei der Verarbeitung sowohl zwischen den Sendetypen als auch den Konfigurationen des Sendetyps unterschieden.

Im einfachsten Fall sind die Daten des Routingdatensatzes als SDU (τ_j^t) in eine neue Frameinstanz $\widehat{f}_j^t$ oder PDU zu kopieren[7]. Zusätzlich wird der zu $\widehat{f}_j^t$ gehörende Header generiert, der protokollabhängig auch ein interner Header sein kann, der im weiterverarbeitenden Modul in eine finalisierte Form umgesetzt wird. Für CAN werden immer die finalisierten Busheader genutzt, die eine direkte Übergabe der Instanz $\widehat{f}^k$ an den CAN Controller erlauben.

Ist ein Timeout aufgetreten, werden nicht die zuletzt empfangenen Daten genutzt, sondern die Timeoutwerte (SNA Values), die gegebenenfalls mit den gespeicherten Routingdaten zu kombinieren sind. Die Generierung von Botschaften des Sendetyps BAF und FAST ist zudem vom Wert des gespeicherten Datenfeldes und einem Parameter in der Sendegruppe abhängig, die den Versand an die Einhaltung von Bedingungen knüpft. Auf diese Weise wird beim Sendetyp FAST zwischen den beiden Zykluszeiten umgeschaltet und die Generierung bei BAF im Defaultzustand unterbunden. Die aus dem Botschaftsempfang bekannte Zwischenspeicherung von CsX Instanzen bei Unterschreiten des Mindestsendeabstands findet sich auch in Abbildung 5.7 wieder.

Ein Großteil der Generierung ist für die Mehrzahl der Botschaften identisch, wurde unter dem Ereignis *Std_Send* nur einmalig dargestellt und beinhaltet die Verarbeitung des Timeouts. Um die Übersicht zu wahren, sind die sich durch die Abarbeitung der Listen ergebenden Schleifen durch Ereignisse dargestellt, die jeweils am Ende der Generierung durch das abstrakte Event *next(SGElement)* das nächste Listenelement triggern. Wie in Abbildung 5.6 sind die eigentlichen Kopiervorgänge der im Routingdatensatz gespeicherten Daten, die der Instanziierung der $\tau_j = D_j$ entsprechen, separat gezeigt. Sie bilden aus Sicht der Implementierung den zweiten Abschnitt des auf $\mu_x = (\tau_i, \tau_j)$ basierenden Mappings über das die Verarbeitungsbäume miteinander verbunden sind. Das zuletzt gespeicherte τ_i^t ist somit die Wertequelle für die Instanziierung des τ_j^t der zu generierenden PDU $\widehat{f}_j^t$.

---

[7] $\widehat{f}_j^t$ bezeichnet eine Frameinstanz, welche alle vom Buscontroller benötigten Informationen enthält, jedoch in dieser Form noch einen nicht unmittelbar übertragbaren Busframe darstellt (z.B. fehlender CRC).

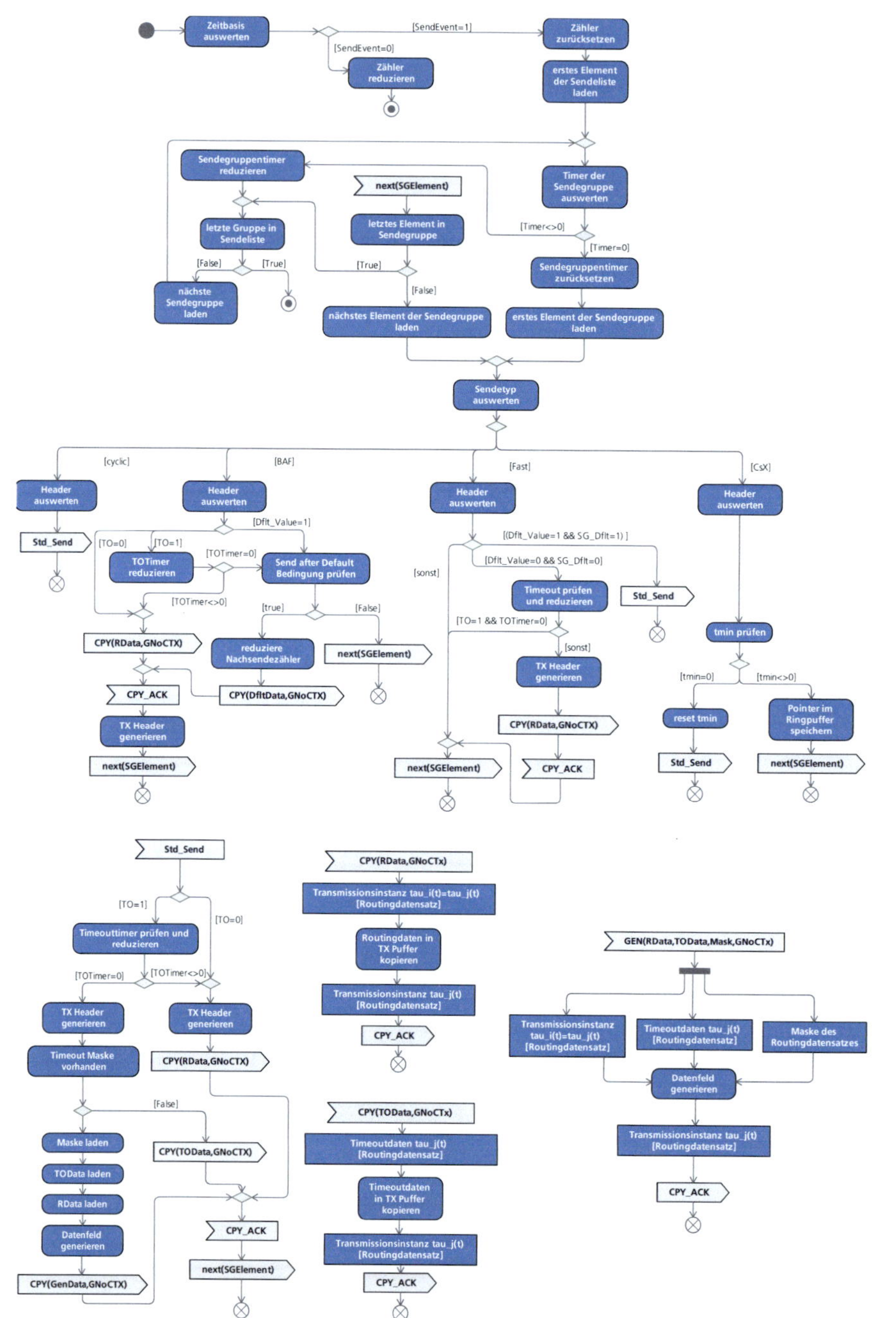

Abbildung 5.7: Generierung ausgehender Botschaften

Mindestsendeabstand und Timeoutverwaltung Die Verwaltung der Timer für den Mindestsendeabstand erfolgt in einem eigenen Task, dessen Aufgabe sich darauf beschränkt mit einer voreinstellbaren Zykluszeit eine Zeigerliste abzuarbeiten, die alle Datensätze des Sendetyps CsX und Changed umfasst. Die Bearbeitung selbst besteht aus der Reduktion eines Timerwertes in den zugeordneten Routingdatensätzen. Ein Zählerstand ungleich null entspricht einer Unterschreitung des Mindestsendeabstands t_{min}, wobei bei Versand eine Rücksetzung auf einen vordefinierten Wert erfolgt.

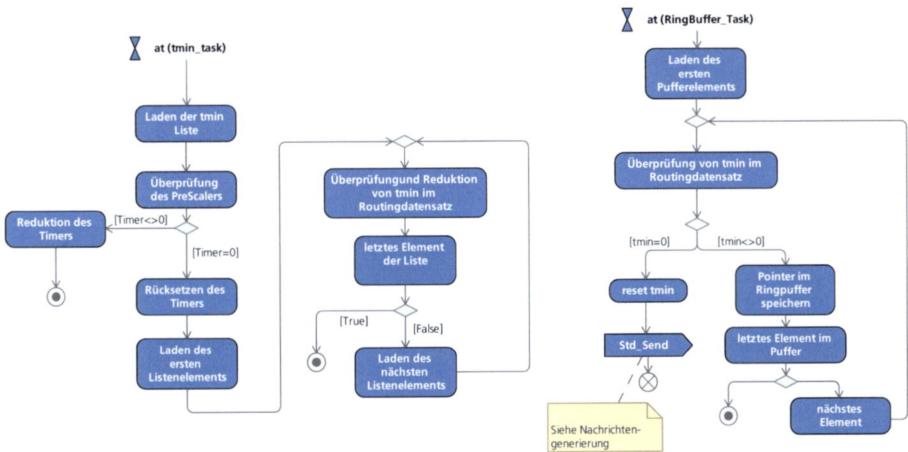

Abbildung 5.8: Behandlung des Mindestsendeabstands t_{min}

Der Sendezeitpunkt der aufgrund der Unterschreitung des Mindestsendeabstands nicht verschickten Nachrichten wird solange verzögert, bis der notwendige zeitliche Abstand erreicht ist. Dies erfolgt durch Speicherung des Zeigers auf den Routingdatensatz, so daß nicht die gesamte Instanz zu puffern ist. Das kann zum Verlust einzelner Signalwerte führen, was mit gängigen Spezifikationen und dem allgemeinen Routingablauf vereinbar ist. Für die Speicherung kommt der in Abschnitt 5.1.3.1 eingeführte Ringpuffer zum Einsatz. Dessen Inhalt wird bei Taskaufruf erneut auf Einhaltung des Mindestsendeabstands überprüft und die Nachricht ggf. erzeugt oder weiterhin zwischengespeichert. Die Verarbeitungsschritte für die Behandlung des Mindestsendeabstands sind in Abbildung 5.8 dargestellt.

Die Behandlung der Timeouts wurde vollständig in den Empfang und das Versenden von Nachrichten integriert - an dieser Stelle soll der Zusammenhang verdeutlicht werden. Besitzt ein Routingeintrag einen Timeouteintrag, so enthält er zwei Zählerwerte, mittels derer ein Timeout feststellbar ist. Beim Botschaftsempfang wird der Zählerwert (Timeout 2) auf den Rücksetzwert (Timeout 1) gesetzt. Da ein Timeout als

Vielfaches der Botschaftszykluszeit definiert ist, kann eine Reduktion des Timeout-zählers bei Botschaftsversand erfolgen. Sobald ein Timeoutevent auftritt (Zähler=0), werden anstatt der Standardwerte SNA Values gesendet. Da auch bei Containerrou-tings für jedes elementare Signal $\tau_i \in D$ der Timeout aktiviert bzw. deaktiviert sein kann, besteht unter Umständen die Notwendigkeit, alte Signalwerte mit den SNA Values zu vereinen. In diesem Fall wird das Datenfeld mittels einer Maske und der zugehörigen Werte generiert (siehe auch Abbildung 5.7).

5.1.3.5 Meßmethodik und Grenzen

Bevor die Performanzdaten und der Ressourcenverbrauch des Moduls detailliert dargestellt werden, soll zunächst auf die auf Modulebene verwendete Meßmetho-dik der Laufzeitanalyse einerseits und die signifikantesten Ergebnisse andererseits eingegangen werden. Letztere führten zu einer Erweiterung der in Abschnitt 5.1.3.1 eingeführten Architektur.

Meßmethodik Für die Bewertung der Modulperformanz wurden zwei Verfahren herangezogen, die sowohl die gegenseitige Validierung als auch den Gewinn zu-sätzlicher Daten ermöglichen. Da der PicoBlaze zentrales Verarbeitungselement ist, ist es ausreichend, dessen Zustand zu überwachen. Möglichst realistische Meßwer-te lassen sich durch die Instrumentierung des PicoBlaze Software Codes und der Messung unter realen Rahmenbedingungen erhalten. Ein zusätzliches Register am PicoBlaze wird zur Ausgabe von Zustandswerten verwendet, die jeweils einen be-stimmten Abschnitt der Verarbeitung widerspiegeln. Eine Ausgabe erfolgte jeweils an Kontrollflußverzweigungen, um die Nachvollziehbarkeit sicherzustellen. Entge-gen einer optimierten Plazierung von Witnesses [34] erlaubt der Softwareumfang die vollständige Instrumentierung, also die Platzierung an allen Verzweigungskanten. Zusätzliche Witnesses bei Unterfunktionsaufrufen ergeben weitere Informationen über die Funktionsaufrufe. Um neben der Programmreihenfolge Informationen über die Laufzeit der Verarbeitungsabschnitte zu erhalten, wird zudem die Zeit zwischen zwei unterschiedlichen Traces gemessen. Die vollständige Platzierung des Tracings kann auch für das Profiling übernommen werden, wobei lediglich die Dauer einzel-ner Abschnitte von Interesse ist. Die Aufrufhäufigkeit läßt sich durch Auswertung der Trace Daten ermitteln. Die Messung erfolgt OnChip in einer realen Testumge-bung des Gesamtsystems mit angeschlossenen Bussystemen. Der FPGA Logic Ana-lyzer Chipscope [305] ermöglicht eine taktgenaue Messung des Trace Registers. Sie umfasst verschiedene Szenarien, bei denen Auslastung und Routingvorgang variiert werden, wobei jeweils die Verarbeitung einer einzelnen Nachricht überwacht wird.

Die Validierung der Messung erfolgte anhand des unveränderten Moduls mittels Si-mulation (ModelSim [184]) bzw. analytisch mittels Softwarecode. Die Stimulierung erfolgt über geeignete GNoC Pakete. Die Botschaftsgenerierung erfolgt auf Basis des Timers automatisiert und bedarf keiner zusätzlichen Maßnahmen. Die hier einge-führte Meßmethodik findet auch bei den anderen Modulen ihre Anwendung.

Erste Bewertung der Ergebnisse Die zentrale Ablaufsteuerung und den Datenfluß im PicoBlaze zu vereinen, hat zwar den Vorteil einer hohen Ressourcenersparnis und Flexibilität, weist aber bei der Performanz einige Schwachstellen auf. Bei der Messung und Auswertung der Dauer einzelner Verarbeitungsabschritte fällt zunächst auf, daß ein einfacher Kopiervorgang zwischen zwei Peripherieelementen vergleichsweise teuer ist. Dies wird beispielsweise beim Kopieren von Daten mit variabler Länge auffällig, wie folgender exemplarischer Auszug einer einfachen Kopierfunktion zeigt:

```
df_cpy: INPUT LD, (TMP)      ; Read Source @ TMP
        OUTPUT LD, (TMP2)    ; Write Destination @ TMP2
        ADD TMP, 01          ; Increase Pointers
        ADD TMP2, 01
        SUB TMP3, 01         ; Decrease DLC counter
        COMPARE TMP3, 00     ; Last Byte?
        JUMP NZ, df_cpy
        RETURN
```

Für das Kopieren eines Bytes ergibt sich somit eine Dauer von 7 Maschinenzyklen bzw. 14 Takten was sich bei 8 Datenbytes bereits zu 112 Takten aufsummiert. Mit der zugehörigen Initialisierung entspricht das bereits $2{,}44\mu s$ bei 50 MHz. Weiterhin verschärft sich das Problem, weil die Kopierfunktion in vielen Fällen mehrfach aufgerufen wird. Der wesentliche Overhead entsteht durch den Kontrollfluß, welcher für die variable Länge und flexible Adressierung notwendig ist.

Bei genauerer Betrachtung läßt sich feststellen, daß sämtliche Funktionen, die auf Schleifen basieren und Daten verarbeiten sehr lange Laufzeiten haben. Unter anderem handelt es sich um die Vergleichsfunktionen *compare_val* und die Funktion für das Zusammensetzen von Datenfeldern *compose_val*, deren Laufzeiten sich in Abhängigkeit der Datenlänge n folgendermaßen ergeben:

$$t_{compare\_val} = \begin{cases} 2 + n * 24 + 8 & \text{n Byte}; \overline{change}; \overline{CMP} \\ 2 + (i-1) * 24 + 18 & \text{n Byte}; change(i); \overline{CMP} \\ 2 + n * (24 + 8) + 8 & \text{n Byte}; \overline{change}; CMP \\ 2 + (i-1) * (24 + 8) + (18 + 8) & \text{n Byte}; change(i); CMP \end{cases} \tag{5.2}$$

$$t_{compose\_val} = 2 + n * 30 + 2 \text{ ,n Byte;} \tag{5.3}$$

Die maximale Laufzeit ergibt sich damit zu $\max(t_{compare_{val}}) = 266$ Takten bei 8 Datenbyte und keiner Änderung bzw. $\max(t_{compose_{val}}) = 244$ Takten für ein 8 Byte langes Datenfeld: in beiden Fällen liegt sie damit bei ca. 5 μs bei 50MHz.

Eine weitere Schwachstelle ist die lineare Suche der Routingeinträge, die um eine Variante zur binären Suche ergänzt wurde, die eine Reduktion des Aufwandes von $o(n)$ auf $o(\log_2 n)$, mit n als Anzahl zu durchsuchender Elemente, ermöglicht.

5.1.3.6 Erweiterte MRM-Architektur

Die zuvor beschriebenen Meßergebnisse wurden zum Anlaß genommen, nach einer Anpassung des Systemkonzepts zu suchen, bei dem der Fokus von Ressourceneinsparung in Richtung Performanz verschoben ist. Wie anhand der im letzten Abschnitt aufgeführten Ergebnisse ersichtlich, liegt die Schlußfolgerung nahe, daß sich der PicoBlaze nur begrenzt für den Datentransport zwischen zwei Peripherieelementen eignet. Dies betrifft insbesondere die Operationen auf Datenbreiten die deutlich größer als 8 Bit sind und ein zeitaufwendiges Einlesen mit Schleifenverarbeitung benötigen. Auf der anderen Seite läßt sich feststellen, daß die Routingvorgänge sehr kontrollflußlastig sind (vgl. auch Abbildung 5.6 und 5.7), sich also für die Implementierung in Software eignen.

Damit ergibt sich eine Partitionierung bei der der Datenflusses parallel in Hardware bearbeitet und der Kontrollfluß weiterhin in Software ausgeführt wird. Eine wesentliche Grundvoraussetzung für die Erweiterung des Moduls ist die Beibehaltung sämtlicher Datensatzstrukturen (vgl. Abschnitt 5.1.3.3), was den Entwurfsraum natürlich einschränkt. Andererseits besteht so die Möglichkeit, die Änderungen bedarfsabhängig modular zu verwenden oder die beiden Module gegeneinander auszutauschen.

DMA Zugriff Im ersten Schritt wurde das Modul um die Möglichkeit ergänzt, den Datenfluß um den Prozessor herum zu leiten. Dazu wurde ein Direct Memory Access (DMA) Controller hinzugefügt, der eine Übertragung zwischen zwei beliebigen, an den Controller angeschlossenen Peripherien durchführen kann (vgl. Abbildung 5.9). Um die Peripheriekomponenten unverändert beibehalten zu können arbeitet der DMA wie der PicoBlaze auf 8 Bit Datenbreite. Pro Takt kann ein Byte kopiert werden, so daß sich im schlechtesten Fall ein Beschleunigungsfakter von 4 ergibt. Der DMA Controller übernimmt die Arbitrierung zwischen DMA und PicoBlaze in der Form, daß während einer Übertragung kein PicoBlaze Zugriff auf die Komponenten möglich ist. Da kein Blockieren des PicoBlazes möglich ist, muß dies in der Software beachtet und gegebenenfalls NOPs hinzugefügt werden. Um den Vorteil auch bei kurzen Datenfeldern nicht zu verlieren erfolgt eine minimale Parameterübergabe, welche den Overhead für die DMA Steuerung in nahezu allen Fällen auf eine Instruktion (=2 Takte) beschränkt. Nicht im DMA Prozess einbezogene Komponenten sind vom Prozessor während der DMA Übertragung ohne Einschränkung weiterhin nutzbar.

Compose/Compare-ALU   Die in Abschnitt 5.1.3.5 bereits erörterten Laufzeiten der Funktionen *compare_val* und *compose_val* lassen sich durch die alleinige Einführung eines DMA Controllers nicht reduzieren, da eine zusätzliche Verarbeitung notwendig ist. Damit diese Vergleichs- und Kompositionsprozesse ebenfalls beschleunigt ausgeführt werden können, wurde das MR-Modul um eine zusätzliche 64 Bit breite ALU ergänzt, die ihre Ergebnisse nach einem Takt ermittelt. Der DMA Controller kopiert die von der ALU benötigten Operanden aus dem Message RAM in die entsprechenden Register. Der Funktionsumfang der ALU reduziert sich auf die Realisierung der beiden Funktionen in Hardware die jeweils Bitweise zu verstehen sind:

Vergleich zweier Vektoren:
$$f(a,b) = \begin{cases} 1, & \text{falls } a = b \\ 0, & \text{sonst} \end{cases}$$

Vergleich zweier maskierter Vektoren:
$$f(a,b,m) = \begin{cases} 1, & \text{falls } a \wedge m = b \wedge m \\ 0, & \text{sonst} \end{cases}$$

Zusammenfügen:
$$res(a,b,m) = (a \wedge m) \vee (b \wedge \overline{m})$$

Die Verarbeitungszeit reduziert sich deutlich, da für die Beschaffung eines Operanden bzw. das Abspeichern des Ergebnisses maximal 10 Takte benötigt werden. Damit ergibt sich für die Funktion *compose_val* eine Laufzeit von ca. 40 Takten (2 Operanden, Maske, Abspeichern) und die Funktion *compare_val* eine Laufzeit von ca. 30 Takten (2 Operanden, Maske), was einer Beschleunigung von Faktor 6 bzw. 9 entspricht.

HW Adressberechnung für den Routingdatensatz   Durch die hohe Konfigurierbarkeit der Datensätze ist zudem die Berechnung der einzelnen Feldpositionen relativ zeitaufwendig, wobei die Berechnung beim Lesen und Schreiben der Datensätze bereits integriert ist. Eine Vereinfachung der Verarbeitung wurde erreicht, indem die Adressberechnung in Hardware ausgelagert wurde. Der Peripheriekomponente sind die Konfigurationsdaten des Datensatzheaders zu übergeben, worauf die einzelnen Adressen berechnet werden. Diese stehen dem PicoBlaze und dem DMA Modul für einen direkten Zugriff auf die Daten zur Verfügung.

Softwareinbettung der Erweiterungen - Parallelisierung   Weiteres Optimierungspotential ergibt sich durch eine enge Integration der neu geschaffenen Hardwareerweiterungen in die PicoBlaze Software. Da sowohl der DMA Controller als auch der PicoBlaze parallel arbeiten können, ist ein einfacher Austausch der Softwarefunktion durch die zugehörige Hardwarefunktion suboptimal. Im idealen Fall verarbeitet der PicoBlaze den Kontrollfluß während im Hintergrund die Datentransporte durch den

DMA durchgeführt werden. Aus diesem Grunde werden die Kopieraufrufe an geeignete Stellen innerhalb der Verarbeitung geschoben, bei denen der Prozessor keinen Zugriff auf die vom DMA benutzten Komponenten anfordert. Gegebenenfalls sind Zugriffe durch den Prozessor durch eine geeignete Anzahl an NOPs zu verzögern. Durch diese enge Integration reduziert sich der Overhead der Kopieroperationen zusätzlich um einen wesentlichen Teil.

Architekturoptimierung Das Ergebnis der Architekturerweiterung ist in Abbildung 5.9 dargestellt. Als weitere zentrale Komponente ist der DMA Controller hinzugekommen, der alle Peripheriekomponenten miteinander und mit dem PicoBlaze verbindet und so zum eigentlichen Master des PicoBlaze Busses geworden ist. Weiterhin sind die zusätzlichen Peripheriekomponenten für die Adressgenerierung und die ALU dargestellt.

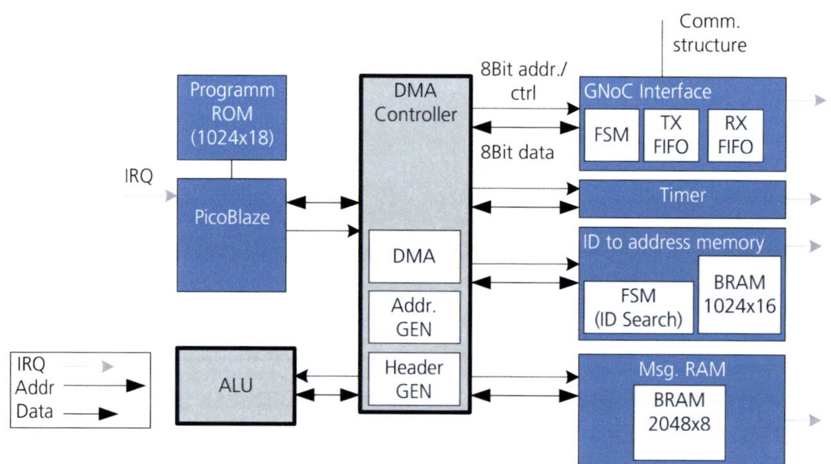

Abbildung 5.9: Architektur des erweiterten MR-Moduls

Indirekte und Offline-Optimierung Neben der eigentlichen Architektur haben Aufbau und Reihenfolge der Routingdatensätze einen Einfluß auf die Latenz einzelner Routingvorgänge. So besteht die Möglichkeit, das selbe Verhalten beim Routing durch unterschiedliche Datensatzkonfiguration zu erzielen. In allen Fällen ergibt das Weglassen einzelner Konfigurationsfelder (z.B. Timeout) neben der Verkürzung des Datensatzes eine Verkürzung der Verarbeitungszeit und damit auch Latenzzeit. Dies spielt insbesondere bei der automatisierten Generierung der Datensätze, deren Effizienz die Performanz des Gateways mitbestimmt, eine wesentliche Rolle (vgl. Abschnitt 5.2.7). Zusätzlich hat die Wahl des Routingtyps einen deutlichen Einfluß auf die Geschwindigkeit, da Botschaftsrouting wesentlich schneller abgearbeitet werden kann, als andere Routingvorgänge.

5.1.3.7 Performanz und Ressourcenverbrauch

Die Ergebnisse hinsichtlich Performanz und Ressourcenverbrauch werden in diesem Abschnitt für beide Implementierungsvarianten (HW und SW) zusammen aufgezeigt und diskutiert. Wie bereits skizziert, haben die Erweiterungen in einigen Fällen modularen Charakter, so daß auch in Teilsystemen zwischen Hardware und Software Ansatz entschieden werden kann und somit eine Vielzahl an Modulvariationen möglich sind.

Performanz und Parameterwahl Die Dauer der Verarbeitungsschritte ist bezogen auf einzelne Routingdatensätze deterministisch und lastunabhängig. So ist zwei Routingdatensätzen mit einer identischen Struktur auch dieselbe Verarbeitungszeit zugeordnet. Variabel und damit indeterministisch ist der Startzeitpunkt der Verarbeitung einer Botschaft im Modul. So hat sich in Messungen und Simulationen gezeigt, daß dieser erwartungsgemäß von dem Füllstand des Empfangspuffers abhängt, andererseits aber auch durch ein noch laufendes Task bei Eintreffen der Botschaft verzögert werden kann. Außerdem kann der Aufruf des Timer-Interrupts zu einer Unterbrechung des Routingvorgangs führen. Da durch die Implementierung immer $t_{routing\_delay} \leq t_{cycle\_timer}$ gilt, kann innerhalb eines Routingvorgangs maximal eine Unterbrechung erfolgen. Die Dauer der einzelnen Verarbeitungsschritte ist in den Tabellen 5.7 bis 5.11 dargestellt[8]. Ausgewählte Zeiten und Eigenschaften werden im Folgenden diskutiert.

Die Zeit für ein direktes Routing, den Empfang oder die Generierung setzt sich jeweils aus den Zeiten der Sendetypenfunktionen und der notwendigen Vor- bzw. Nachverarbeitung zusammen, deren Verarbeitungsdauer sich aus der Summe der Verarbeitungszeiten der in Abbildung 5.6 und 5.7 dargestellten Pfade ergibt.

Für die Speicherung einer empfangenen Instanz läßt sich die Verarbeitungszeit gemäß Formel 5.4 ermitteln. Wie bereits erwähnt ist das Anfangsdelay t_{start_delay} indeterministisch. Im ungünstigsten Fall wurde von der empfangenen Botschaft das Auslesen des Puffers gerade verpasst, so daß für die gesamte Taskverarbeitungszeit gewartet werden muß und mit einer Maximalzeit von $\max(t_{start\_delay}) = t_{task} = 200\mu s$ angeben läßt. In $t_{overhead}$ sind der Übersicht halber alle weiteren Aufwände, wie beispielsweise das Löschen der Nachricht im Empfangspuffer, zusammengefasst. In Abhängigkeit des empfangenen GNoC-Pakets können zudem einzelne Zeiten entfallen,

---

[8]External Bus Message (EBM) bezeichnet eine von einer Busschnittstelle kommende Nachricht. Die Internal Bus Message (IBM) wird durch das Routing Modul verschickt und enthält direkt die Adressierung des Datensatzes im Message RAM, so daß keine Suche erfolgen muß.

		Schreiben						
		Zyklisch	BAF	FAST	CSX		Changed	
		fix	fix	fix	min	max	min	max
SW	Complex (8B)	146	462	512	510	692	510	692
	Simple (8B)	132	388	418	416	598	416	598
	Complex (1B)	48	142	190	188	272	188	272
HW	Complex (8B)	22	76	76	68	134	68	134
	Simple (8B)	18	60	60	50	116	50	116
	Complex (1B)	22	76	76	64	134	64	134

Tabelle 5.7: Verarbeitungsdauer (Schreiben) für Sendetypen in Takten

		Lesen						
		Zyklisch	BAF		FAST		CSX	
		fix	min	max	min	max	min	max
SW	Complex (8B)	214	60	374	122	296	166	288
	Complex (8B,TO)	340	50	364	110	422	158	422
	Simple (8B)	178	36	214	88	262	132	254
	Complex (1B)	116	50	166	122	212	166	190
HW	Complex (8B)	48	40	102	26	62	60	78
	Complex (8B,TO)	92	32	94	16	84	64	98
	Simple (8B)	48	30	58	12	50	48	66
	Complex (1B)	36	40	102	26	62	60	78

Tabelle 5.8: Verarbeitungsdauer (Lesen) für Sendetypen in Takten

da z.B nicht zu jeder eingehenden Nachricht ein Routingeintrag existiert. Für den Fall eines Multiroutings, sind nur die Auswertung des Routing Headers und die Sendeverarbeitung mehrfach auszuführen. t_{save} ist ein Spezialfall von t_{MR_save} mit $n = 1$.

$$t_{save} = t_{start\_delay} + t_{GNoC\_rcv} + t_{I2A\_search} + t_{ram\_header} + t_{send\_type} + t_{overhead}$$

$$t_{MR\_save} = t_{start\_delay} + t_{GNoC\_rcv} + t_{I2A\_search} + t_{ram\_header} + t_{MR\_start} +$$

$$\sum_{x=1}^{n} \left(t_{MR\_loop} + t_{ram\_header,x} + t_{send\_type,x} \right) + t_{overhead}$$

$$(5.4)$$

Bei einem nichtleeren Empfangspuffer sind zunächst alle vorher empfangenen Elemente abzuarbeiten, so daß die zusätzliche Zeit t_{buffer}, die sich aus der Summe der Verarbeitungszeiten der einzelnen Elemente ergibt, zu addieren ist.

$$t_{full\_save} = t_{buffer} + t_{MR\_save}$$

$$= \sum_{r=1}^{m-1} t_{MR\_save}^{r} + t_{MR\_save}$$

$$(5.5)$$

Die Generierung von zu sendenden Elementen $\tau_i^t = D_i^t$ läßt sich in ähnlicher Weise formulieren. Die für die Verarbeitung der Sendegruppen benötigte Zeit ist vom jeweiligen internen Timerwert der Sendegruppe abhängig, da nur bei abgelaufenem Timer die Botschaftsgenerierung erfolgt. Die Sendeliste enthält in der folgenden Formulierung m Sendegruppen, die wiederum n Elemente enthalten, deren Anzahl nicht für alle Gruppen identisch sein muß. Um die Zeitdauer bis zur Generierung eines bestimmten Elements zu erhalten, ist die Summenbildung bei Erreichen des gewünschten Elements abzubrechen und wird im folgenden als $\hat{t}_{SL}$ bezeichnet.

$$t_{SL} = t_{SL_{S}tart} + m * t_{SL\_loop} + \sum_{g=1}^{m} t_{SG}^{g} \qquad mit \qquad (5.6)$$

$$t_{SG} = \begin{cases} t_{SG\_reduce\_timer} & \text{kein Senden da SGTimer} \neq 0 \\ t_{SG\_send} = t_{init} + n * t_{loop} + \\ \sum_{e=1}^{n} \left(t_{ram\_header2} + t_{send\_type}^{e} \right) & \text{Senden da SGTimer} = 0 \end{cases} \qquad (5.7)$$

Formel 5.6 und 5.7 verdeutlichen den Einfluß initialer Timerwerte auf das Gesamtverhalten des Systems. Da der bei der Initialisierung gesetzte Timerwert jeder Gruppe einem individuellen Generierungs-Offset entspricht, kann der Generierungszeitpunkt der Sendegruppen zwischen den Sendelistenaufrufen verschoben werden. Dieser Zusammenhang dient dazu, die Tasklaufzeit t_{SL} und damit auch die Generierungszeit einzelner Botschaften -unter der Annahme $t_{SG\_reduce\_timer} \ll t_{SG\_send}$- zu minimieren, indem pro Aufruf der Sendeliste maximal eine Sendegruppe zu abzuarbeiten ist. Damit vereinfacht sich Formel 5.6 zu.

$$t_{SL} = t_{SL_{Start}} + m * t_{SL\_loop} + (m - 1) * t_{SG\_reduce\_timer} +$$
$$t_{init} + n * t_{loop} + \sum_{e=1}^{n} \left(t_{ram\_header2} + t^e_{send\_type} \right) \tag{5.8}$$

Die maximale Laufzeit t_{SL} läßt sich weiter reduzieren, wenn die maximale Anzahl der in der Sendegruppe enthaltenen Elemente minimiert wird, was sich beispielsweise durch eine Gleichverteilung der Elemente auf die Sendegruppen oder das Einführen zusätzlicher Sendegruppen nutzen läßt.

		Takte
GNoC_RCV:EBM		24
GNoC_RCV:IBM	30	36
ID2Addr-Suche		
Init		14
Suche	12	100
ram_header	12	36
Multirouting:SW		
Start		8
pro Durchlauf		32
Multirouting:HW		
Start		2
pro Durchlauf		20

Tabelle 5.9: Empfang von τ^t_i, f^t_i

		Takte
Sendeliste		
sl1_handler (prescale no hit)		14
sl1_handler (hit)		8
sl1_start		10
loop		32
last		16
sg_send		
nosend (reduceonly)		12
send preloop		14
last loop		20
loop(fast bit)	20	22
ram_header2	8	22

Tabelle 5.10: Generierung von τ^t_i, f^t_i

Für Routingeinträge der Sendetypen Zyklisch, BAF und FAST führt der Empfang einer Transmissionsinstanz τ^t_i definitionsbedingt nicht zur unmittelbaren Generierung der durchs Mapping zugeordneten Transmissionsinstanz τ^t_j. Letztere wird, teilweise in Abhängigkeit des zwischengespeicherten Datenwertes, zu vorgegebenen Sendezeitpunkten mit einer Zykluszeit von t_{cycle} erzeugt und ist daher vom Empfang entkoppelt. Da zwischen Empfang und Generierung eine von dem Empfangs- und Generierungszeitpunkt abhängige Wartezeit t_{rt_delay} vergeht, ist die Angabe einer Verarbeitungslatenzzeit nicht sinnvoll. Es stellt sich vielmehr die Frage nach dem spätesten Empfangszeitpunkt von τ^t_i, bei dem eine Speicherung des Wertes im Routingdatensatz garantiert ist, bevor die Generierung des gemappten τ_j^t auf Basis der zwischengespeicherten Daten erfolgt. In erster Näherung muß die Botschaft verarbeitet sein, bevor der Aufruf des Sendelistentasks, bei dem die zugehörige Sendegruppe generiert wird, erfolgt. Damit wäre die Zeit t_{save}, t_{MR_save} oder t_{full_save} je nach Pufferzustand und Sendetyp maßgeblich. Da jedoch keine Verdrängung stattfindet, ist der Beginn der Empfangsverarbeitung direkt vor Aufruf des SL Tasks ausreichend, wobei letzteres dann um die Verarbeitungszeit verzögert wird. Zwischen Empfang und Senden liegt im allgemeinen Fall die Zeitdifferenz $t_{full\_save} + \hat{t}_{SL} + t_{rt\_delay}$. Der letzte Summand ist beim spätesten Ankunftszeitpunkt 0 und der Empfangspuffer leer, so daß die minimale Differenz $t_{save} + \hat{t}_{SL}$ beträgt.

	Takte		Takte
tmin_handler		**Ringpuffer lesen**	
Prescaler, no hit	12	start	10
Prescaler hit	6	pro Element	40
start	8		
loop sub	32		
loop nosub	28		
last	12		

Tabelle 5.11: Laufzeit t_{min} und Ringpuffer Task

Für Botschaften des Sendetyps CsX gilt der vorangehende Abschnitt entsprechend. Darüber hinaus wird bei Wertänderungen zweier aufeinander folgender τ_i^t bei Einhaltung des Mindestsendeabstands ein zusätzliches τ_j^t generiert. Dies entspricht auch dem Sendetyp Changed, bei dem im Gegensatz zu CsX auf zyklische Generierungen verzichtet wird. Damit kann für beide Typen eine Latenzzeit angegeben werden, die unmittelbar der für die Speicherung benötigten Zeit t_{save} bzw. t_{MR_save} entspricht. Es ist jedoch darauf zu achten, daß dies nur bei Einhaltung der Mindestsendeabstände und bei relevanten Signaländerungen gilt.

Beim Botschaftsrouting, dem einfachsten Fall des Routings, besteht ausschließlich eine direkte Beziehung zwischen den Elementen τ_i^t und τ_j^t bei der die Instanzen eindeutig einander zugeordnet werden können, da Empfangs- und Sendeereignis identisch sind. Wie zuvor gelten die in Formel 5.4 eingeführten Zeiten, wobei nach t_{save} der zu τ_j^t gehörende Frame im TX Puffer des GNoC Interfaces gespeichert ist. Aus Tabelle 5.12 wird die Verschiebung einzelner Funktionsteile in Hardware nochmals ersichtlich. Im ersten Schritt erfolgt nur die Kopie in Hardware. Hinzu kommen Header Generierung und ein Wechsel des Kopierzeitpunktes parallel zur Datensatzsuche, wodurch eine Halbierung der Routingzeit erreicht werden konnte.

Der Aufwand der Verarbeitung unterscheidet sich zwischen den einzelnen Sendetypen und auch innerhalb eines Sendetyps konfigurationsabhängig erheblich. In den

	Takte	Zeit@50MHz	t(copy)
Software	74	1480ns	32
Hardware			
CPY	60	1200ns	16
CPY, Header	44	880ns	
CPY, Header, Daten in ALU	34	680ns	

Tabelle 5.12: Sendetypenverarbeitung beim Botschaftsrouting

Tabellen 5.7 und 5.8 sind die Nettoverarbeitungszeiten für unterschiedliche Parameter aufgeführt, die in Abbildung 5.10 graphisch aufbereitet sind. Für alle Sendetypen wurden drei unterschiedliche Datensatzkonfigurationen untersucht, die einerseits die Komplexität variieren (Complex,Simple) und andererseits die Datenfeldlänge verändern (8B,1B). Beim Lesen der Routingdatensätze ist der Sonderfall eines Timeouts separat aufgeführt, da der Verarbeitungsaufwand deutlich ansteigt, das Auftreten eines Timeouts jedoch eine Ausnahme ist.

Aus den Tabelle 5.7 und 5.8 läßt sich ebenfalls der durch die Verlagerung der Verarbeitung in Hardware erreichte Gewinn nachvollziehen. Klar erkennbar ist der schlechter werdende Performanzgewinn bei kurzen Datenfeldern, da beim HW/SW Interface immer von dem längsten Datenfeld ausgegangen wird um den zeitaufwendigen Datenaustausch an dieser Stelle zu minimieren. Auch in diesen Fällen ist der Gewinn jedoch größer eins. Besonders hoch ist der Gewinn bei einem Botschaftsempfang, der den komplexen Vergleich einschließt. Erstaunlicherweise kann auch bei einfachen Datensätzen ein deutlicher Vorteil erreicht werden. Eine mögliche Begründung hierfür liegt im vereinfachten Kontrollfluß dieser Datensätze. Im Schnitt konnte durch die Verlagerung der Verarbeitung in Hardware eine Beschleunigung von ca. Faktor 4,3 erreicht werden (siehe auch Tabelle 5.13).

	Zyklisch	BAF		FAST		CSX		Changed	
Schreiben									
Complex (8B)	6,64	6,08		6,74		7,50	5,16	7,50	5,16
Simple (8B)	7,33	6,47		6,97		8,32	5,16	8,32	5,16
Complex (1B)	2,18	1,87		2,50		2,94	2,03	2,94	2,03
Lesen									
Complex (8B)	4,46	1,50	3,67	4,69	4,77	2,77	3,69		
Complex (8B,TO)	3,70	1,56	3,87	6,88	5,02	2,47	4,31		
Simple (8B)	3,71	1,20	3,69	7,33	5,24	2,75	3,85		
Complex (1B)	3,22	1,25	1,63	4,69	3,42	2,77	2,44		

Tabelle 5.13: Beschleunigungsfaktoren HW/SW

Weiterhin läßt sich feststellen, daß die beiden Sendetypen CsX und Changed den aufwendigsten Verarbeitungsteil darstellen. Da die Mehrzahl der Vergleiche und Kopierfunktionen beim Botschaftsempfang erfolgt, sind diese Abschnitte in der Regel zeitaufwendiger. Lediglich zyklische Botschaften zeigen ein komplexeres Lese- als Schreibverhalten.

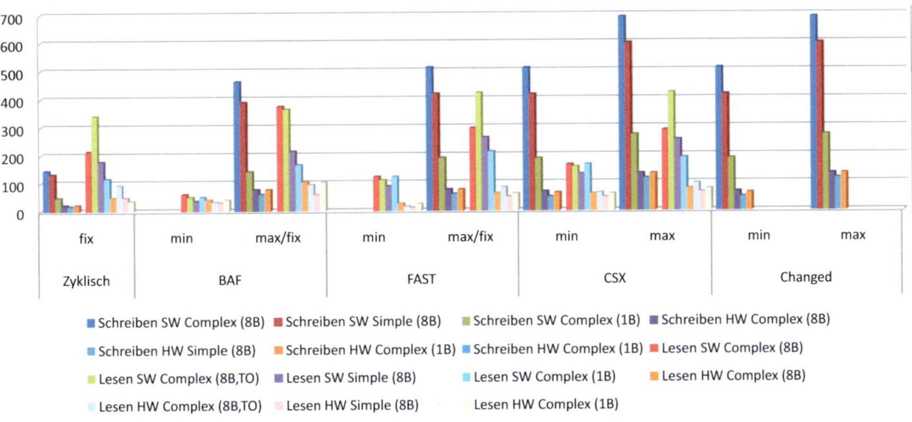

Abbildung 5.10: Vergleich der Laufzeit der Sendetypenfunktionen

Syntheseergebnisse Wie bereits erwähnt, lag der Fokus des ursprünglichen Systemdesigns auf einer Minimierung des Ressourcenverbrauchs. Die Ergebnisse der Synthese wurden für verschiedene Bausteine der Firma Xilinx ermittelt und sind gesammelt in Tabelle 5.14 aufgeführt. Für die Synthese wurde die XST der Xilinx Toolsuite in der Version 10.1.03 unter Verwendung der Standardeinstellungen eingesetzt[9]. Die erweiterte Version des Moduls belegt auf beiden Xilinx Architekturen nahezu den zweifachen Speicherplatz. Die maximale Taktfrequenz verändert sich durch die zusätzlichen Module kaum. Von Spartan-3 auf Virtex-5 verdoppelt sich die Taktfrequenz für alle Komponenten und das Gesamtmodul. Weiterhin reduziert sich der meßbare Ressourcenverbrauch durch die veränderte LUT Architektur des Virtex-5. In der Standardversion des Moduls werden die Ressourcen vor allem durch den PicoBlaze und das GNoC-Interface belegt, die bereits mehr als 66% des Gesamtverbrauchs ausmachen. Die Erweiterung um die DMA Funktionalität, Header und Adressgenerierung ist für den Mehraufwand bestimmend. Alleine die DMA Funktion führt zu ca. 300 LUT Mehraufwand beim Spartan-3. An dieser Stelle sei noch angemerkt, daß der Schritt von ISE 7.1 zu ISE 10.1 ungefähr 10-20% Ressourcenersparnis durch Tooloptimierung einbringt - dies fiel bei der Migration des Systems auf.

---

[9]Dieses Version wurde, falls nicht anders angemerkt, auch für alle weiteren Synthesen eingesetzt.

| | Spartan-3 | | | Virtex-5 | | |
	LUT	BRAM	fmax	LUT	BRAM	fmax
MR-Modul (Ext.)	1531	4	57,477	1084	2	128,805
MR-Modul (Std.)	731	4	53,631	592	2	128,805
KCPSM3	181	0	139,639	147	0	323,541
PB_Programm		1			1	
GNoC-IF	325	1	101,575	282	1	280,214
GNoC FIFO	177	1	104,36	157	1	264,201
Timer	22	0	191,015	31	0	465,149
ID2Addr(lin)	154	1	108,036	115	1	205,876
ID2Addr(bin)	231	1	88,821	164	1	179,727
Message RAM	19	1		19	1	
ALU	300	0		184	0	
MRM_DMA	517	0	102,167	451	0	284,324

Tabelle 5.14: Syntheseergebnisse des MR-Moduls

Der längste Logikpfad liegt nicht innerhalb eines einzelnen Moduls, sondern bestimmt sich über die Interaktion des PicoBlaze mit dem NoC-Interface und reicht von der Ausgabe des PicoBlaze über eine Reaktion des Interfaces wieder zurück zum PicoBlaze. Das Hinzufügen einer zusätzlichen Pipelinestufe zum Auftrennen des Pfades wurde zwar in Erwägung gezogen, aber aufgrund ausreichender Performanz des Systems und Erfüllung der Zielfrequenz verworfen.

5.1.4 Routing Engine Modul - Signalrouting

Innerhalb des Routing Engine Moduls (REM, RE-Modul) wird die im MR-Modul nicht implementierte Funktionalität des Signalroutings umgesetzt. Dabei handelt es sich in der Regel um Mappingbeziehungen, die sich nicht konsistent auf die maximalen Container im Sinne des Modells (Def. 4.14) erweitern lassen. Dies umfasst jegliche Änderungen an Reihenfolge und Anzahl der Transmissionen sowie die Möglichkeit Transmissionen in beliebiger Art und Weise zusammenzufassen. Vergleichbar zum MR-Modul können für eine empfangene Transmission mehrere vom RE-Modul bearbeitete Mappings existieren. Dies ist beispielsweise dann der Fall, wenn ein Signal für mehrere Busse relevant ist. Es lassen sich hierbei die zwei grundlegende Fälle der Sammelbotschaften und Protokollumsetzung unterscheiden.

Im ersten Fall werden nicht alle Signale $\tau_i \in \Theta(D_i)$ auf ein $\tau_j \in \Theta(D_j)$ gemappt, so daß nur ein Teil der in D_i enthaltenen Information in dem neuen verkürzten Datenfeld und dem zugeordneten Frame weiterverwendet wird. In der Regel handelt es sich bei diesem Routingvorgang um Sammelbotschaften, bei denen die auf die Elemente des Datenfelds D_j gemappten τ_i aus unterschiedlichen Datenfeldern stammen. D_j enthält somit aggregierte Informationen, die gesammelt und mit reduziertem Bandbreitenbedarf und das Zielbussystem weitergereicht werden.

Im zweiten Fall handelt es sich um Protokollumsetzungen, bei welchen sich die Datenfeldlänge unterscheidet. Beispielsweise kann es sinnvoll sein, mehrere CAN Datenfelder auf ein FlexRay Datenfeld zu mappen dessen Länge genau der Summe der CAN Datenfelder entspricht. Umgekehrt kann die Notwendigkeit bestehen, ein Flex-Ray Datenfeld in mehrere CAN Datenfelder zu unterteilen. Konkatgenierung und Unterteilung sind die vereinfachte Form der Protokollumsetzung[10]. Im allgemeinen Fall können analog zu Sammelbotschaften mehrere (elementare) Transmissionen τ beliebiger eingehender Botschaften auf ein vom Gateway generiertes Datenfeld D gemappt werden.

5.1.4.1 Hardware Architektur

Da das RE-Modul ebenfalls mit dem Ziel einer ressourcensparenden Implementierung entworfen wurde, ist die Hardwarearchitektur an jene des MR-Moduls angelehnt (siehe Abbildung 5.11). So kommt ebenfalls der PicoBlaze als zentrales Kontrollelement zum Einsatz - die Begründung für die Wahl des Prozessors und einer Softwarerealisierung entspricht derjenigen des MRM (vgl. Abschnitt 5.1.3). Die Standardanbindung an die on-Chip-Kommunikationsstruktur ist in diesem Modul genauso wiederzufinden, wie ein Timer und verschiedene Speicherelemente, weshalb an dieser Stelle vor allem auf die Änderungen eingegangen wird.

Das Auffinden der Routingdatensätze bei Nachrichtenempfang erfolgt analog zum MRM durch die bekannte lineare oder binäre Suche, die jedoch zusammen mit dem Message RAM in einem Dual-Port Block RAM integriert wurde, um das Gesamtsystem auf einem möglichst kleinen FPGA implementieren zu können. Die für die Durchführung des Signalroutings benötigten Datensätze liegen zusammen mit den zwischengespeicherten Transmissionswerten im Speicher vor.

Um die Unterbrechungen der Routingvorgänge zu minimieren, wurde der Timer dahingehend erweitert, daß nur noch beim tatsächlichen Triggern der Timeout Tasks ein Interrupt ausgelöst wird.

Für die Durchführung des Kopiervorgangs wurde die Routing Engine als Hardwaremodul integriert. Sie ermöglicht auf Basis der Kopieroptionen (Shift, Maskenparameter) und der benötigten Datenfelder (D_i, D_j) das Kopieren eines Transmissionswertes innerhalb der Grenzen eines beliebig langen Signals in weniger als 12 Taktzyklen. Die Bitbreite der Routing Engine ist flexibel einstellbar. Aufgrund der maximalen Datenfeldlänge des CAN und LIN Busses, für welche die Routing Engine entworfen wurde, arbeitet sie in der hier evaluierten Implementierung mit 64 Bit Datenbreite.

Routing Engine Für die Verarbeitung des Signalroutings ist die Hardwareimplementierung der Routing Engine das zentrale Element. Das Kopieren eines Signals

---

[10]Diese Form der Protokollumsetzung ließe sich auch über 4.7 interpretieren, bei der in einem Schichtenmodell mehrere PDUs eines höheren Layers zusammengefasst werden.

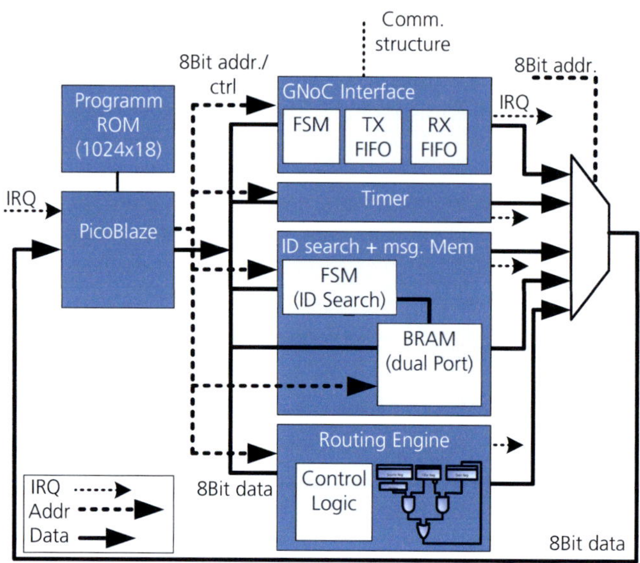

Abbildung 5.11: Hardwarearchitektur des Routing Engine Moduls

erfolgt in drei grundlegenden Schritten, die dem folgenden Pseudocode entnommen werden können:

```
RX_Data, Old_Data, New_Data, Shifted_Data, mask : Datafield;
Shift, m_start, m_stop; // 6 Bit
Changed : Status;


IF rising_edge(clk) AND start_cmd THEN
 Shifted_Data <= RX_Data ROR Shift;
 mask <= gen_mask(m_start, m_stop);
 New_Data <= (Shifted_Data AND mask) OR (Old_Data AND NOT MASK);
 Old_Data <= New_data;
END IF;
 Changed <= '1' When(New_Data /= Old_Data) else '0' When(rst_changed) else Changed;
```

Als Parameter dienen sowohl das Quell- als auch das Zieldatenfeld. Im ersten Schritt erfolgt das Verschieben um *Shift* Bit des Quellsignals an seine Zielposition. Ein Schieben in beide Richtungen wird durch die Implementierung mittels Rotate Befehl realisiert, so daß Linksshifts immer mittels Überlauf durchzuführen sind. Um Ressourcen einzusparen, zerlegt die Hardware die Durchführung in Stufen der Zweierpotenz $\{2^0, \ldots, 2^{\log_2(Bitbreite-1)}\}$. Im Beispiel einer CAN Routing Engine ergeben sich demnach 6 unterschiedliche Stufen und somit maximal 6 Takte, bis das Ergebnis des Shifts vorliegt.

Im zweiten Schritt werden die geshifteten Eingangsdaten und die alten generierten Daten maskiert. Das Anwenden der Maske führt zum Nullsetzen aller unrelevanten nicht zum Kopiervorgang gehörenden Bits der Eingangsdaten, so daß lediglich der ausgewählte Bereich seinen Datenwert beibehält. Das Anwenden der inversen Maske auf die alten Daten führt zum Löschen des für die Transmission vorgesehenen Zielbereichs.

Im letzten Schritt erfolgt das Kopieren des Quellbereichs in den Zielbereich der Botschaft durch bitweise Veroderung der beiden Vektoren. Eine mögliche Signaländerung wird zusätzlich abgespeichert und als Status übergeben. Die ursprüngliche Botschaft *RX_Data* und das aktualisierte Datenfeld *Old_Data* stehen für einen weiteren Routingvorgang zur Verfügung, so daß in diesem Fall lediglich neue Routingparameter zu übergeben sind.

5.1.4.2 Datensatzstrukturen

Die Routingvorgänge innerhalb des RE-Moduls basieren auf 3+1 unterschiedlichen Datensatztypen. Das Prinzip anhand (interner) Frame IDs einen zugehörigen Datensatz zu finden, ist vom MR-Modul bekannt und wurde unverändert für diese Modul übernommen, so daß eine Erläuterung an dieser Stelle entfallen kann. Für über das GNoC empfangene Frames wird zunächst nach einem Datensatz gesucht, der bei Erfolg entweder auf einen Eingangsdatensatz oder einen Multiroutingdatensatz zeigt.

Eingangsdatensätze (EDS) ermöglichen die Ausführung genau eines Routingvorgangs. Sie beinhalten neben den Konfigurationsdaten und dem Timeoutzähler auch den Zeiger auf den Ausgangsdatensatz (ADS), der im wesentlichen aus den zuletzt generierten Daten, den Timeoutdaten (sofern vorhanden) und der Speicheradresse des zugehörigen Datensatzes im MR-Modul bestehen.

Der Multiroutingdatensatz (MR) ermöglicht eine Durchführung mehrerer Routingaktionen für eine eingehende Botschaft. Er setzt sich aus einer Pointer Liste zusammen, die auf alle zugeordneten Eingangsdatensätze verweist. Die Abarbeitung der Elemente erfolgt seqeuentiell.

Um die Bearbeitung bei Multiroutingdatensätzen zu beschleunigen, existieren noch weitere Varianten der Eingangsdatensätze, deren Inhalt zwar unverändert bleibt, die jedoch einen anderen verkürzten Verarbeitungspfad auslösen. Sie optimieren den Fall, daß von einem Datenfeld D_i in ein anderes Datenfeld D_j mehrere voneinander unabhängige Routingvorgänge stattfinden. In diesem Fall müssen D_i und D_j nur für den ersten Routingvorgang geladen und den letzten zurückgeschrieben werden. Dementsprechend erfolgt eine Einteilung in die drei Varianten erster Datensatz (Eingangsdatensatz_F, EDS_F), mittlerer Datensatz (Eingangsdatensatz_M, EDS_M)und letzter Datensatz (Eingangsdatensatz_L, EDS_L). Bei einem ersten Datensatz kann auf die Speicherung des Ergebnis und die Generierung der GNoC Nachricht verzichtet werden. Ein mittlerer Datensatz lädt ausschließlich eine neue Routingkonfiguration, da alle Daten bereits in der Routing Engine vorliegen. Beim Typ letzter

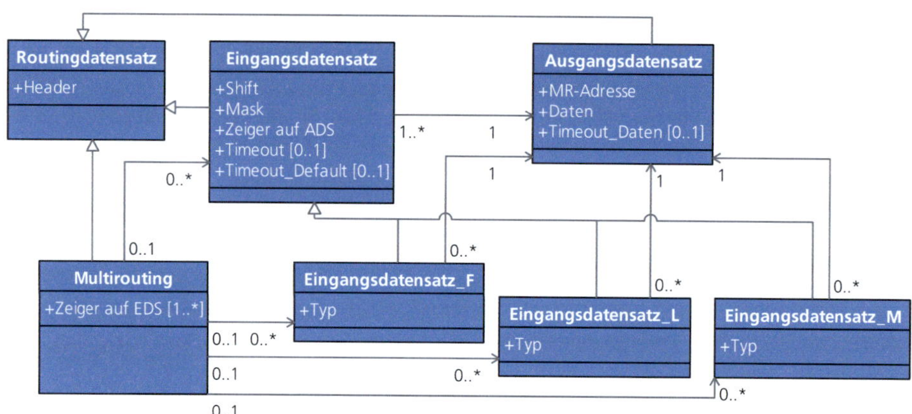

Abbildung 5.12: Aufbau und Zusammenhang der Routingdatensätze

Datensatz, müssen ebenfalls keine neuen Daten geladen werden. Zusätzlich ist das Ergebnis abzuspeichern und gegebenenfalls eine neue GNoC Nachricht zu erzeugen. Der Zusammenhang der Datensatztypen ist in Abbildung 5.12 dargestellt.

5.1.4.3 Modulfunktionalität

Durch den Einsatz der Routing Engine reduziert sich die Aufgabe des PicoBlaze im wesentlichen auf den für diese Funktionalität relativ einfachen Kontrollfluß sowie den Transport der Daten. Neben der Verarbeitung eingehender Daten können auch Timeouts, also die Reaktion auf nicht eingehende Botschaften, eine Generierung des Datenfeldes auslösen.

PicoBlaze Laufzeitsystem Für den PicoBlaze wird das aus dem MR-Modul bekannte Laufzeitsystem wiederverwendet (vgl. Abschnitt 5.1.3). Im RE-Modul beschränkt sich die Anzahl der Tasks, die jeweils für die Bearbeitung der Timeouts genutzt werden, auf zwei. Im Gegensatz zu der in Abschnitt 5.1.3.2 eingeführten Realisierung wird hier auf die Prescaler verzichtet und der Aufruf des Timer Interrupts entsprechend verlangsamt, so daß die Tasks nur bei Timeoutanpassungen mit einer Zykluszeit von 10ms bzw. 50ms gescheduled werden. Bei jedem Aufruf der Tasks erfolgt dann ein Reduktionsdurchlauf der Timerliste und gegebenenfalls die Generierung der entsprechenden Botschaften. Die beiden Tasks werden so initialisiert, daß die Aufrufe um 5ms versetzt erfolgen, um die Auslastung gleichmäßig zu verteilen.

Verarbeitung eingehender Botschaften Die einzelnen Verarbeitungsschritte, die bei Empfang einer Botschaft erfolgen können sind in Abbildung 5.13 in ihrer Grundstruktur abgebildet. Nachdem ein GNoC Paket empfangen wurde erfolgt im ersten Schritt die Auswertung des Typs. System Commands werden getrennt verarbeitet und können zum Beispiel das Starten, Stoppen oder Zurücksetzen des Moduls veranlassen. Handelt es sich bei dem Paket um eine externe Botschaft, wird mittels ID2Addr-Suche ein zugehöriger Routingeintrag gefunden. Ist die Suche erfolglos, kann die Botschaft verworfen werden und die Verarbeitung ist mit diesem Schritt beendet, da kein Eintrag existiert.

Wurde ein Routingeintrag gefunden, wird dessen Typ überprüft und in den entsprechenden Verarbeitungsabschnitt verzweigt, der prinzipiell für alle Typen identisch ist. Die Datenfelder werden geladen und mit der Routingkonfiguration in die Routing Engine kopiert, die daraufhin die Signalverarbeitung durchführt. In Abhängigkeit der Parameter wird das Ergebnis im Datensatz abgelegt und über das GNoC an das MR-Modul verschickt. Die Unterscheidung in die Unterschiedlichen Verarbeitungszweige dient vor allem der Reduktion der Datenfeldkopiervorgänge, da bereits vorhandene Daten wiederverwendet werden können.

Die Durchführung des Routings, bei dem $W(\tau_i^t)$ auf $W(\tau_j^t)$ kopiert wird, ist in Abbildung 5.13 separat als eigener Pfad dargestellt. Bei der Transmission τ_j^t handelt es sich lediglich um eine lokale Kopie, die in der Routing Engine vorliegt und im Routingdatensatz gespeichert, bzw. an das MR-Modul übertragen wird. Die eigentliche Instanziierung erfolgt im Message RAM.

Timeoutbehandlung Die Timeoutbehandlung ist auf zwei Tasks verteilt, um mit 8Bit Zählerwerten einen weiten Bereich möglicher Timeouts darstellen zu können. Durch die Wahl des Prescalers auf 10ms bzw. 50ms sind mit den 8 Bit Zählerwerten Zeiten zwischen 10ms und 12,8s möglich, was genau den Anforderungen der CAN Bus Botschaften entspricht. Können vom Gateway alle Nachrichten korrekt empfangen werden, beschränkt sich die Tätigkeit der Timeout Tasks ausschließlich auf die Reduktion der Timeout Zähler.

Bleibt jedoch der Empfang einer Botschaft lange genug aus, erreicht der im Eingangsdatensatz vorhandene Zähler nach der Timeoutzeit den Wert 0, was unmittelbar eine Generierung des Timeoutdatenfeldes zur Folge hat (siehe auch Abbildung 5.14). Die Timeoutwerte und das abgespeicherte Datenfeld werden dem Ausgangsdatensatz entnommen und in die Routing Engine übertragen. Die Routingkonfiguration kann aus dem Eingangsdatensatz abgeleitet werden, der den Interrupt ausgelöst hat. Ein Shift entfällt, da die Timeoutwerte korrekt positioniert dem Ausgangsdatensatz entnommen werden können. Lediglich die Filterung der Werte ist durchzuführen, damit nur die der Timeout-auslösenden Botschaft zugeordneten τ_i auf den SNA Wert gesetzt werden. Das Ergebnis kann dann an das MR-Modul verschickt und in den Ausgangsdatensatz aktualisiert werden.

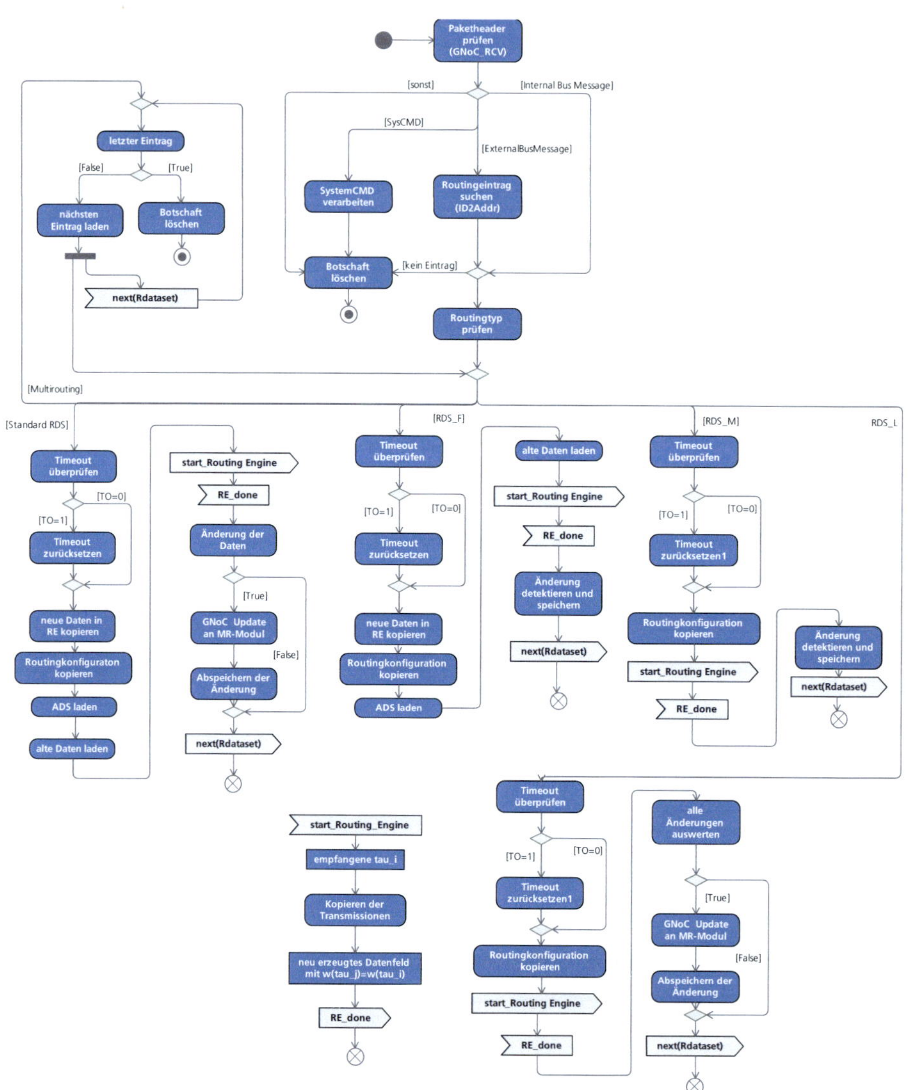

Abbildung 5.13: Funktionalität des RE-Moduls

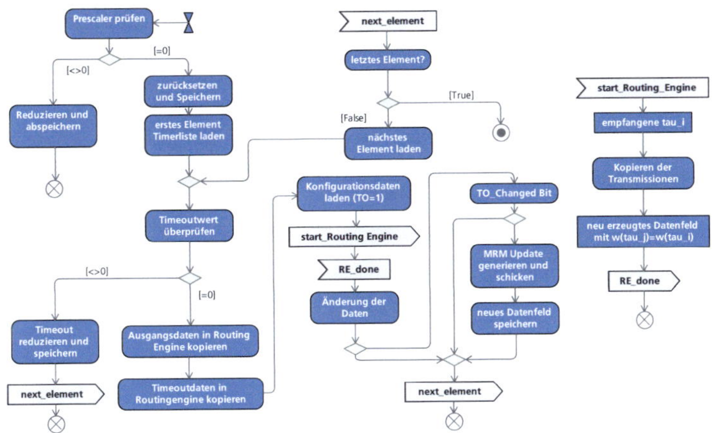

Abbildung 5.14: Timeout Funktionalität

5.1.4.4 Erweiterungen und Optimierungen

Erwartungsgemäß ergaben Performanzuntersuchungen aufgrund des ähnlichen Modulaufbaus vergleichbare Performanzengpässe, wie beim MR-Modul. Der zentrale Bottleneck ist die Datenübertragung durch den PicoBlaze (vgl. Abschnitt 5.1.3.5), die in diesem Modul sehr häufig Verwendung findet. Für die Durchführung eines einzelnen Routings sind so die beiden Datenfelder, die Konfiguration und schließlich das Ergebnis zu kopieren und eine Änderung festzustellen. Die im folgenden vorgestellten Optimierungen sind partiell auch in die softwarelastige Version des Moduls eingeflossen und wurden im letzten Abschnitt bereits in der überarbeiteten Form beschrieben. Eine Beschleunigung des Routings wurde insbesondere durch die Minimierung von Anzahl und Dauer der Kopiervorgänge erreicht (vgl. Tabelle 5.15 und 5.16).

Reduktion der Anzahl - allgemeine Optimierungen Die Anzahl der Kopiervorgänge zu reduzieren war ohne größere Hardwareänderungen möglich. So mußte in der Routing Engine lediglich ein weiteres Register hinzugefügt werden, welches das RX-Datenfeld D_i unverändert speichert, so daß Shift und Maskierung auf einer Kopie durchgeführt werden und das Original für den nächsten Vorgang unverändert zur Verfügung steht. Damit ist bei aufeinanderfolgenden Routingeinträgen (Multirouting), die prinzipbedingt auf demselben Datenfeld D_i arbeiten, ein einmaliges Kopieren ausreichend. Eine weitere Reduktion konnte durch die Spezialisierung der Eingangsdatensätze in die Typen *EDS_F*, *EDS_M* und *EDS_L* erreicht werden. Eine weitere Reduktion des PicoBlaze Verarbeitungsaufwands resultiert aus der Verlagerung des Änderungsvergleichs von Software in Hardware - auch diese Änderung ist in beiden Modulvarianten enthalten.

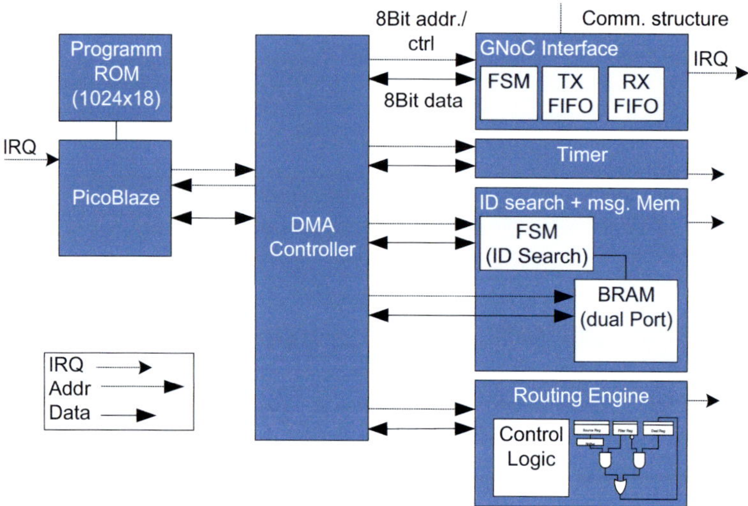

Abbildung 5.15: Erweiterte Hardware Architektur

Reduktion der Dauer - Erweiterte Hardware Architektur Die Verkürzung der Dauer der Kopiervorgänge wurde in der Hardwareerweiterung des Moduls adressiert. Die erweiterte Architektur besitzt einen zusätzlichen DMA Controller, der die Datenübertragung zwischen den an den PicoBlaze angeschlossenen Peripherien in Hardware ermöglicht. Auch in diesem Modul kann von parallel zum Kontrollfluß bearbeiteten Kopiervorgängen Gebrauch gemacht werden, so daß die Verarbeitung parallelisiert und die benötigte Zeit zusätzlich reduziert wird. Die erweiterte Architektur ist in Abbildung 5.15 dargestellt.

5.1.4.5 Performanz und Ressourcenverbrauch

Für die Messung von Performanz und Laufzeiten der einzelnen Verarbeitungsschritte wurden dieselben Methoden des Profiling eingesetzt, wie beim MR-Modul. Die Bestimmung der Laufzeiten erfolgte durch Simulationen des Moduls, deren Ergebnisse durch Tests in realer Umgebung und Chipscope Messungen bestätigt werden konnten.

Performanz Die Ergebnisse der Messungen sind in den Tabellen 5.15 und 5.16 zusammengefasst. Für weite Teile der Verarbeitung sind die Laufzeiten der Einzelverarbeitungsschritte konstant (Tabelle 5.15). Für die ID2Address-Suche ist an dieser Stelle nur das Ergebnis der binären Suche aufgeführt. Für das Timeout Task wird im Standardfall nur der kurze Schleifendurchlauf für die Reduktion der Timeoutwerte durchschritten. Die Generierung einer Botschaft erfolgt nur im Ausnahmefall, womit diese Laufzeit relativ unbedeutend ist.

Verarbeitungsschritt	Takte
Gnoc RCV (EBM)	10
EBM bis ID2Addr.	8
I2A	24
I2A suche	12
EBM nach I2A (kein Eintrag)	4
EBM nach I2A (Eintrag MR)	8
EBM nach I2A (Eintrag single)	12
Multirouting Init	4
Multirouting Loop	20
GNOC Send	12
ISR	20
Task Header	8
TO Task	
Init	10
loop	29-36
loop generate (HW)	80-112

Tabelle 5.15: Verarbeitungsdauer

Verarbeitungsschritt	Takte min	max
Software		
RDS (original)	166	758
HW Compare		
RDS	146	600
RDS (no Change)	252	550
RDS First	114	310
RDS Middle	42	42
RDS Last	130	326
RDS Last (no Change)	72	170
Hardware		
RDS	112	118
RDS no Change	82	86
RDS First	56	62
RDS Middle	30	36
RDS Last	64	70
RDSL (no Change)	45	47

Tabelle 5.16: Vergleich HW/SW

Deutliche Unterschiede bei den Laufzeiten zeigen sich bei der Behandlung der Routingdatensätze (Tabelle 5.16). Die Laufzeit der reinen Softwareimplementierung hängt jeweils signifikant von der Länge der zu bearbeitenden Datenfelder ab und wurde zwischen Minimum und Maximum in einem Spektrum von einem und acht Byte variiert. Die Verwendung des in Hardware implementierten Änderungsvergleichs spart bei dem minimalen Mehraufwand eines zusätzlichen Registers im besten Fall bereits 158 Taktzyklen ein und wurde wie zuvor erwähnt auch in die Software Version des Moduls integriert.

Bei der Hardwareimplementierung variieren die Zeiten zwischen Minimum und Maximum kaum, da kürzere Datenfelder nicht zu einer verkürzten Laufzeit führen, da zur Reduktion des Kontrollflußoverheads auf eine Übergabe des Längenfelds verzichtet wurde. Der dafür notwendige Overhead würde in den meisten Fällen die zusätzlich gewonnene Ersparnis aufzehren. Die Varianzen der Hardwareimplementierung ergeben sich daher in erster Linie aus den unterschiedlichen Konfigurationsoptionen und Zustandsmöglichkeiten und betragen immer weniger als 6 Takte. Im Mittel ergibt sich durch die hardwareunterstützten Kopien ein Beschleunigungsfaktor von 4,3 bzw. 4,95 wenn der mittlere Datensatz RDS_m, der nur die Konfigurationskopie beinhaltet, vernachlässigt wird.

Gegenüber der einheitlichen Behandlung aller Routingdatensätze reduziert sich die Laufzeit einzelnen Abschnitte des Multiroutings erheblich. Dies fällt insbesondere beim mittleren Datensatz *RDS Middle* auf, der in der Softwareimplementierung nur noch 7% der ursprünglichen Laufzeit benötigt. Für die beiden anderen spezialisierten Eingangsdatensatztypen reduziert sich die Laufzeit um knapp die Hälfte. In der hardwareunterstützten Variante können zwei Drittel (*RDS Middle*) bzw. ebenfalls die Hälfte der Laufzeit eingespart werden.

Die für eine eingehende Botschaft benötigte gesamte Verarbeitungszeit ergibt sich über die Verfolgung der Verarbeitungspfade und der Summation der zugeordneten Verarbeitungsdauer. Im Falle eines Multiroutings sind die Schleifendurchläufe entsprechend zu berücksichtigen, so daß sich insgesamt Zusammenhänge wie folgt ergeben: es entsteht ein Aufwand pro empfangener Nachricht und für jeden in dem Multiroutingdatensatz enthaltenen Routingvorgang. Bei einem einzelnen Routingvorgang entfällt das Multirouting.

$$t_{proc\_D_i} = t_{GNoC\_RCV} + t_{EBM1} + t_{I2A} + t_{EBM2} +$$
$$t_{MR\_init} + \sum_{\forall EDS \in MR} t_{EDS} \qquad \text{, mit Multirouting}$$

$$(5.9)$$

$$t_{proc\_D_i\_MR} = t_{GNoC\_RCV} + t_{EBM1} + t_{I2A} + t_{EBM2a} + t_{RDS} \quad \text{, ohne Multirouting}$$

$$(5.10)$$

Für jeden Eingangsdatensatz in der Multiroutingliste entsteht ein einzelner Routingaufwand, der durch t_{EDS} beschrieben wird. Dieser ergibt sich aus dem durch das Multirouting entstehenden Schleifenoverhead und der jeweilig für den speziellen Datensatz benötigten Zeitdauer.

$$t_{EDS} = t_{MR\_loop} + (t_{RDS} \vee t_{RDS\_F} \vee t_{RDS\_M} \vee t_{RDS\_L}) \qquad (5.11)$$

Die Reihenfolge der spezialisierten Datensätze ist nicht beliebig, sondern folgt immer der Sequenz First, Middle, Last, so daß sich für den entsprechenden Multiroutingabschnitt MR_{group} die Zeitdauer auch folgendermaßen darstellen läßt.

$$t_{proc\_D_i} = t_{GNoC\_RCV} + t_{EBM1} + t_{I2A} + t_{EBM2} +$$
$$t_{MR\_init} + \sum_{\forall MR_{group} \in MR} t_{MR_{group}} \qquad (5.12)$$

$$t_{MR_{group}} = t_{MR\_loop} + t_{RDS\_F} + n * t_{RDS\_M} + t_{RDS\_L} \quad \text{:bei } n+2 \text{ Einträgen} \qquad (5.13)$$

Soll für ein bestimmtes D_j die Generierungslatenz ermittelt werden, muß die Summenbildung direkt nach der Generierung des gewünschten Elements abgebrochen werden. Der bis dahin gebildete Wert entspricht dann genau der Verarbeitungslatenz der gewünschten Botschaft.

Die Dauer für die Timeout Berechnung läßt sich in vergleichbarer Weise bestimmen. Sie setzt sich zusammen aus dem für das Task benötigten Overhead, dem Overhead für die Schleifenverarbeitung und die Timeoutbehandlung der Eingangsdatensätze. Im Falle eines abgelaufenen Timeouts sind zusätzlich eine oder mehrere Botschaften zu generieren. Insgesamt ergibt sich so für die Timeoutbehandlung die folgende Darstellung:

$$t_{TO} = t_{TO\_Init} + \sum_{\forall elements \in TO\_List} \left(t_{loop} \vee t_{loop\_generate} \right) \qquad (5.14)$$

Ressourcenverbrauch Die Ermittlung des Ressourcenverbrauchs erfolgte wiederum mit der Xilinx ISE in der Version 10.1.03 und dem zugehörigen Synthesetool XST. Die Ergebnisse sind in Tabelle 5.17 dargestellt: im Vergleich zur ursprünglichen Version steigt der Ressourcenverbrauch des erweiterten Moduls um ca. 31%, was im Vergleich zu den erzielten Performanzsteigerungen als relativ moderat angesehen werden kann. Der Kern des Systems ist für beide Module identisch[11]. Bemerkenswert ist, daß die Erweiterung der Routing Engine um die beiden Register zu einer Verkleinerung des Ressourcenverbrauchs geführt hat. Die Implementierung auf einem Virtex-5 spart im Vergleich zum Spartan-3 im Schnitt bei den Modulen 20-30% Prozent der zählbaren Logikressourcen, wobei der Gewinn bei kleineren Modulen deutlich abnimmt und sich teilweise sogar ins Gegenteil verkehrt. Bezogen auf das gesamte Modul sind beide Varianten in der Virtex-5 Implementierung ca. 30% kleiner als auf dem Spartan-3.

5.1.5 Busschnittstellen

Die Anbindung der an den Gateway angeschlossenen Bussysteme erfolgt über eigenständige und unabhängig voneinander arbeitende Module, welche an das NoC angeschlossen werden. Allen liegt dabei die Idee zugrunde, die jeweilige Protokollbearbeitung einschließlich der Fehlerbehandlung eigenständig durchzuführen. Über ein externes Bussystem empfangene Datenframes werden entpackt, die zugehörige PDU im GNoC-Interface gespeichert und an alle im System existierenden Module als Broadcastpaket des Typs External Bus Message (EBM) weitergeleitet.

Umgekehrt werden die im GNoC-RX Puffer zwischengespeicherten Pakete ausgelesen, die PDU in einen Frame verpackt und zum nächstmöglichen Zeitpunkt über das externe Bussystem versendet. Im Falle deterministischer Bussysteme werden die Daten in einem eigenen Zwischenpuffer abgespeichert und zum vorgesehenen Sendezeitpunkt verschickt. Allen Modulen gemein ist die Verwendung eines Buscontrollers, wie er auch bei μ-Controllern zum Einsatz kommt und welcher die Umsetzung

---

[11]Die Verdopplung beim Message RAM ist auf eine Adressumschaltung zurückzuführen, die im Schnitt kaum eine Laufzeitverbesserung eingebracht hat und daher nicht gesondert erwähnt wurde.

	Spartan-3			Virtex-5		
	SliceLUT	BRAM	f_max	SliceLUT	BRAM	f_max
Gesamtsystem Std.	1359	3	52,7	956	2	98,0
Gesamtsystem Ext.	1788	3	58,2	1281	2	103,6
PicoBlaze	181	0	139,6	147	0	323,5
GNoC-IF	325	1	101,6	282	1	280,2
PB Code		1			1	
RE Mem Ext.	201	1	71,4	156	1	103,6
Re Mem Std.	105	1	71,6	85	1	105,6
Timer Ext.	50	0	153,8	56	0	393,7
Timer Std.	22	0	191,0	31	0	465,1
Routing Engine Std.	717	0	133,0	475	0	397,8
Routing Engine Ext.	645	0	147,1	496	0	403,4
DMA Controller (9OP)	253	0	139,7	182	0	471,0

Tabelle 5.17: Ressourcenverbrauch RE-Modul

der PDU in den eigentlichen Frame unter Einhaltung aller Regeln, wie beispielsweise Bitstuffing, vornimmt. Im folgenden werden die unterschiedlichen Busmodule und die zugehörigen Implementierungsvarianten vorgestellt.

5.1.5.1 CAN Busmodul

Der CAN Bus stellt für den in dieser Arbeit beschriebenen Systemansatz das wichtigste Bussystem dar, insbesondere weil es nach wie vor das in Fahrzeugen am weitesten verbreitete Kommunikationssystem ist. Dennoch ist die Verwendung von CAN an dieser Stelle exemplarisch für ein ereignisbasiertes Bussystem anzusehen. Diese Eigenschaft ermöglicht es, die Nachrichten in die beiden Kommunikationsrichtungen GNoC $\Rightarrow$ CAN und CAN $\Rightarrow$ GNoC direkt weiterzuleiten, ohne daß weitere über die Einhaltung des CAN Protokolls hinausgehende Verarbeitungen notwendig sind. Die Anbindung des CAN Busses wurde zudem beispielhaft für eine Exploration unterschiedlicher Busmodularchitekturen genutzt, deren Funktionalität und Architektur im folgenden einzeln beschrieben werden. Beim Aufbau eines Gatewaysystems besteht dann die Möglichkeit, in Abhängigkeit der Anforderungen die passende Anbindungsform auszuwählen.

Die Aufgabe des CAN Moduls ist es, die vom CAN Bus empfangenen Frameinstanzen f_k zu empfangen, auszupacken und die vom Gateway weiterzuverarbeitende PDU über die interne Kommunikationsstruktur zur Verfügung zu stellen. Für CAN besteht die PDU aus einem zwei Byte Header[12], der die ID, das Längenfeld und die Remote Transmission Request Information umfasst, sowie aus einem 0 bis 8 Byte großen Datenfeld D. Die somit bis zu 10 Byte große PDU ist als Schnittstelle zum Empfang und Versand von Botschaften über den CAN Controller ausreichend. Die

---

[12]Für die bisherigen Testssysteme war das Standardformat ausreichend. Die Verwendung von Extended Frames würde den Header einfach auf 29 Bit verlängern.

Konfiguration des Controllers kann entweder fest im Modul integriert oder über externe Systemkommandos per GNoC-Paket vorgenommen werden.

V1 - Basisarchitektur Die Grundarchitektur des Moduls besteht aus einem PicoBlaze, dem GNoC-Interface und einer frei verfügbaren SJA1000 kompatiblen CAN Protokoll Controller Implementierung von Opencores [216, 201], die für die hier verwendeten Zwecke modifiziert wurde. Dazu zählen einerseits die Anpassung des Registerinterfaces sowie andererseits die Optimierung hinsichtlich Ressourcenverbrauch durch Entfernen nicht verwendeter Funktionalität. Der Aufbau des einfachen CAN Interfaces ist in Abbildung 5.16 dargestellt.

Durch den PicoBlaze besteht die Möglichkeit, auch weitere Funktionalität mit in das Modul aufzunehmen. So wurde beispielsweise die Bus-Off-Repair-Procedure integriert, die eine erneute Initialisierung des Moduls vornimmt, wenn einer der Fehlerzähler übergelaufen und eine gewisse Zeit seit dem Ereignis verstrichen ist. Zudem besteht die Möglichkeit, aufwendige Filteralgorithmen oder Fehlerüberwachung zu integrieren.

V2 - erweiterte Architektur (Quad-CAN) Die erweiterte Architektur entstammt dem Gedanken der Minimierung des Ressourcenverbrauchs, durch Zusammenfassen mehrerer CAN Schnittstellen in einem singulären Modul. Die Basisarchitektur wurde daher um drei weitere CAN-Controller ergänzt, die an den PicoBlaze angeschlossen sind. Damit der GNoC-RX Puffer nicht durch einen vollen CAN TX Puffer die gesamte Verarbeitung blockieren kann, erhält jedes Modul einen eigenen FIFO, welcher in Software verwaltet wird. Die Speicherung erfolgt nahezu ressourcenneutral im BRAM Block, welcher auch die PicoBlaze Instruktionen enthält. Durch die Verwendung des zweiten Ports des Speichers bleibt die Funktionalität des PicoBlaze uneingeschränkt erhalten.

Da dem GNoC-Interface bis zu vier Adressen zugeordnet werden können ist bei Verwendung dieses Moduls keine Änderung an den weiteren Modulen notwendig. Im Vergleich zum Standardmodul findet jedoch eine Verzögerung statt, da die Daten im FIFO zu speichern sind und die Abstraktion der PicoBlaze Software für die vier Controller zusätzlichen Kontrollfluß bedingt. Die erweiterte Architektur ist in Abbildung 5.17 dargestellt.

V3 - Hardware-Implementierung Durch die Verwendung des PicoBlazes haften der Implementierung vergleichbare Schwachstellen wie bei den Routingmodulen an. Dies ist beim CAN Modul um so bedeutender, da die Hauptaufgabe in dem Datentransport zwischen GNoC-Interface und CAN Controller besteht und die Zusatzfunktionalitäten vor allen Dingen für Fehlerfälle und Ausnahmezustände vorgesehen sind. Da diese im Regelfall nur relativ selten auftreten und nicht zeitkritisch sind, besteht die Möglichkeit, diese Funktionen in ein anderes Modul wie z.B. das

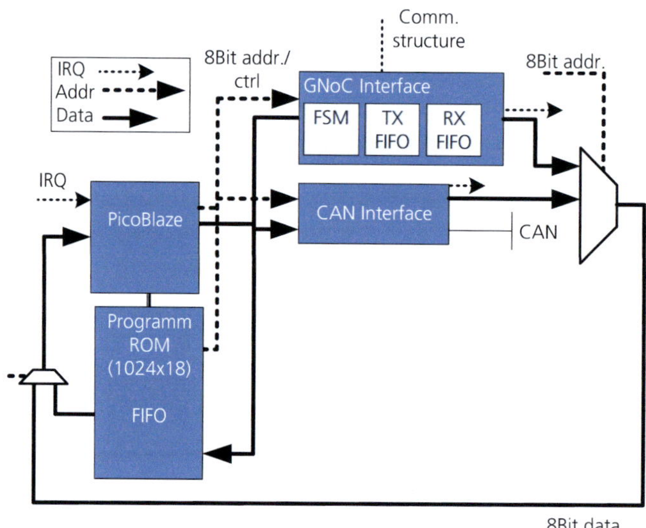

Abbildung 5.16: CAN Modul - Basisarchitektur

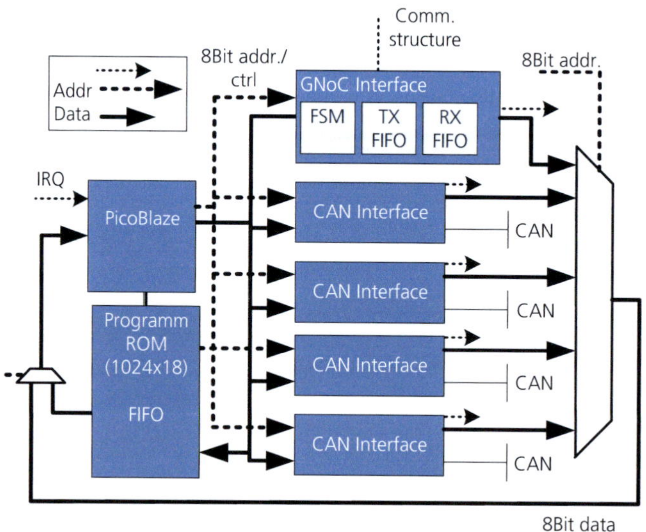

Abbildung 5.17: CAN Modul - Erweiterte Architektur

Applikationsmodul auszulagern und damit die Funktion des CAN Moduls auf den Datentransport und die Initialisierung einzuschränken.

Die verbleibenden Aufgaben lassen sich nunmehr relativ ressourceneffizient in Hardware abbilden, so daß gänzlich auf den PicoBlaze verzichtet werden kann. Vorteilhaft ist die reduzierte Verarbeitungszeit durch den Datentransport in Hardware. Nachteilig wirkt sich dies jedoch auf die Flexibilität aus, da Erweiterungen immer in Hardware erfolgen und somit im Regelfall zeitaufwendiger und ressourcenbedürftig sind. Wie auch bei der ressourcenoptimierten Erweiterung ist die Grundfunktion transparent gehalten, so daß auch diese Variante des CAN Moduls ohne Änderung am restlichen System ausgetauscht werden kann. Die resultierende Architektur ist in Abbildung 5.18 dargestellt.

V4 - Hardware Implementierung und Botschaftsrouting Um eine empfangene Information auf den gemappten Bussystemen möglichst schnell verteilen zu können, ist die Minimierung der Latenzzeit für das Botschaftsrouting von besonderem Interesse. Die Realisierung des Botschaftsroutings mittels MR-Modul stellt vor diesem Hintergrund eine suboptimale Lösung dar, weil einerseits die Botschaft einmal zusätzlich zu übertragen ist und andererseits innerhalb des MR-Moduls ein vergleichsweise langsamer PicoBlaze an der Verarbeitung beteiligt ist.

Aus diesem Grund wurde untersucht, ob ein Botschaftsrouting auch ohne Beteiligung des MR-Moduls konsistent in das Systemkonzept integrierbar ist und allein durch die CAN Busmodule durchgeführt werden kann. Als Basis für die Integration dient die Hardware Variante des CAN Busmoduls als latenzoptimierte Anbindung von CAN an die interne Kommunikationsstruktur. Diese wurde um einen mit der ID2Address-Suche kombinierten Speicherblock erweitert, welcher es ermöglicht, zu eingehenden GNoC-Paketen des Typs EBM-CAN nach einem Routingeintrag zu suchen. Wird ein Eintrag gefunden, generiert die im CAN-Modul integrierte FSM den Header aus dem ID2Addr.-Speicher mit der empfangenen SDU und legt die neue PDU im TX-Puffer des Controllers ab, womit der Routingvorgang abgeschlossen ist.

Die Latenz eines CAN-zu-CAN Routings kann durch diese Anbindung mehrfach positiv beeinflußt werden. Zunächst entfällt die gesamte Behandlung im MR-Modul und eine der beiden GNoC Kommunikationen. Die in den CAN Modulen integrierte Suche nach einem Botschaftsroutingeintrag läuft für jedes Modul parallel und voneinander unabhängig ab und reduziert so durch Parallelisierung und den wegfallenden Overhead der Multirouting Behandlung zusätzlich die Latenz. Desweiteren kann auch die maximale Suchdauer verkürzt werden, da in jedem CAN Modul nur die eigenen Routingeinträge zu speichern sind, womit sich die Länge der Eintragsliste reduziert. Aufbau und Funktionalität des implementierten Moduls sind in Abbildung 5.19 dargestellt.

Ein zusätzlicher Vorteil ergibt sich durch die Entlastung des MR-Moduls, welches die Botschaftsroutings nicht mehr verarbeiten muß, wodurch auch die Behandlung der Containerroutings implizit beschleunigt wird: die Multirouting Einträge verkürzen sich oder ein Multirouting kann vollkommen entfallen.

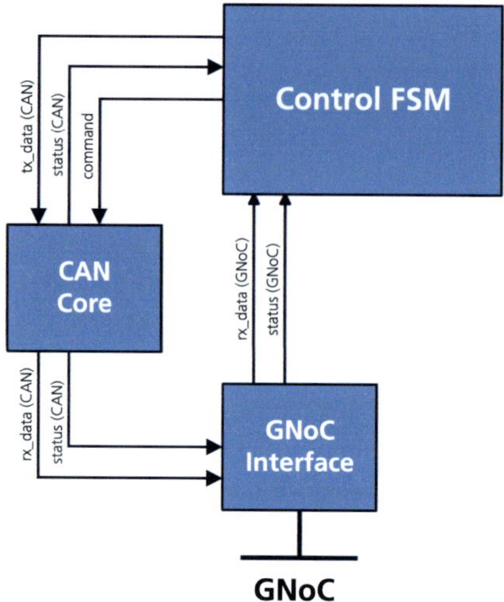

Abbildung 5.18: CAN-Modul Hardware

Nachteilig auswirken kann sich die Integration des Botschaftsroutings auf die Verarbeitungsgeschwindigkeit von eingehenden CAN Botschaften, deren Übertragung in das GNoC durch die Verarbeitung eines Botschaftsroutings verzögert werden kann. Da die Suche bei Verwendung des binären Suchalgorithmus und aufgrund der begrenzten Zahl an Sucheinträgen nur wenige Takte benötigt, hält sich die Verzögerung in akzeptablen Grenzen.

V5 - Integration MRM und CAN Modul Wenn man den Gedanken der Integration von Routingfunktionalität in das CAN-Modul weiter verfolgt, besteht schließlich auch die Möglichkeit, die gesamte Funktionalität des MR-Moduls in das CAN Modul zu integrieren. Diese Variante wurde zwar nicht integriert, ihre Implikationen sollen an dieser Stelle dennoch kurz diskutiert werden.

Die Erweiterung des auf dem PicoBlaze basierenden CAN-Modul Typs bedingt nur wenige zusätzliche Hardwarkomponenten. Hinzuzufügen wären sowohl der Message RAM als auch die ID2Addr.-Suchealgorithmik -die restlichen Komponenten könnten weiter verwendet werden. Als wesentlicher Punkt wäre die Software des MR-Moduls und die CAN Routinen zu integrieren. Eine vom CAN Bus eingehende Botschaft könnte direkt über das NoC verschickt werden, umgekehrt würden die vom NoC kommenden Botschaften überprüft und gegebenenfalls gespeichert bzw. direkt über den CAN Controller verschickt werden. Die Zahl der Routingeinträge wäre auf die für das Modul relevanten Einträge beschränkt.

Nachteilig wären vor allen Dingen eine mögliche verzögerte Bearbeitung der vom CAN Bus eingehenden Nachrichten durch laufende Routing Tasks. Diese sind in-

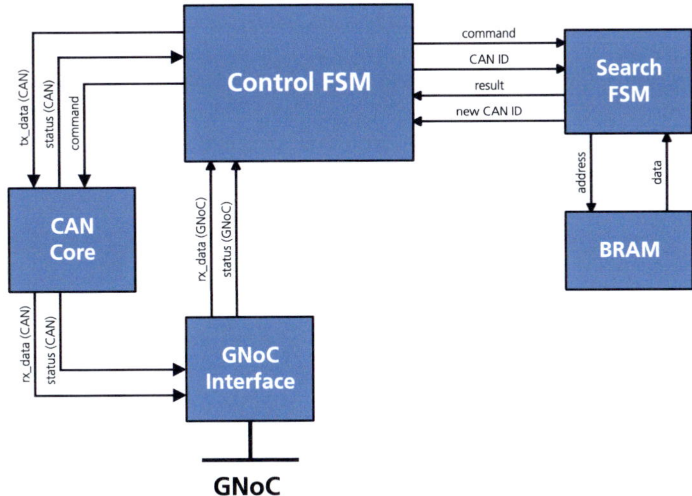

Abbildung 5.19: Erweitertes CAN-Modul Hardware

sofern nicht zu vernachlässigen, da einerseits alle empfangenen GNoC EBM CAN Nachrichten auf einen Routingeintrag zu überprüfen sind, was bei der Softwareimplementierung signifikante Laufzeiten in Anspruch nimmt (siehe auch 5.9). Nicht zuletzt ist die Performance des Moduls bei Botschaftsroutings schlechter als bei der im vorangehenden Abschnitt vorgestellten Hardwarevariante, was schließlich zum Verzicht auf die Implementierung dieser Modulstruktur geführt hat.

Performanz Die Leistungsfähigkeit des CAN Moduls ist in Tabelle 5.18 zusammenfassend für den Sende- und Empfangsfall dargestellt. Für das Single und Quad CAN Modul existieren zwei unterschiedliche Softwarevarianten, die sich im enthaltenen Funktionsumfang, aber auch in der Code Struktur unterscheiden. Die Basisvariante unterstützt die Initialisierung und den Datenaustausch mit den CAN Cores. Zusätzlich enthält die erweiterte Variante getrennte Nachrichtenpuffer falls mehrere Cores im Modul vorhanden sind. Diese sind vornehmlich für die zusätzlich benötigte Laufzeit verantwortlich, da in jedem Fall eine TX Nachricht im jeweiligen Zusatzpuffer zwischengespeichert wird. Dieser Zusatzaufwand ist mit $14 * n$ Takten anzusetzen, wobei n der Anzahl der Bytes entspricht. Der weitere Overhead ist auf die Mechanismen zur Fehlerüberprüfung und -behandlung zurückzuführen.

Eine deutliche Beschleunigung läßt sich durch die Hardwareimplementierung des CAN Moduls erreichen. Der Verzicht auf einen GNoC Sendepuffer zugunsten eines direkten Zugriffs auf den CAN Core RX-Speicher reduziert die Übertragungszeit auf einen Takt. Im CAN Sendefall wird eine CAN Nachricht innerhalb von 12 Takten in den CAN Sendepuffer geschrieben. Diese Zeit startet mit der Empfangssignalisierung im GNoC Interface und endet mit dem Sendekommando an den CAN Core. Die erweiterte Hardwareversion des CAN Moduls ermöglicht zudem ein direktes Botschaftsrouting. Bei dieser Verarbeitung werden 15 Takte zuzüglich der Dauer des Suchalgorithmus benötigt. Bei Verwendung einer binären Suche läßt sich davon ausgehen, daß diese unter 10 Takten durchführbar ist:

	CAN RX	**CAN TX**	**CAN BR**
SW Full Featured	138-156	386	
SW Simple	70-88	64-76	
HW	1	12	32+Suche

Tabelle 5.18: Latenz der CAN Module

Ressourcenverbrauch Den Ressourcenverbrauch der verschiedenen implementierten CAN Varianten zeigt Tabelle 5.19. Zu Erkennen ist, daß der CAN IP einen Großteil der benötigten Ressourcen beansprucht. Diese Auswirkung zählt beim Quad CAN Modul vierfach, so daß hier knapp 5000 LUTs benötigt werden. Ansonsten ist die Architektur identisch zu derjenigen des Single CAN Moduls. Die BRAM Blöcke sind jeweils dem PicoBlaze Code und dem GNoC Puffer zuzuschreiben.

Für die Hardwaremodule sind vier implementierte Varianten gegeben, die sich im grundlegenden Funktionsumfang hinsichtlich Konfigurierbarkeit und Statusmeldungen, sowie einer Botschaftsroutingfunktion unterscheiden. Bei den Standardmodulen zeigt sich kein wesentlicher Unterschied beider Module. Die größere Differenz bei Einführung des Botschaftsroutings erklärt sich in der Verwendung der linearen Suche beim Standardmodul und der binären Suche beim erweiterten Modul.

	Spartan-3				Virtex-5		
	Slices	**LUT**	**BRAM**	**fmax**	**LUT**	**BRAM**	**fmax**
CAN Core	570	1109	0	88,67	755	0	209,266
CAN Core modifiziert	659	1115	0	62,574	748	0	188,2
Single CAN Modul (SW)	883	1708	2	50,264	1233	1	134,543
Quad CAN Modul (SW)	2619	4891	2	42,147	3410	1	126,828
CAN Modul (HW, ext)	663	939	1	61,394	752	1	188,747
CAN Modul (HW, std)	648	918	1	61,394	729	1	188,747
CAN Modul (HW, BR, ext)	785	1167	2	62,597	773	1	89,211
CAN Modul (HW, BR, std)	703	989	2	61,394	806	1	111,241

Tabelle 5.19: CAN Modul - Ressourcenverbrauch

5.1.5.2 LIN Busmodul

Um dem Systemansatz auch für zeitgesteuerte und deterministische Bussysteme zu untersuchen, wurde ein LIN Busmodul mit Masterfunktionalität integriert. Dieses bietet die Möglichkeit, ein LIN Bussystem vollkommen eigenständig zu bedienen, d.h. das Scheduling des Mastertasks zu übernehmen und beliebige Daten von den angeschlossenen Slaves zu empfangen und versenden. Eine Zwischenspeicherung der Daten erfolgt vollständig im Busmodul. Zu versendende Daten werden direkt aus dem Nachrichtenpuffer gelesen, bzw. empfangene Daten im Buffer abgelegt, so daß für die korrekte Bearbeitung der LIN Kommunikation kein Datenverkehr mit dem angeschlossenen Gateway notwendig ist. Auf diese Weise müssen lediglich Updates der LIN TX Botschaften vom Gateway an das LIN Modul geschickt werden. Umgekehrt werden vom LIN empfangene Daten nur über das GNoC verschickt, wenn beim Botschaftsempfang einer Änderung festgestellt wurde. Damit verhält sich das LIN Bus Modul nur innerhalb der Modulgrenzen zyklisch und bietet in Richtung Gateway eine ereignisbasierte Schnittstelle, die den Datenverkehr minimiert - die Konsistenz der Daten im Gesamtsystem wird dadurch jedoch nicht beeinflußt.

Die abgeschlossene Funktionalität des LIN Moduls ermöglicht es beliebig viele LIN Slaves dem System hinzuzufügen, ohne daß die Belastung in nennenswertem Maße ansteigt. Würde hingegen das Scheduling des Mastertasks oder die Speicherung der Nachrichten zentralisiert im System erfolgen, wäre die Skalierbarkeit nur noch in Grenzen zu gewährleisten.

Architektur, Datenformat und Verhalten   Der bereits bekannte Aufbau des Moduls mit PicoBlaze und GNoC Interface findet auch bei diesem Modul Verwendung. Zusätzlich kommt für die Kommunikation mit dem LIN Bus ein frei verfügbares Busmodul zum Einsatz, welches als Master oder Slave verwendet werden kann (vgl. auch [300]). Bei dem LIN IP handelt es sich näherungsweise um eine serielle Schnittstelle, die um die für LIN notwendige Break und Synch Erkennung erweitert wurde und zusätzliche Statussignale zur Verfügung stellt. Der IP ist nicht in der Lage, einen gesamten Frame eigenständig zu empfangen, so daß beispielsweise das Zusammensetzen oder Zerlegen des Datenfeldes durch die an den LIN IP angeschlossene Verarbeitungseinheit erfolgen muß. Als Nachrichtenspeicher dient ein Teil des PicoBlaze Instruktionsspeichers, dessen zweiter Zugriffsport an den Datenbus des PicoBlaze angeschlossen wird. Die Hardwarestruktur des sich so ergebenden Moduls ist in Abbildung 5.20 dargestellt.

Der hier verwendete LIN IP bezieht sich auf die Protokollversion 1.3, bei der die Längen der Datenfelder implizit durch die ID vorgegeben waren. Dadurch ist es möglich, den maximalen Speicherbedarf zu ermitteln, der sich auf 256 Bytes beschränkt, um alle LIN Datenfelder zwischenzuspeichern. Ein ebenso großer Bereich wurde daher im modulinternen Message RAM für die Speicherung der Nachrichten reserviert. Die IDs werden nicht abgespeichert, da diese sich unmittelbar aus der Speicheradresse ableiten lassen. Aus diesem Grund ist auch eine wie beim CAN eingesetzte

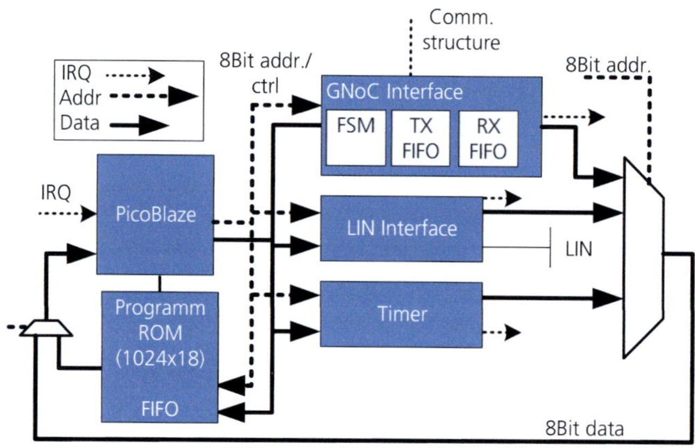

Abbildung 5.20: Architektur des LIN Moduls

ID2Addr.-Suche obsolet. Der Schedule für das Mastertask ist ebenfalls im Message RAM in Form einer einfachen Liste mit maximal 128 Einträgen hinterlegt.

Die Funktionalität des PicoBlaze läßt sich in erster Näherung in drei Grundfunktionalitäten aufteilen: Master Task, Slave Task und GNoC Nachrichtenempfang. Die ersten beiden sind über Software FSMs realisiert und werden als Tasks zyklisch in der Hauptschleife aufgerufen. Die Verarbeitung eingehender GNoC Nachrichten erfolgt interruptgesteuert. Der Ablauf der drei Tasks ist in Abbildung 5.21 dargestellt. Die Initialisierung des Schedules und der initialen Botschaftsinhalte erfolgt in der Implementierung zur Laufzeit über Konfigurationspakete, die über das GNoC, beispielsweise vom Applikationsmodul, empfangen werden. Danach kann das Modul gestartet werden und arbeitet zyklisch die IDs der Schedule Liste ab. Über den Verlauf eines Frames werden Master bzw. Slave Task nacheinander aktiv. Nach dem Empfang eines gesamten Frames wird dieser auf eine Änderung untersucht, dann ggf. in den internen Speicher abgelegt und eine GNoC Nachricht mit diesem Frame erzeugt. Die Inhalte asynchron eingehender GNoC Datenpakete werden im Message RAM zwischengespeichert und innerhalb des nächsten Sendeslots verschickt. Die GNoC Pakete beinhalten dabei jeweils eine PDU, die aus der LIN ID als Header und dem Datenfeld D_f als SDU besteht. Das Arbeiten mit elementaren Transmissionen τ_i ist nicht Bestandteil der Implementierung des LIN-Moduls, sondern muß über das RE-Modul erfolgen.

Performanz   Da es sich bei LIN um ein auf einem zyklischen Schedule basierendes System handelt, beinhalten Übertragungslatenzen immer auch die Zykluszeit der gesendeten oder empfangenen Nachrichten. Um die Aussagen von der Konfiguration unabhängig treffen zu können, wurde deshalb zur Bestimmung der Verarbeitungszeiten der modulinterne Message RAM als Referenz genommen. Nach dem Empfang

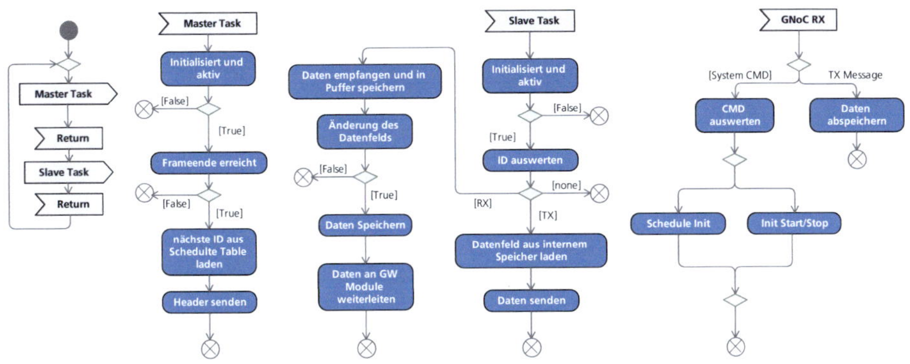

Abbildung 5.21: Funktionalität des LIN Moduls

der Checksumme, vergeht eine indeterministische Zeit $t_{RX\_start} \leq 92$ Takte, die von der aktuellen Position innerhalb des Softwarecodes zur Empfangszeit bestimmt wird (vgl. Tabelle 5.20). Die Dauer der Nachrichtenspeicherung t_{RX_store} hängt dann nur noch von der Datenlänge ab, wobei in dieser Verarbeitungszeit die Überprüfung auf eine Änderung, die GNoC Paketgenerierung und die Speicherung der Daten im Message RAM beinhaltet sind.

Die Verarbeitung von GNoC Nachrichten (t_{GNoC}) erfolgt interruptgesteuert und hat im regulären Fall somit eine praktisch zu vernachlässigende Wartezeit t_{TX_start}. Da beim Empfang von Botschaften die Interrupts phasenweise deaktiviert werden, ist im ungünstigsten Fall die Wartezeit das Maximum dieser Deaktivierungszeit, die bei der Speicherung der Botschaft auftreten kann. Umgekehrt kann die Interruptroutine das Speichern eines empfangenen Frames im schlimmsten Fall mehrfach um die Laufzeit der Interruptroutine $t_{IRQ\_GNoC\_RX}$ verzögern. Der Empfang ergibt sich somit aus der eigentlichen Empfangszeit zuzüglich der Gesamtdauer aller während der Speicherung stattfindenden Unterbrechungen.

$$t_{RX} = t_{RX\_start} + t_{RX\_store} + \sum_{\forall IRQ \in [T_0..T_0+t_{RX}]} t_{IRQ\_GNoC\_RX} \qquad (5.15)$$

$$t_{TX} = t_{TX\_start} + t_{GNoC} + t_{IRQ\_disable} \qquad (5.16)$$

Wenn T_{ID} der absolute Zeitpunkt für den Aufruf einer ID und somit Generierung einer Frameinstanz f_{k_ID} ist, dann können alle bis zum Zeitpunkt $T_{ID} - t_{TX}$ in empfangenen GNoC Paketen enthaltenen und f_{k_ID} zugeordneten PDUs garantiert in f_{k_ID} übertragen werden. Wird diese Zeit unterschritten erfolgt die Übertragung erst in dem darauffolgenden Zyklus.

	Takte		
	max detect RX Frame	RX Store (2 Byte)	RX Store (8 Byte)
Empfang	92	350	960
	max IRQ disable	2 Byte Frame	8 Byte Frame
Senden	402	142	394

Tabelle 5.20: Dauer für Empfang und Senden

Ressourcen Der Ressourcenverbrauch des Moduls ist in Tabelle 5.21 aufgeführt. Man erkennt den erwartungsgemäß geringeren Ressourcenverbrauch auf dem Virtex-5, der hier zwischen 80% und 85% der Spartan-3 Version liegt sowie die durchgängig gestiegenen Taktfrequenzen. Der Ressourcenbedarf des LIN IP liegt jeweils bei ca. 40% der Gesamtmodule.

	Spartan-3			Virtex-5		
	LUT	BRAM	f_{max}	LUT	BRAM	f_{max}
Gesamtmodul	896	2	67,37	714	1	149,7
PicoBlaze	181	0	139,639	147	0	323,541
Mem	0	1		0	1	
GNoC Interface	325	1	101,576	282	1	280,214
LIN IP	346	0	113,395	300	0	324,264

Tabelle 5.21: Ressourcenverbrauch des LIN-Moduls

5.1.5.3 FlexRay Modul

Die Integration von FlexRay erfolgte vor allem auf konzeptioneller Basis, da für die FPGA Implementierung kein FlexRay IP zur Verfügung stand. Es bestand jedoch die Möglichkeit, eine prototypische Anbindungsvariante umzusetzen und zu testen, so daß eine grundlegende Machbarkeit nachgewiesen werden konnte. Im folgenden wird zunächst auf das Integrationskonzept und die verschiedenen Variationsmöglichkeiten eingegangen, sodann erfolgt eine kurze Vorstellung der prototypischen Umsetzung.

Wie auch bei LIN und CAN erfolgt die Protokollverarbeitung hier durch einen im System zu integrierenden Protokoll Controller. Es existieren derzeit zwei unterschiedliche IPs, die in den verschiedenen Bausteinen der Hersteller eingesetzt werden: der ERay von Bosch (vgl. [235]) und der FlexRay Controller von Freescale bzw. IP Extreme (vgl. [138])[13]. Die bei FlexRay im Vergleich zu anderen im Automobilbereich

---

[13]Mittlerweile existiert auch eine Realisierung von Xilinx, die im Rahmen dieser Arbeit jedoch nicht untersucht wurde

eingesetzten Protokollen sehr aufwendige Protokollverarbeitung schlägt sich unmittelbar im Ressourcenverbrauch der Module nieder, die ein Vielfaches der Fläche eines CAN Controllers benötigen. Das hier entworfene Konzept basiert insbesondere auf der Funktionalität des ERays, läßt sich für andere Controller aber weitgehend unverändert übernehmen.

Da FlexRay ebenso wie LIN einen deterministischen zyklischen Protokollteil beinhaltet, müssen die in den entsprechenden Slots gesendeten Nachrichten immer zum Sendezeitpunkt zur Verfügung stehen und sind daher im Modul zu speichern. Da die gesamte Protokollbehandlung innerhalb des Controllers abläuft, benötigt dieser einen direkten Zugriff auf die zu versendenden Nachrichten. Deshalb besitzen alle FlexRay Implementierungen einen integrierten Nachrichtenspeicher. Die Aufgabe der zusätzlichen Logik des FlexRay Moduls ist somit das Weiterleiten empfangener PDUs an die am GNoC angeschlossenen Module und umgekehrt, die Speicherung der über das GNoC empfangenen PDUs in den zugehörigen Pufferplatz des ERays. Zusätzlich muß der Controller zu Beginn der Kommunikation initialisiert werden, was sowohl die FlexRay Kommunikationsparameter als auch die Konfigurations des Nachrichtenspeichers beinhaltet. Um das Modul möglichst flexibel einsetzen zu können, erfolgt die Übergabe der Parameter über System CMD Pakete, welche prinzipiell von jedem an das GNoC angeschlossene Modul verschickt werden können.

Darüber hinaus ergeben sich Änderungsanforderungen an die interne Kommunikationsstruktur und das RE-Modul. Da bei FlexRay längere Payloads erlaubt sind, müssen die Datenpakete entweder unterteilt, oder in mehreren aufeinanderfolgenden Zyklen gesendet werden. Im ersten Fall wäre eine Erweiterung der maximalen Paketlänge des GNoCs auf die maximale Länge der Payloads der FlexRay PDUs notwendig (vgl. Abschnitt 6.3.1.2). Dieser Parameter wird von den Herstellern jedoch frei gewählt und liegt typischerweise weit unterhalb der maximal möglichen Länge von 256 Byte. Alternativ müßten die PDUs auf mehrere GNoC Pakete aufgeteilt werden, was entweder Mechanismen zur Defragmentierung oder Blockademechanismen bedingen würde. Eine für die Erweiterung zum Car-to-Car System verwendete Variante, die das Problem mittels Verkettung von Nachrichten löst, wird in Abschnitt 6.3.1 vorgestellt. Die Erweiterung des RE-Moduls bezieht sich ebenfalls auf die verlängerten Datenfelder. Hier bestünde beispielsweise die Möglichkeit, die implementierte Variante auf die Bitbreite zu erweitern.

Ebenso wie beim LIN Modul würden die ausgangsseitig im Nachrichtenpuffer gespeicherten PDUs jeweils bei Signaländerungen aktualisiert werden, so daß die Information synchron zum Rest der im Gateway verarbeiteten Daten wäre. Empfangene Datenpakete werden getriggert und von den Optionen des FlexRay IP, abhängig bei Änderung oder immer nach dem Empfang an das GNoC verschickt. Die konzipierte Ablaufstruktur zeigt Abbildung 5.22.

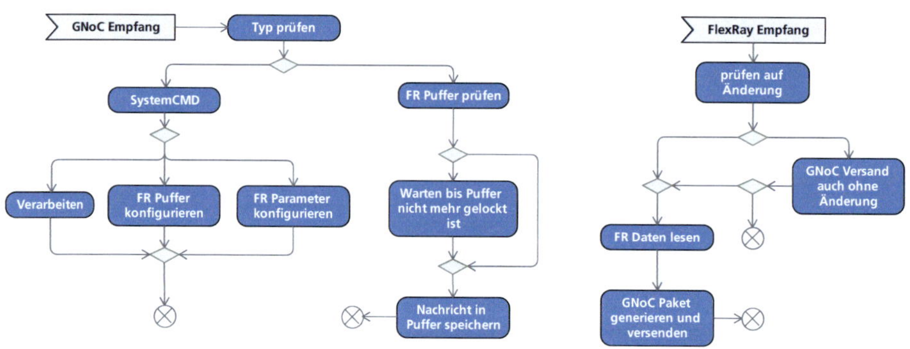

Abbildung 5.22: Verarbeitung im FlexRay Modul

5.1.5.4 Ethernet Modul - Webserver und Debug IF

Ethernet wird sich zukünftig in der Fahrzeugdiagnose und möglicherweise auch als Backbone im Fahrzeug ausbreiten (vgl. Abschnitt 2.2.4). Aus diesem Grunde wurden im Rahmen dieser Arbeit grundlegende Untersuchungen durchgeführt, die eine Ethernet Schnittstelle in das Gatewaysystem integrieren und die Funktionsfähigkeit des Nachrichtenaustausches demonstrieren. Das primäre Ziel der Untersuchung war, aufbauend auf Ethernet auch höhere Protokolle des TCP/IP Protokollstapels an das Gatewaysystem zu binden. Für diesen Zweck wurden zwei unterschiedliche Modultypen entwickelt, die basierend auf einem 32 Bit MicroBlaze Softcoreprozessor den TCP/IP Stack in Software und den MAC Layer als Hardware IP realisieren. Da zum Zeitpunkt der Implementierung keine automotive-Protokolle, beispielsweise für ein Flash Update, zur Verfügung standen, wurden zu Demonstrationszwecken ein Monitormodul zur webbasierten Darstellung interner Performanzmessungen sowie ein Debugmodul zur Kommunikation mit GnoC Modulen implementiert. Die Vorstellung des Debug Moduls erfolgt im geeigneten Zusammenhang an anderer Stelle (vgl. Abschnitt 5.3.1.2).

Die Funktionalität des Ethernetmonitors wurde zusammen mit dem TCP/IP Stack als Software auf dem MicroBlaze integriert. Die Applikation arbeitet als Systemmonitor und stellt interne Parameter auf einer selbstgenerierten Webseite dar. Über diese Webseite können auch Daten an das System geschickt werden, die beispielsweise ein Update des Bitstreams im Flashspeicher ermöglichen. Als TCP/IP Stack kam der in der EDK integrierte LWIP zum Einsatz, welcher speziell für eingebettete Systeme mit begrenztem Ressourcen entworfen wurde (vgl. [79, 80]).

Der Prozessor enthält als Peripherieelemente einen Ethernet MAC (OPB Bus), zwei Timer, DDR Speicher, einen Interrupt Controller, ein Debug Modul und eine serielle Schnittstelle. Die Anbindung des Gateways erfolgt über das GNoC Interface. Die Software des Systems und das für den Webserver benötigte Dateisystem liegen im externen Speicher, der ebenfalls über den OPB Bus angebunden ist. Die Größe der einzelnen Teilmodule einschließlich eines Gatewaysystems mit 4 CAN Modulen, sowie MRM und REM und CTRL Modul ist in Tabelle 5.22 dargestellt. Hier läßt sich insbesondere der moderate Ressourcenverbrauch des MicroBlaze Systems im Vergleich zum hier dargestellten Gateway ablesen. Die Realisierung erfolgte auf einem XUPV2P Board, dessen FPGA mit dem System zu ca. 70% belegt ist.

Modul	Version	Slices	Systemanteil
Gateway (4xCAN,MRM,REM,CTRL)		6500	66,86%
EMAC Lite	1.01.b	400	4,11%
2 * OPB Timer	1.00.b	370	3,81%
DDR Controller	2.00.b	713	7,33%
RS232 UART	1.00.b	63	0,65%
Interrupt Controller	1.00.c	90	0,93%
Debug Module	2.00.a	180	1,85%
OPB Bus	1.10.c	170	1,75%
MicroBlaze und zus. Kompon.	5.00.b	1236	12,71%

Tabelle 5.22: Ressourcenverbrauch HW

Als Basissystem des Softwarestacks wurden der Xilkernel als Betriebssystem und XFS als Dateisystem integriert. Die Zahl der Threads variiert mit der Zahl der TCP Verbindungen. Bei der Initialisierung des Systems werden ein Timer Thread zur Generierung der Basiszeiten, ein GNoC Thread für die Kommunikation mit dem Gateway, ein Server Thread, der die Bibliotheken initialisiert sowie ein Applikationsthread für den TCP/IP Stack gestartet. Für jede Anfrage an den Server erzeugt letzterer einen zusätzlichen ProcessConnection Thread, der die HTTP Protokollverarbeitung für jede Verbindung übernimmt und die Daten der Webseite an den jeweiligen Client überträgt. Die Kommunikation in Richtung Gateway erfolgt durch den ProcessConnectionThread. Die vom Gateway stammenden Daten werden zentral erfasst und von den einzelnen Prozessen bei Bedarf abgerufen. Die für die Fallstudie realisierte Webseite ermöglicht die drei Funktionen Senden, Empfangen und Analyse. Die ersten beiden Applikationen ermöglichen es, Daten mit dem Gatewaysystem auszutauschen. Die Analysewebseite zeigt den aktuellen Busverkehr auf den vier CAN Bussen (siehe Abbildung 5.23). Zu erkennen sind einige der vom Modul gemessenen Parameter, die beispielsweise die Anzahl der pro Bus ein- und ausgehenden Nachrichten beinhalten. Ein anderer Dialog ermöglicht das Hochladen von Files, die beispielsweise zum automatisierten Flashen des Systems verwendet werden können.

Die Größe der Softwarekomponenten ist in Tabelle 5.23 für unterschiedliche Parameter dargestellt. Der lineare Anstieg beim Speicherbedarf der Threads erklärt sich durch die Reservierung des Stackspeichers durch den Xilkernel. Die Abhängigkeiten des Speicherverbrauchs beim LWIP Stack sind ebenfalls in Tabelle 5.23 zusammengefasst, wobei sich zeigt, daß die Anzahl der Paketpuffer der dominierende Faktor ist. Die resultierenden Gesamtgrößen fasst Tabelle 5.24 zusammen.

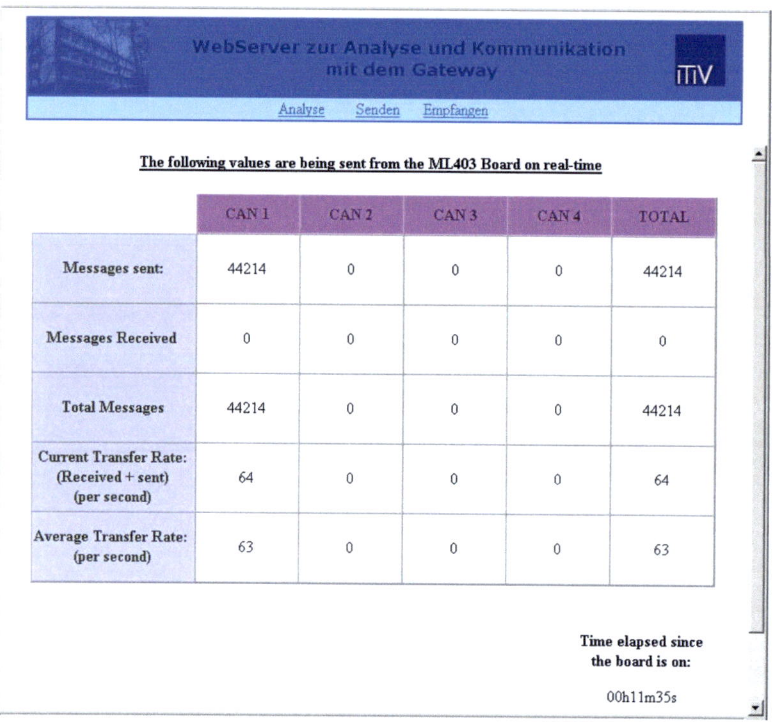

	CAN 1	CAN 2	CAN 3	CAN 4	TOTAL
Messages sent:	44214	0	0	0	44214
Messages Received	0	0	0	0	0
Total Messages	44214	0	0	0	44214
Current Transfer Rate: (Received + sent) (per second)	64	0	0	0	64
Average Transfer Rate: (per second)	63	0	0	0	63

Abbildung 5.23: Gateway Weboberfläche

Stack Eigenschaften	neu/std	.text	.data	.bss	Insgesamt
Standard (TCP/UDP)		77KB	2KB	836KB	915KB
TCP		72KB	2KB	836KB	910KB
UDP		55KB	2KB	836KB	892KB
Heap	16384/8192	77KB	2KB	844KB	923KB
Nr. Paketbuffer	1024/512				
Size Paketbuffer	3062/1536	77KB	2KB	3203KB	3282KB
TCP Window	65538/16384				
TCP Seg. In queue	510/255				
TCP Sessions	10/5	77KB	2KB	841KB	920KB
TCP Seg. Size	2920/1460				
Reassembly IP Buffer	11520/5760	77KB	2KB	842KB	921KB

Tabelle 5.23: Parametereinfluß LWIP Stack

	.text	.data	.bss	Insgesamt
1 Thread	11KB	0,1KB	15KB	27KB
10 Threads	15KB	0,1KB	169KB	184KB
100 Threads	15KB	0,1KB	1671KB	1686KB
Xilkernel	15KB	0,1KB	169KB	184KB
LwIP Stack	77KB	2KB	899KB	978KB
Xilmfs File System	7KB	0KB	0,2KB	7,2KB
Applikation	89KB	0KB	1KB	90KB
Gesamt:	188KB	2KB	1069KB	1259KB

Tabelle 5.24: Threadabhängigkeit und Komponentengröße

5.1.6 Applikationsmodul

Innerhalb des Gatewaysystems werden die nicht mit dem Routing verbundenen Aufgaben des Steuergeräts im Applikationsmodul (APPM, APP-Modul) realisiert. Dies umschließt sowohl grundlegende Steuergerätefunktionalität und Systemdienste als auch kundenrelevante Applikationen und Funktionen. Die Realisierung erfolgt aus mehreren Gründen in Software, deren wichtigste die Wiederverwendbarkeit bestehender Softwarekomponenten, -architekturen, Toolflows und etablierter Prozesse sind. Damit ist der zentrale Bestandteil der Hardware Architektur ein Softcore Prozessor, der an die interne Kommunikationsstruktur anzuschließen ist. Weitere Änderungen sind an den Low-Level Treiberschichten des Softwaresystems vorzunehmen.

5.1.6.1 Hardware Architektur und Ressourcen

Architektur   Als Prozessorkern kommt ein 32 Bit MicroBlaze zum Einsatz (vgl. [298]). Die Architektur des Moduls ist in Abbildung 5.24 dargestellt. Im wesentlichen unterscheidet sich die Architektur von μ-Controllern durch die Konfigurierbarkeit der Hardware, wodurch ermöglicht wird, auch das APP-Modul an veränderte Herausforderungen anzupassen. So können beispielsweise beliebige zusätzliche Peripherieelemente wie Hardware PWMs hinzugefügt werden, genauso lassen sich Umfang und Struktur des Speichers anpassen. In einigen Fällen, so auch bei der hier abgebildeten Variante, kann die Verwendung von chipinternen BlockRAMs ausreichend sein, andernfalls ist externer Speicher anzubinden. Auch der Prozessorkern läßt sich konfigurieren und den unterschiedlichen Anforderungen anpassen - optional sind z.B. eine FPU oder selbstprogrammierte Coprozessoren. Die Konfiguration der Hardwarekomponenten erfolgt toolunterstützt und auf hoher Abstraktionsebene mittels Xilinx EDK (vgl. [307]). Der zugehörige Toolflow wird in Abschnitt 5.2.5.2 beschrieben. Die Basiskomponenten des Moduls umfassen den Prozessor, den internen Speicher, einen Interruptcontroller und das GNoC Interface. Alle weiteren Komponenten sind optional.

Aus Hardwaresicht besteht der größte Unterschied in der Fusion der einzelnen Buscontroller in ein GNoC-Interface, über welches nur noch indirekt eine Kommunikation mit den verschiedenen Bussystemen möglich ist. Vorteilhaft ist die Entlastung des Prozessors, da die entsprechenden Treiber nur noch in reduziertem Umfang integriert werden müssen. Als nachteilig anzumerken ist die Einbringung zusätzlicher Verarbeitungsstufen, die prinzipbedingt zu einer Verlängerung der Latenz führen können.

Ressourcenverbrauch Der Ressourcenbedarf des Moduls hängt von Typ, Anzahl und Konfiguration der Peripheriekomponenten und des MicroBlaze ab. Die hier angegebenen Daten beziehen sich auf die zuvor beschriebene Konfiguration, die abgesehen von der RS232 Schnittstelle nur die notwendigen Komponenten enthält.

	Spartan-3		Virtex-5	
	LUT/BRAM	f_{max}	**LUT/BRAM**	f_{max}
Gesamtsystem	2742	72,384	2052	208,76
MicroBlaze	1246	105,82	1025	227,074
IRQ Controller	72	140,271	58	370,81
DLMB	5	338,295	8	644,33
ILMB	5	338,295	8	644,33
OPB Bus	171	237,589	171	644,33
BRAM Memory	0/16		0/8	
GNoC-IF	391/1	102,149	387/1	236,122
UART	91	176,498	89	399,648
Timer	276	114,493	306	276,9

Tabelle 5.25: Ressourcenverbrauch APP-Modul

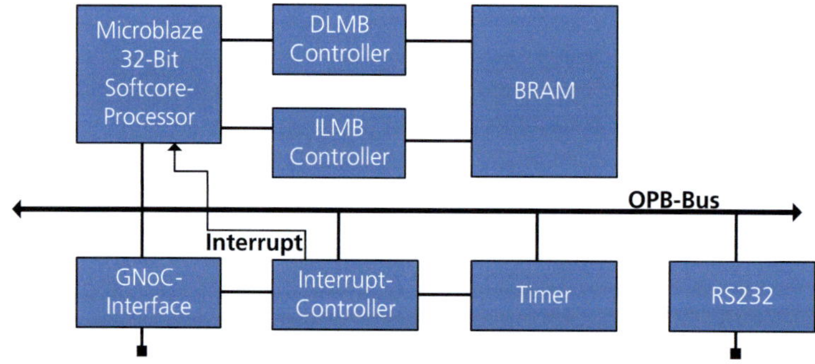

Abbildung 5.24: HW Architektur des Applikationsmoduls

5.1.6.2 Software Stack

Ist die Hardwarearchitektur einmal festgelegt, können die für Standard μ-Controller Architekturen eingesetzten Toolflows für Software unverändert verwendet werden (vgl. Abschnitt 5.2). Dazu muß als Grundvoraussetzung die Unterstützung der Prozessorarchitektur durch die Toolhersteller gewährleistet sein. Da diese Bedingung jedoch nicht erfüllt war, wurde auf eine Portierung des Standardsoftwarestacks verzichtet und stattdessen zu Demonstrations- und Evaluierungszwecken eine Auswahl an Funktionalität in das Applikationsmodul integriert. Um dennoch bestehende bzw. mittels etablierter Toolflows generierte Standardsoftwaremodule wiederverwenden zu können, wurde ein Framework geschaffen, welches die Einbettung des generierten Softwarecodes für Netzwerkmanagement und Admin Services ermöglicht (vgl. Abbildung 5.25). Dadurch konnte eine teilweise Einbettung in die bestehende Toolkette ohne dedizierte Prozessorunterstützung dargestellt werden.

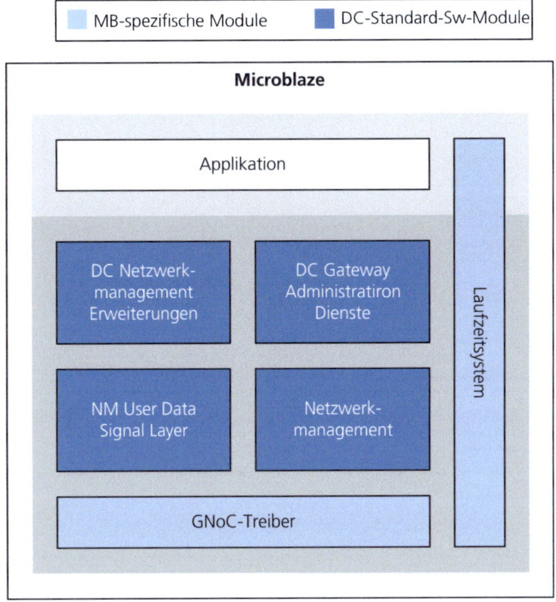

Abbildung 5.25: SW-Architektur

Die beiden realisierten Dienste sind eng mit der Funktionalität des Gateways verknüpft, da sie Weck- und Schlafzustand der Buskommunikation und der angeschlossenen Steuergeräte überwachen sowie aktiv an einem Prozess teilnehmen. Dies schließt die Aktivierung und Deaktivierung der vom Gateway generierten Nachrichten ein, weshalb die beiden Dienste über System Commands die für die Kommunikation relevanten Module starten und stoppen können. Relevant sind in diesem Zusammenhang das MR-Modul und RE-Modul sowie die Busmodule. Üblicherweise wird nach dem Stopp der Kommunikation das gesamte System in den Ruhezustand versetzt, wodurch der FPGA spannungslos geschaltet wird und die Konfiguration verloren geht. Daher ist ein erneuter Start der Kommunikation mit einer initialen Konfiguration des Bitstroms auf den FPGA verbunden (vgl. auch 5.1.7). Auf eine detaillierte Einführung von Netzwerkmanagement und Admin Services wird an dieser Stelle verzichtet und auf [205] und [66] verwiesen.

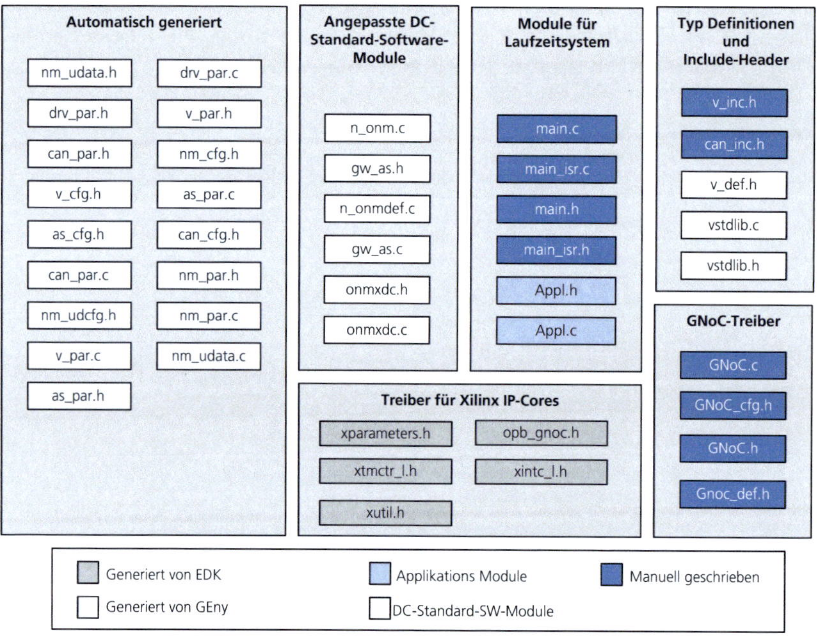

Abbildung 5.26: Softwareframework

In Abbildung 5.25 ist die prototypische Struktur des Softwareframeworks dargestellt, bei dem es sich um eine vereinfachte an die derzeit bei Steuergeräten eingesetzte Standardsoftware-Architektur angelehnte Variante handelt. Die bei μ-Controllern eingesetzten CAN-Treiber wurden durch einen einzigen GNoC Treiber ersetzt, der zum einen die Schnittstelle zur physikalischen Ebene des Systems darstellt, zum anderen aber auch die für Standard Software Module notwendigen Funktionen realisiert, welche in Seriensteuergeräten der CAN-Treiber bereitstellt. Der Paketempfang kann durch Polling oder interruptgesteuert erfolgen. Der Aufruf der Sendefunktion abstrahiert von der Hardwarestruktur und benötigt lediglich die Nummer des CAN Busses, eine CAN ID, den DLC und das Datenfeld. Derivate der Funktion geben zusätzliche Informationen an die aufrufende Funktion zurück. Zudem enthält der GNoC Treiber Dummy Funktionen, die durch das GNoC zwar nicht benötigt, aber durch die Standard Software Module aufgerufen werden und daher für eine korrekte Einbettung integriert wurden. Das Laufzeitsystem ähnelt den im MR- und RE-Modul eingesetzten Varianten und erlaubt das Aufrufen von Tasks zu festen Zeitpunkten. Für einen Serieneinsatz wäre das Betriebssystem durch eine OSEK konforme Variante zu ersetzen.

Laufzeitsystem und GNoC-Treiber ermöglichen schließlich eine fast nahtlose Einbettung der generierten Softwaremodule Netzwerkmanagement und Admin Services. Zu ändern sind die Include Struktur sowie die Datenübergabe zwischen GNoC-Treiber und Netzwerkmanagement. Die Pointer waren hierbei auf die Datenstruktur des GNoC-Treibers anzupassen, welche in der NmPrecopy-Funktion durchgeführt wurden. Zudem wurde auf eine Verwendung der generierten Datenobjekte verzichtet und stattdessen eine direkte Übergabe in die NM-Tasks eingefügt - weitere Änderungen waren nicht notwendig. In der hier vorgestellten Prototypenversion umfasst der Programmcode bereits 32190 Byte Instruktionen und 2336 Byte Daten. Damit ist für die Integration eines vollständigen Standard Software Stacks voraussichtlich ein externer Speicher notwendig.

5.1.7 CTRL Modul

Das Kontrollmodul (CTRL-Modul, CTRLM) dient der Koordination und Überwachung aller an das Modul angeschlossener Module. Dies bezieht sich insbesondere auf die Initialisierungsphase unmittelbar nach der Konfiguration des FPGAs. Das CTRL Modul sendet die Buskonfiguration an die Bus-Module und startet die Nachrichtengenerierung und -verarbeitung im MR-Modul sowie RE-Modul. Umgekehrt versetzt das Modul, als Reaktion auf ein Ruhezustandskommando, das Steuergerät in den Schlafmodus, indem die Abschaltung des FPGAs getriggert wird. Das Systemkommando wird bei dem hier vorgestellten Konzept von dem im Applikationsmodul laufenden Netzwerkmanagement generiert und an das CTRL-Modul verschickt, sobald alle Steuergeräte im Netzverbund schlafbereit sind.

5.1.7.1 System Monitoring

Bei normaler Gatewayfunktionalität überwacht das CTRL-Modul den Zustand des Gesamtsystems und der Module und reagiert bei entsprechenden Fehlern mit einem Reset einzelner Module oder einer erneuten Konfiguration des gesamten Systems. Zu den Überwachungsmechanismen zählen eine Deadlock Erkennung des NoCs sowie die implizite und explizite Alive-Abfrage aller Module. Die Überwachung des internen Buszustands kann bereits durch das Ausbleiben eingehender Datenpakete

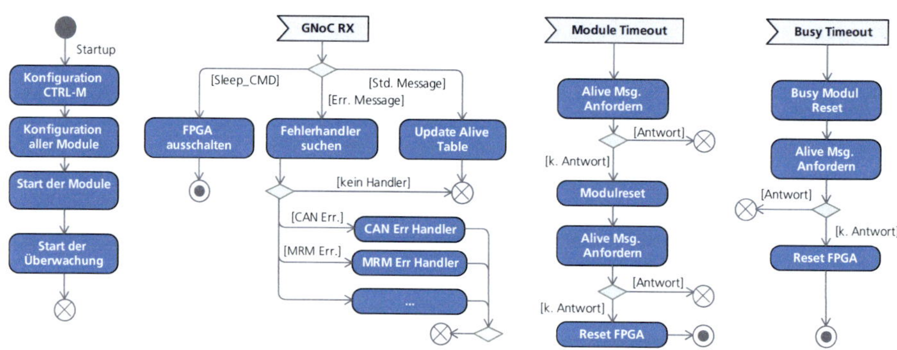

Abbildung 5.27: Funktionalität des CTRL-Modul

für eine längere Zeit erkannt werden. Das CTRL-Modul kann über die Auswertung der Busy Signale ermitteln, welches Modul für die Blockade verantwortlich ist und mit einem Reset des Moduls reagieren. Kann dadurch keine Verbesserung erreicht werden, erfolgt die Rekonfiguration des gesamten FPGAs[14]. Ist die GNoC Kommunikation noch lauffähig, erfolgt eine Überwachung auf Modulebene. Ein Modul gilt dann als lebendig, wenn es innerhalb einer definierten Zeit noch Pakete versendet. Ist dies nicht der Fall, kann der Alive Status mittels eines speziellen System CMDs abgefragt werden, woraufhin das Modul eine Antwort verschickt.

Das CTRL-Modul wertet außerdem Fehlermeldungen aus, die bei bestimmten Ereignissen verschickt werden und reagiert mit dem Fehlerfall zugeordneten Maßnahmen - dies können beispielsweise überlaufende Fehlerzähler bei CAN sein.

5.1.7.2 Architektur und Funktionsweise

Das Modul besteht im wesentlichen aus den von anderen Modulen bekannten Basiskomponenten Node-IF, Timer und PicoBlaze. Zusätzliche Logik ermöglicht das Einlesen der Busysignale aller Module sowie das Interface zum Ausschalten des FPGAs. Start, Stop und Monitoring sind in Software realisiert. Daher kann bei Bedarf die Funktionalität des Moduls auch in das Applikationsmodul verlagert werden. Auf eine Darstellung der Hardwarestruktur wird aufgrund der Identität zu vorangegangenen Modulen an dieser Stelle verzichtet. Die Funktionalität zeigt Abbildung 5.27.

---

[14]Denkbar wäre auch die partielle Rekonfiguration einzelner Module, um diese in ihren Grundzustand zu überführen. Dies wurde im Rahmen dieser Arbeit für den Gateway nicht implementiert. Eine Untersuchung der Modulrekonfiguration für das C2X-System ist in Abschnitt 6.4.2.1 zu finden.

5.2 Toolflow und automatisierte Generierung

5.2.1 Gesamtsicht

Der zuvor beschriebene Architekturansatz ermöglicht es, optimierte Gatewaystrukturen für eine vorgegebene E/E-Architektur zu generieren und diese auf einem FPGA zu integrieren. Die Adaptivität von Hardwarestrukturen ist bei μ-Controller basierten Lösungen nicht möglich und, da diese das zentrale Bauelement der meisten Steuergeräte im Fahrzeug sind, auch im Entwicklungsprozess nicht vorgesehen. Aus diesem Grunde erfolgte in dieser Arbeit auch eine Betrachtung der zugehörigen Toolflows, die einerseits die automatische Generierung von Gatewaysystemen, andererseits aber auch die Integration über die Gatewayfunktionalität hinaus gehender Hardwarefunktionen zum Ziel haben (vgl. Abschnitt 5.3.3).

Die Zerlegung des Gatewaysystems aus Sicht der Toolflows ergibt die Hardwarestruktur, die Software der PicoBlazes und der Applikationsmodule sowie die Routingkonfiguration. Die Basis ist die Hardwarearchitektur, welche die Grundlage des Gatewaysystems bildet. Darauf baut der für das Applikationsmodul bestimmte Softwarestacks auf, der den Softwarepaketen μ-Controller-basierter Steuergeräte ähnelt (vgl. 5.1.6.2). Hinzu kommt die Software der PicoBlazes. Die Konfiguration des Gateways legt schließlich die Routingbeziehung fest und enthält somit die vom MR- und RE-Modul benötigten Konfigurationsdaten. Wird das Botschaftsrouting direkt zwischen den CAN-Modulen ausgeführt, so sind auch deren Routingdaten bei der Konfiguration enthalten. Schließlich müssen noch die Busmodule konfiguriert werden. Bei CAN reduziert sich dies auf die Baudrateneinstellung und Konfiguration des Filters. Bei LIN sind die Schedules und die initialen Botschaftsinhalte anzulegen. FlexRay bedingt die Konfiguration der FlexRay-Parameter, Nachrichtenpuffer und initialen Botschaftsinhalte.

Eine Übersicht des gesamten Toolflows ist in Abbildung 5.28 dargestellt. Die Unterteilung in die drei Hauptkomponenten Hardware, Software und Konfiguration findet sich in den drei Spalten des Systems wieder. Zusätzlich können modellbasierte Funktionen als Hard- oder Software in das System eingebracht werden. Die darüberliegende oberste Abstraktionsschicht beschreibt das Gesamtmodell der E/E-Fahrzeugarchitektur und ist von der Einteilung unabhängig; es ist die wesentliche initiale Datenquelle für alle Schritte des Designflows. Funktionen und Applikationen sind in dem Modell nicht enthalten und müssen separaten Quellen wie beispielsweise Matlab Stateflow/Simulink Modellen entnommen werden. Allerdings wird hier davon ausgegangen, daß zumindest eine Verknüpfung zwischen der funktionalen Anforderung und der zugehörigen Implementierung im Gesamtmodell existiert. Im folgenden erfolgt die Darstellung der einzelnen Säulen des Toolflows mit dem Schwerpunkt auf die Generierung des Hardwaresystems.

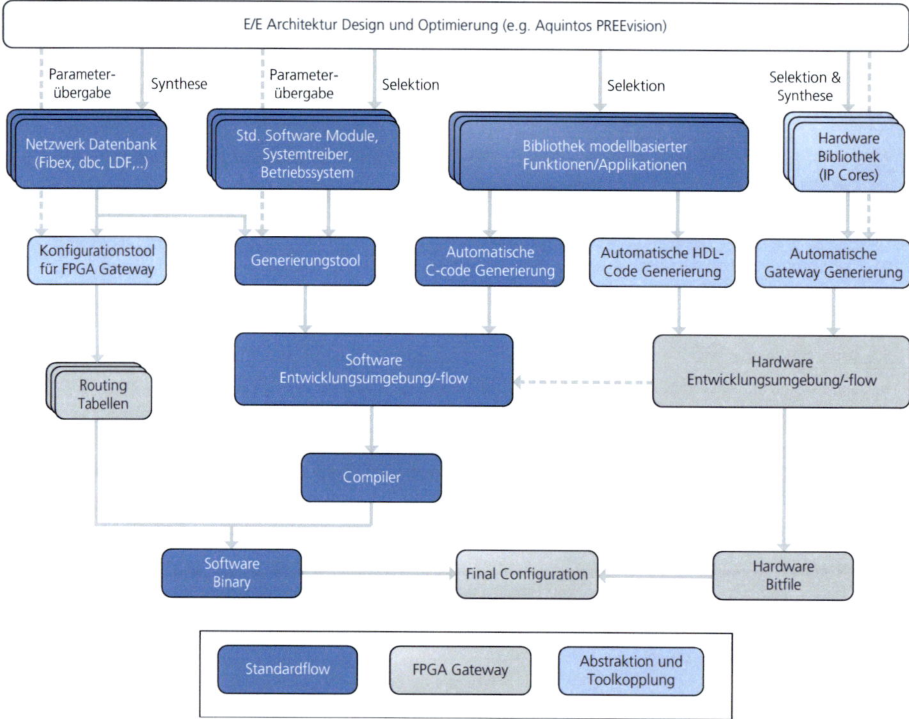

Abbildung 5.28: Gesamtansicht des Gateway Toolflows

5.2.2 FPGA Toolflow

Der bei der Generierung des Gateways verwendete FPGA Tooflow entspricht den Standardtoolflows, wie sie heute von FPGA Herstellern eingesetzt werden und in Abschnitt 2.5.2 eingeführt wurden. Einstiegspunkt ist synthesefähiger HDL Code oder eine bzw. mehrere bereits synthetisierte Netzlisten.

Die initialen Inhalte der in dem FPGA verwendeten BRAM Speicher sind ebenfalls im Bitstrom enthalten. Dies sind die Instruktionsspeicher der PicoBlazes, der Instruktionsspeicher des MicroBlazes sowie die für das Routing benötigten Konfigurationstabellen, welche auch nach der Generierung des Hardwaresystems änderbar sein müssen. Vorteilhaft ist daher die Möglichkeit, Speicherinhalte direkt im Bitstrom zu aktualisieren, so daß sich verändernde Konfiguration oder PicoBlaze Software nicht einen Durchlauf des gesamten Toolflows benötigt. Die Zeitersparnis ist vor allem hinsichtlich iterativer Zyklen relevant. Außerdem bleibt eine eventuell vorhandene Zertifizierung des Hardwaresystems wie das System selbst unverändert bestehen.

5.2.3 Bibliothekskonzept

Die ausschließliche Nutzung bestehender FPGA Toolflows und von -aus Hardwaresicht- High-Level VHDL Verhaltensbeschreibungen stellt für die Generierung spezialisierter Gateways jedoch keinen zufriedenstellenden Ansatz dar. Daher wurde in dieser Arbeit der hinter der Hardware stehende Entwicklungsprozess strukturiert um von der VHDL Ebene abstrahieren zu können. Vorteilhaft ist hierbei die Modularität des Architekturkonzepts, das den Aufbau einer Bibliothek an Modulkomponenten ermöglicht, für die jeweils eine Netzliste in der Bibliothek hinterlegt wird. Basis ist die Synthese der einzelnen Module zu eben diesen Netzlisten - für jede existiert hierzu ein eigenständiges Syntheseprojekt, daß die VHDL Beschreibungen in die RTL Ebene überführt.

Auf Basis der Modulbibliothek können nun die benötigten Module ausgewählt und in einer Toplevelbeschreibung, welche die höchste strukturelle Ebene des Gatewaysystems darstellt, miteinander verbunden werden (vgl. Abbildung 5.29). Damit vereinfacht sich die Zusammenstellung eines Hardwaresystems im wesentlichen auf diese beiden Schritte und führt zu einer strukturierten Darstellung der Systemarchitektur. Dies hat zudem den Vorteil, daß einzelne Module unabhängig vom Gesamtsystem testbar sind und deren Funktionalität vorab testbar ist.

Neben der GNoC Anbindung besitzen einige Module externe Ports (z.B. Busmodule), die an Pins des FPGAs zu führen sind und somit eine zusätzliche Verdrahtung auf der Toplevelebene bedingen. Schließlich besteht unter Umständen die Notwendigkeit den externen Takt mittels DCMs (vgl. Kapitel 3 in [311]) anzupassen oder einfache Logikoperationen wie die Invertierung des Reset Signals durchzuführen. Da diese Operationen abhängig von der Zielplattform sind und für das gesamte Gatewaysystem gelten, sind sie ebenfalls auf der Ebene des Toplevels wieder zu finden.

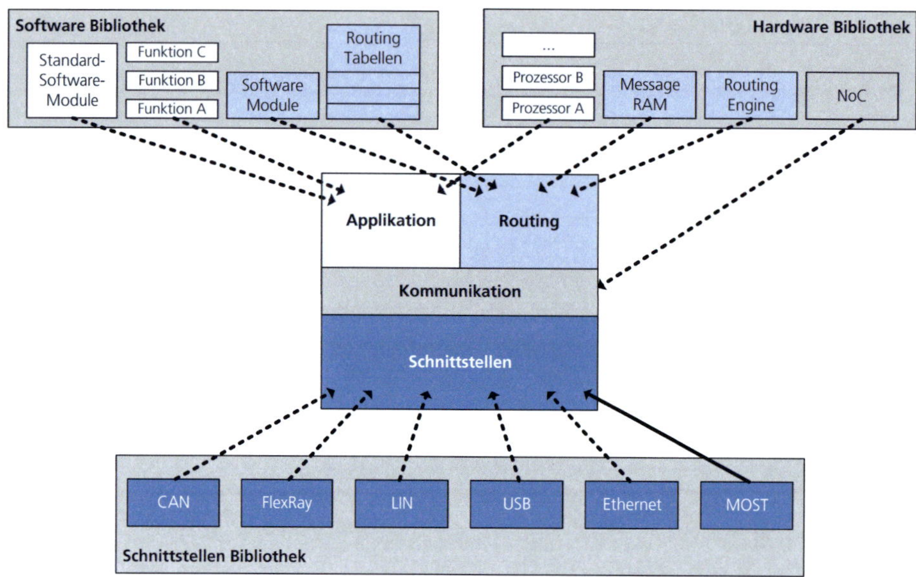

Abbildung 5.29: Bibliotheksbasierte Einteilung des FPGA Gatewayansatzes

5.2.4 Automatische Generierung der Hardware Architektur

Die Generierung einer Gatewayarchitektur kann ohne genaue Kenntnis der internen Struktur der verwendeten Module erfolgen und ist von deren Implementierung und internen Details unabhängig. Die Zusammenstellung eines Gatewaysystems ist jedoch bei diesem Stand auch weiterhin nur mit VHDL Kenntnissen möglich, da die Modulzusammenstellung auf Toplevelebene strukturell beschrieben wird. Aus diesem Grund wurde im Rahmen dieser Arbeit zusätzlich untersucht, in welcher Form die Generierung des Toplevels weiter abstrahiert werden kann. Das im folgenden beschriebene Ergebnis zeigt erstmalig, daß eine automatische Generierung der Gatewayarchitektur bereits aus dem E/E-Architekturmodell möglich ist, wenn einige zusätzliche Anforderungen im Modell berücksichtigt werden.

5.2.4.1 Trennung von Struktur und Boardbeschreibung

Für die Abstraktion wurde das Toplevel in zwei Schichten aufgetrennt, die es ermöglichen, die Modulkonfiguration und implementierungsspezifische Details voneinander zu trennen (vgl. Abbildung 5.30). Die innere Schicht, das Konfigurationstoplevel, enthält lediglich die Modulinstanziierungen sowie die notwendige Verdrahtung der I/O Ports auf Ports mit generischen Namen. Auf dieser Ebene ist das System noch vom jeweiligen Baustein und den Zuordnungen zu spezifischen FPGA Pins unabhängig. Die äußere Schicht stellt dann die Verknüpfung zur Zielplattform her. Sie enthält sowohl die für die Takt- und Resetgenerierung notwendigen Elemente als auch eine Beschreibung mit der jeweiligen Zielplattform übereinstimmende Anzahl und Typen an Schnittstellen. Das Mapping der I/O Pins der Gatewaystrukturbeschreibung (Toplevel) auf die I/O Pins des Boards kann manuell oder bei Einhaltung von Namenskonventionen semiautomatisch erfolgen. Die zur äußeren Schicht gehörenden I/O Pins sind durch eine zugehörige UCF-Beschreibung[15] bereits fest einem Pin und damit auch einer externen Komponente, wie beispielsweise einem Bustreiber, zugeordnet. Die Trennung erlaubt es, vom Entwicklungsboard unabhängige Gatewaykonfigurationen zu generieren, die lediglich die Module zu einer Strukturbeschreibung miteinander vernetzen. Diese läßt sich bereits aus einem Minimum an Information generieren - lediglich die Anzahl der einzelnen Modultypen muß hierfür bekannt sein.

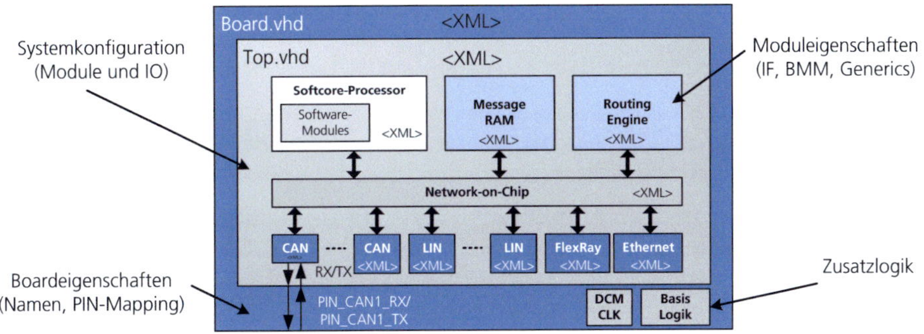

Abbildung 5.30: Aufteilung Boardbeschreibung und Toplevel

5.2.4.2 Speicherformat und Backend des Generierungsprozesses

Die eingeführte Zweischichtigkeit eignet sich zwar für die Generierung, aber nicht als Speicherformat für eine Gatewaykonfiguration. Aus diesem Grund wurden zusätzliche Formate definiert, die es ermöglichen, Module, Systemkonfiguration und das Boardlevel in XML zu beschreiben. Diese Beschreibungen dienen schließlich als Quelle für eine objektorientierte Darstellung der Konfiguration, die wiederum zur Generierung des VHDL Codes geeignet ist. Die in den XML Dateien enthaltene Information ist zusammen mit den Netzlisten der eigentliche Bibliotheksbestandteil.

Jeder Modultyp enthält eine eigene XML Beschreibung, die Informationen zu dem GNoC Interface, den zusätzlich benötigten Ports und den Link zu Netzliste enthält.

---

[15]UCF Files geben Designvorschriften und Einschränkungen an, die von den Tools eingehalten werden müssen. Unter anderem erfolgt so die Zuordnung von VHDL I/Os zu definierten FPGA Pins.

Außerdem sind die möglichen Zielarchitekturen in der Datei vermerkt. Der beispielhafte Aufbau der Modulbeschreibung ist in dem nachfolgenden Codesegment dargestellt:

```
<module>
<modul system="false"> <name>can_modul</name> <version>0</version>
 <beschreibung>CAN Modul</beschreibung>
 <name_netzliste>can_modul.ngc</name_netzliste>
 <noc>default_noc</noc>
 <bram>ADDRESS_SPACE $titel RAMB18 INDEX_ADDRESSING [0x00000000:0x000003FF]
        ... </bram>
 <ports> ... <port>
    <name>can1_rx</name> <richtung>in</richtung> <bitbreite>1</bitbreite>
    <extern>true</extern> </port>
    ... </ports>
</modul> ... </module>
```

Die Konfiguration des Gateways erfolgt über ein davon abgeleitetes Strukturformat. Es enthält eine Liste der in der Konfiguration verwendeten Module mit den gewählten Eigenschaften, sowie eine Liste der zusätzlichen externen Ports.

Zusammen mit den Modulbeschreibungen kann aus der Konfiguration das strukturelle Toplevel, also die innere Schicht des Systems, als VHDL Datei generiert werden. Dies erfolgt mittels eines in Java verfassten Backends, welches die Modulbeschreibungen einlesen kann und eine interne projektorientierte Repräsentation daraus aufbaut. Im nächsten Schritt verbindet das Backend die Module untereinander und mit dem GNoC Master, generiert zu den externen Schnittstellen Ports im Toplevel und verbindet diese mit dem jeweiligen Modul; innere Verbindungen können bei eingehaltenen Namenskonventionen auf ähnliche Weise erzeugt werden. Das Ergebnis dient im Backend dann zur automatischen Generierung des finalen VHDL Codes des Toplevels. In einem letzten Schritt wird von dem im Backend enthaltenen Parser das interne Modell dazu verwendet, die Hardwarebeschreibung des Toplevels zu generieren und in Form von VHDL Files zu schreiben. Der Gesamtprozess der Generierung ist in Abbildung 5.31 veranschaulicht.

Die für die Initialisierung der Software notwendigen BMM Files werden, basierend auf den Modulbeschreibungen, ebenfalls durch das Backend generiert. Zudem erfolgt bei Auswahl des Boards das Mapping zwischen Topebene und FPGA Pins. Dies kann entweder durch übereinstimmende Namen oder manuelles Mapping im XML File geschehen. Die vom Backend erzeugte *Board.vhd* enthält als wesentliche Instanz das Toplevel, sowie die Verdrahtung nach außen. Zusätzlich kann die Taktgenerierung mittels DCMs und die Anpassung von Signallogik wie beispielsweise die Invertierung des Reset Signals auf dieser Ebene erfolgen. Nicht benötigte Schnittstellen werden beim Generierungsprozess ausgelassen und aus *Board.vhd* und Toplevel entfernt. Zudem wird das UCF File mit den verwendeten Boardpins erzeugt und vom Parser geschrieben.

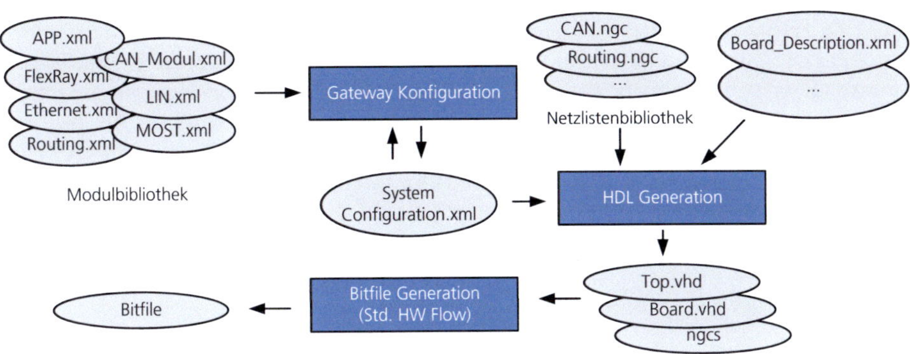

Abbildung 5.31: Backend Generierungsprozess des VHDL Toplevels

Zusammenfassend läßt sich sagen, daß mit dem Backend eine Umgebung existiert, die in der Lage ist, aus XML Konfigurationen VHDL Code zu erzeugen und so die Definition des Hardwaresystems auf eine höhere von VHDL unabhängige Abstraktionsebene hebt. Eine Konfiguration eines Gatewaysystems mit Texteditor und XML-Dateien ist jedoch nur ein Zwischenschritt zur modellbasierten Generierung des Hardwaresystems. Im ursprünglichen Konzept war für das Backend ein proprietäres graphisches Frontend vorgesehen. Hierauf wurde zugunsten eines in der Automobilindustrie verwendeten Standardwerkzeugs („PREEvision") verzichtet (vgl. [16, 15]). Es bietet im Vergleich zu einer eigenen Lösung den entscheidenden Vorteil, daß die Gatewayarchitektur aus bereits bestehenden E/E-Architekturmodellen abgeleitet werden kann und zusätzliche Eigenschaften graphisch direkt modellierbar sind.

5.2.4.3 Kurzbetrachtung Aquintos PREEvision

Die Beherrschung der Komplexität bei der E/E-Architekturentwicklung ist eine der Herausforderungen für Fahrzeughersteller. Die Zahl der vom Kunden bestellbaren Konfigurationsvarianten führen aus Kostengründen häufig auch zu Änderungen bei Steuergeräten und Steuergerätevernetzung, deren Varianten jeweils funktional abzusichern sind. Ein häufig verfolgter Ansatz, die Vielfalt und Komplexität zu beherrschen, ist die Entwicklung von strukturierten und durchgängigen Modellen, die jeweils einen Teilaspekt des Gesamtsystems beschreiben, für die Funktionsmodellierung wird beispielsweise zunehmend Matlab eingesetzt. In vielen Fällen ist der Detaillierungsgrad der Modelle sogar ausreichend um automatisch Code in guter Qualität zu generieren (vgl. [285], S.666). Die Modellierung der Funktion ist aus Sicht der E/E-Architektur jedoch nicht ausreichend, da viele Teilaspekte in den Funktionsmodellen nicht berücksichtigt werden können. Die entscheidende Herausforderung bei der Modellierung von E/E-Architekturen ist es, die unterschiedlichen Sichtweisen, welche zudem auf verschiedenen Abstraktionsgraden beruhen, konsistent in einem Modell zu fassen und aufeinander abzubilden.

Das Tool PREEvision der Firma Aquintos ist ein CASE-Werkzeug für die modellbasierte Entwicklung und Bewertung von E/E-Architekturen im Kraftfahrzeug. Es unterstützt Entwurfsschritte beginnend beim Requirements Engineering über die Funktionalitätsentwicklung, der Netzwerk- und Komponenten-Architektur bis hin zur Bordnetz- und Leitungssatzentwicklung sowie der Topologie. Direkt integriert ist ein Variantenmanagement, welches die Exploration unterschiedlicher Realisierungs- und Konfigurationsmöglichkeiten unterstützt und es erlaubt, voneinander abweichende Architekturkonzepte einer Baureihen- und Plattformentwicklung zu bewerten. Die unterstützten Entwurfsschritte können in unterschiedliche Schichten aufgeteilt werden (vgl. Abbildung 5.32).

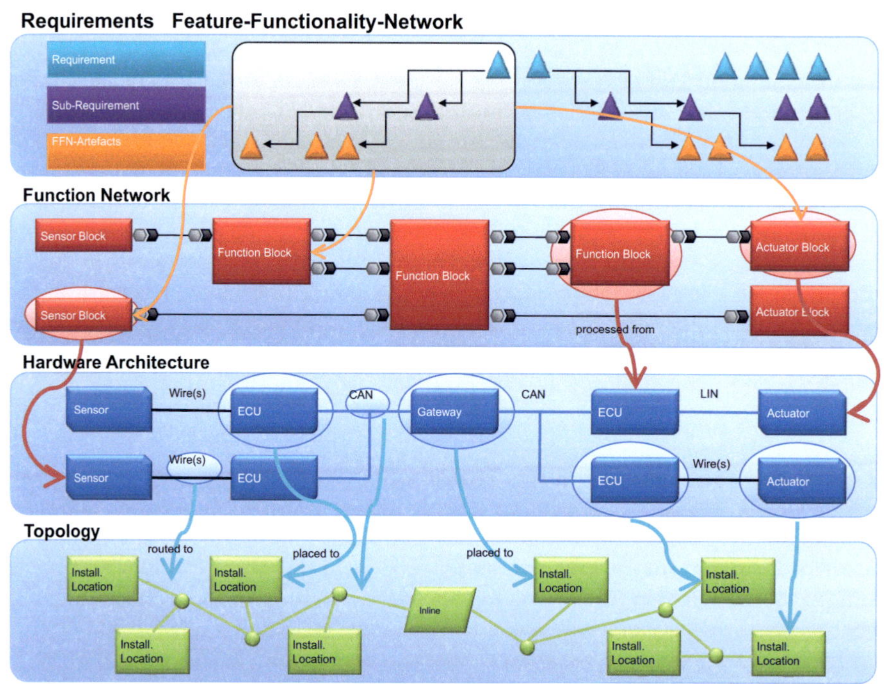

Abbildung 5.32: Schichtenmodell von PREEvision [17]

Die oberste Ebene stellt die Anforderungen dar, die im Verlauf der Modellierung und Entwicklung verfeinert und untereinander verknüpft werden können. Die nächste Ebene beschreibt das Funktionsnetzwerk, in welchem elementare Funktionsblöcke definiert und zu komplexen verteilten Funktionen zusammengesetzt werden können. Hinzu kommt die Definition von Sensoren und Aktoren. Während die Blöcke bereits die korrekten Informationsschnittstellen enthalten, ist ein Modell oder eine Realisierung der Funktion nicht Bestandteil des Modells. Die Verbindung der beiden oberen Ebenen erfolgt über ein Mapping der Anforderungen auf die Funktionsblöcke.

Die Definition der Hardware Architektur erfolgt in der Vernetzungs- und Komponentenansicht, die aus Sicht der Gatewaygenerierung die beiden wichtigsten Bestandteile sind. Die Vernetzungsansicht stellt die Kommunikationsverbindungen der Steuergeräte untereinander in Form von Bussen oder diskreten Leitungen dar. Zusätzlich können auch Sensoren und Aktoren in dieser Ansicht integriert und mit dem zugehörigen Steuergerät verbunden werden. Weiterhin ist es möglich, Stromlaufpläne in einer eigenen Diagrammansicht zu erstellen. Die Modellierung der einzelnen Komponenten eines Steuergeräts erfolgt in der Komponentenansicht, die es erlaubt, verschiedene Hardwarekomponenten einem abstrakten Steuergerät zuzuordnen. Im Konzept von PREEvision dienen die im Steuergerät enthaltenen Komponenten dieser Ebene lediglich der Bewertung von Eigenschaften (Kosten, Performanz, etc.) und nicht einem eigentlichen Systemdesign. Im weiteren Verlauf der Modellierung können die in der Funktionsebene enthaltenen Funktionen dann auf die Steuergeräte gemappt werden, was die Synthese zusätzlicher Informationen erlaubt.

Die unterste Ebene beschäftigt sich mit der bei der Einbringung der E/E-Architektur ins Fahrzeug verbundenen Herausforderungen: auf dieser Ebene werden die physikalische Topologie der Steuergeräte, der Verlauf der Kabel sowie Anzahl und Positionierung von Trennstellen festgelegt. Im Ergebnis lassen sich Kabellängen berechnen und Bauräume überprüfen. Wiederum können Informationen aus den anderen Ebenen abgeleitet werden. So ist beispielsweise die Anzahl der Verbindungsleitungen zwischen zwei Steuergeräten aus der Netzwerkebene bekannt. Der Übergang erfolgt auch hier durch Mappings.

PREEvision bietet zudem die Möglichkeit, die Konsistenz des Modells mittels Konsistenzchecks zu überprüfen, die über graphisch annotierte Regelmodelle erfolgt, welche bei der Analyse im Datenmodell nach verbotenen Zusammenhängen suchen (negative Regeln). Neben den bereits vorgegebenen Regeln besteht die Möglichkeit, zusätzliche Regeln einzubringen, die die Einhaltung der Vorgaben eigener Entwicklungsprozesse sicherstellen.

In ähnlicher Weise können graphische Metriken definiert werden, die es erlauben, beliebige Modellabfragen durchzuführen und die Ergebnisse miteinander zu verknüpfen. Die Definition der Metriken kann graphisch oder skriptbasiert erfolgen. Aus Sicht von PREEvision dienen die Metriken vor allem der Architekturbewertung und Optimierung und werden daher hauptsächlich für die quantitative Bewertung genutzt. Sie können jedoch zur Generierung von Abfragen für beliebig komplexe Zusammenhänge aus dem Gesamtmodell genutzt werden.

5.2.4.4 Einbettung des Backends in PREEvision

Die für die automatische Generierung notwendigen Daten entstammen dem Teil des Gesamtmodells, welches die Hardwarearchitektur beschreibt. Für die Generierung notwendig sind einerseits Anzahl und Typ der Bussysteme sowie die zusätzlichen, nicht mit dem Bussystem verbundenen aber dennoch für den Gateway notwendigen Komponenten wie MR- und RE-Modul. Die Realisierung der automatischen Generierung ist von zwei Features abhängig: einerseits müssen die für die Generierung notwendigen Informationen konsistent aus dem Modell abgefragt werden können; hierfür eignen sich die Metrikdiagramme. Andererseits ist die notwendige Information zunächst in dem Gesamtmodell zu identifizieren und, falls nicht vorhanden, zur Verfügung zu stellen. Zur graphischen Modellierung der Eigenschaften werden das Vernetzungs- und Komponentendiagramm genutzt.

Modellintegration Das Vernetzungsdiagramm enthält die ECU mit allen angeschlossenen Busschnittstellen sowie den konventionellen Verbindungen. Ein Gatewaysteuergerät enthält naturgemäß vor allem mehrere Busschnittstellen. Alleine die Liste dieser Schnittstellen definiert bereits vollständig welche Busmodultypen in welcher Anzahl zu verwenden sind. Vorteilhaft bei der Verwendung dieser Daten ist die Tatsache, daß die Schnittstellen bereits in einer geeigneten Form im System modelliert sind und die Information ohne zusätzlichen Aufwand zur Verfügung steht. Ebenso muß die bestehende Modellierung keine speziellen Anforderungen erfüllen. Ein Beispiel für ein in Netzwerkansicht modellierten Gateway ist in Abbildung 5.33 dargestellt.

Über die Busschnittstellen hinausgehende Informationen, die für die Gatewaygenerierung relevant sind, können in dem Vernetzungsdiagramm nicht modelliert werden. Die Auswahl zusätzlicher, über die Busschnittstellen hinausgehender Module erfolgt daher im Komponentendiagramm. An dieser Stelle können unterschiedliche, aus einer Bibliothek stammende Komponenten auf das Gatewaysteuergerät gemappt werden (vgl. Abbildung 5.34). PREEvision beinhaltet eine relativ grobe Unterscheidung der Module, die für die hier benötigten Zwecke nicht ausreichend sind. So besteht beispielsweise lediglich eine einfache Unterscheidung zwischen Speicher, MicroProzessor, Hardwarekomponente und FPGA. Um dennoch die unterschiedlichen Modulfunktionalitäten abzudecken, wurden Modultypen definiert, die z.B. einem Hardwaremodul zugeordnet werden können. Sie enthalten die Eigenschaften des Moduls und den Link zum Modulaufbau beschreibenden XML File und darüber den Zugang zur Netzliste. Im Modellierungsprozess würde zunächst eine FPGA Komponente auf das Steuergerät gezogen werden. Hinzu kämen die Hardwaremodule, welche jeweils einem Gatewaymodul entsprechen würden und die dann jeweils mit dem zugehörigen Modultyp zu versehen wären. Auf diese Weise lassen sich alle in der Gatewayarchitektur vorhandenen Module in der Komponentendarstellung des Steuergeräts beschreiben. Die zusätzliche Modellierung der Busmodule in dem Komponentendiagramm ermöglicht es, über das Vernetzungsdiagramm hinausgehend die Auswahl der Busmodultypvariante, falls, wie beim CAN Bus, mehrere Varianten

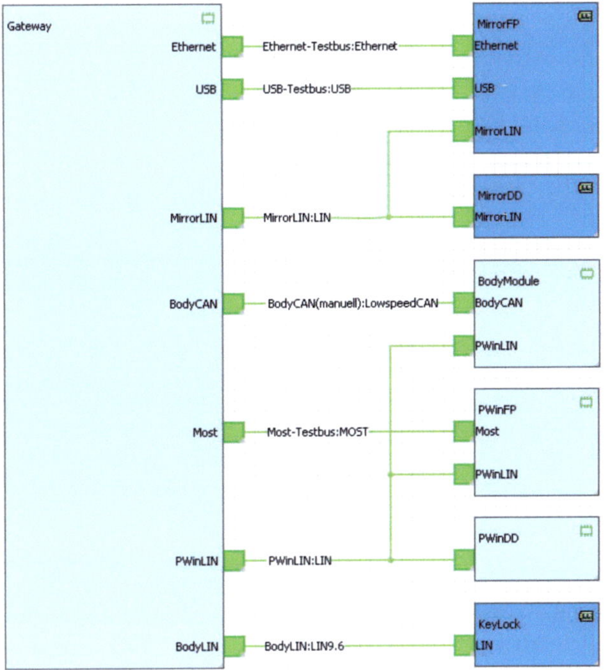

Abbildung 5.33: exemplarisches Vernetzungsdiagramm Gateway

vorhanden sind (vgl. Abschnitt 5.1.5.1). In diesem Fall muß auch eine Zuordnung der Komponente zu dem speziellen Bussystem erfolgen, was jedoch in der Komponentenansicht ebenfalls graphisch erfolgen kann. Eine Zuweisung der Busmodultypvariante im Netzwerkdiagramm wurde vor allem deswegen nicht umgesetzt, weil alle generierungsspezifischen Informationen in nur einer Ansicht modelliert, dargestellt und angepasst werden sollten um die Konsistenz sicherzustellen. Hierdurch wird auch die Handhabung vereinfacht, da der Nutzer nicht in verschiedenen Diagrammen suchen muß.

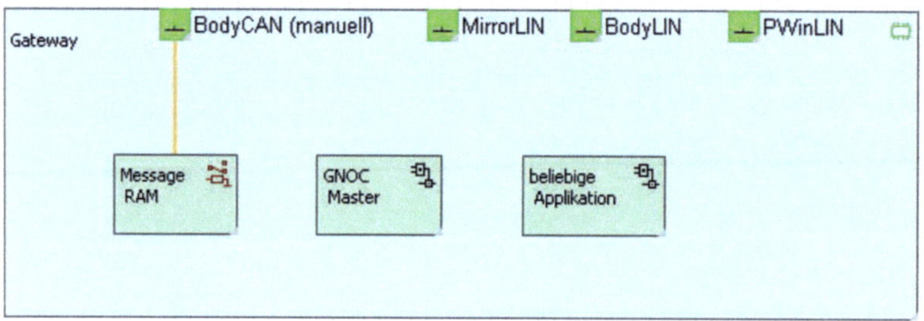

Abbildung 5.34: Exemplarisches Komponentendiagramm Gateway

Generierung durch Modellabfrage Die Einbindung des Backends erfolgt über Modellabfragen. Als Darstellung wurde das Metrikdiagramm gewählt, das eine graphische Darstellung der Abfragedialoge und einzelnen Verarbeitungsschritte ermöglicht und so zum graphisch modellierten Generierungstool wird. Einstiegspunkt der Generierung sind die Modellabfragen, die aus dem Gesamtmodell alle notwendigen Informationen extrahieren. Dies sind zunächst die an den Gateway angeschlossenen Bussysteme, die die Auswahl der Busmodule ermöglichen. Die zusätzlichen Module entstammen der Abfrage aus dem Komponentendiagramm. Im nächsten Schritt werden die Module in einer Liste gesammelt. Die im XML Format vorliegenden Modulbeschreibungstypen werden von einem separaten Block eingelesen und als Datenbank zur Verfügung gestellt. Gegebenenfalls wurden die XML Dateien bereits in dem Modell als Attribut gelinkt, so daß auch die zusätzlichen Beschreibungen eingelesen werden. Ebenfalls an dieser Stelle erfolgt die Auswahl des Arbiters (GNoC-Master): diese kann entweder über die Modellierung im Komponentendiagramm oder über eine Festlegung im Metrikdiagramm erfolgen. Bleibt die Verbindung undefiniert, wird ein prioritätsbasierter Arbiter gewählt. Nach diesem Prozess stehen die benötigten Module in einer ungeordneten Objektliste als Ergebnis zur Verfügung.

Vor der Synthese der endgültigen Konfiguration können optional noch weitere Verarbeitungsschritte folgen, wie z.B. das Festlegen der Prioritätsreihenfolge oder die Auswahl zusätzlicher Module in Abhängigkeit des bisherigen Konfigurationsergebnisses. Denkbar wäre auch das automatische Hinzufügen der fürs Routing relevanten Module, falls diese nicht explizit im Komponentendiagramm definiert wurden. Das Einlesen der Boardbeschreibung erfolgt ebenfalls über die Definition im Komponentendiagramm oder eine Festlegung im Metrikdiagramm.

Sodann werden die Objektlisten dem Konfigurator zur Verfügung gestellt, der die Module miteinander verknüpft, die externen Schnittstellen erzeugt und mit den Modul I/Os verbindet. Außerdem wird die äußere Schicht, in der die Taktgenerierung und Basislogik integriert ist, hinzugefügt. Die generierte Konfiguration wird schließlich als Objektstruktur ausgegeben. Sie beinhaltet bereits die endgültige Gatewaystruktur mit allen für die Codegenerierung nötigen Informationen. Im letzten Schritt werden die Ausgabedateien des Toplevels und der Boardbeschreibung erzeugt und als separate Dateien geschrieben. Die Generierung ist damit abgeschlossen.

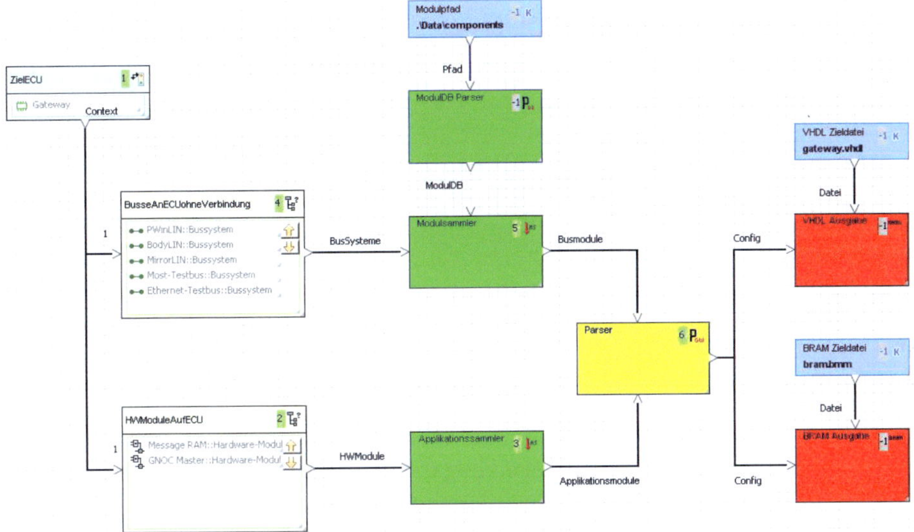

Abbildung 5.35: Metrikdiagramm - Gatewaygenerierung

Diskussion zur Erweiterbarkeit des Ansatzes Durch die enge Einbindung des modularisierten Backends in PREEvision können erstmals hardwarebasierte Gatewayarchitekturen auf hoher Abstraktionsebene modelliert und aus diesen VHDL

Code automatisch generiert werden. Der modulare und graphische Aufbau des Generierungsprozesses erlaubt eine systematische Erweiterung des Generierungstools.

Zukünftig könnte eine Bibliothek an Blöcken definiert werden, die einen Zuschnitt des Generierungsprozesses auf die jeweiligen Anforderungen erlauben. Beispielsweise wäre es möglich, Generierungsblöcke für unterschiedliche FPGA Hardwarehersteller zur Verfügung zu stellen. Auch der umgekehrte Weg wäre denkbar: so könnten Gatewaykonfigurationen in XML Beschreibung eingelesen und dazu genutzt werden, um automatisch eine Repräsentation des Steuergerätes im Modell zu erzeugen. Vergleichbares wäre mittels eines Parsers auch aus den VHDL Toplevels denkbar.

Das so in die E/E-Architektur integrierte Gatewaymodell bietet in Kombination mit PREEvision weitere Bewertungsmöglichkeiten. So könnten für jedes Modul zusätzliche Attribute hinterlegt werden, welche beispielsweise den Ressourcenbedarf des Moduls hinsichtlich Logik und Speicherverbrauch widerspiegeln. Mit einer zusätzlichen Metrikabfrage kann dann überprüft werden, ob das System voraussichtlich auf einen vorgegebenen FPGA gemappt werden kann oder umgekehrt, welche FPGA Größe für eine bestimmte Konfiguration notwendig ist.

Üblicherweise wird auch die Buskommunikation, die sich z.B. aus dem Funktionsnetzwerk ableiten läßt, in dem Gesamtmodell erfasst. Eine Generierung der Mapping- und Routingbeziehungen ist bereits in PREEvision integriert, kann jedoch auch von externen K-Matrizen eingelesen werden. Sind die Routingtypen, die Gatewayarchitektur und der verursachte Aufwand im Gateway bekannt, lassen sich Latenzzeiten für die Verarbeitung innerhalb des Gateways schätzen und auf die gesamte Netzwerkkommunikation übertragen. Die Routingtypen sind im Modell vorhanden und der Verarbeitungsaufwand der Hardwarearchitektur läßt sich für eine konkrete Instanz mittels der in den entsprechenden Abschnitten vorgestellten Formeln berechnen. Damit sind die Latenzzeiten näherungsweise bestimmbar. Zusätzlich können maximale Grenzen für die Verarbeitungszeit der einzelnen Module angegeben werden, was eine von der Routingkonfiguration unabhängige Worst Case Berechnung erlaubt. Auf diese Weise läßt sich über PREEvision eine Architekturexploration auf der Modulebene durchführen. Als Ergebnis könnte eine optimierte Gatewayarchitektur geschaffen werden. Das ist insbesondere dann interessant, wenn in der Modulbibliothek unterschiedliche Realisierungsmöglichkeiten eines Busmodultyps zur Verfügung stehen, die zu einer hohen kombinatorischen Anzahl an Realisierungsmöglichkeiten führen können. Hier geben sich Anknüpfungspunkte zu [117].

Ein weiterer Ansatz wäre die Nutzung abstrakter Gateways bei der Optimierung der Gesamtarchitektur. So könnten bei einer automatisierten E/E-Architekturoptimierung problemlos Schnittstellen zu einem Gateway hinzugefügt oder entfernt werden, ebenso wie auch Gateways dem System hinzugefügt oder aus ihm entfernt werden könnten. Bei dieser Formulierung handelt es sich um ein von FPGA Gateways unabhängiges Optimierungsproblem, bei dem die optimale Netztopologie mit idealen Bussystemen, einer optimalen Platzierung von Gateways, welche die optimale Architektur haben und ein ideales Mapping von Transmissionen besitzen, gesucht wird[16]. Durch die Integration der Architekturgenerierung können jederzeit die bei einer solchen Synthese entstehenden Gateways analysiert und die Hardwarearchitekturen automatisch synthetisiert werden. Bei einer automatisierten Gatewaysynthese müßte allerdings die Auswahl der zusätzlichen Module ohne manuelle Modellierung im Komponentendiagramm erfolgen, so daß eine zusätzliche Komponente, welche es erlaubt, die Komponentendiagramme automatisch zu generieren, notwendig wäre.

Als letztes Beispiel potenzieller Erweiterungen soll die Konsistenzüberprüfung mittels Regelwerken angeführt werden. Mit zusätzlichen für das Gatewaysystem generierten Regeln, kann die Konsistenz eines Gatewayarchitekturmodells auch bezüglich der Auslastung sichergestellt werden. Neben Inkonsistenzen können auch Empfehlungen für das Gatewaydesign ausgesprochen werden. So könnte die Auswahl eines Busmodultyps auf Basis einer solchen Empfehlung erfolgen. Grundlegende Regeln stellen hierbei sicher, daß das Hardwaresystem vom Parser generiert werden kann.

5.2.5 Toolflow für Applikationssoftware

Der im Applikationsmodul enthaltene Softwarestack entspricht bis auf wenige FPGA spezifische Änderungen dem Standardsoftwarestack. Vor allem die Treiberschicht wurde wie in Abschnitt 5.1.6.2 beschrieben an das GNoC Interface angepasst. Aus diesem Grund kann der existierende Softwaretoolflow unverändert bestehen bleiben, vorausgesetzt die Treiber für den Prozessor und die Peripherieelemente werden von den Toolherstellern unterstützt. Der entscheidende Unterschied zu nicht FPGA basierten Systemen ist die Anpassbarkeit der Hardware und damit auch der zugehörigen Hardwarebeschreibung einschließlich Peripheriekomponenten. Dies kann eine Änderung der Treiberstruktur notwendig machen und dazu führen, daß zusätzliche Module eingebunden werden müssen oder entfernt werden können. Die Toolchain bleibt davon unberührt, sondern muß ggf. mehrfach durchlaufen werden.

5.2.5.1 Software Toolflow

Der grundsätzliche, in dieser Arbeit verwendete Toolflow ist in Abbildung 5.36 zusammengefasst. Zentral für die Entwicklung ist die Softwareentwicklungsumgebung (SDK), die auch die für die Kompilierung notwendige Toolchain enthält. Sie führt die Standardsoftwaremodule, die Konfigurationsdaten und die Applikationen zu einer Einheit zusammen, welche dann mittels einer Standardtoolkette (Compiler, Linker, Assembler) in ausführbaren Maschinencode umgesetzt werden kann. In der prototypischen Entwicklung des Applikationsmoduls wurden die auf Eclipse basierende

---

[16]Optimal in diesem Zusammenhang bezüglich einer multikriteriellen Kostenfunktion der Gestalt $cost_{sum} = w_a * cost(a) + w_b * cost(b) + \ldots + w_n * cost(n)$ (n Kriterien, $w(x)$ = Gewichtungsfaktor), die die Architektur hinsichtlich Kriterien wie Bauteilkosten, Latenzzeiten, Buslast, Fehleranfälligkeit, etc. minimiert.

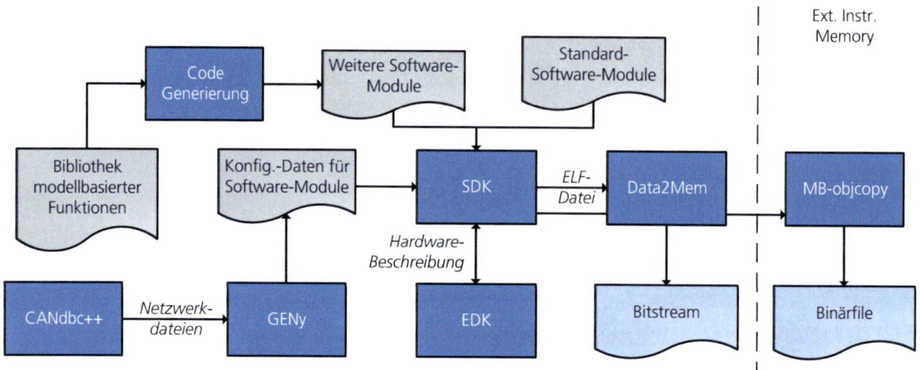

Abbildung 5.36: Software Toolflow

Xilinx SDK und der ebenfalls von Xilinx stammende GNU C/C++ Compiler in den
Versionen 7.1, 8.2 und 10.1 verwendet. Das sich ergebende ELF-File kann, sofern das
Applikationsmodul internen Speicher verwendet, direkt in den aus dem Hardwa-
retoolflow stammenden Bitstrom geschrieben werden. Auf diese Weise werden die
Daten direkt mit der Hardware beim Startup auf den FPGA konfiguriert. Verwendet das Modul externen Speicher, ändert sich die Vorgehensweise: aus der ELF Datei
muß eine im Flash abzulegende Binärdatei erzeugt werden, zusätzlich ist ein Startup
Assembler File zu schreiben, welches beim Startup die gewünschten Sektionen in
den Speicher kopiert, die Variablen initialisiert und schließlich die Ausführung startet. Da dies jedoch von μ-Controller Architekturen bekannt ist, wird hierauf nicht
näher eingegangen.

5.2.5.2 Änderungen der APP-Modulkonfiguration

Die Änderung der im Applikationsmodul enthaltenen Peripherieelemente sowie die
Konfiguration des Prozessors und der Speicherorganisation erfolgt üblicherweise
mittels speziellen, von FPGA Herstellern angebotenen Tools wie Xilinx EDK [307]
oder Altera's SoPC-Builder [5]. Beide Varianten bieten ein graphisches Frontend, welches es ermöglicht, in einfacher Weise zusätzliche Peripherieelemente aus einer Bibliothek dem System hinzuzufügen und mit den Bussystemen zu verbinden. Weiterhin bieten sie Konfigurationsdialoge, die eine Anpassung der einzelnen Komponenten ermöglichen. Eine Modifikation des Applikationsmoduls beginnt auf Basis des
bestehenden Projekts für das Applikationsmodul. Sind die Modifikationen an der
Hardwarestruktur abgeschlossen, müssen die zu dem Modul gehörenden Netzlisten erneut generiert und in der Modulbibliothek hinterlegt werden (vgl. Abbildung
5.37). Zusätzlich ist die neue Hardwarestruktur dem Softwaretoolflow bekannt zu
machen. Gegebenenfalls ist auch die XML Beschreibung des Gateway Konfigurators
zu aktualisieren. Da es möglich ist, mehrere unterschiedliche Applikationsmodule

in einem Gatewaysystem zu instanziieren, muß darauf geachtet werden, daß in diesem Fall keine Namenskollisionen entstehen. Gegebenenfalls sind die Namen des Systems und der einzelnen Systemkomponenten bereits in der EDK anzupassen um doppelte Belegungen zu vermeiden.

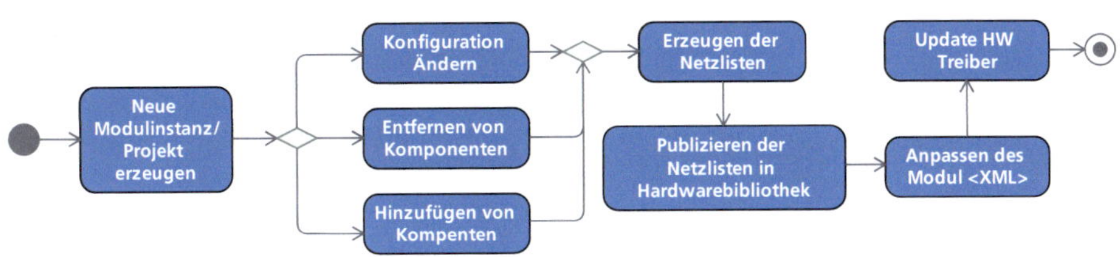

Abbildung 5.37: Anpassung des Applikationsmoduls

5.2.6 Generierung der Routingkonfiguration

Die Möglichkeit, die Routingkonfiguration unabhängig von der Hardwarestruktur generieren und in das System einbringen zu können, bietet verschiedene Vorteile, wie beispielsweise eine Zeitersparnis oder die Weiterverwendung eines einmal zertifizierten Hardwaresystems. Im Gegensatz zu einem Softwaregateway liegen die Routingdaten nicht in einem einzelnen Speicher, da in dem hier beschriebenen Systemansatz die Gatewayfunktionalität auf verschiedene Module und Speicher aufgeteilt ist. Durch die veränderte Speicher- und Datensatzstruktur ist es nicht möglich, bestehende Tools für die Generierung der Konfigurationsdaten einzusetzen. Um die Machbarkeit der automatischen Generierung darzustellen, wurde daher für das Beispiel des CAN zu CAN Routings ein Konfigurationstool entwickelt, welches es ermöglicht, auf Basis der im Standardflow verwendeten DBC Files, die den CAN Busverkehr beschreiben, die Konfigurationsdaten für den Gateway automatisch zu generieren (vgl. [277]). Vorteilhaft ist hierbei die Möglichkeit, die gesamte Routingkonfiguration eines heute verwendeten Fahrzeuggateways auf das System abzubilden und die Korrektheit der Funktionalität auf Serientauglichkeit zu testen. Die Implementierung des Parsers erfolgte in Java, so daß die Möglichkeit besteht, ihn ebenso wie das Architekturbackend in PREEvision zu integrieren. In der aktuellen Version wurde er jedoch als Standalone Applikation realisiert.

Die Generierung erfolgt in drei Schritten. Zunächst werden Anzahl und Typ der Bussysteme deklariert und die internen Moduladressen festgelegt. Daraufhin erfolgt die Zuordnung der DBC K-Matrizen zu den Bussystemen. Der letzte Schritt ist die eigentliche Generierung, welche das Einlesen der DBC Files und die Darstellung in einer internen Repräsentation, die Generierung der Inhalte für die Routingtabellen

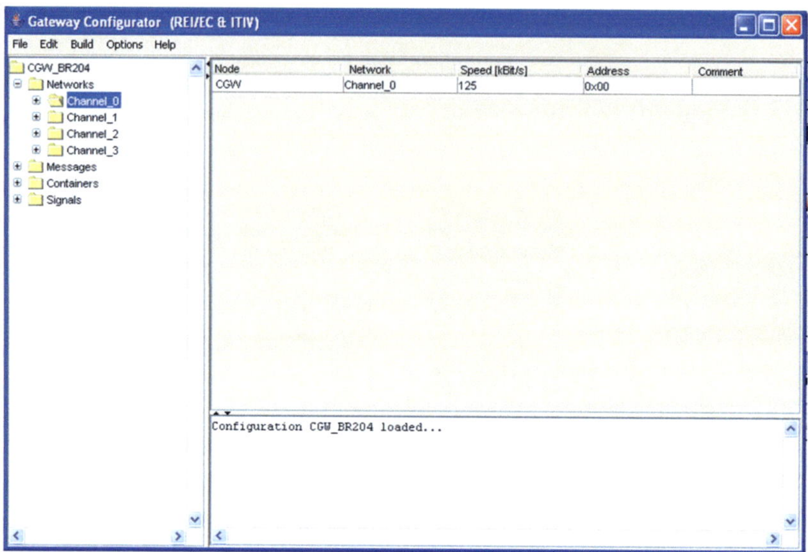

Abbildung 5.38: GUI des Gateway Konfigurators

und das Erzeugen und Schreiben der Speicherinitialisierung für die Konfigurations-
dateien umfasst. Der prinzipielle Ablauf, die Nutzeroberfläche und die generierten
Daten sind in den Abbildungen 5.38 und 5.39 dargestellt.

5.2.7 Generierung der Routingdaten und Gateway Performanz

Die Generierung der Routingkonfiguration hat unmittelbaren Einfluß auf die später
vom Gateway erzielbare Performanz und die Latenzzeiten. Dies ist darauf zurückzuführen, daß bei Mappings keine direkte Aussage über die Implementierung getroffen
wird. Für die Generierung der Routingdaten ergibt sich damit eine Wahlfreiheit hinsichtlich der Realisierung. Beispielsweise sind Botschaftsroutings auch als Einzelrou-
tings der elementaren Transmissionen realisierbar[17], was zu einer höheren Komplexität und damit ungleich längeren Verarbeitungszeit führt (vgl. Abschnitt 5.1.3). Die
Generierung der Routingdaten sollte daher jeweils den am einfachsten zu verarbeitenden Routingtyp wählen, der für die Realisierung möglich ist. In allen Fällen gilt
die Annahme $t_{Botschaftsrouting} < t_{Containerrouting} < t_{Signalrouting}$, es sollte folglich soweit
möglich Botschaftsroutings verwendet werden. Die zu erfüllenden Voraussetzungen
sollen für den Fall der CAN zu CAN Routings nun beispielhaft betrachtet werden.

Für die Weiterleitung von CAN Botschaften werden typischerweise weder die Routingtypen noch die Mappings explizit definiert. Für jedes Bussystem existiert ledig-

---

[17]vgl. Definition 4.14

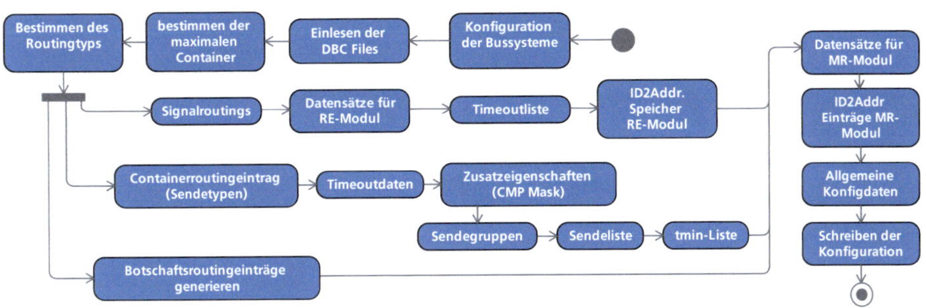

Abbildung 5.39: Genereller Ablauf des Generierungsvorgangs

lich eine Datenbank (DBC File), auch Kommunikationsmatrix (K-Matrix) genannt, die den Datenverkehr des jeweiligen Busses beschreibt. Sie beinhaltet die Beschreibung der Frames, die in den Frames enthaltenen Transmissionen und Container, die Sende- und Empfangssteuergeräte und die physikalische Interpretation der Transmissionen. Das Mapping erfolgt in impliziter Form über die Verwendung identischer Transmissions-, Teilcontainer- und Containernamen in den unterschiedlichen Bussystemen sowie über die Zuordnung des Gatewayssteuergeräts als Sender dieser Nachricht. Die Sendetypen geben näherungsweise einen Aufschluß über den Routingtyp. So weisen beispielsweise ausgehende Gatewaynachrichten des Sendetyps „spontan" auf ein Botschaftsrouting hin.

Die Aufgabe des Generierungsalgorithmus ist demnach, übereinstimmende Transmissionsnamen zu suchen und die Eigenschaften der gefundenen Objekte zu überprüfen, um schließlich den zugehörigen Routingeintrag zu erzeugen. Idealerweise wurden Transmissionen bereits explizit zu Teilcontainern und Datenfeldern gruppiert, die als Ganzes weiterzuleiten sind. In diesem Fall kann die Routingbeziehung direkt für die Teilcontainer und Datenfelder definiert werden, so daß eine weitere Betrachtung der zur ausgehenden Botschaft gehörenden und in der Gruppierung enthaltenen Transmissionen τ_j nicht mehr nötig ist. Eine zusätzliche Überprüfung der Eigenschaften liefert dann den endgültigen Routingtyp.

Idealerweise sollten bei der Generierung jedoch auch nicht explizit definierte Teilcontainer und Datenfelder gefunden werden, so daß beim Routing immer der maximal mögliche Teilcontainer in einem singulären Schritt weitergeleitet werden kann, also eine einzige Routingbeziehung zur Beschreibung des Vorgangs ausreicht. Insbesondere im RE-Modul führt eine Reduzierung der Routingdurchläufe, wie auch in Abschnitt 5.1.4.4 ersichtlich, zu einer signifikanten Beschleunigung der Verarbeitung. Maximale Container sind entweder Datenfelder oder die an die maximalen Teilcontainer (τ_1, τ_2) angrenzenden Transmissionen (τ_i, τ_j) können aufgrund eines fehlenden Mappings nicht in den Container aufgenommen werden:

$$\nexists \mu(\tau_i, \tau_j) : \mu(\tau_1, \tau_2) \wedge \mu(\tau_i, \tau_j) = \mu(\tau_{1a}, \tau_{2a}) \text{mit } \tau_{1a} = (\tau_i, \tau_1) \wedge \tau_{2a} = (\tau_j, \tau_2) \quad (5.17)$$
$$\vee\, \tau_{1a} = (\tau_1, \tau_i) \wedge \tau_{2a} = (\tau_2, \tau_j)$$

Läßt sich eine elementare Transmission nicht einem Teilcontainer zuordnen, dann ist die elementare Transmission bereits der maximale Container. Die Erweiterung der Mappings auf die maximalen Container ersetzt die Mappings der Teilcontainer und elementaren Transmissionen. Für die Generierung des Routings sind daher nur die Mappings der maximalen Container zu berücksichtigen. In einem ersten Schritt wird nach allen Botschaftsroutings gesucht, die folgende Voraussetzungen erfüllen müssen. Für die Datenfelder muß ein Mapping existieren und die Sendetypen stimmen überein:

$$\exists\, \mu(D_f, D_G) : St(D_f) = St(D_g) \text{ und für die elem. } \tau \text{ gilt} \quad (5.18)$$
$$\forall \tau_j \in \Theta(D_f)\, \exists! \tau_i \in \Theta(D_g) : St(\tau_i) = St(\tau_j) \wedge P(\tau_i) = P(\tau_j) \wedge \exists \mu(\tau_i, \tau_j)$$

Die verbleibenden Mappings werden dann auf Containerroutings überprüft; der Aufbau des Datenfeldes muß hierbei identisch bleiben. Im Gegensatz zum Botschaftsrouting kann sich der Sendetyp der Botschaft jedoch verändern:

$$\exists\, \mu(D_f, D_G) : \text{ für die elem. } \tau \text{ gilt} \quad (5.19)$$
$$\forall \tau_j \in \Theta(D_f)\, \exists! \tau_i \in \Theta(D_g) : P(\tau_i) = P(\tau_j) \wedge \exists \mu(\tau_i, \tau_j)$$

Alle nicht in Botschafts- oder Containerrouting abbildbaren Mappings müssen als Signalrouting dargestellt werden. Die einzige Grundvoraussetzung ist ein gültiges Mapping. Die Quelltransmissionen stammen üblicherweise aus unterschiedlichen Datenfeldern oder sind zwar derselben Botschaft zugeordnet, aber nicht zusammenhängend:s

$$\forall \tau_j \in \Theta(D_f)\, \exists! \tau_i : \mu(\tau_i, \tau_j) \quad (5.20)$$

5.3 Erweiterungen des Gateway Systems

Die vorangegangen Abschnitte haben die Grundgedanken, Methoden und Designprinzipen des Gateway- und Toolflowkonzepts eingeführt. Dieser Abschnitt widmet sich nun den Aspekten, die im Umfeld des Ansatzes entstanden sind und deren zugehörige Ergebnisse hier vorgestellt werden sollen. Die Erweiterungen umfassen Debug Module, die Einbindung von Hardwarefunktionen oder die Portierung auf FPGAs anderer Chiphersteller. Bei den Untersuchungen handelt es sich um prototypische Umsetzungen, welche nicht die Optimierung, sondern den generellen Nachweis der Machbarkeit zum Ziel hatten.

5.3.1 Debug Schnittstellen zum GNoC

Für den Test einzelner Module oder mehrerer Modulkomponenten wurden zwei Debug Module implementiert, die es ermöglichen, beliebige GNoC Nachrichten zu generieren oder den auf dem internen Bussystem entstehenden Datenverkehr mitzulesen. Beide Module realisieren eine generische Anbindung des GNoCs an einen Standard PC und ermöglichen so, die Funktionalität einzelner Module hinsichtlich ihres Verhaltens am internen Bussystem zu testen. In beiden Varianten besteht die Möglichkeit, das zugehörige GNoC Interface beliebig zu konfigurieren und so wahlweise unterschiedliche Identitäten anzunehmen. Beispielsweise kann so der Datenverkehr eines externen Bussystems simuliert werden. Mittels eines für das Gateway Evaluationsboard entwickelten Flash Moduls besteht zudem die Möglichkeit, den Bitstrom im Konfigurationsflash über die Debugschnittstelle zu aktualisieren. Beide Debugvarianten setzen sich aus zwei Teilen zusammen: innerhalb des FPGAs existiert die Anbindung des GNoCs an die zwei Standard Kommunikationsmedien USB und Ethernet - für die PC Seite wurden spezielle Softwaremodule geschrieben, die die Kommunikation mit dem FPGA System über eine graphische Nutzeroberfläche ermöglichen. Beide erlauben die Remotekonfiguration des GNoC Interfaces, das Senden einzelner Pakete, eine Listendarstellung der empfangenen Pakete, das Speichern eines Logfiles und das Streamen ganzer Dateien an eine beliebige GNoC Adresse.

5.3.1.1 USB Version

Die USB Anbindung wurde über das in Abbildung 5.40 dargestellte USB-Modul realisiert. Neben der Kombination des PicoBlaze mit dem GNoC Interface kommt ein USB 1.1 IP Core von Opencores zum Einsatz, der die Funktionalität des USB Slaves übernimmt. Die Initialisierung sowie der Austausch der Daten erfolgt über den PicoBlaze, in dem auch das abstraktere Protokollhandling wie die Übermittlung der Geräteparameter realisiert ist. Das Wishbone Businterface des USB IPs macht zudem den Einsatz einer Bridge notwendig. Für die Realisierung des Physical Layers ist zusätzlich ein externer Baustein vorzusehen.

Auf der Seite des PCs wurden zunächst ein generischer Treiber für das USB Gerät integriert, der einen einfachen API Zugriff auf das Gerät erlaubt. Oberhalb der API wurde nun die eigentliche GNoC Debug Software integriert, welche sowohl die graphische Benutzeroberfläche als auch die Interaktion mit dem Treiber und dem USB Modul realisiert. Ein Screenshot der entstandenen Software ist in Abbildung 5.41 dargestellt.

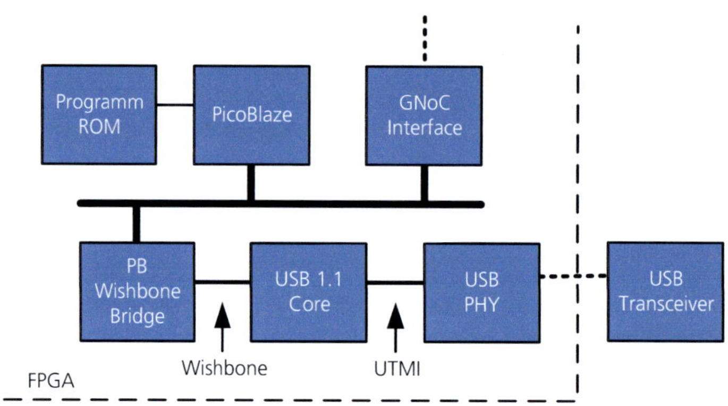

Abbildung 5.40: Architektur des USB Moduls

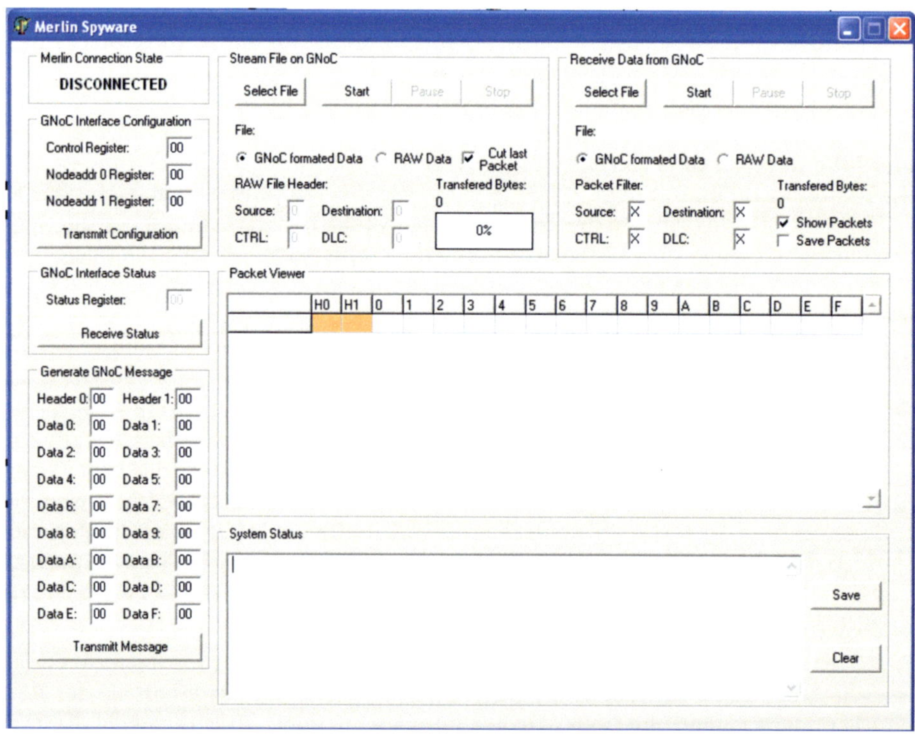

Abbildung 5.41: USB Debug Modul - PC Software

5.3.1.2 Ethernet Version

Eine weitere Anbindungsvariante des GNoC Interfaces an Standard PC Systeme bedient sich der Ethernet Schnittstelle und des TCP/IP Protokolls. Die Realisierung erfolgt vor dem Hintergrund der Verwendung von Ethernet als Diagnosezugang zum Fahrzeug, bietet sich wie die USB Variante jedoch auch zum Test der systeminternen Module an. Von den üblicherweise eingesetzten Diagnoseprotokollen wurde hier abstrahiert und stattdessen die allgemeinste Form der Anbindung gewählt, die es, vergleichbar zur USB Version, ermöglicht, beliebige GNoC Pakete zu erzeugen, welche auch an ein Busmodul geschickt werden können. Etwaige Diagnoseprotokolle, die auf Ende-zu-Ende-Verbindungen beruhen, können dann zwischen PC und Steuergerät eine Verbindung aufbauen, wobei das Diagnoseprotokoll auf der Kommunikationsstrecke, PC $\rightarrow$ Ethernet Netzwerkstruktur $\rightarrow$ Ethernetmodul $\rightarrow$ GNoC $\rightarrow$ Busmodul $\rightarrow$ fahrzeuginterner Bus $\rightarrow$ Zielsteuergerät wie Nutzdaten behandelt wird und die Übertragungsstrecke für das Diagnoseprotokoll somit transparent ist. Die Verwendung von TCP/IP und Ethernet als Diagnoseschnittstelle bietet vor allem den Vorteil, daß beliebige Standardnetzwerkstrukturen und Hardwareelemente zwischen Diagnose PC und Gateway verwendet werden können, ohne daß Anpassungen an einem der beiden Systeme notwendig wären. In der für die Gatewayarchitektur entwickelten prototypischen Version der Ethernet Diagnose wurde auf die Implementierung eines speziellen Diagnoseprotokolls verzichtet und die Generierung beliebiger Busnachrichten -einschließlich Diagnosenachrichten- von dem angeschlossenen PC dargestellt. Für einen Ethernetzugang benötigt werden das Ethernet Modul innerhalb des FPGAs, ein externer Physical Layer, ein Ethernetzugang auf dem PC, sowie die in Java implementierte Diagnosesoftware.

Ethernet Modul Die Software auf dem Prozessor des Ethernet-Knotens muss in der Lage sein, den Bytestream auf dem TCP-Layer in NoC-Pakete zu übersetzen und umgekehrt. Aus der Vielzahl existierender Open Source Implementierungen des TCP/IP Protokolls wurde der lwIP Stack [80, 79] aufgrund seiner Konfigurierbarkeit hinsichtlich stark begrenzter Hardware Ressourcen ausgewählt. Von den beiden zur Verfügung stehenden Schnittstellen wurde die mit weniger Overhead verbundene RAW-API verwendet, welche eine ereignisbasierte Schnittstelle mittels zu registrierender Callbackfunktionen realisiert. Zudem ist für die Ausführung keinerlei Betriebssystem notwendig.

Das Ethernet Modul (vgl. Abbildung 5.42) wurde ebenfalls auf Basis des Microblaze Softcoreprozessors von Xilinx realisiert. Die Struktur der Hardware ist die gleiche wie die Struktur des Applikationsmoduls, welche zusätzlich einen über den OPB Bus angeschlossenen Ethernet-Controller enthält. Verwendet wurde der Ethernet Lite MAC (Media Access Controller) IP-Core von Xilinx. Dieser ist nach der IEEE Std. 802.3 Media Independent Interface (MII) Spezifikation entworfen worden und beherrscht die wichtigsten in diesem Standard beschriebenen Funktionen - dieser ermöglicht so die Verwendung von standardisierten Physical-Layer-Devices (PHY) [304].

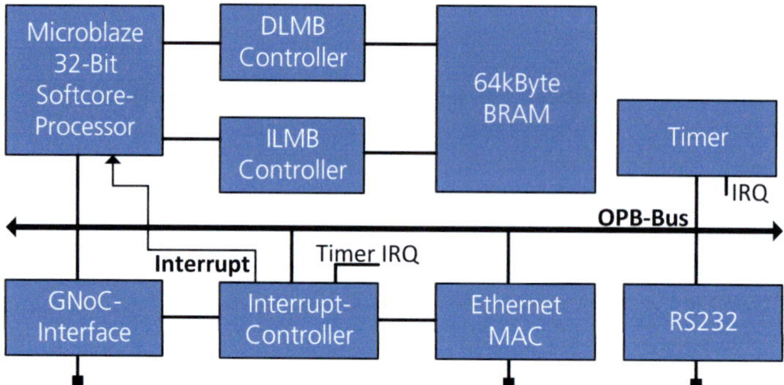

Abbildung 5.42: Architektur des Ethernet Moduls

Die im Ethernet Modul laufende Applikation bildet eine Schnittstelle zwischen dem TCP/IP-Stack und dem NoC-Interface und erlaubt den kontrollierten Datenaustausch zwischen beiden Domänen. Darüber hinaus ist ein direkter Zugriff auf das Registerinterface des NoC-Interfaces mit speziellen Kommandos möglich. Dies erlaubt eine Konfiguration des NoC-Interfaces über die TCP/IP-Verbindung, die Konfiguration des lwIP wurde hinsichtlich minimalem Ressourcenverbrauch vorgenommen, damit 64kByte Speicher ausreichend sind. Abbildung 5.43 zeigt die Struktur der Software; diese besteht aus den grundlegenden Treibern für den Timer und das GNoC Interface, der Initialisierungsfunktion und der zentralen Konfiguration, dem lwIP Softwarestack und der eigentlichen Applikation für die Kopplung von GNoC und TCP/IP Layer. Um unterschiedliche Pakettypen unterscheiden zu können, enthalten die Datenpakete zusätzliche Informationen über die Verwendung der Daten. Beispielsweise erfolgt die Konfiguration des GNoC Interfaces des Ethernet Moduls über einen eigenen Pakettyp. Die wesentliche Aufgabe der Applikation ist es, GNoC Pakete aus dem TCP Datenstrom zu filtern und über die interne Kommunikationsstruktur zu senden. Umgekehrt werden GNoC Pakete solange eingesammelt, bis ein TCP Frame gefüllt ist und verschickt werden kann.

Debug Software - Ethernet Modul Die auf PC Seite implementierte Debug Software („NoC-Client") besitzt zunächst denselben Funktionsumfang wie das USB Modul (siehe Abbildung 5.44). Sie ermöglicht es, sich zum Server auf dem Ethernet-Modul per TCP/IP zu verbinden. Der NoC-Client wurde in Java implementiert und ist damit plattformunabhängig.

Das Versenden von Paketen lässt sich sehr flexibel gestalten. Es besteht die Möglichkeit des Versendens von einzelnen Paketen durch manuelle Eingabe sowie die Möglichkeit des Streamens von ganzen Dateien. Umgekehrt können ankommende Daten in einer Datei mitgeloggt werden. Es wurde ein einfaches Dateiformat definiert, welches eine manuell Bearbeitung ermöglicht. Konfigurationspakete für das NoC-Interface können über ein separates Bedienfeld vorgegeben werden. In der Paket-

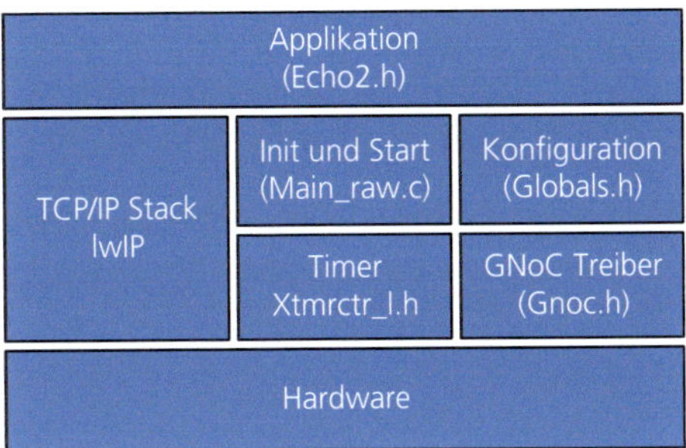

Abbildung 5.43: Software Struktur

Ansicht können ein- und ausgehende Pakete je nach Kommunikationsrichtung farblich hervorgehoben angezeigt werden. Darüber hinaus besteht die Möglichkeit, verschiedene Paketfilter zu definieren. Die Grundfunktionen, wie sie eben beschrieben wurden, wurden bei der Implementierung zum Debuggen der Hardware genutzt.

Der NoC-Client ist in verschiedene Richtungen erweiterbar. Von Interesse dürfte insbesondere die Möglichkeit sein, höhere Protokolle oder Verhaltensweisen zu implementieren, welche es ermöglichen, auf Applikationsebene mit angeschlossenen ECUs zu kommunizieren. Eine Applikation könnte so dem Update eines Steuergerätes dienen oder eine Diagnose des Steuergerätes vornehmen. Die Ankopplung an den zentralen Gateway ermöglicht zudem die parallele Nutzung von Bussystemen, wodurch ein paralleles Flashen unter Ausnutzung der gesamten verfügbaren Bandbreite möglich ist. Die prinzipielle Funktionsweise wurden anhand eines einfachen Beispiels aufgezeigt: es simuliert ein Bedienpanel für die Steuerung elektrischer Fensterheber. Umgekehrt kann der Status einschließlich Position eingelesen und dargestellt werden (vgl. Abbildung 5.45). In einem weiteren Schritt wäre es möglich, Testzyklen zu integrieren, die den Werkstattbetrieb erleichtern. Ethernet ermöglicht zudem prinzipbedingt eine Ferndiagnose z.B. über Internet. Da in dieser Arbeit jedoch nur die grundlegende Machbarkeit dargestellt werden soll, wurde auf eine Implementierung der Testzyklen verzichtet.

5.3.2 Portierbarkeit des Ansatzes - Altera vs. Xilinx Architekturen

Im Verlauf der Arbeit stellte sich die Frage nach der Unabhängigkeit des Systemkonzepts von der jeweiligen Chiparchitektur. Um diese zu untersuchen und den Aufwand abzuschätzen wurde das Konzept auf die Altera Architektur portiert. Im Rahmen dieser Portierung wurden die Unterschiede der Architekturen herausgearbeitet und die kritischen Komponenten identifiziert, um die einzelnen Module mit vergleichbarer Funktionalität auf Altera Chipfamilien realisieren zu können. Als Zielarchitektur kamen sowohl der Stratix-II als auch der Cyclone-II zum Einsatz.

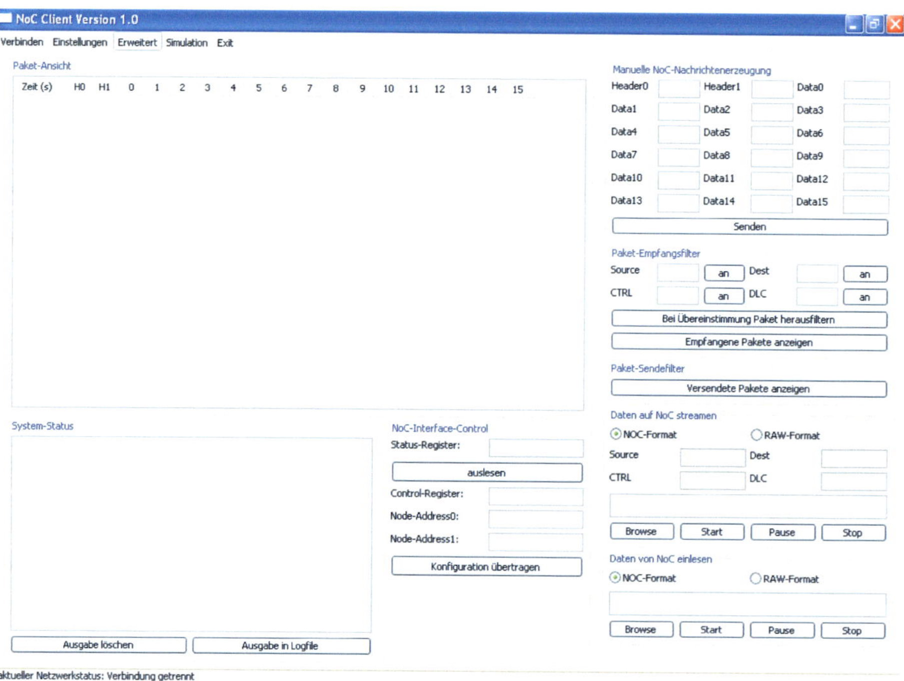

Abbildung 5.44: Screenshot der Debug Software

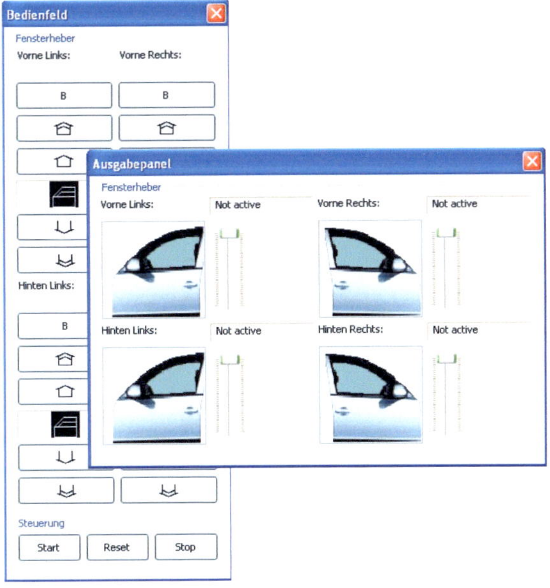

Abbildung 5.45: Applikation

5.3.2.1 Chiparchitektur

Die Cyclone-II Familie ist die zum Spartan-3 vergleichbare Architektur: die Logik-blöcke werden bei Altera als Logic Elements (LE) bezeichnet und besitzen denselben Prinzipaufbau wie Xilinx Slices (vgl. Abbildung 5.46). Sie besitzen eine 4 Bit Look Up Table sowie optional verwendbares FlipFlop, so daß sich ungefähr ein Verhältnis von 1 Slice = 2 LEs ergibt. 16 LEs werden zu einem Logic Array Block (LAB) zusammengefasst. Über die Verbindungsleitungen können die LEs miteinander zu komplexeren Schaltungen zusammengefasst werden. Ebenfalls vergleichbar zu Xilinx ist die Unterscheidung in lokale (innerhalb des LABs) und globale Verbindungen, die sich über unterschiedliche Längen erstrecken. Die IO Pins sind konfigurierbar und unterstützen unterschiedliche Standards. Bei den Hardwaremultiplizierern können bis zu 18 Bit verwendet werden, wobei die Nutzung als zwei 9 Bit Multiplizierer ebenfalls möglich ist. Die Speicher sind in M4K (4*1024) Bit zusammengefasst und als Dual-Port Speicher ausgelegt. Vergleichbar zu den DCMs bei Xilinx stehen für die Taktgenerierung PLLs zur Verfügung.

Ein Vergleich der High-End Architekturen Virtex-5 und Stratix-III führt erwartungsgemäß zu einem ähnlichen Ergebnis. Die Grundstruktur beider FPGAs hat sich in vergleichbarer Weise entwickelt. So bieten beide spezielle DSP Blöcke, die Filteraufgaben übernehmen können und ähnliche Funktionalität aufweisen. Unterscheidungen lassen sich bei den maximalen Bitbreiten finden: so bietet ein Stratix-FPGA die

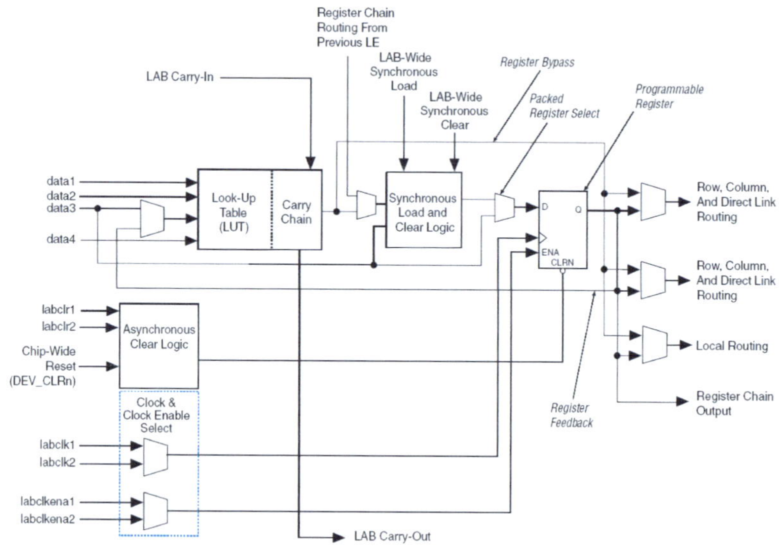

Abbildung 5.46: Aufbau der Altera Logikelemente [12]

Möglichkeit, zwei 36 Bit Zahlen miteinander zu multiplizieren, bei Xilinx ist die Multiplikation auf 25x18 Bit beschränkt. Beide Hersteller bieten eine erweiterte Konfigurierbarkeit der LUT Strukturen an. So besteht wahlweise die Möglichkeit eine Funktion mit mehreren Eingangsvariablen abzubilden oder ein LUT für mehrere Funktionen zu verwenden.

5.3.2.2 Toolflow

Die Tools unterscheiden sich vor allem in der Bedienung und den Nutzeroberflächen. Für nahezu alle Funktionalitäten lassen sich bei Xilinx oder Altera Entsprechungen finden. Der einfache Toolflow startet bei Altera Quartus ebenfalls auf VHDL Verhaltensebene, es können jedoch auch Netzlisten verwendet werden. Am Ende des Flows steht ein für die FPGA Konfiguration geeignetes Bitfile zur Verfügung. Die Flow startet mit der Synthese der Datei, es folgen Platzierung und Verdrahtung[18]. Die Erzeugung des Bitfiles erfolgt schließlich mit dem Assembler.

Für einzelne Funktionen stehen bereits vorgefertigte IP Blöcke in einer Bibliothek zur Verfügung (Megafunctions). Für die Generierung von Prozessorsystemen ist der SoPC Builder integriert, der es vergleichbar zur Xilinx EDK ermöglicht graphisch Prozessorsysteme zusammenzustellen. Beim Softcore Prozessor NIOS-II handelt es sich um einen konfigurierbaren 32 BIT RISC Prozessor. Die Integration der verschiedenen, vom Benutzer ausgewählten Hardwarekomponenten zu einem Gesamtsys-

---

[18]bei Altera Fitting genannt

tem wird von der Software automatisiert. Zum Aufbau von Systemen werden Prozessor und die gewünschten Peripherieelemente ausgewählt und angepasst. Im Gegensatz zu Xilinx verwendet Altera ein proprietäres Bussystem („Avalon Switch Fabric"), welches den gleichzeitigen Zugriff mehrerer Master auf unterschiedliche Slaves ermöglicht. Sowohl die Bitbreite als auch die Funktionalität des Bussystems können den Anforderungen gemäß angepasst werden. Wurden alle Module zusammengefügt, kann das System generiert und dem Standardtooflow übergeben werden. Für die Softwareentwicklung kommt eine Eclipse basierte SDK zum Einsatz. Die benötigten Treiber lassen sich ebenfalls aus dem SoPC Builder generieren.

5.3.2.3 Umsetzung des Gateways

Der Portierungsaufwand bezieht sich auf alle nicht auf einem Altera FPGA implementierbaren Elemente. Der Großteil des VHDL Codes ist generisch, so daß er auf beliebigen FPGA Architekturen synthetisiert werden kann. Xilinx spezifisch sind lediglich der PicoBlaze Prozessor, der MicroBlaze Prozessor und die verschiedentlich in den Modulen verwendeten Speicher. Die restlichen Portierungsanforderungen, wie beispielsweise die Zuordnung und Konfiguration der IO Pins oder die Taktgenerierung, ergeben sich aus den Toolflows - diese sind ohnehin für ein Entwicklungsboard spezifisch. Die Modulzusammenstellung und Modularchitektur muß mit Ausnahme des Applikationsmoduls nicht geändert werden.

Der PicoBlaze liegt zwar in VHDL vor, läßt sich aber aufgrund der strukturellen, auf Xilinx Primitiven basierenden Beschreibung nicht ohne weiteres auf einem Altera FPGA implementieren. Die Ersetzung der Xilinx Primitive durch die bei Altera verfügbaren Äquivalente wurde aus Aufwands- und nicht zuletzt auch aus Lizenzgründen verworfen. Stattdessen kommt der in Verhaltensbeschreibung vorliegende PacoBlaze zum Einsatz, der für Architekturen aller FPGA Hersteller einschließlich Xilinx und Altera synthetisiert werden kann. Beim PacoBlaze handelt es sich um eine quelloffene, instruktions-, verhaltens- sowie pinkompatible Version des PicoBlazes. Zudem kann der Aufbau des Prozessors mittels unterschiedlicher Generics an die jeweiligen Anforderungen angepasst werden. Nach unterschiedlichen Tests zur Kompatibilität wurde der PacoBlaze zunächst in der Xilinx Version des Gateways eingesetzt. Hierbei wurden wenige Abweichungen des IP Verhaltens festgestellt und behoben. Im Vergleich zum PicoBlaze zeigt der PacoBlaze einen ungefähr anderthalbfachen bis doppelten Ressourcenverbrauch (vgl. Tabelle 5.26) und die maximal erzielbaren Taktfrequenzen sind vergleichsweise niedriger. Der Austausch des Prozessors in den Modulen erfolgt lediglich durch die Verwendung einer anderen Prozessorkomponente. An dem Aufbau der Module oder den Verbindungen zum Prozessor wurde nichts verändert.

Der für die Instruktionen benötigte Programmspeicher kann mit Hilfe der Megafunctions realisiert werden. Hierzu wird ein 1024x18 Bit großer ROM generiert, der direkt mit dem PacoBlaze zu verbinden ist. Wichtig ist, beim Speicher das identische Verhalten zu Xilinx BRAM Blöcken zu erzielen, was durch die Konfiguration mittels Megafunctions ohne Einschränkung möglich ist. Die Initialisierung des Speichers kann über Intel-Hex Files erfolgen. Aus diesem Grunde wurde ein Parser geschrieben, der die vom Assembler generierten Hex Files in das Intel Format umsetzt.

Für die im Gatewaysystem vorhanden Speicher wurden direkt die auf dem Chip verfügbaren BRAM Speicher instantiiert. Aufgrund der unterschiedlichen Größe der beim Cyclone-II verwendeten Speicher kann diese Methode nicht unmittelbar angewandt werden. Stattdessen wurde wiederum auf die Megafunctions Bibliothek zurückgegriffen und die Komponenten *altsyncram* eingesetzt. Diese erlaubt die Konfiguration der Arbeitsspeichergröße sowie des gewünschten Verhaltens. Beides wurde so eingestellt, daß die Speicher eine, verglichen mit den Xilinx BRAMs, identische Größe und identisches Verhalten aufweisen. Für den Austausch im Gatewaysystem sind zwei Speichertypen zu generieren: 1024x16 sowie 2048x8 Bit in einer DualPort Konfiguration. Gegebenenfalls wird nur ein Port verwendet, der andere kann ungenutzt im System verbleiben kann. Der Austausch der BRAM Blöcke erfolgt ebenfalls modulweise. Für die Integration der Initialisierungsdaten kann wiederum das Intel-Hex Format mit dem zuvor eingeführten Parser verwendet werden.

Nach dem sukzessiven Austausch der Speicher und des PicoBlazes in allen Modulen konnten die Module simuliert und übereinstimmende Ergebnisse mit dem ursprünglichen System sichergestellt werden. Die Einführung einer PLL zur Taktgenerierung sowie die Verbindung der externen Schnittstellen schließen die Integration des Gatewaysystems auf dem Cyclone-II FPGA des DE2 Entwicklungsboards [11] ab. Eine Absicherung der Portierung erfolgte über die Testbenches der Restbussimulation.

Modul	LE		Speicherbits	
CTRL Modul	1414	4%	35136	7%
CAN Modul	8179	25%	36416	8%
Message RAM Modul	1644	5%	84288	17%
Routing Engine Modul	2297	7%	67904	14%
Gateway ohne Applikationsmodul	13396	40%	223744	46%
Applikationsmodul	1790	5%	288768	60%
PacoBlaze	1076	3%	18752	4%

Tabelle 5.26: Ressourcenverbrauch der Module auf Altera Cyclone II

Eine Portierung des Applikationsmoduls erfolgte nicht direkt, da weder MicroBlaze noch Peripherieelemente oder Bussystem direkt portierbar sind. Stattdessen wurde eine zum Applikationsmodul vergleichbare Struktur auf Basis des NIOS-II Prozessors mittels SoPC Builder aufgebaut. Dadurch ist der gesamte Prozessortoolflow von Altera nutzbar. Das Prozessorsystem enthält, wie das ursprüngliche Applikations Modul auch, das GNoC Interface, Timer, einen Interruptcontroller, sowie on-Chip Speicher (2x16kB). Die Anbindung an den Gateway erfolgt über das portierte GNoC

Interface, welches über die Avalon Switch Fabric angebunden wurde. Softwareseitig waren für die Portierung des GNoC Treibers die I/O Funktionen von MicroBlaze auf NIOS anzupassen. Die oberen Softwareschichten konnten unverändert beibehalten werden. Abschließend wurde das Altera spezifische Applikationsmodul in das Gatewaysystem eingebunden und das Gesamtsystem auf seine Funktionalität getestet.

Für den Gesamtverbrauch der Ressourcen ergeben sich die in Tabelle 5.26 dargestellten Ergebnisse. An dieser Stelle sei nochmals auf den Fokus die Portierbarkeit nachzuweisen hingewiesen. Dementsprechend ergibt sich an den einzelnen Stellen Optimierungspotential, insbesondere die Zahl der Speicherblöcke hat sich als kritisches Element herausgestellt. Diese lässt sich in vielen Fällen verkleinern, da im Regelfall deutlich kleinere Speicher ausreichend sind, als sie in der Xilinx Version des Gateways genutzt werden, was mit der vorgegebenen Größe des Speicherlements bei Xilinx zusammenhängt. So können die im GNoC-Interface verwendeten FIFOs ca. 100 GNoC Nachrichten zwischenspeichern - in der Realität dürfte dieser Fall selten auftreten, so daß dieser Speicher wahlweise erheblich verkleinert werden kann, was zu einer unmittelbaren Einsparung der Speicherblöcke führt. Abschließend läßt sich jedoch feststellen, daß der in dieser Arbeit entworfene Architekturansatz nachgewiesenerweise mit begrenztem Aufwand auf Bausteine unterschiedlicher Hersteller portierbar ist und damit die gewünschte Eigenschaft der Herstellerunabhängigkeit gewährleistet ist.

5.3.3 Funktionsblöcke in Hardware - HA-Modul

Bereits in vorangegangenen Forschungsarbeiten wurde die Realisierung von Applikationen aus dem Automotive Umfeld in Hardware untersucht (vgl. [118, 37]). In Anlehnung und Fortführung dieser vorangegangenen Arbeiten wurde im Rahmen der vorliegenden Arbeit die Funktionalität als eigenständiges, an der zentralen Kommunikationsstruktur angeschlossenes Modul realisiert. Die direkte Anbindung von Hardwareapplikationen an das GNoC entspricht einer logischen Erweiterung des modularen Architekturprinzips, bei welchem die Gatewaymodule auch als spezialisierte Funktion angebunden sind. Die von dieser Modularisierung bekannten Vorteile lassen sich auf die Hardwareapplikationen übertragen. Die Parallelisierung von Tasks erlaubt beispielsweise das Hinzufügen von Modulen, ohne daß die Performanz des restlichen Systems negativ beeinflußt wird. Die Anbindung über das GNoC bietet zudem eine wohldefinierte Schnittstelle zur Kommunikation der Module untereinander oder zur Kommunikation mit externen Bussystemen.

Die prototypische Anbindung des Applikationsmoduls erfolgt über eine Kombination aus GNoC Interface und PicoBlaze. Die Applikation ist in Hardware realisiert, wurde jedoch automatisch aus einem Stateflow Modell generiert. In Abhängigkeit der zu erwartenden Kommunikationslast des Moduls können auch mehrere Hardwareapplikationen in einem einzigen Applikationsmodul realisiert werden. Exemplarisch wurde ein Modell für eine Verdecksteuerung in Matlab modelliert und gegen die Serienspezifikation evaluiert. Um die beiden konzipierten Realisierungsmöglichkeiten innerhalb des Gateways darzustellen, wurden aus dem Modell sowohl C als auch VHDL Code generiert und im Gesamtkonzept integriert. Die in Software implementierte Variante konnte ohne zusätzlichen Hardwareaufwand in das Applikationsmodul integriert werden.

Bei der Hardwarevariante entstanden die drei Funktionsmodule Beladehilfe, Überrollbügel und Verdecksteuerung, die zusammen in einem Hardwarefunktionsmodul integriert wurden. Die Generierung erfolgte mittels JVHDLgen direkt aus dem Matlab Modell. Alternativ wurde die Verwendung des Matlab HDL-Coders untersucht, der sich seinerzeit jedoch noch im Beta Stadium befand und nicht für die Generierung eines lauffähigen Modells geeignet war. Auch die Verwendung von JVHDLgen beinhaltet einige Einschränkungen, auf die bereits bei der Modellierung zu achten ist. Beispielsweise ist der Einsatz von During oder Exit in den States nicht möglich. Für einen prototypischen Einsatz sind diese Einschränkungen jedoch unerheblich. Die Generierung des VHDL Codes erfolgt auf Kommandozeile mit dem Stateflowmodell als Eingabe und synthesefähigem Code als Ausgabe.

Die synthetisierten VHDL Modelle können direkt in den aus PicoBlaze und GNoC-Interface bestehenden Stub des Moduls eingefügt werden. Als Schnittstelle zwischen der generierten Applikation und dem PicoBlaze kommt ein Registerinterface zum Einsatz, mit dem die Eingabevariablen übergeben und die Ausgabedaten ausgelesen werden können. Die Aufteilung der Variablen in die einzelnen Registerbänke erfolgte bei dieser prototypischen Umsetzung manuell, ließe sich jedoch auch automatisieren. Für die drei Teilmodule wurde jeweils eine eigene Hardware FSM generiert und dem HA-Modul hinzugefügt. Alle drei Komponenten besitzen ein eigenes Registerinterface zum PicoBlaze. Die Anforderung, Ausgabedaten zu senden, erfolgt über einen Interrupt des Prozessors. Dieser liest die Daten aus, generiert den Header und verschickt das Datenpaket über das GNoC. Umgekehrt werden eingehende Daten vom PicoBlaze empfangen, ausgewertet und an eines oder mehrere Module in Abhängigkeit der Relevanz übergeben. Aus Sicht der anderen Module sind die drei Applikationen unabhängig, da jedes der drei Hardwaremodule eine eigene GNoC Adresse besitzt (vgl. Abschnitt 5.1.5.1). Eine Aufteilung in drei vollständig parallel arbeitende Hardwarefunktionsmodule könnte so ohne Änderung in den restlichen Gatewaymodulen erfolgen. Die Kommunikation der Hardwareapplikationen kann direkt mit den Busmodulen oder über das Applikationsmodul, welches Teile der Vorverarbeitung übernehmen kann, erfolgen. In der prototypischen Realisierung erfolgt der Datenaustausch ausschließlich mit dem Applikationsmodul, da zwischen der Softwarerealisierung und der Hardwarevariante umgeschaltet werden kann. Die realisierte Architektur in einem Hardwareapplikationsmodul ist in Abbildung 5.47 dargestellt. Für das gesamte Hardwaremodul werden 1162 zusätzliche Slices auf einem Spartan-3 benötigt. Gleichzeitig reduziert sich die Codegröße im APP-Modul um ca. 3,6 KByte.

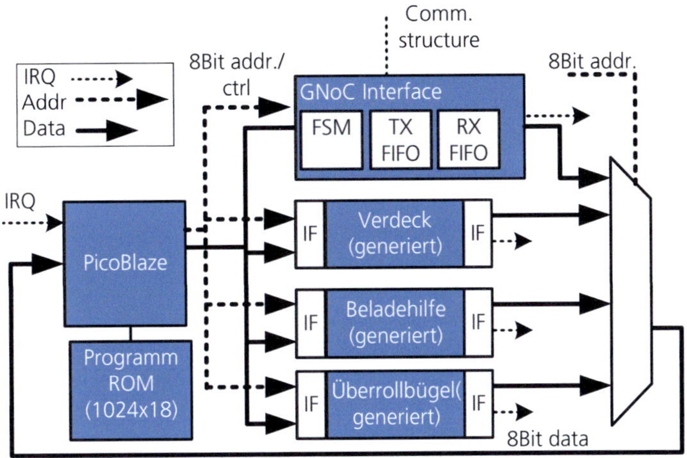

Abbildung 5.47: Aufbau des HA-Moduls

5.4 Funktionale Validierung

Der Nachweis der Funktionstüchtigkeit des Architekturkonzepts konnte anhand verschiedener Demonstratoren, die jeweils einen Teilaspekt der Architektur hervorheben, geführt werden. Bei den Laboraufbauten wurden prototypisch Kommunikationsbeziehungen in das System eingebracht, die es ermöglichten, die unterschiedlichen Systemteile auf ihre Funktionalität zu testen. Für weitere Varianten erfolgte eine Einbettung in eine vollständige Simulation des Umfelds, bei dem zwar reale Bussysteme Verwendung fanden, mit Ausnahme des Gateways jedoch alle an dem Bus angeschlossenen Steuergeräte simuliert wurden. Dieser als Restbussimulation bezeichnete Fall ermöglichte bereits die vollständige Überprüfung der Routingbeziehungen. Der Austausch der simulierten Steuergeräte durch die realen Steuergeräte entspricht dem Test auf dem HiL Prüfstand, der für eine ausgewählte Fahrzeugarchitektur erfolgreich durchgeführt wurde. Der finale Beweis der Tauglichkeit des Konzepts erfolgte jedoch durch den Aufbau zweier Fahrzeugdemonstratoren, die einerseits den Ersatz eines Seriengateways und andererseits den Ansatz für eine alternative E/E-Architektur darstellen. Dies sind die beiden Ansätze, die im Folgenden diskutiert werden.

5.4.1 C-Klasse Demonstrator

Die E/E-Architektur der aktuellen Mercedes-Benz C-Klasse diente während der Entwurfs- und Integrationsphase als Zielarchitektur des zentralen Gateways, da für diesen Fahrzeugtyp die Verwendung der Serientestbenches nutzbar war, wodurch ein

Abprüfen des gesamten Serienroutingumfangs ermöglicht wurde. Am zentralen Gateway des Fahrzeugs kommen 4 CAN Busse zum Einsatz. Dies ist einer der Gründe für die Fokussierung dieser Arbeit auf dieses Bussystem, da auf diese Weise eine Absicherung der Funktion aufgrund von Serienstandards erfolgen kann.

5.4.1.1 Architektur

Der Aufbau der Architektur besteht aus 4 CAN Modulen oder wahlweise einem Quad-CAN-Modul, dem Routing Engine Modul, dem Message RAM Modul sowie einem Applikationsmodul, dem bei diesem Demonstrator die Aufgabe des Netzwerkmanagements und des Administrationsdienstes zukommt (vgl. Abbildung 5.48). Zusätzlich wurde das USB Modul integriert, wobei dessen Verwendung optional ist. Gleiches gilt für das Flash Modul, welches zusammen mit dem USB Modul auf diesem Board für das Update des Bitstroms im Flash Speicher genutzt wurde. Als Hardwareplattform kommt das FPGA Gateway Board (vgl. Abschnitt 2.6) zum Einsatz, wobei sowohl die LIN Transceiver als auch die externen SRAM Speicher nicht genutzt werden. Der CPLD enthält eine spezielle Konfiguration, die es dem CTRL Modul ermöglicht, zwei der drei Spannungsversorgungen des FPGAs abzuschalten. Das Wecken erfolgt über eine eingehende CAN Botschaft, die über die Transceiver den CPLD triggert, der daraufhin den FPGA aus dem Flash Speicher konfiguriert, wodurch der Gateway gestartet wird.

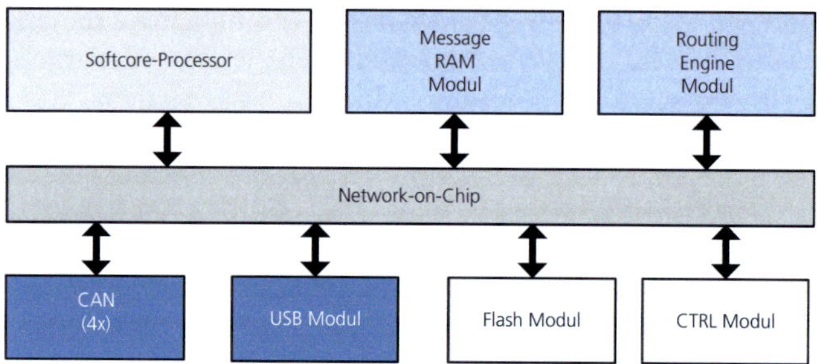

Abbildung 5.48: Architektur des C-Klasse Gateways

5.4.1.2 Toolflow und Konfiguration

Die Zusammenstellung der Hardwaremodule auf Toplevelebene, die Taktgenerierung und die Verknüpfung der im Toplevel verwendeten Ports mit den I/O-Pins wurden manuell durchgeführt, da der Entwurf des Designflows für die Hardwarestruktur nachgelagert erfolgte. Der Standard FPGA Flow dient zur Synthese des Bitstroms (vgl. 2.5.2).

Die Konfigurationsdaten der CAN Controller sind im CTRL-Modul hinterlegt, das deren Initialisierung und Verwaltung vornimmt. Bereits existent war jedoch die automatische Synthese der Routingeinträge aus den K-Matrizen des Serienfahrzeugs, so daß keine manuelle Generierung der mehreren hundert Routingeinträge nötig war[19].

Der letzte Schritt führt Hardwarekonfiguration, Software der PicoBlazes und des MicroBlaze sowie die Routingtabellen im finalen Bitstrom zusammen, der dann entweder über JTAG direkt auf den FPGA konfiguriert oder skriptbasiert in ein flashbares Binärfile umgewandelt werden kann. In beiden Fällen startet der Gateway direkt nach der Konfiguration mit der Initialisierung und dem Ausführen von Routing und Netzwerkmanagement.

5.4.1.3 Restbussimulation und HiL Test

Der Test der zuvor beschriebenen Gatewayarchitektur durchlief drei Stufen. Zunächst erfolgte der Test innerhalb eines einfachen Laboraufbaus, bei dem der Datenverkehr der vier CAN Bussysteme mittels einer auf einem einzeln laufenden PC vorgenommenen CANoe Restbussimulation realisiert wurde. In ihr wurde das Busverhalten aller an den vier Bussen angeschlossenen Steuergeräte simuliert und die entsprechenden Bus Botschaften auf den CAN Bus geschickt oder vom Gateway empfangen. Diese Art der Simulation ermöglicht noch keinerlei Echtzeitfähigkeit, weshalb sich die Funktionalität des Systems nur eingeschränkt testen läßt. Vorrangig wurde die Simulation zur funktionalen Validierung einzelner Routingbeziehungen und zum Test spezifischen Routing- oder Sendeverhaltens genutzt.

Für den detaillierten Test wurde eine bestehende Routingtestbench genutzt, die auf einer echtzeitfähigen Simulation der angeschlossenen Steuergeräte beruht. Im Kern bleibt das Prinzip einer Restbussimulation erhalten, da im wesentlichen die zugrundeliegende Hardware ausgetauscht wird. Der Routingtest ermöglicht eine automatische Überprüfung der Routingbeziehungen und aller Transmissionseigenschaften der vom Gateway generierten Nachrichten. Hierzu werden jeweils einzelne Aspekte einer Transmission überprüft und gezielt variiert. Damit ermöglicht dieser Test eine belastbare Aussage über die funktionale Korrektheit der Implementierung hinsichtlich Botschafts- und Routingverhalten. Allerdings handelt es sich immer um eine Simulation aller Steuergeräte so daß das reale Verhalten hinsichtlich Versatz, Glitches, nicht exakter Synchronisierung, Hardwaretoleranzen etc. nur ansatzweise abgebildet werden kann.

Aus diesen Gründen wurde darauf zurückgegriffen, das Systemverhalten mittels eines Hardware-in-the-Loop (HiL) Prüfstands zu überprüfen. Bei diesem Test wird die im Fahrzeug befindliche Steuergerätearchitektur und Vernetzung auf einem Brettaufbau nachgebildet. Die mit den Steuergeräten verbundenen Sensoren und Aktoren werden jedoch simuliert, so daß bestimmte Fahr- oder Umgebungssituationen gezielt

---

[19]Die hohe Anzahl von Routingbeziehungen begründet auch die Reihenfolge bei der Etablierung des Toolflows, bei der zunächst auf den Gateway Konfigurator für die Routingbeziehungen Wert gelegt wurde.

generiert werden können. Das originale Gatewaysteuergerät wurde gegen den FPGA Gateway ausgetauscht und sowohl Funktionalität als auch insbesondere das korrekte Verhalten des Netzwerkmanagements untersucht. Im Gegensatz zum Routingtest erzeugt der HiL aus Sicht des Gatewayssteuergeräts einen wesentlich realistischeren Busverkehr, da ein indeterministischer Zeitversatz, Leitungsverzögerungen, Varianzen der Takterzeugung in den Steuergeräten, sowie unterschiedliche Implementierungen der CAN Bus Controller vorhanden sind und das System daher einer, im Vergleich zum Routingtest, wesentlich dynamischeren Umgebung ausgesetzt wird.

Sowohl der Routingtest als auch der Test mittels HiL Brettaufbau konnten erfolgreich und fehlerfrei abgeschlossen werden. Im Ergebnis läßt sich feststellen, daß der Gateway einschließlich Routingkonfiguration funktional korrekt arbeitet und auch im eigentlichen Umfeld der Steuergeräte funktionsfähig ist. Die Messungen lieferten keine direkten Aussagen über die Latenzzeit, da diese im Bereich des Jitters der CAN Übertragung und des Meßrauschens liegt, weshalb auf die analytischen Betrachtungen der vorangegangenen Abschnitte verwiesen wird (vgl. Kapitel 5). An dieser Stelle sei nochmals bei Verwendung der Hardware CAN Module die Dauer des Botschaftsroutings mit ca. 35 Takten angeführt (vgl. Abschnitt 5.1.3.7). Auf Basis der ermutigenden Ergebnisse des ersten Schritts erfolgte die Integration in ein Forschungsfahrzeug, bei dem der Prototyp die Gatewayfunktion des Seriensteuergerätes übernimmt.

5.4.1.4 Fahrzeugintegration

Für die Integration des Systems konnte ein Forschungsfahrzeug der Daimler AG genutzt werden, bei welchem Anschlußpunkte zu den einzelnen CAN Bussystemen bereits vorbereitet waren. Die elektrische und elektronische Integration beschränken sich daher auf die Spannungsversorgung, sowie die Verbindung des FPGA Gateways mit den Anschlußpunkten der Fahrzeugbusse. Hinzu kommt die mechanische Integration des Systems in die Mittelkonsole.

Anstatt das Seriengateway aus dem Fahrzeug zu entfernen wurde es mittels Fahrzeugdiagnose deaktiviert. Mit der Deaktivierung des Seriengateways übernimmt der FPGA Gateway die vollständige Routingfunktionalität. Vom Nutzer unbemerkt und daher aus dieser Perspektive heraus betrachtet enttäuschend, läßt sich keinerlei Veränderung beim Systemverhalten feststellen. Letztendlich zeigt dies jedoch die nahtlose Integration des Systemansatzes in ein aktuelles Serienfahrzeug und damit die Funktionstüchtigkeit in einem originären Steuergeräteverbund. Verschiedene Fahrtests haben gezeigt, daß die Funktionalität auch während des Fahrbetriebs uneingeschränkt erhalten bleibt. In Abbildung 5.49 sind das Fahrzeug und die Integration des Gateways in die Mittelkonsole dargestellt.

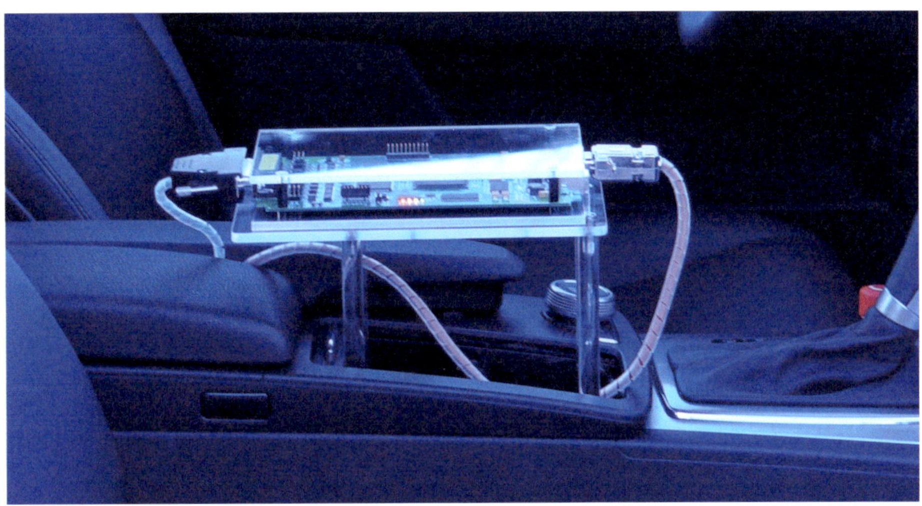

Abbildung 5.49: Einbau des Gatewaysystems in die C-Klasse

5.4.2 Zentraler Body Controller - SL Demonstrator

Bereits in vorangegangenen Arbeiten wurden Möglichkeiten zur Reduktion der Steuergeräteanzahl im Fahrzeug untersucht. In einem Fahrzeugdemonstrator wurde hierzu ein zentrales Steuergerät realisiert, dessen Konzept ebenfalls auf rekonfigurierbarer Hardware beruht. Bei der Realisierung lag der Fokus auf der partiell dynamischen Rekonfiguration von Hardwareapplikationen, bei der Teile der Systemarchitektur zur Laufzeit ausgetauscht werden (vgl. [118]). Offen blieb bei diesem Konzept jedoch die Anbindung von Sensorik und Aktorik an ein zentrales Steuergerät und eine Betrachtung der Auswirkung auf die gesamte E/E-Architektur. Auf Basis des hier diskutierten Gatewaykonzepts wurde ein Ansatz für einen zentralisierten Body Controller untersucht, welcher einen Großteil der Innenraumfunktionen ausführen kann und dadurch die Anzahl der im Innenraum verwendeten Steuergeräte deutlich reduziert. Die prototypische Erweiterung des Gatewaysystems um den Applikationsaspekt greift die ursprüngliche Variante den Gateway als Komponente in einem Standardsteuergerät zu betrachten auf und demonstriert auf Basis der vorangegangenen Ergebnisse einen skalierbaren Ansatz für einen zentralen Body Controller.

5.4.2.1 Intelligente Sensorik und Aktorik und Body Controller

Naturgemäß bedingt eine solche Zentralisierung ein leistungsstarkes zentrales Steuergerät, welches in der Lage ist, alle Funktionen zu übernehmen und innerhalb der Echtzeitanforderungen auszuführen. Gleichzeitig erschwert die Zentralisierung die Anbindung von Sensorik und Aktorik, deren Bauraum durch die Funktion zumindest grob festgelegt ist. Eine diskrete Verkabelung zum Body Controller ist kein gangbarer Weg, da die einzelnen Kabellängen derart ansteigen würden, daß es zu nicht zu vernachlässigende Verlege- und Gewichtsproblemen des Kabelsatzes kommen würde.

Der hier gewählte Lösungsansatz platziert zusätzliche Verarbeitungslogik in unmittelbarer Nähe der Sensoren und Aktoren, so daß diese eine einfache Kommunikationsschnittstelle erhalten und so zu intelligenten Sensoren und Aktoren werden. Die Verarbeitungslogik, die im Regelfall einen einfachen μ-Controller enthält, kann einfache Verarbeitungsschritte übernehmen, welche mit der Grundfunktion des Sensors oder Aktors zwangsläufig verbunden sind, jedoch nicht unmittelbar mit der eigentlichen Applikation zusammenhängen. Ein einfacher Fall wäre beispielsweise das Entprellen eines Schalters. Bei Aktoren wäre es möglich, einen einfachen Anteil der Ansteuerung zu übernehmen. Im Fall einer Lichtsteuerung könnten dies für die PWM notwendige Parameter wie Anschaltzeit oder Zyklenlänge sein. Denkbar wäre auch die Realisierung komplexerer Funktionen wie Einklemmschutzalgorithmen [20], die vom OEM für das Design abstrakterer Steuerungen genutzt werden kann. Um die Kommunikation möglichst einfach und kostengünstig realisieren zu können, kommt das LIN Protokoll zum Einsatz, welches bereits mit einfachen μ-Controllern realisiert werden kann. Dadurch erhalten die intelligenten Peripherieelemente eine standardisierte elektrische Schnittstelle, die eine einheitliche Anbindung ermöglicht und den Verkabelungsaufwand erheblich reduziert.

Können die Schnittstellen zu den Peripherieelementen sogar protokollseitig standardisiert werden, ergeben sich weitere Vorteile für das Systemdesign. Einzelne Komponenten können ausgetauscht werden, ohne daß sich eine Änderung des PCB Designs ergibt, da sowohl Leistungstreiber als auch die Ansteuerung mit dem Motor kombiniert werden. Diese Vorgehensweise erlaubt auch den späten Austausch gegen Komponenten mit identischer Schnittstelle. Anwendungsfälle könnten hier die Optimierung von Leistungsparametern oder ein Wechsel des Zulieferers sein. Zudem ermöglicht der LIN Bus eine einfache Erweiterung um zusätzliche Systemkomponenten, was während der Entwicklung aber auch bei der Variantenbildung vorteilhaft ist, da die Architektur mit den Anforderungen oder der Bestellliste des Kunden wachsen kann. Zusätzlich wird hierbei die Möglichkeit für Hersteller und Zulieferer geboten, eine identische Komponente mit einem gewissen Funktionsumfang für verschiedene Fahrzeuge zu verwenden oder zu vermarkten (vgl. 2.3.4).

Weiterhin entsteht durch dieses Vorgehen eine zusätzliche Abstraktionsebene, die eine wohldefinierte Schnittstelle zwischen Peripherie und Applikation schafft und Verantwortlichkeiten zwischen Zulieferer und Hersteller eindeutig regelt. Ein Sensor oder Aktor wäre demnach immer eine Systemkomponente, deren Ansteuerung über eine digitale Schnittstelle erfolgt und deren Verhalten für alle Anwendungsfälle definiert ist. Ein Applikationsentwickler greift dann immer auf die digitale Schnittstelle zurück und kann von spezifischen, dem jeweiligen Aktor immanenten speziellen Anforderungen abstrahieren. Dadurch wird für jenen die Kenntnis spezieller

---

[20] Diese sind auch deshalb relevante Beispiele, weil sie das Know-How eines Zulieferers abbilden.

Eigenschaften der Peripherie weniger wichtig, da gegen eine wohldefinierte Schnittstelle getestet werden kann. Für die Entwickler intelligenter Peripherie ergibt sich die Möglichkeit, das Know How, welches zwischen dem physikalisch zu messenden Phänomen und der digitalen Ausgabe eines Meßwerts liegt, zu schützen und dem OEM oder Systemlieferanten eine fertige Lösung zu übergeben. Vorteilhaft für den Komponentenentwickler dürfte an dieser Stelle auch das klare Ende der Verantwortlichkeit mit einer korrekten Implementierung des Businterfaces sein. Etwaige Fehler lassen sich über den Busverkehr identifizieren und dann eindeutig einem der beiden Kommunikationspartner zuzuordnen.

5.4.2.2 Gesamtkonzept und Architektur

Als Fallbeispiel und prototypische Darstellung für den Einsatz eines FPGA-basierten zentralen Body Controllers sowie von intelligenter Sensorik und Aktorik wurden die Verdecksteuerung sowie die sich in den Türen befindlichen Steuergeräte eines Fahrzeugs mit automatischem Verdeck ausgewählt. Wie in Abbildung 5.50 dargestellt sind an den zentralen Body Controller zwei CAN und vier LIN Bussysteme realisiert. Jeweils ein LIN Bus liegt in der Tür, die beiden anderen LIN Busse sind konzeptionell für die beim SL nicht vorhandenen hinteren Türen und demonstrieren die Skalierbarkeit des zentralen Body Controllers hinsichtlich weiterer Bussysteme für andere Baureihen. So bestünde beispielsweise auch die Möglichkeit, einen einheitlichen Body Controller für unterschiedliche Fahrzeuge einzusetzen. Der erste CAN Bus integriert den Body Controller über den Body CAN in das Fahrzeugkommunikationsnetz und erlaubt so den Datenaustausch mit den im Fahrzeug verbauten Steuergeräten. Nach Möglichkeit wurde die oben beschriebene Einteilung, lediglich Funktionalität der unteren Abstraktionsebene in den LIN Knoten zu integrieren eingehalten, so daß lediglich Sensordaten eingelesen und ausgegeben oder Motoren angesteuert werden. Allerdings wurde der bei elektrischen Fensterhebern obligatorische Einklemmschutz in den LIN Knoten realisiert, obwohl es sich hierbei nicht um eine einfache Low Level Funktion handelt. Eine andere Partitionierung ist aufgrund der Geschwindigkeit des LIN Busses jedoch nicht möglich[21].

Die LIN Knoten wurden von Siemens VDO entwickelt, weshalb die Beschreibung an dieser Stelle lediglich zum Gesamtverständnis des Systemkonzepts erfolgt. Insgesamt werden -wie ebenfalls aus Abbildung 5.50 ersichtlich- sechs LIN Knoten eingesetzt. Vier der Knoten sind in ihrer Hardware identisch und enthalten die Fensterhebersteuerung einschließlich Einklemmschutzalgorithmus. Die vierfache Verwendung des identischen Elements demonstriert bereits die Wiederverwendbarkeit einzelner Komponenten innerhalb eines Fahrzeugs, aber auch über Baureihen hinweg. Das einzige Unterscheidungsmerkmal ist die Software, die aufgrund unterschiedlicher Fenstergeometrien ebenfalls unterschiedliche Einklemmschutzalgorithmen und Parametersätze verwendet. Zusätzlich befindet sich in den vorderen Türen jeweils

---

[21]Vorteilhaft ist aus Sicht eines Zulieferers die Kapselung von schützenswertem Know How über den Einklemmschutzalgorithmus.

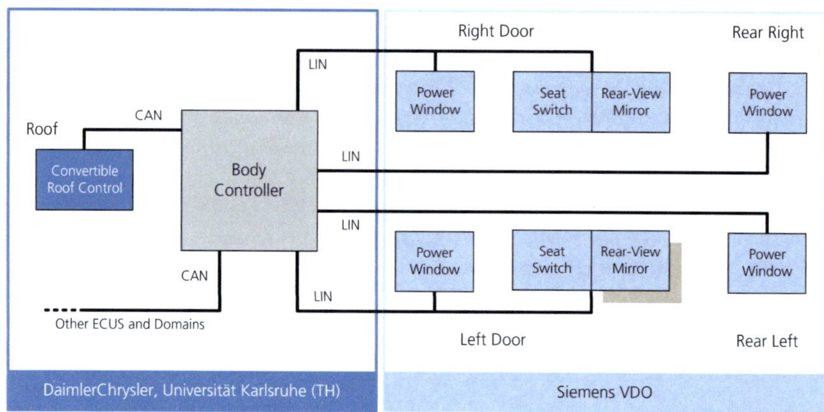

Abbildung 5.50: E/E-Architektur des SL-Demonstrators

ein weiterer Knoten, der die Schalterstellungen der in der Tür verbauten Bedienelement einliest und die Ansteuerung der Türaktoren wie Spiegelmotoren und Beleuchtung übernimmt; zusammen vereinen beide LIN Knoten alle in der Tür verbauten Sensoren und Aktoren.

Für die Ansteuerung des Verdecks kommt ein mit einer speziellen Software versehenes Verdecksteuergerät zum Einsatz, welches die direkte Ansteuerung aller Aktoren und das Auslesen der Sensoren über den CAN Bus ermöglicht. Die Anbindung erfolgt über einen gesonderten CAN Bus am FPGA Gateway. Dadurch vereinfacht sich die Realisierung des Konzepts dahingehend, daß eine aufwendige direkte Anbindung der Sensoren und Aktoren an den FPGA und die Entwicklung weiterer LIN Knoten vermieden werden kann.

5.4.2.3 Body Controller

Der Body Controller übernimmt die Funktion der beiden Türsteuergeräte, des Verdecksteuergeräts und die durch die LIN Busse notwendig gewordene Gateway Funktion. Für das FPGA System ergibt sich somit die in Abbildung 5.51 dargestellte Architektur. Die LIN Busse werden jeweils über ein eigenes Busmodul angeschlossen, wobei für alle Busse der FPGA als LIN Master arbeitet. Die Umsetzung der Transmissionen von CAN auf LIN und umgekehrt erfolgt über MR-Modul und RE-Modul soweit keine Applikationsverarbeitung von Seiten des Body Controllers notwendig ist. Die Applikationen sind zunächst vollständig in Software realisiert, weshalb ein Applikationsmodul im System vorhanden ist. Sie umfassen die Verdecksteuerung, die Beladehilfe, den Überrollbügel, die Fenstersteuerung exklusive Einklemmschutz, die Türbeleuchtung und die Sitzschalter. Im folgenden Arbeitsschritt wurden Verdecksteuerung, Beladehilfe und Überrollbügelfunktion zusätzlich in einem Hardwarefunktionsmodul realisiert, so daß zwischen der Software- und Hardwarerea-

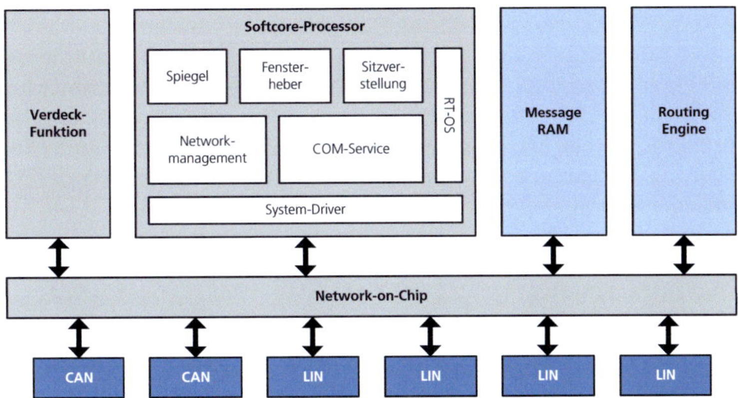

Abbildung 5.51: Architektur des Body Controllers

lisierung umgeschaltet werden kann (vgl. Abschnitt 5.3.3). Das CAN Modul dient
der Anbindung an den CAN Bus des Verdecksteuergeräts sowie an den Innenraum
CAN des Fahrzeugs. Für die Realisierung wurde das Quad-CAN-Modul gewählt.
Die Kommunikation des Verdeck CAN beschränkt sich auf die Interaktion mit dem
Applikationsmodul. In einer zusätzlichen Treiberschicht werden die Sensordaten aus
den empfangenen CAN Botschaften extrahiert und umgekehrt CAN Botschaften aus
den Aktorwerten der Verdecksteuerung erzeugt, damit die Übertragungsstrecke aus
Sicht der Verdeckapplikation transparent ist.

5.4.2.4 Softwarearchitektur und Applikationen

Die Softwarearchitektur realisiert keinen vollständigen Standardsoftwarestack sondern beruht auf dem reduzierten Softwarestack des Applikationsmoduls, der um die
oben genannten Applikationen und Treiberschichten ergänzt wurde (vgl. Abbildung
5.51). Die Applikationstasks werden jeweils zu festen Zeiten aufgerufen, welche den
Applikationen als zeitliche Referenz dienen können. Die Implementierung der Fensterhebersteuerung und der Ansteuerung der Sitze erfolgte, wie auch die Realisierung
der Treiberschichten, direkt in C-Code als eigenständige Applikation. Eine Modellierung der Funktion in Matlab erfolgte dann zu einem späteren Zeitpunkt. Verdecksteuerung, Beladehilfe und Überrollbügel hingegen wurden in Matlab modelliert
und aus diesen Modellen automatisch C-Code bzw. VHDL für das Hardwaremodul
generiert um die Anbindung abstrakter Toolflows anhand einer praktischen Umsetzung zu demonstrieren (vgl. Abschnitt 5.2.1).

Alle drei Komponenten der Verdecksteuerung sind als Stateflow Modell realisiert.
Das Modell setzt eine Ablaufsteuerung um, deren Eingaben im Wesentlichen die Zustände einer Vielzahl von Endschaltern sind, welche die aktuelle Position des Verdecks festlegen. Die Ansteuerung erfolgt hydraulisch, so daß sowohl eine Pumpe als

auch eine Reihe Ventile als Aktoren angesteuert werden müssen. Zusätzlich werden Eingaben wie Zündung, Spannung, Position der Fenster sowie der eine Betätigung durch den Fahrer verarbeitet. Ausgaben umfassen zusätzliche Statusmeldungen des Systems in Form von Meldungen des Displays. Die von der Steuerung benötigten Sensorwerte sind jeweils als Eingaben des einzelnen Modells realisiert, die Aktoren werden über die Ausgänge angesteuert. Damit enthält der generierte C-Code bereits die notwendigen Schnittstellen, die für die Einbindung als Applikation benötigt werden. Manuell durchzuführen sind daraufhin die Einbindung des Codes sowie das Mapping der Ein- und Ausgänge mit den Variablen der für die Verdecksteuerung eingebundenen Treiberschicht, zusätzliche Variablen dienen der Synchronisation der drei Modelle untereinander.

Der Aufwand für die Fenstersteuerung reduziert sich durch die Realisierung des Einklemmschutzes in den LIN Knoten erheblich, so daß lediglich die Generierung des Fahrwunsches notwendig ist, die jedoch einen Großteil der wahrnehmbaren Funktionalität ausmacht und daher im Interesse des OEMs liegt. Dies trifft bei diesem Demonstrator insbesondere zu, da durch die rahmenlosen Fenster Fahrbefehle auch ohne direkte Nutzeraufforderung gesetzt werden. Beispielsweise müssen beim Öffnen oder Schließen des Verdecks die Fenster teilweise abgesenkt werden um Beschädigungen der Mechanik zu vermeiden. Gleichfalls erfolgt ein automatisches begrenztes Absenken beim Öffnen der Tür, und umgekehrt, das Hinauffahren beim Schließen, da die Fenster in den Dichtungen der Türrahmen zu versenken sind. Weitere Applikationsentscheidungen beziehen sich auf die Interaktion von Funktionen. Beispielsweise können die Fenster beim Öffnen des Verdecks automatisch mit oder ohne Verzögerung geöffnet werden oder geschlossen bleiben. Zudem muß eine Priorisierung der unterschiedlichen Schalterelemente vorgenommen werden. Die Einschränkung der Funktionalität wie beispielsweise *nur bei eingeschalteter Zündung* sind ebenfalls applikations- aber nicht fensterspezifisch. Ähnliches läßt sich auf die Schalterverarbeitung der Sitzsteuerung übertragen, die sich zudem weiter vereinfacht, da die Seriensitzsteuergeräte im Fahrzeug verbleiben und so lediglich einfache Überprüfungen hinsichtlich Fahrzustand durchzuführen sind. Analog zur Anbindung des Verdecksteuergeräts werden sowohl für die Sitz- als auch die Fensterhebersteuerung die Aktoren und Sensoren mittels einer eigenen Treiberschicht angebunden. Damit können die Applikationen unabhängig von der physikalischen Anbindung realisiert werden.

5.4.2.5 Kommunikation und Verbau im Fahrzeug

Wie bereits zuvor erwähnt, handelt es sich bei diesem Systemansatz um kein isoliertes Subsystem sondern um ein in das Fahrzeug integriertes Teilsystem. So bedingen alle Applikationen zusätzliche Informationen vom Innenraum CAN. Als Beispiel sei hier der Betätigungsschalter des elektrohydraulischen Verdecks genannt, dessen Stellung über den Innenraum CAN übertragen wird. Der umgekehrte Informationsfluß ergibt sich aus den Sitzschaltern, die an einem LIN Slave angebunden sind und mit den Sitzsteuergeräten über den Innenraum CAN kommunizieren. Die Vorverarbeitung erfolgt im Applikationsmodul, welches die endgültige Schalterstellung über den Innenraum CAN an das Sitzsteuergerät überträgt.

Durch den Einbau des Systems werden die Verdecksteuerung und die beiden Türsteuergeräte obsolet und sind im dargestellten Demonstrator nicht mehr vorhanden, die Sensoren und Aktoren werden direkt mit den LIN Knoten verbunden. Die vier LIN Knoten der beiden vorderen Türen befinden sich jeweils direkt in der Tür, so daß für die Sensoren und Aktoren nur kurze Leitungswege notwendig sind. Die LIN Knoten der hinteren Dreiecksfenster können in einem der hinteren Ablagefächer untergebracht werden. Das modifizierte Verdecksteuergerät sowie der Prototyp des Body Controllers befinden sich im zweiten hinteren Ablagefach unmittelbar an den originalen Anschlußpunkten der Verdecksensorik und -aktorik. Es erfolgt sodann die Anbindung des Body Controllers an den Innenraum CAN, die zusätzliche Verlegung des Verdeck CAN und schließlich die Einbringung der vier LIN Busse in die beiden Türen bzw. in das Ablagefach (vgl. exemplarisch für den Einbau Abbildung 5.52).

Abbildung 5.52: Fahrzeugeinbau Heck

6 Modulares Gateway Design - Inter Car Architektur

Die in Kapitel fünf gewonnenen Erkenntnisse werden in diesem Kapitel auf die neuartige C2X-Kommunikation erweitert. Im Vordergrund steht dabei die Übertragung der entwickelten Methoden auf weitere Anwendungsfelder, insbesondere hinsichtlich von Inter-Car-Kommunikation sowie die Kopplung der Architekturansätze für Inter- und Intra-Car-Kommunikation. Hierzu leitet der erste Abschnitt zunächst zur C2X-Kommunikation und deren Anforderungen über, um daraus das allgemeine Systemkonzept zu entwicklen. Die modulweise Darstellung der Architektur diskutiert die entwickelten Ansätze detailliert und konkretisiert das zuvor eingeführte Systemkonzept. Ergänzend erfolgen eine Darstellung des Toolflow und der Laufzeitrekonfiguration der Hardware. Den Abschluß des Kapitels bildet die funktionale Validierung des Konzepts, welche anhand von Simulationsergebnissen eines entwickelten Fahrzeugdemonstrators mitsamt zugehöriger Simulationsumgebung erörtert wird.

6.1 Von Intra-Car zu Inter-Car Kommunikation

Die Vernetzung von Funktionen und Assistenzsystemen ermöglicht eine immer ausgefeiltere Unterstützung des Fahrers und führt zu einem umfangreichen digitalen Abbild der Fahrzeugumgebung. Der Austausch von Informationen über Steuergerätegrenzen hinweg dürfte dabei auch in den folgenden Jahren noch stetig zunehmen, so daß weiterhin steigende Anforderungen an die Kommunikationslast im Fahrzeug zu erwarten sind.

Weitgehend unbeachtet von der Domäne der internen Fahrzeugkommunikation hat in den letzten Jahren die Forschung im Bereich der Kommunikation zwischen Fahrzeugen stark zugenommen. Der Informationsaustausch erweitert die Wahrnehmung des Fahrzeugs über die Sichtgrenzen hinaus, so daß zusätzliche Informationen zur Verfügung stehen, die nicht vom Fahrer visuell wahrgenommen werden können und völlig neue Assistenzsysteme ermöglichen, die in erster Linie die Fahrsicherheit erhöhen und den Verkehrsfluß optimieren (vgl. Abschnitt 2.4 und 3.4).

Aus Sicht der aktuellen Forschung eröffnet sich ein weites Betätigungsfeld, welches unterschiedlichste Disziplinen anspricht und vor neue Herausforderungen stellt. Eine besondere Eigenschaft ist die hohe Dynamik des Netzes und der einzelnen Knoten, die hohe Anforderungen an die (verteilte) Algorithmik stellen. Vorhersagen über die Güte oder Verfügbarkeit des Funkkanals sind aufgrund der stark variierenden Fahrzeugumgebung und -dichte schwer zu treffen und bedingen adaptive Mechanismen, die beispielsweise die Sendeleistung an die aktuelle Kanalsituation anpassen. Da Informationen auch außerhalb des direkten Sendebereichs relevant sein können, ist zudem die Weiterleitung von Paketen wichtig und mangels statischer Routen eine weitere Herausforderung für die Forschung an Protokollen. Zudem stellt sich die Frage nach wichtigen und sinnvollen Applikationen. Nicht zuletzt ist die Standardisierung von fundamentaler Bedeutung, da die Geräte unterschiedlicher Fahrzeughersteller sinnvollerweise miteinander kommunizieren können müssen um einen maximalen Nutzen zu garantieren.

Der vorangegangene Abschnitt skizziert bereits die wesentlichen Teilgebiete in der C2X Forschung. Die Fokussierung liegt auf den unteren Kommunikationsschichten (PHY, MAC und DLL) und der Kanalmodellierung sowie den zugehörigen Protokollen für die Weiterleitung von Informationen. Ebenso besetzt ist der oberste Bereich des Schichtenmodells, welcher sich mit möglichen Applikationen, deren Nutzen und Auswirkung auf den Straßenverkehr auseinandersetzt. Ein nicht unwesentlicher Aufwand wird schließlich in die Definition einer Softwareschicht investiert, mit dem Ziel, einen standardisierbaren Ansatz zu schaffen.

Darüber hinausgehende Aspekte wie Realisierung und Anbindung wurden in den letzten Jahren kaum betrachtet. On Board Units werden üblicherweise als separate Rechner gesehen, die als C2X-Unit in das Fahrzeug integriert werden und einen unmittelbaren Zugriff auf alle gewünschten Funktionen und im Fahrzeug verfügbaren Daten haben. Weiterhin existieren nahezu keine Aussagen zur benötigten Rechenleistung oder Anforderungen an eine entsprechende On Board Unit. Realisierungen und Prototypen integrieren zumeist einen von der restlichen Fahrzeugarchitektur unabhängigen Prototypen, der beispielsweise Warnmeldungen über ein separates Display darstellt.

Bei genauerer Betrachtung läßt sich feststellen, daß die C2X Forschung mehrheitlich durch zumindest telematiknahe Einrichtungen besetzt wird, die üblicherweise im Bereich des Infotainments angesiedelt sind. Aus der Literatur kaum bekannt ist die Integration der C2X Kommunikation aus Sicht der E/E- oder Steuergerätearchitekten. Dies ist aus zweierlei Gründen überraschend: zunächst berühren viele der vorgeschlagenen Funktionen unmittelbar Steuergerätefunktionalität, die um die entsprechenden Features erweitert werden muß. Im einfachen Fall sind dies optische Warnmeldungen im zentralen, vor dem Fahrer platzierten Display des Instrumentenclusters. Denkbar ist jedoch auch die Nutzung für Fahrerassistenzsysteme, welche aufgrund einer C2X-PreCrash Warnung das Fahrzeug selbstständig abbremsen, bevor die Gefahr im Sichtfeld des Fahrers erscheint. Beide Beispiele zeigen bereits den zweiten Grund auf: für die beiden Applikationen ist eine Kommunikation der OBU mit weiteren im Fahrzeug verbauten Steuergeräten notwendig. Es ist zu erwarten, daß hierfür die bereits im Fahrzeug befindlichen Bussysteme Verwendung finden und keine parallele Kommunikationsarchitektur aufgebaut wird.

Damit werden de facto Informationen, die von außerhalb des Fahrzeugs stammen und über einen unsicheren Funkkanal übertragen wurden in das Fahrzeug, oder Fahrzeugdaten an andere Verkehrsteilnehmer übermittelt. Beide Fälle entsprechen einer Öffnung der fahrzeuginternen Kommunikation in Richtung Funkkanal und bieten potenziellen Angreifern so eine Schnittstelle für böswillige Attacken. Dabei muß es sich nicht notwendigerweise um die gezielte Beeinflussung bestimmter Applikationen handeln, sondern kann auch in einer einfachen Störung der internen Buskommunikation bestehen, die automatisch eine größere Bandbreite an Funktionen stören würde. Aus diesem Grund ist der Schutz der internen Fahrzeugarchitektur vor etwaigen Angriffen grundlegend.

Ein weiterer Aspekt betrifft Latenzen und Verarbeitungszeiten. Einige Arbeiten beschäftigen sich mit den Anforderungen an die Kommunikation, beziehen in die Berechnungen jedoch nur die Arbitrierungs- und Übertragungsdauer des Funkkanals ein. Dies dürfte aufgrund der Vielzahl beteiligter Verarbeitungseinheiten nicht realistisch sein, wie das einfache Beispiel einer Notfallbremsung zeigt: hier wären bereits die Bremsung, Übertragung des Bremswertes an die TX OBU (idealerweise nur ein Bussystem), Verarbeiten in der OBU, Arbitrieren und Senden auf dem Funkkanal, Empfang in der RX OBU, Verarbeiten in der OBU, senden der Warnmeldung an die entsprechenden Steuergeräte, Verarbeiten der Warnmeldung und Aktion (z.B. Warnung des Fahrers oder automatisches Bremsen) als einzelne Verarbeitungseinheiten abzuarbeiten. Es ist leicht ersichtlich, dass durch die fahrzeuginterne Verarbeitung weitere, im ungünstigsten Falle indeterministische Zeiten hinzu addiert werden müssen. Aus diesem Grunde ist die Minimierung der Latenzzeiten aller einzelnen Verarbeitungsschritte eine wesentliche Voraussetzung um sicherheitsrelevante Systeme realisieren zu können.

Es wurde daher versucht, sich der oben genannten Aspekte anzunehmen und eine mögliche Integration einer C2X OBU in ein Fahrzeug konzeptionell zu skizzieren und ausgewählte Teilaspekte des Systemkonzepts umzusetzen. Die Realisierung der Unit stellt eine Erweiterung des bestehenden FPGA Gateways dar: sie wurde ebenfalls auf rekonfigurierbarer Hardware realisiert und für diese konzipiert. Im Gegensatz zum Gatewaykonzept liegt der Fokus hierbei nicht auf der Seriennähe[1] sondern auf der Darstellung von Lösungsansätzen für unterschiedliche Herausforderungen. Üblicherweise wurden die Konzepte nur in einem Modul realisiert um die Machbarkeit und Wirkungsweise darzustellen. Die Übertragung auf andere Komponenten ist in diesen Fällen ohne Einschränkung möglich.

---

[1]Diese wäre mangels Referenzimplementierungen auch nicht erreichbar.

6.2 Systemkonzept

6.2.1 E/E Anbindung - Backbone und zentraler Gateway

Zunächst stellt sich die Frage nach der Art der Anbindung einer C2X OBU in eine Fahrzeug E/E-Architektur. Aus heutiger Sicht ist nicht vorhersehbar, welche Applikationen, die mittels C2X möglich sind, auch tatsächlich realisiert werden. Dadurch sind keine sinnvollen Aussagen bezüglich der Interaktion mit im Fahrzeug integrierten Funktionen möglich. So kommen nahezu alle im Fahrzeug verbauten Steuergeräte als potenzielle Kommunikationspartner in Frage. Die zu erwartende Vielfalt an realisierbaren Funktionen durch C2X Kommunikation legt sogar den Schluß nahe, daß eine Interaktion mit der Mehrzahl der Steuergeräte sinnvoll und wünschenswert ist. Ein optimaler Integrationspunkt für die OBU hinsichtlich Kommunikationsminimierung läßt sich daher kaum bestimmen.

Rückblickend auf die beiden Basiskonzepte eines Backbone Netzes oder zentralen Gateways zeigt sich jedoch, daß sich für beide Fälle eine bevorzugte Anbindung bestimmen läßt. So werden bei der Backbone Architektur nahezu alle im Fahrzeug verfügbaren Informationen über das Backbone Netz übertragen und stehen den lokalen Gateways für die weitere Verarbeitung zur Verfügung. Beim Ansatz des zentralen Gateways ist es genau dieses Element, welches das Mithören und ggf. Weiterverarbeiten der Informationen von allen Bussystemen ermöglicht. Somit naheliegend ist eine Integration in den zentralen Gateway (vgl. Abbildung 6.1) oder die Anbindung der OBU an den Backbone (vgl. Abbildung 6.2). Letztere würde die OBU zu einem C2X-Backbone Gateway machen, wohingegen bei der Integration in das zentrale Gateway die OBU ihre Eigenständigkeit verlieren und die drahtlose Schnittstelle -abstrakt gesehen- als weiteres Bussystem am System agieren würde. Beiden Fällen gemein ist die notwendige Absicherung des internen Busverkehrs gegen äußere Angriffe. In dieser Arbeit wurde die Integration in das zentrale Gateway gewählt, da dies der Verallgemeinerung einer C2X-Backbone Lösung mit nur einer Busschnittstelle entspricht.

6.2.2 Modularisierung und Partitionierung

Die in Abschnitt 2.4 und 3.4 motivierten Anforderungen legen für die Realisierung einer C2X-OBU die Verwendung einer für den Anwendungszweck optimierten Verarbeitungseinheit basierend auf der FPGA Technologie nahe, durch die für das Systemdesign identische Verarbeitungsmöglichkeiten, wie sie bereits von dem im letzten Kapitel beschriebenen Gateway bekannt sind, bestehen. Am wichtigsten ist die Möglichkeit, beliebige Mischungen aus Hardware und Software vorzunehmen und einzelne Verarbeitungsschritte echt parallel auf beliebigen Bitbreiten auszuführen[2]. Das Einsparen von Ressourcen ist bei der OBU kein primäres Ziel. Im Vordergrund stand die Darstellung eines Konzepts sowie die prototypische Realisierung des Systems.

---

[2]Für eine detaillierte Diskussion sei auf den Abschnitt 5.1.1 verwiesen

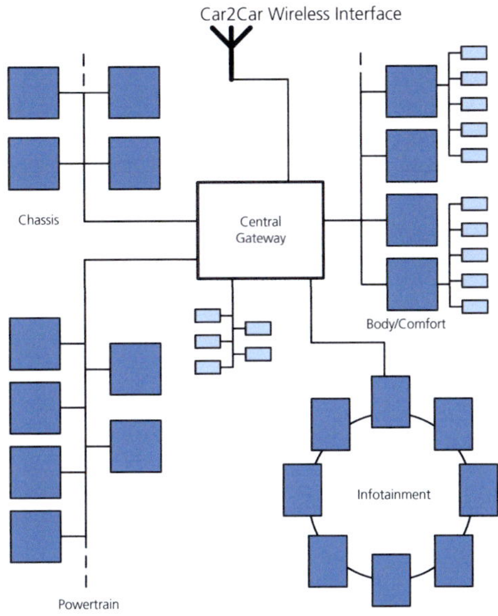

Abbildung 6.1: OBU Integration CGW

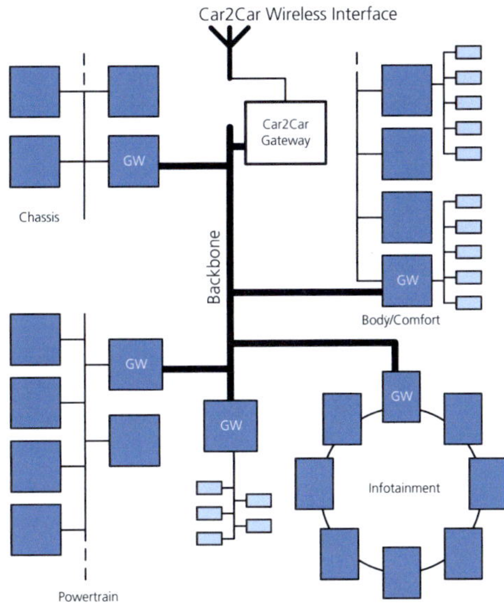

Abbildung 6.2: OBU Integration Backbone

Da die Verarbeitung der Botschaften im Bereich der C2X Kommunikation sich grundlegend von den einzelnen Bussystemen unterscheidet, geht die Erweiterung deutlich über die Anbindung eines weiteren Busmoduls oder Interfaces hinaus. Zusätzlich zu beachten ist die Absicherung der internen Kommunikation gegen böswillige Angriffe über den drahtlosen Kanal. Aus diesem Grund werden zunächst zwei Domänen eingeführt, welche zwei nicht überlappende Bereiche des Chips belegen. Die Interaktion beider Domänen erfolgt ausschließlich über eine Firewall, die externe Angriffe blockt, so daß ebensolche die internen Bussysteme nicht negativ beeinflußen können. Daher arbeiten beide Systeme als voneinander unabhängige Entitäten in einem Chip (vgl. Abbildung 6.3).

Damit kann die Verarbeitung innerhalb der On Board Unit unabhängig vom FPGA Gateway betrachtet werden. Analog zum Gatewaysystem erfolgt eine Zerlegung der Gesamtfunktionalität in einzelne voneinander unabhängige Verarbeitungsschritte, die jeweils einen Teil des Botschaftshandlings übernehmen. Die Interaktion erfolgt über ein paketbasiertes Bussystem, dessen Funktionsumfang im Vergleich zu dem beim Gateway verwendeten GNoC jedoch wesentlich erweitert wurde. Ebenfalls angestrebt ist eine Kapselung der Modulfunktionalität, so daß immer abgeschlossene Verarbeitungsschritte durchgeführt werden können. Die einzelnen Module sind in Abbildung 6.3 dargestellt, die zugehörige Funktionalität wird im folgenden kurz umrissen.

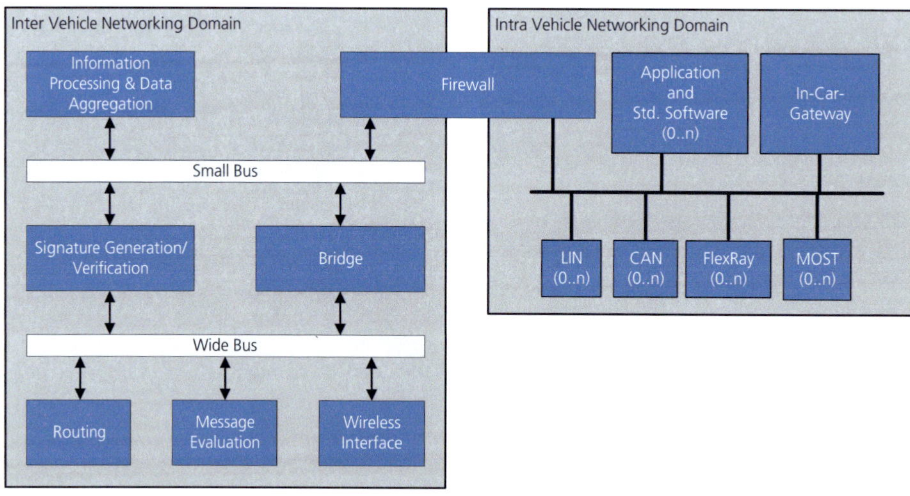

Abbildung 6.3: Domänen- und Architekturkonzept

Als Interface zur drahtlosen Schnittstelle kommt das *WIFI Modul* zum Einsatz. Es empfängt C2X Pakete, ordnet ihnen eine Priorität zu und sendet die Botschaften über die interne Kommunikationsstruktur als Broadcast an alle angeschlossenen Module - direkt an das Modul geschickte Nachrichten werden sofort über den drahtlosen Kanal versendet.

Das *Message Evaluation Modul (MEM)* nimmt eine Vorfilterung der Nachrichten auf Basis eines konfigurierbaren Filters vor. Auf diese Weise kann die Verarbeitungslast des Systems reduziert werden, da nur relevante Nachrichten den Filter passieren.

Das *Routing Modul (RM)* verarbeitet alle eingehenden Nachrichten. Bei Relevanz können die Nachrichten im Modul zwischengespeichert und zu einem geeigneten Zeitpunkt weiterversendet werden. Die Routingalgorithmen können sich in Abhängigkeit der Umgebungssituation ändern um ein Weiterleiten der Botschaft zu ermöglichen.

Das *Signaturmodul* überprüft die Vertrauenswürdigkeit aller eingehenden Nachrichten anhand einer digitalen Signatur und eines Zertifikats. Für ausgehende Pakete wird die Signatur erzeugt und dann Signatur und Zertifikat an die Botschaft angehängt. Ungültige Nachrichten werden von dem Modul verworfen und eine Statusmeldung als Update für andere Module generiert.

Das *Applikationsmodul (IPM[3])* realisiert die Applikationsschicht des Systems. Von dem Modul werden ausschließlich valide und glaubwürdige Datenpakete verarbeitet, die bereits vom Signaturmodul überprüft wurden. Die realisierten Applikationen umfassen sowohl Aktionen aufgrund eingehender Nachrichten vom drahtlosen Kanal, als auch Maßnahmen, die von internen Steuergeräten getriggert werden und den Versand einer Botschaft auslösen.

Neben dem Applikationsmodul enthält das ursprüngliche Konzept noch ein *Aggregationsmodul*, welches Daten zusammenfasst und zusätzliche Informationen ableitet, die nicht einer einzelnen Nachricht entnommen werden können. Im umgesetzten Prototypen wurden Aggregations- und Applikationsmodul jedoch in einem Modul integriert.

Die *Firewall* bildet die Schnittstelle zwischen dem internen Fahrzeuggateway und der On Board Unit. Sie schützt die E/E-Architektur vor externen Angriffen und dem Einführen von Schadcode, indem nur Anwendungsdaten mit einer vorgegebenen Formatierung übergeben werden. Zusätzlich beruht die Schutzcharakteristik auf der Tatsache, daß kein Modul Nachrichten in beiden Domänen erzeugen kann.

6.2.3 Verarbeitungsschritte und Priorisierung

Die Module arbeiten alle echt parallel und weitgehend unabhängig voneinander, so daß keinerlei Synchronisierungsmaßnahmen notwendig sind. Unterschiedliche Auslastungen und Verarbeitungsgeschwindigkeiten werden durch Puffer abgefangen.

---

[3]IPM - Information Processing Module

Die Verarbeitung bildet über die Modulkette gesehen eine virtuelle Pipeline bei der jeweils ein Datenpaket pro Stufe verarbeitet werden kann. Unabhängig davon ist die Übertragung zwischen den Modulen möglich. Allerdings läßt sich nicht eine eindeutige Pipeline definieren, da die Verarbeitungsschritte in Abhängigkeit des jeweiligen Paketinhalts variieren und zudem Pakete durch Priorisierung nicht in der Empfangsreihenfolge abgearbeitet werden müssen.

Obwohl im wesentlichen Daten zwischen den Fahrzeugen ausgetauscht werden und durch die empfangenen Pakete ein Datenstrom entsteht, ist die Anwendung von der Charakteristik kontrollflußartig. Dies hängt mit der Tatsache zusammen, daß die Pakete von unterschiedlichen Fahrzeugen stammen und die durchzuführenden Verarbeitungsschritte von dem Paketinhalt abhängen. Dennoch läßt sich ein Hauptstrom an Paketen ausmachen, der ausgehend vom Wireless Modul über das Message Evaluation Modul und über das Signaturmodul hin zum Applikationsmodul verläuft. Parallel dazu findet die Überprüfung auf Relevanz für Routing und Forwarding statt, welches unabhängig von den Applikationen durchgeführt werden kann. Ausgehende Pakete nehmen den umgekehrten Weg. Da die Kommunikation der Module untereinander dennoch einen nahezu vollständigen Graphen bildet, wurde eine Verbindungsstruktur gewählt, die eine Kommunikation aller Module untereinander ermöglicht.

Ein integraler Bestandteil des Systemkonzepts ist die Priorisierung von Nachrichten, die unter anderem in der amerikanischen Standardisierung in den unteren Kommunikationslayern gefordert wird (vgl. [128]). Die Verarbeitung wichtiger und zeitkritischer Informationen soll hierdurch beschleunigt werden. Dies ist insofern sinnvoll, als man zumindest in urbanen Gebieten von einem kontinuierlichen Datenstrom ausgehen kann, der von den umgebenden Fahrzeugen als Beacon mit einer vorgegebenen Zykluszeit übermittelt wird und in der Regel keine kritische Information enthält. Aufgabe des Systems ist es, die einzelne wichtige Nachricht zu finden und bei der Verarbeitung den Standardnachrichten vorzuziehen. Abgebildet auf das Systemkonzept bedeutet diese Priorisierung einerseits eine bevorzugte Verarbeitung in den Modulen, aber auch eine bevorzugte Übertragung zwischen den Modulen.

6.3 Systemarchitektur

6.3.1 Erweiterung des BusNoCs

Da für die Moduleinteilung ähnliche Überlegungen zum Tragen kommen wie bei dem internen FPGA Gateway, sind die Rückschlüsse auf die Verbindungsstruktur in erster Näherung weiterhin gültig. Sie soll die Modulfunktionalitäten voneinander entkoppeln und etwaige Lastspitzen über Puffer abfangen. Grundsätzlich sollen mehrere beliebige Module mittels Uni-, Multi- oder Broadcast miteinander kommunizieren können. Jeder der an dem Bus angeschlossenen Teilnehmer ist in der Lage, eigenständig eine Kommunikation zu initiieren, so daß jedes Modul sowohl Master

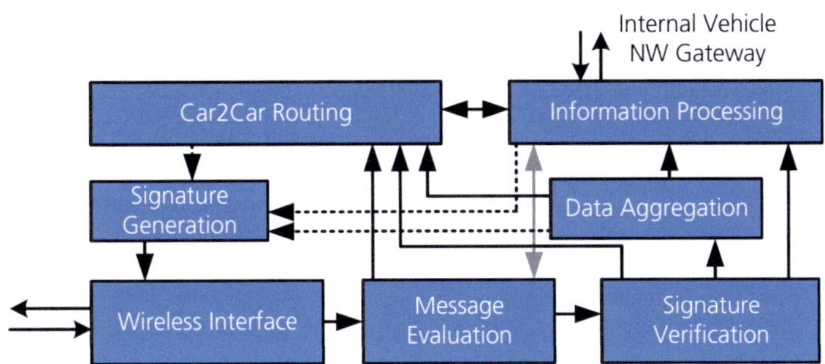

Abbildung 6.4: Kommunikationsbeziehungen zwischen den Modulen

als auch Slave ist. Die Übertragungseinheit sind Datenpakete, die von Quell- an Zieladressen übertragen werden. Der genaue Aufbau und die Länge von C2X Paketen sind noch nicht standardisiert, daher ist eine Optimierung der internen Kommunikationsarchitektur für diese Länge nur unter Annahmen möglich. Ergebnisse aus unterschiedlichen C2X Projekten legen jedoch den Schluß nahe, daß eine Datenlänge im Bereich von ca. 16 Byte bis ca. 500 Byte zu erwarten sein wird. Weitere Schätzungen gehen von einem Datenverkehr von maximal 2000 bis 4000 Nachrichten pro Sekunde aus (vgl. [242]).

6.3.1.1 Architektur und Funktionalität

Auf den Einsatz eines Prozessorbussystems wurde aufgrund der eigenständigen Ausführung der Modulfunktionalität verzichtet. Die Entscheidung wird gestützt durch die positiven Erfahrungen des Gateways, dessen Architektur eine gute Erweiterbarkeit und Testbarkeit einzelner Modulfunktionalitäten aufweist. Überlegungen zur Verwendung eines vollständigen NoCs wurden trotz der Anforderungen ebenfalls verworfen, da in der Literatur keine Architektur gefunden wurde, welche die gewünschten Eigenschaften realisiert (vgl. Abschnitt 5.1.2.1). Insbesondere eine effiziente Realisierung von Broadcasts, die den Großteil des bei der OBU auftretenden Datenverkehrs ausmachen, führt bei NoCs durch die multiplen Verbindungspfade zu einem erhöhten Verarbeitungsaufwand, um Paketverdopplungen zu vermeiden.

Nicht zuletzt die begrenzte Anzahl angeschlossener Module führte zu der Entscheidung, den beim Gateway verwendeten busbasierten Ansatz als Basis zu verwenden und um die fehlenden Funktionen zu erweitern. Dadurch ist die Performanz im Vergleich zu einem Mesh NoC zwar reduziert, für die Applikation jedoch -wie im folgenden gezeigt werden wird- immer noch mehr als ausreichend. Zudem ist der in [318] angeführte, bei zwei Dutzend Modulen liegende Break Even weiterhin unterschritten.

Das erweiterte GNoC besteht wie im Original aus einem Arbiter, der den Buszugriff verteilt und dem Node Interface, welches den Modulen als Schnittstelle zur Übertragungsstruktur dient. Obwohl das Grundprinzip der paketbasierten Übertragung erhalten bleibt, sind die beiden Varianten des Systems kaum miteinander zu vergleichen. Während beim Gateway der Fokus auf Ressourcenminimierung liegt, sollen bei der hier verwendeten Implementierung zusätzliche Funktionalitäten untersucht werden, die die Verarbeitung der C2X Pakete erleichtern.

Die grundsätzliche Struktur und der Ablauf bleiben jedoch erhalten. Die Module sind alle an den zentralen Arbiter angeschlossen. Die vom Modul zum Arbiter führenden Datenleitungen sind separat, die Rückleitung wird von allen Modulen geteilt. Ein Sendewunsch wird per Requestleitung übermittelt, die gleichfalls die in das Scheduling eingehende Priorität des Pakets beinhaltet. Der Arbiter vergibt den Buszugriff per Grant Leitung, die der Modul ID entspricht. Das Modul überträgt sein Paket und setzt danach den Request zurück.

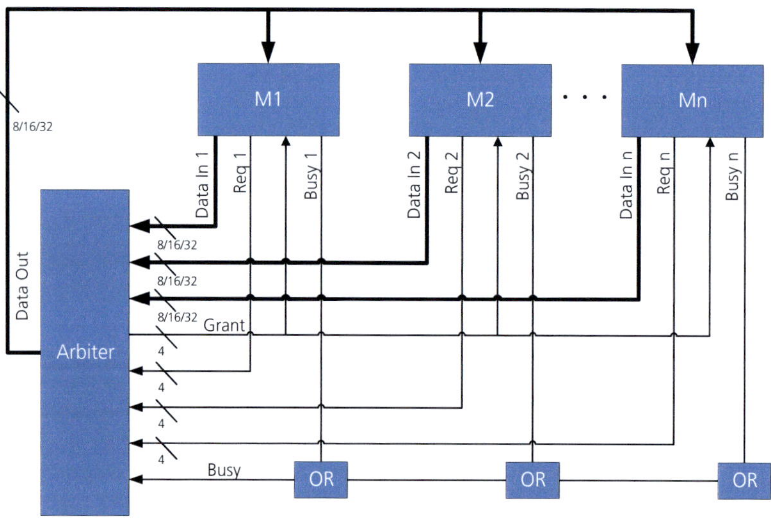

Abbildung 6.5: Architektur NoC 2.0

Die Performanz des Netzes kann über die Bitbreite des Systems beinflußt werden. Sie ist für ein Netz einheitlich und kann 8, 16 oder 32 Bit betragen, was den Durchsatz um den entsprechenden Faktor erhöht. Eine weitere Erhöhung des Durchsatzes kann durch die Verwendung mehrerer Netze erfolgen, die über eine spezielle Bridge miteinander verbunden werden, wobei die Netze keine identische Bitbreite besitzen müssen. Für die Übertragung eines Datenpaketes kann eine maximale Übertragungszeit angegeben werden, die unter allen Umständen eingehalten wird (vgl. Abschnitt

6.3.1.3). Die Arbitrierung erfolgt in einem Round Robin Verfahren, das hinsichtlich der Verarbeitung von Prioritäten optimiert wurde. Die maximale Paketlänge beträgt 128 Byte. Längere Daten können fragmentierungsfrei über einen speziellen Chaining Modus übertragen werden. Das Überlaufen eines Paketpuffers führt zur selektiven Blockade der im Modul konfigurierten Adressen, die das Modul nicht betreffende Kommunikation kann unbeeinflußt fortgeführt werden. Pro Modul sind weiterhin vier Adressen möglich, die jeweils als Uni- oder Multicast Adresse zu verwenden sind.

Eine wesentliche Eigenschaft des Systems ist die Hardwareunterstützung von Priorisierungen, die eine bevorzugte Verarbeitung eines Datenpakets ermöglichen. Die Priorität eines Pakets wird im Header zugeordnet und sowohl vom Node Interface als auch vom Arbiter als zusätzliche Information verarbeitet. Die Priorisierung ist zweistufig: zunächst geht sie in die Arbitrierung ein, was zu früheren Übertragung des Pakets über den Bus führt. Zusätzlich werden priorisierte Pakete im RX Puffer des Node Interfaces entsprechend ihrer Priorität eingereiht, so daß die Pakete mit der höchsten Priorität immer als erstes ausgelesen werden. Bildlich gesprochen führt dies zum zweimaligen Überholen eines höher priorisierten Pakets, verglichen mit einem Paket niedrigerer Priorität. Unberührt bleibt an dieser Stelle die bevorzugte Verarbeitung innerhalb eines Moduls.

6.3.1.2 Protokoll

Auch bei der Erweiterung des NoCs wird auf eine CRC Berechnung verzichtet, so daß der Trailer entfallen kann. Die Länge des Headers beträgt 4 Byte und beinhaltet die Quell- und Zieladresse, die Nachrichtenpriorität sowie die Länge der Nachricht. Die Adressen setzen sich aus einer 5 Bit langen Node ID und einer weiteren 3 Bit langen Subnetzmaske zusammen, die für das jeweilige Netz einheitlich ist und von der Bridge verarbeitet wird. Die IDs entsprechen der Adresse des Moduls. Die bis zu vier IDs sind entweder für verschiedene Identitäten oder als Gruppenzuordnung (Multicast) verwendbar. Für Multicasts existiert keine explizite Zuordnung, sondern die Gruppen entstehen implizit über die Mehrfachverwendung einer bestimmten Node-ID. Die Aufteilung zu Uni- und Multicast ist damit flexibel und auch zur Laufzeit dynamisch änderbar.

Jedes Paket wird einer von 8 Prioritätsebenen zugeordnet. Zusätzlich existiert eine Superpriorität, die für interne Steuerpakete verwendet wird und die höchste Priorität aufweist. Sie dienen dem selektiven Blockieren und Entblockieren bei vollen Datenpuffern oder Chaining Paketen. Das Chaining Flag gibt die Zugehörigkeit des Pakets zu einer zusammenhängenden Übertragung mehrerer Pakete wieder. Sie wird für Datenfelder genutzt, die länger als die maximale Paketlänge sind und deshalb auf mehrere Pakete aufgeteilt werden müssen. Der Empfänger einer Chain sperrt seine ID mit dem ersten Paket für alle weiteren Busteilnehmer. Auf diese Weise kann sichergestellt werden, daß die zur Chain gehörenden Pakete hintereinander im Puffer liegen und keine Fragmentierung stattfindet. Das letzte Paket der Chain führt zum Aufheben der Blockade.

Header						DATA
Byte0	Byte1	Byte2			Byte3	
7..0	7..0	7..4	3	2..0	7..0	
SRC	DST	PRI	CF	res	LEN	

SRC: 8 bit Quelladresse (5 Bit node ID, 3 Bit subnet mask)
DST: 8 bit Zieladresse. Modul- oder Gruppen-ID, DST 0 ist Broadcast
PRI: 4 bit Priorität. 8 Prioritätsebenen und Superpriorität (SP)
CF: Chaining-Flag. Paket ist Teil einer verketteten Übertragung
res: 3 bit Reserviert für Protokollerweiterungen oder Custom Use
LEN: Länge des Datenfeldes in Byte

Tabelle 6.1: Header Struktur für Datenpakete

Die maximale Länge der Datenpakete beträgt 128 Byte, was durch die Puffergröße bestimmt wird. Die maximale, durch das Protokoll verwendbare Länge beträgt 256 Byte. Dem Header folgen bei der Übertragung unmittelbar die Daten. Die im Header reservierten Bytes können für eine Grobklassifizierung der Pakete genutzt werden und die ersten Datenbytes genaue Angaben über den Paketinhalt beinhalten (vgl Tabelle 6.1).

6.3.1.3 Arbiter und garantierte Übertragung

Die Arbitrierung wird von einem zentralen Modul übernommen, welches die Sendeanforderungen gemäß ihrer Priorität und einem Round Robin Scheduling verarbeitet. Jeder der Prioritätsebenen ist ein eigener Round Robin Schedule zugeordnet. Arbitriert wird immer auf der höchsten Prioritätsebene, für die ein gültiger Request existiert: auf dieser Ebene kann daher eine Übertragung immer garantiert werden. Zusätzlich sind die einzelnen Schedules in der Weise verknüpft, daß nach jedem Durchlauf des Schedules das Round Robin Scheduling der nächst unteren Prioritätsebene für ein Paket den Buszugriff vergeben darf. Dadurch propagiert die Übertragungsgarantie bis auf die unterste Prioritätsebene und für jeden Request kann eine maximale Latenzzeit angegeben werden. Diese bestimmt sich aus der Anzahl der Busteilnehmer n, der Dauer einer Paketübertragung für ein Paket maximaler Länge t_{packet}, der Zeit für die Arbitrierung t_{arb} und der aktuellen Prioritätsebene PE, wobei 0 die höchste Priorität besitzt und die Superpriorität (SP) über Priorität 0 liegt. Es ergibt sich der in Formel 6.1 dargestellte Zusammenhang für die Dauer bis zur Arbitrierung eines Pakets.

$$t_{max}^{PE} = (n * (t_{packet} + t_{arb}))^{(PE+1)} \qquad (6.1)$$

In diesem als absoluter Worst Case anzusehenden Fall requesten alle Module immer auf derjenigen Ebene, bei der sie als nächstes im Round Robin Schedule übertragen können. Zusätzlich sendet jedes Modul wann immer möglich eine Blocking oder Deblocking Nachricht aufgrund eines vollen Empfangspuffers. Man sieht, daß die Dauer bis zur Übertragung mit der Prioritätsebene auf der requested wird exponentiell ansteigt. Die tatsächliche Zeit dürfte jedoch weit darunter liegen, da die theoretisch angenommene Requestfolge in der Praxis nicht erreichbar ist. Der Berechnung liegt die Annahme zugrunde, daß die in dem System verwendeten Module in der Lage sind, die Pakete ausreichend schnell zu verarbeiten, so daß die Empfangspuffer den maximalen Füllstand nicht erreichen und ein Blocking aufgrund eines vollen Puffers nicht auftritt. Finden dennoch Blockierungen statt, gehen diese Multiplikativ in Ausdruck 6.2 ein, wobei angenommen wird, daß alle Puffer bis auf jenen des Empfängers ständig überlaufen:

$$t_{max}^{PE} = (n * (t_{packet} + t_{arb}))^{(PE+1)} * (n * (t_{SP} + t_{arb})) \qquad (6.2)$$

In diesem ungünstigen Fall kann die Übertragung beliebig lange verzögert werden, was jedoch insofern irrelevant ist und keine Einschränkung darstellt, als daß das Modul das Paket ohnehin nicht verarbeiten könnte.

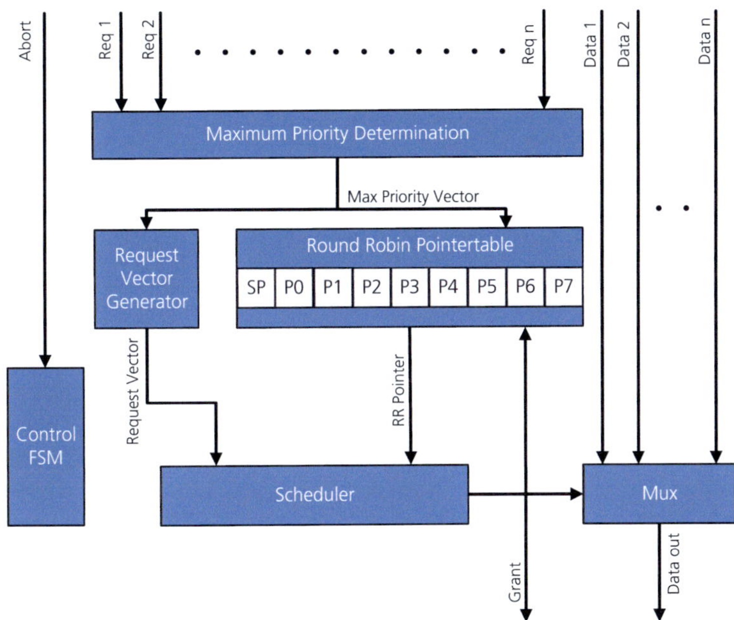

Abbildung 6.6: Bus-Noc zentraler Arbiter

Die Architektur des Arbiters ist in Abbildung 6.6 dargestellt: in einem ersten Verarbeitungsschritt wird aus den einzelnen Modulrequests die höchste Requestebene ausgewählt und alle anderen Requests maskiert. Im zweiten Schritt erfolgt auf der selektierten Ebene das Round Robin Scheduling. Das ausgewählte Modul erhält den Buszugriff, indem das Grant Signal auf den entsprechenden Wert gesetzt und die Datenleitungen des Moduls mit den ausgehenden Datenleitungen des Arbiters verbunden werden. Die Anpassung des Arbiters an verschiedene Busbreiten erfolgt ausschließlich durch die Bitbreitenänderung des Multiplexers, der die Datenleitungen miteinander verbindet. Aktuell sind Bitbreiten von 8, 16 und 32 Bit konfigurierbar. Die Steuerung der Abläufe sowie die Überwachung der Frameübertragung wird von der im Arbiter enthaltenen FSM übernommen. Das Finden des nächsten zu arbitrierenden Moduls benötigt einen Taktzyklus.

6.3.1.4 Node Interface

Die Kapselung der Paketübertragung erfolgt im Node Interface, dessen Struktur in Abbildung 6.7 dargestellt ist. Als Schnittstelle zu dem Modul wurde ein Registerinterface implementiert, welches direkt an 8, 16 oder 32 Bit Datenbusse angebunden werden kann. Die Schnittstelle basiert auf einem einfachen an 8051 Prozessoren angelehnten Protokoll, welches eine Anbindung an unterschiedliche Prozessorbusse ermöglicht. Die Bitbreite des Registerzugriffs ist unabhängig von der Übertragungsbandbreite des NoCs, die ebenfalls auf 8, 16 oder 32 Bit konfiguriert werden kann. Der Header des Datenpakets wird zusammen mit den Daten vom Hostsystem übergeben, da das Modul paketweise unterschiedliche Entitäten annehmen kann. Der TX Puffer bietet Platz für zwei Pakete und kann im Ping Pong Modus betrieben werden. Auf diese Weise kann bereits ein neues Paket gespeichert werden, solange die Übertragung des im anderen Puffer liegenden Pakets andauert. Als Speicher für mehrere Pakete dient der RX Puffer, welcher auch die Priorität der empfangenen Pakete berücksichtigt. Die Übertragung wird durch die NoC FSM durchgeführt, die den Buszugriff anfordert und das zu sendende Datenpaket autonom überträgt.

Gültige eingehende Pakete, deren ID mit derjenigen des Moduls übereinstimmt, legt die FSM im Eingangspuffer (RX Puffer) ab. Für die Speicherung wird ein BRAM Block verwendet, der ausreichend Platz für 16 Pakete bietet. Um einen Paketverlust aufgrund eines vollen Puffers zu vermeiden, wird bei einem vollen Puffer sofort eine Blockadenachricht auf SP Prioritätsebene verschickt, die alle dem Interface zugeordneten IDs für eine weitere Übertragung in allen anderen Modulen sperrt. Die Verwaltung der gesperrten Module erfolgt in einer Blockliste, die das Senden zu bestimmten Modulen selektiv sperrt. Sobald der Puffer wieder aufnahmebereit ist, wird vom blockenden Modul eine sogenannte Entblockadenachricht geschickt, die die Einträge der Blockinglist in den anderen Modulen löscht. Die Selektivität ermöglicht die weitere Kommunikation aller nicht durch die Blockade betroffenen Module.

Der Blockademechanismus wird weiterhin für die Übertragung verketteter Pakete benutzt. Hierbei sperrt der Empfänger mit dem ersten Paket der Chain das Versenden an seine ID für alle Module außer dem Sender der Paket Chain. Dies verhindert, daß die eingehenden Pakete im Nachrichtenpuffer nicht unmittelbar aufeinander folgen bzw. fragmentiert werden. Die Chain Blockade wird aufgehoben, sobald das letzte Paket der Chain empfangen wurde.

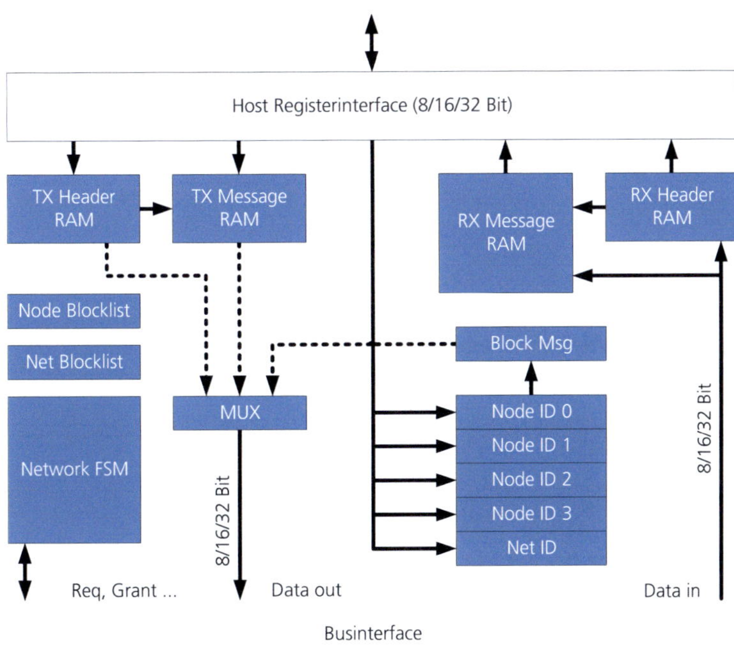

Abbildung 6.7: Struktur des Node Interfaces

Die Priorisierung der Pakete ist eine der Hauptanforderungen, die durch das C2X System erfüllt werden sollen. Neben der priorisierten Übertragung durch den Arbiter, wird ein empfangenes Paket entsprechend seiner Priorität im Empfangspuffer abgespeichert. Der am Interface angeschlossene Host beachtet jeweils nur das Paket der höchsten Priorität. Innerhalb einer Priorität werden die Pakete in ihrer Empfangsreihenfolge dargestellt. Die Verwaltung wurde als verkettete Liste in Hardware realisiert: die Speicherung des Paketheaders und der Daten erfolgt in getrennten RAMs, in der verketteten Liste liegen die Paketheader in ihrer Prioritäts- und Empfangsreihenfolge vor. Einsortieren, Auswählen und Löschen von Elementen erfolgen jeweils in einem einzigen Taktzyklus.

6.3.1.5 Bridge

Die Bridge ermöglicht den Paketaustausch zwischen zwei unterschiedlichen Netzsegmenten. Die Anbindung erfolgt wie bei den Node Interfaces über die Arbiter, wobei beide Netze unterschiedliche Bitbreiten verwenden können. Die Bridge unterstützt alle Mechanismen wie Blocking, Chaining und Priorisierung vollständig. In ihrer Struktur ähnelt sie zwei kreuzweise verbundenen Nodeinterfaces, die ohne Host Interface oder TX Puffer realisiert wurden (vgl. Abbildung 6.8). Der RX Puffer der einen Seite dient hier als TX Puffer der anderen Seite. Die Bridge ist vollständig in Hardware implementiert, so daß kein zusätzlicher Prozessor oder Steuerungsmechanismus notwendig ist. Die Latenz zwischen Empfang auf der einen und Request auf der anderen Seite beträgt daher lediglich einen Taktzyklus, so daß Pakete mit minimaler Verzögerung weitergeleitet werden können.

Um ein einfaches Routing zwischen den einzelnen Netzsegmenten zu ermöglichen werden die Adressen in eine Netz-ID und die Knoten-ID unterteilt (vgl. Abschnitt 6.3.1.2). Auf diese Weise muß das System nur mit den Netz-IDs programmiert werden. Bei Paketempfang werden dann ausschließlich die Netz-IDs überprüft und das Paket falls es für das andere Netz bestimmt ist weitergeleitet. Eine Weiterleitung von Botschaften über mehrere Bridges erfolgt über die Zuordnung mehrerer Netz-IDs, die den Routingpfad einer Botschaft fest beschreiben. Eine dynamische Routenfindung erfolgt nicht.

6.3.1.6 Ressourcenverbrauch und Performanz

Die Implementierung von Arbiter und Node Interface wurden für verschiedene Zielarchitekturen synthetisiert. In Tabelle 6.2 und 6.3 sind die Ergebnisse für verschiedene Architekturen und Konfigurationen wiedergegeben. Im Standardfall werden 8 Prioritätsebenen und 32 Bit Datenbreite für Hostzugriff und Busbreite verwendet. Es zeigt sich, daß die Bitbreite des Arbiters keinen Einfluß auf die maximale Frequenz ausübt. Erwartungsgemäß steigt durch den Multiplexer der Ressourcenverbrauch mit der Bitbreite leicht an. Der Ressourcenverbrauch bestimmt sich vor allem durch die Mechanismen zur Priorisierung und Blockade und ist im Vergleich zur ersten NoC Version vergleichsweise hoch. Eine Möglichkeit, den Ressourcenverbrauch zu verringern, wäre, die Priorisierung im Puffer durch einen einfachen FIFO zu ersetzen. Ein pragmatischer Versuch, dies zu realisieren, hat bereits eine Ressourcenersparnis von ca. 360 Slices auf einem Spartan-3 ergeben. Teile der Prioritätssteuerung blieben jedoch im System vorhanden, so daß sich weitere Einsparungen erwarten lassen.

Daher wurde der Einfluß der Anzahl der Prioritätsebenen untersucht (vgl. auch Tabelle 6.4). Es lässt sich eine Ressourcenersparnis des Arbiters von bis zu 36% erreichen, weitere 24% sind durch die Reduktion der Bitbreite möglich. Beim Node Interface reduziert sich der Ressourcenverbrauch um 21% bei nur einer Prioritätsebene. Bei der Verwendung von 8 Prioritätsebenen ändert sich der Ressourcenverbrauch kaum. Zusätzlich hängt der Ressourcenverbrauch des Node Interfaces stark von der

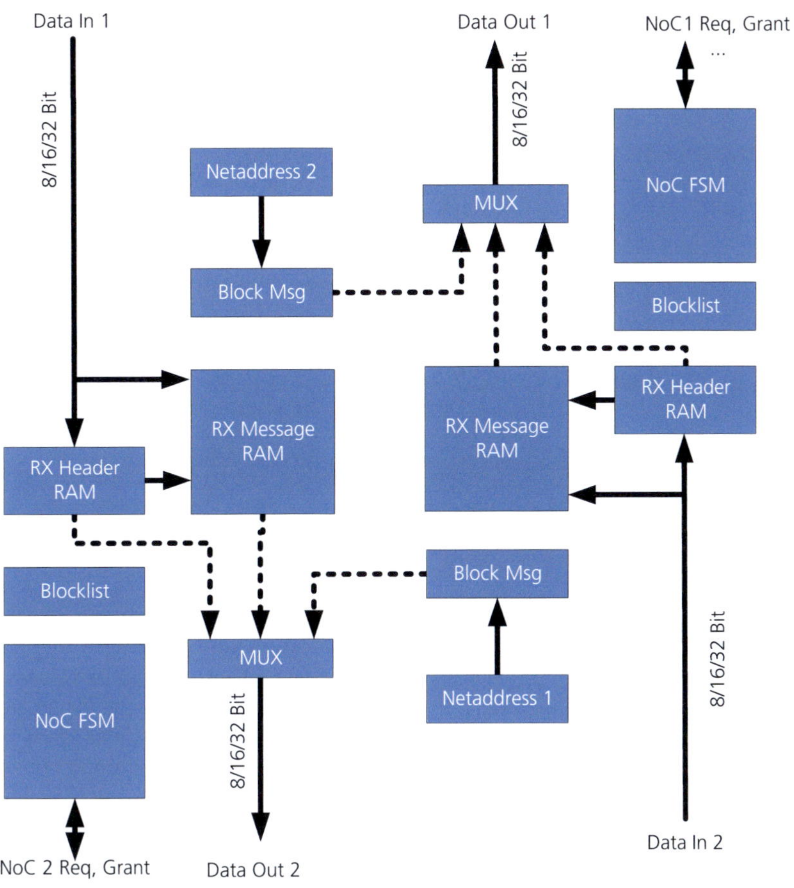

Abbildung 6.8: Architektur der NoC Bridge

Puffergröße ab. Ein Vergleich mit anderen Implementierungen ist aufgrund der fehlenden Pufferpriorisierung in anderen Ansätzen kaum möglich. Typischerweise verbrauchen NoC Router ohne die erweiterte Funktionalität bereits 450-650 Slices (vgl. [83, 261]).

FPGA Typ (Xilinx)	Einheit	8 bit	16 bit	32 bit
Spartan-3	Slices(map)	720	717	768
	Gatter	79870	79849	80463
	f_{max}(MHz)	73.44	79.73	71.04
Virtex2P	Slices(map)	705	710	757
	Gatter	84244	84368	84899
	f_{max}(MHz)	136.91	140.12	126.58
Virtex4	Slices(map)	716	744	777
	Gatter	79817	80631	80894
	f_{max}(MHz)	165.32	163.88	166.11
Virtex-5	Slices(map)	763	770	918
	Gatter	82889	82897	149289
	f_{max}(MHz)	252.92	238.53	249.72
Alle Architekturen	Mem (kbit)	18	18	18

Tabelle 6.2: Ressourcenverbrauchs des Node Interfaces

Die Evaluierung der Performanz erfolgte per Simulation und mittels eines Testsystems, welches eine maximale Generierung von Paketen und das Messen der Übertragung ermöglicht. Das Testsystem diente zur Bestimmung der Performanz, aber auch zur funktionalen Evaluierung der Übertragung, der Blockademechanismen sowie des Einflusses der Priorisierung. Der Paketheader von vier Byte und die maximale Datenfeldlänge von 128 Byte ermöglichen bei 50MHz Taktfrequenz eine Übertragungsrate von 1,55GBit/s. Durch eine zusätzliche, in der Implementierung vorhandene Arbitrierungslücke reduziert sich der tatsächliche Durchsatz auf 1,4GBit/s. Das Verkürzen der Arbitrierungszeit wird damit zu einem der wichtigsten Optimierungsschritte. Ansonsten konnte die theoretische erzielbare Performanz auf dem Chip ebenfalls nachgewiesen werden: eine Auswahl der auf dem XUPV2P bei 50MHz gemessenen Performanzdaten sind in Tabelle 6.5 dargestellt. Die Latenz wurde bestimmt, indem alle vier Testmodule mit der höchsten Priorität senden. Im Vergleich zu NoCs, die Switches und Router verwenden ergibt sich durch die Busstruktur der Vorteil der Single-Hop-Übertragung. Üblicherweise erzielen NoC approaches pro-Hop Latenzen von zusätzlichen 2 [83] bis 38 Taktzyklen [261]. Dennoch kann die Wartezeit bei dem Bussystem länger werden, da keine alternativen Routen für parallele Übertragungen existieren. In jedem Fall ist die Performanz des Systems für den gewählten Anwendungszweck ausreichend.

FPGA Typ (Xilinx)	Einheit	8 bit	16 bit	32 bit
Spartan-3	Slices(map)	179	200	235
	Gatter	2259	2506	2918
	f_{max}(MHz)	66.37	67.58	66.36
Virtex2P	Slices(map)	178	195	232
	Gatter	2235	2485	2894
	f_{max}(MHz)	108.41	108.9	116.41
Virtex4	Slices(map)	180	203	238
	Gatter	2280	2527	2945
	f_{max}(MHz)	145.96	148.58	144.84
Virtex-5	Slices(map)	246	280	335
	Gatter	2051	2288	2665
	f_{max}(MHz)	216.78	216.78	216.61

Tabelle 6.3: Ressourcenverbrauchs des Arbiters

6.3.2 Modul-Template - Basisfunktionalität

Das Modul-Template wurde als Basismodul für die Realisierung der einzelnen zur OBU gehörenden Module realisiert. Es besteht aus einem oder zwei Node Interfaces, dem Direct Network Access Controller (DNAC), einer Berechnungseinheit, sowie einem den Gesamtprozess steuernden PicoBlaze (vgl. Abbildung 6.9). Das Modul-Template ermöglicht die einfache Anbindung einer in Hardware oder Software implementierten Verarbeitungseinheit, der jeweils ein ganzes C2X Paket übergeben wird. Umgekehrt wird das Ergebnis der Verarbeitung durch das Modul-Template in einzelne Chain Pakete unterteilt und über das NoC Interface übertragen. Der DNA-Controller realisiert den Datentransfer zwischen den Node Interfaces und einem internen Speicher, wobei der Kopiervorgang in Hardware durchgeführt wird. Die auf mehrere Pakete verteilten C2X Botschaften werden dazu sukzessive empfangen und in der korrekten Reihenfolge in dem internen Speicher abgelegt, so daß ein Zugriff auf die gesamte C2X Nachricht möglich wird. Die Verarbeitung wird gestartet, sobald eine vollständige C2X Nachricht im internen Speicher vorliegt.

Das Modultemplate wurde insbesondere für Verarbeitungseinheiten entworfen, die im Sinne einer Verarbeitungspipeline arbeiten. Das heißt, eingehende Nachrichten werden verarbeitet und das Ergebnis der Verarbeitung an das nächste Modul für die weitergehende Verarbeitung geschickt. Als Beispiel sei das Signaturmodul genannt, das für jedes ein- oder ausgehende Paket die Signatur überprüft bzw. generiert. Die Verarbeitung erfolgt jeweils abgeschlossen auf einem C2X Paket, ohne direkte Abhängigkeiten zu vorgehenden oder nachfolgenden Nachrichten zu schaffen. Uneingeschränkt bestehen bleibt die Möglichkeit, Ergebnisse in dem Verarbeitungsmodul zwischenzuspeichern, so daß Berechnungen beispielsweise beschleunigt werden können (z.B. Caching von Zertifikaten).

Arbiter auf Xilinx Spartan-3

unit	32 bit 8 prio	32 bit 4 prio	32 bit 2 prio	32 bit 1 prio	8 bit 1 prio
Slices(map)	235	184	161	149	93
Gates	2918	2330	2060	1871	1185
f_{max}(MHz)	66.37	63.28	71.86	72.17	73.06

Node interface auf Xilinx Spartan-3

unit	32 bit 8 prio	32 bit 4 prio	32 bit 2 prio	32 bit 1 prio	8 bit 1 prio
Slices(map)	768	698	648	606	548
Gates	80463	79378	78667	78084	77343
f_{max}(MHz)	71.04	71.04	71.04	71.04	90.66

Tabelle 6.4: Ressourcenverbrauch für variierte Prioritätsanzahl

Eigenschaft	Einheit	8 bit	16 bit	32 bit
Kanalkapazität (cc)	MBit/s	400	800	1600
Übertragung Header	clk cycle	4	2	1
Arbitrierungslücke	clk cycle	4	4	4
Nutzdaten	MBit/s	44.4	57.1	66.7
min. Paketgröße (5 Byte)	% of cc	11.1	7.1	4.2
Nutzdaten	MBit/s	376.4	731.4	1383.7
max. Paketgröße (128 Byte)	% of cc	94.1	91.4	86.5
Paketlatenz, max. size,	clk cycle	136	70	37
unmittelbare Arbitrierung	μs	2.72	1.4	0.74
Max. Delay zur Arbitrierung	clk cycle	408	210	111
bei höchter Priorität	μs	8.16	4.2	2.22

Tabelle 6.5: Performanzergebnisse Bus-NoC

Um einen maximalen Datendurchsatz zu erreichen, sind die Register Interfaces der beiden Node Interfaces mit 32 Bit Datenbreite konfiguriert. Um dennoch einen Zugriff durch den PicoBlaze zu ermöglichen, wurden die Interfaces um einen Wrapper ergänzt, der den Zugriff von PicoBlaze und DNAC ermöglicht und andererseits die für den PicoBlaze notwendige Bitbreitenkonvertierung auf 8 Bit durchführt. Da der Wrapper vornehmlich aus Multiplexern und wenigen Registern besteht, addiert er nur einen minimalen Overhead zu dem Modul.

Der DNA-Controller ist die zentrale Komponente des Templates. Er besteht aus den Untermodulen Host-Interface, Transceive FSM und dem C2X Message RAM sowie einer Verarbeitungseinheit, welche die Modulfunktion übernimmt. Eine Datenübertragung wird durch den PicoBlaze getriggert, der den Zustand des Empfangspuffers der Node Interfaces überwacht. Die Übertragung erfolgt durch die Transceive FSM, die eigenständig Paket-Chains einlesen kann. Zwischen jedem Paket erfolgt ein

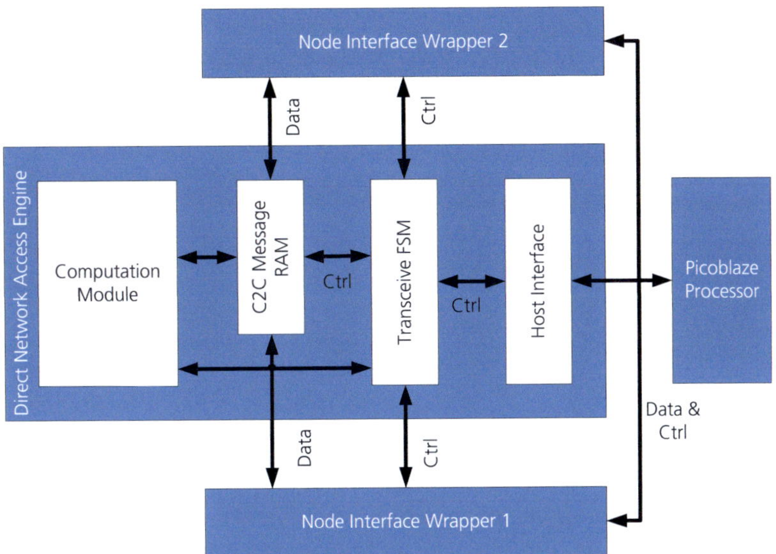

Abbildung 6.9: Architektur des Modul Templates

Handshake zwischen PicoBlaze und DNA-Controller. Sobald ein vollständiges Paket im Puffer vorliegt, startet der DNAC die Verarbeitungseinheit und verharrt in einem Wartezustand, bis die Bearbeitung abgeschlossen ist. Steht als Ergebnis der Verarbeitung ein Datenpaket zur Verfügung, wird dieses vom DNA-Controller übertragen. Nach erfolgter Verarbeitung erteilt der PicoBlaze dem DNAC den Schreibzugriff auf das gewünschte Interface. Die Zerlegung der Daten in einzelne Chain Pakete und das Speichern im Interface erfolgen automatisch. Die Übertragung beginnt mit dem ersten gespeicherten Datenpaket. Wie bei der Empfangsübertragung erfolgt zwischen zwei Paketen jeweils ein Handshake zwischen PicoBlaze und DNAC.

Die Kommunikation zwischen PicoBlaze und DNAC erfolgt über das Registerinterface, welches die Konfiguration und Steuerung des DNAC sowie das Auslesen zusätzlicher Statusmeldungen ermöglicht. Einstellbar sind die Quell- und Zieladresse der Datenpakete, sowie die Priorität der Nachricht.

6.3.3 Hardwareanbindung des Funkkanals (MAC/PHY)

Das WIFI-Modul realisiert die Anbindung der OBU an den Funkkanal. Über die drahtlose Schnittstelle eingehende Botschaften werden von dem Modul empfangen, gemäß ihrer Priorität klassifiziert und als Broad- bzw. Multicast an die weiteren Module der OBU geschickt. Ausgehende Botschaften, die einer über das NoC geschickten Anforderung eines weiteren Moduls entsprechen, werden schnellstmöglich über den drahtlosen Kanal gesendet. Aufgrund der fehlenden Verfügbarkeit geeigneter Funkmodule konnte keine direkte Anbindung der drahtlosen Schnittstelle an den FPGA erfolgen. Daher unterscheidet sich die umgesetzte Anbindung von dem eigentlichen Systemkonzept, welches zunächst skizziert werden soll.

6.3.3.1 Architektur und Funktionsweise

Wie bereits erwähnt ist die Hauptaufgabe des Moduls die Umsetzung der drahtlos gesendeten C2X-Pakete in innerhalb des FPGA Systems übertragbare Einheiten und umgekehrt (vgl. Abschnitt 6.2). Der Kommunikation mit der OBU erfolgt mittels Node Interface, für die drahtlose Kommunikation kommt ein entsprechender Protokollcontroller zum Einsatz[4]. Dieser übernimmt die Steuerung der Transmissionen auf dem Funkkanal und implementiert die Kommunikation auf Ebene 1 und 2 des OSI/ISO Schichtenmodells. Die Verarbeitung des MAC Headers erfolgt innerhalb des WIFI Moduls, so daß die anderen Module der OBU vornehmlich mit den Nutzdaten der Wireless Pakete arbeiten. Erhalten bleiben in den Datenpaketen die Headerinformationen, die für eine weitere Behandlung notwendig sind. Eine über das Handling des Paketheaders hinausgehende Verarbeitung erfolgt nicht, um eine klar umrissene, nicht inhaltsabhängige Empfangs- und Sendestufe für C2X Pakete zu erhalten. Um die höchstmögliche Performanz zu erzielen, werden wie bei dem Modul Template die Daten per Hardwarekopie zwischen den Puffern der drahtlosen Schnittstelle und dem Node Interface transportiert.

Als zentrale Kontrollinstanz kommt der PicoBlaze zum Einsatz, der einerseits die Kopiervorgänge koordiniert, andererseits aber auch die Initialisierung und Konfiguration des Wireless Controllers übernimmt. Die wichtigsten Parameter und Einstellungen werden während des Systemstarts gesetzt und initialisieren den Controller, wobei zusätzliche Umkonfigurationen der Schnittstelle jedoch auch während des laufenden Betriebs zu erwarten sind. So können Parameteränderungen für eine optimierte Nutzung des Funkkanals sorgen, indem sich das System selbstständig auf veränderte Umgebungsbedingungen adaptiert. Exemplarisch sei hier die Anpassung der Sendeleistung angeführt. So verringert eine Reduktion der Sendeleistung die Reichweite und reduziert damit die Kanalbelastung, was insbesondere bei hohen Dichten C2X kommunikationsfähiger Fahrzeuge relevant sein kann. Umgekehrt erscheint in schwach abgedeckten Gebieten eine Erhöhung der Sendeleistung sinnvoll. Die automatische Anpassung kann eigenständig von dem Modul gesteuert werden, indem die relevanten Statusparameter des Controllers ausgelesen und die Einstellungen daraufhin parametriert werden. Einfließen in die Konfiguration können Parameter, die von weiteren Modulen des Systems als NoC Steuernachrichten übermittelt werden. Die Adaptierung könnte gegebenenfalls auch völlig ausgelagert und von einem anderen Modul (RM oder IPM) durchgeführt werden, welches vollständige Parametersätze an das WIFI Modul übermittelt.

---

[4]Sowohl in den USA als auch in Europa wird der nach aktuellem Stand noch nicht final verabschiedete Funkstandard 802.11p als Physical und MAC Layer Verwendung finden (vgl. [247]).

Die Integration des WIFI Controllers ist über ein weites Spektrum an Realisierungsmöglichkeiten denkbar. Ein vollständig externer Controller wäre dann über eine geeignete Anbindung zu steuern, die einen ausreichend hohen Datendurchsatz ermöglicht und einen Zugriff auf MAC Ebene erlaubt. Eine teilweise Integration des Controllers könnte durch die Einbindung des MAC Layers und der Steuerung des drahtlosen Kanals in das FPGA System realisiert werden. Lediglich der Physikal Layer
wäre als eigene Komponente zu realisieren. Ebenfalls denkbar, jedoch an dieser Stelle
nicht näher untersucht, wäre die Möglichkeit, möglichst viel der drahtlosen Übertragung im FPGA als Software Defined Radio (SDR) zu realisieren. Dies hätte den Vorteil, daß der Zugriff auf alle Steuerparameter unmittelbar gegeben wäre. Wahrscheinlich kann der extern zu realisierende Teil der Übertragungsstrecke für unterschiedliche Protokolle verwendet werden, so daß eine dynamische Protokollumschaltung
erfolgen kann. Denkbar wären beispielsweise die Anbindung des Fahrzeugs über ein
WLAN Netz, um ein Update der Kartendaten oder der Audiodatenbank durchzuführen. Unvorteilhaft bei dieser Lösung ist ein hoher Aufwand für die Realisierung
der SDR Funktionalität innerhalb der OBU.

6.3.3.2 Realisierung als Ethernet Modul

Eine Implementierung des Systemkonzepts für das WIFI Modul erfolgte aufgrund
mangelnder frei verfügbarer IP Cores für 802.11 nicht innerhalb des FPGAs. Auch die
Verwendung externer MAC und PHY Layer schied aufgrund nicht frei zugänglicher
Datenblätter der Komponenten aus. Für die prototypische Umsetzung des Systemkonzepts wurde stattdessen eine drahtgebundene 802.3 Ethernet Schnittstelle verwendet. Der Physical Layer besteht aus einem externen Baustein, der über den Standard MII mit dem im FPGA realisierten MAC Layer kommuniziert. Für den MAC
Layer wurde auf den Xilinx Standard IP EMAC Lite (vgl. [304]) zurückgegriffen, der
direkt in die Modularchitektur (vgl. 6.10), die auf dem Template beruht, integriert
wird.

Die Umsetzung auf den drahtlosen Kanal erfolgt mittels eines WLAN Knotens im
Bridging Mode [157], der 802.3 Ethernet Pakete wahlweise über ein Ad-Hoc oder in-
frastrukturbasiertes 802.11a/b/g Netz sendet (vgl. Abschnitt 6.5). Umgekehrt setzt
die Bridge eingehende Datenpakete in Ethernetpakete um, die von dem Ethernet Modul empfangen werden. Die Ethernetübertragung ist als Zweipunktverbindung lediglich ein Zwischenschritt bei der Verarbeitung ein und ausgehender Datenpakete.
Mit anderen Worten wird die Funktionalität des WLAN Moduls bei dem Prototypen
auf die Bridge und das Ethernet Modul aufgeteilt. Da die Bridge keine Möglichkeit
zur Anpassung der Netzdaten während der Laufzeit erlaubt, entfällt die Konfigurationsmöglichkeit des Systems bei der implementierten Variante. Die Verwendung
von 802.11p Bridges (vgl. Abschnitt 3.4.5) wurde aus Kostengründen auf eine spätere
Erweiterung des Demonstrators verschoben.

Die in Abbildung 6.10 dargestellte Architektur des Ethernetmoduls dient aufgrund
von oben genannten Überlegungen lediglich dem bidirektionalen Datentransfer zwi-

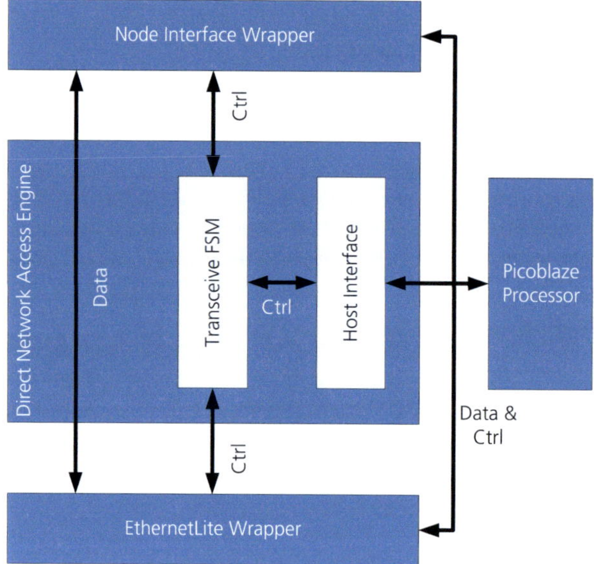

Abbildung 6.10: Architektur des Ethernet Moduls

schen Node Interface und dem EMAC IP. Bei von der Bridge kommenden eingehenden Ethernet Frames wird der Header abgeschnitten und der zugehörige NoC Header erzeugt. Danach zerlegt der DNAC das Paket in einzelne Chain Pakete, die über das Node Interface an die nachfolgende Modulverarbeitung übertragen werden. In umgekehrter Kommunikationsrichtung fügt der DNAC die einzelnen Bestandteile der Chain zur PDU des Ethernet Frames zusammen und generiert den zugehörigen Ethernet Header. In der prototypischen Umsetzung kommt als Ziel immer eine Broadcastadresse zum Einsatz, damit alle im Empfangsbereich befindlichen Knoten die Information empfangen können.

6.3.4 Message Evaluation Modul

Die Aufgabe des Message Evaluation Moduls (MEM) ist die Filterung und Bewertung von Paketen, die über das C2X-Interface empfangen werden. Es empfängt die vom WIFI-Modul kommenden Nachrichten und trifft anhand zur Laufzeit konfigurierbarer Filtereinstellungen eine Entscheidung darüber, ob die Nachricht verworfen werden kann oder zur weiteren Verarbeitung an das Signaturmodul geschickt wird. Die Filterwirkung dient vor allem der Entlastung der nachfolgenden Verarbeitungseinheiten, insbesondere der zeitaufwendigen Signaturüberprüfung. Die Evaluierung der Nachrichten ermöglicht zudem die Priorisierung der Nachricht anhand bestimmter Kriterien. Diese können explizit -als Prioritätsfeld in der Nachricht- oder implizit

-als Applikations-ID oder durch Setzen eines bestimmten Bits- in der Nachricht codiert sein. Die Prioritätsentscheidung spiegelt sich im NoC Header wider und führt gegebenenfalls zu einer beschleunigten Verarbeitung der Botschaft. Weiterhin können die Filtermechanismen dazu genutzt werden, die Verarbeitungsreihenfolge auf Modulgranularität botschaftsweise zu verändern. So kann beispielsweise ein Standard Beacon unter bestimmten Lastbedingungen direkt an das Applikationsmodul, welches nur bei Bedarf eine Signatur- und Zertifikatsüberprüfung veranlasst, weitergereicht werden.

Die Möglichkeit, Datenströme umzuleiten, ist auch für Erweiterungen von C2X OBUs sinnvoll. Eine häufig diskutierte Anwendung ist die Anbindung des Fahrzeugs an Standardnetze wie das Internet über eine OBU. So könnten neben den in dieser Arbeit verwendeten Safety Nachrichten auch TCP/IP Datenströme über den drahtlosen Kanal empfangen und verarbeitet werden. In dem hier vorgestellten Konzept könnte ein separates Modul solche Datenströme weiterverarbeiten oder eine Schnittstelle in Richtung Infotainment/Consumer Electronics in das Fahrzeug bieten. Die Aufgabe des ME-Moduls bestünde in einem solchen Anwendungsfall darin, den Datentyp zu erkennen und an das entsprechende Modul weiterzuleiten, so daß die Standardverarbeitungskette unbeeinflußt bleibt.

In der Grundkonfiguration werden alle vom ME-Modul empfangenen Nachrichten direkt an das Signaturmodul weitergeleitet, ohne daß bestimmte Nachrichten verworfen werden. Das Einbringen von Filtern erfolgt zur Laufzeit durch Funktionen des IPM (vgl. Abschnitt 6.3.7). Dies kann entweder eine Managementapplikation, die den Systemzustand überwacht und bei drohender Überlast gegensteuernde Maßnahmen vornimmt sein oder diverse C2X-Applikationen, die für ausgewählte Botschaften eine priorisierte Verarbeitung in allen Modulen anfordern. Über denselben Mechanismus kann auch ein Filter gesetzt werden, der spezielle Nachrichtentypen aufgrund nicht vorhandener Applikationen bereits zu Beginn der Verarbeitungskette verwirft und so alle nachfolgenden Einheiten entlastet.

Um eine signifikante Verlängerung der Gesamtlatenz zu vermeiden und gegebenenfalls eine Vielzahl an Regeln zu überprüfen, müssen die vorhandenen Regeln in kurzer Zeit validierbar sein. Gleiche Überlegungen gelten für die Aktionen, die sich auf eine Prioritätsänderung, Anpassung der Zieladresse oder das Verwerfen der Nachricht beschränken. Für die Filter sind einfache Vergleichsoperationen $(<, >, =, \neq)$, welche sich auf ein bestimmtes, in der Botschaft enthaltenes Datum beziehen, denkbar. Dies können eine Typ ID, eine Sender ID, eine Prioritätsinformation, ein Applikationstyp, etc. sein. Das Setzen der Filterregeln erfolgt durch ein entsprechendes Kommandopaket, das über das GNoC an das ME-Modul geschickt wird. Das Paket muß sämtliche Filterparameter enthalten, die im wesentlichen die Operation, den Vergleichswert, den Bezug auf das Feld in der Botschaft und die gewünschte Aktion mitsamt Parameter umfassen. Der Bezug auf dedizierte Felder schränkt zwar den Definitionsraum der Regel ein, reduziert jedoch gleichfalls den Ressourcenverbrauch, da nicht beliebige Felder und Datentypen miteinander verglichen werden müssen.

Die Überprüfung der Regeln erfolgt zu jeder eingehenden Nachricht, wobei der Vorgang mit der ersten gültigen Regel abgebrochen wird und die zu der Regel definierte Aktion durchgeführt wird. Existiert keine gültige Regel, so greift der Standardfall und die Nachricht wird direkt an das Signaturmodul weitergereicht. Der schematische Ablauf des Vorgangs ist in Abbildung 6.11 dargestellt.

Die Detaillierung des Konzepts für das ME-Modul beschränkt sich auf die konzeptionelle Darstellung aus Sicht der Systemarchitektur. Auf die Realisierung wurde zunächst verzichtet, da eine Filterung auf Basis des umgesetzten Applikationsumfanges nur begrenzt sinnvoll und aussagekräftig gewesen wäre. Zur Evaluierung des Gesamtkonzepts wurde bei der Implementierung des Demonstrators daher das Modul-Template verwendet, das im Datenstrom den Platz des ME-Moduls einnimmt und allen empfangenen Botschaften eine vorgegebene Zeitverzögerung aufprägt, also die Funktionalität des Filtermoduls ohne Regel übernimmt.

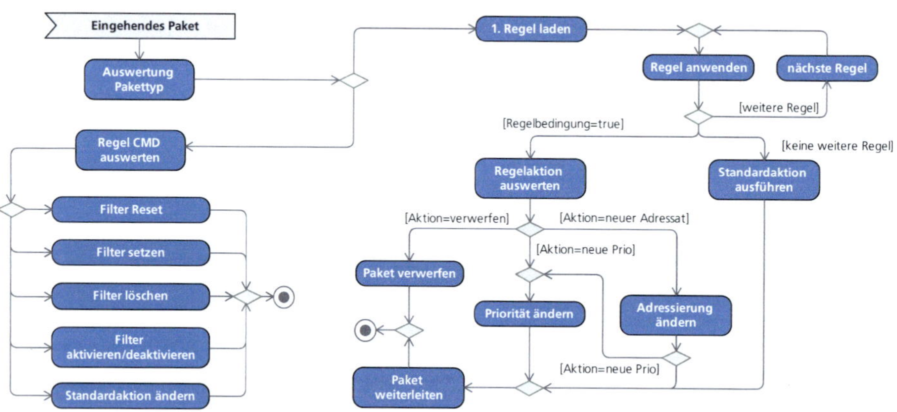

Abbildung 6.11: Funktionalität des ME-Moduls

6.3.5 Routing Modul

Aktuell sind Kommunikation und Algorithmen für VANETs Gegenstand intensiver Forschung, doch entsprechend dem aktuellen Stand der Standardisierung existieren bislang keinerlei Festlegung auf bestimmte Verfahren oder Vorgehensweisen. In der Literatur finden sich eine Vielzahl vorgeschlagener Algorithmen, die sich potenziell für die Verwendung eignen. Anstatt willkürlich einen dieser Algorithmen auszuwählen oder einen eigenen prototypischen Ansatz für die Implementierung zu verfolgen, wird hier ein Framework entwickelt, das die gemeinsamen Aspekte der

Algorithmen unterstützt und in parallele Verarbeitungseinheiten auslagert. Die Möglichkeit der Implementierung beliebiger Algorithmen bleibt durch die Verwendung eines Softcore Prozessors unberührt. Bevor Systemstruktur und die integrierten Mechanismen beschrieben werden, erfolgt ein kurzer Überblick über die Klassifizierung und ausgewählte Charakteristiken der analysierten Kandidaten für die Routing Algorithmen.

6.3.5.1 Modulkonzept

Einbettung in das Gesamtkonzept Die Analyse der Routingalgorithmen ist die Basis für das Systemkonzept des Routingmoduls. Die Durchführung des Routings geschieht parallel und unabhängig von den anderen verarbeitenden Modulen, so daß die Routinglast keinen Einfluß auf das sonstige Systemverhalten hat (vgl. Abbildung 6.12).

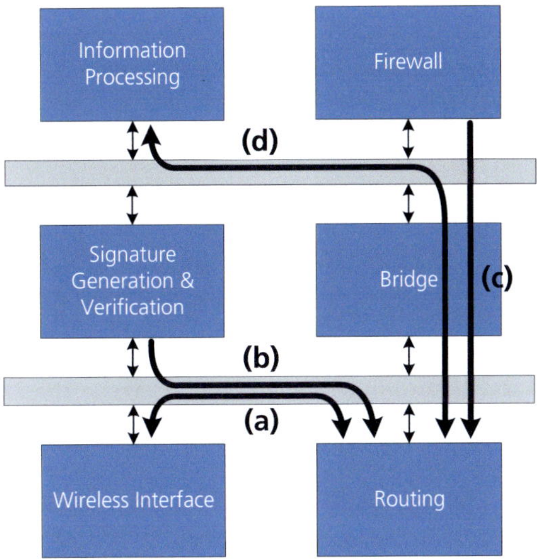

Abbildung 6.12: Kommunikationspfade des Routing Moduls

Die wichtigste Schnittstelle ist das WIFI-Modul, mit dem ein- bzw. ausgehende C2X Nachrichten ausgetauscht werden (vgl. Abbildung 6.12 Pfad (a)). Alle im System eingehenden C2X Nachrichten werden von dem Routing Modul ausgewertet und ggf. verworfen.

Für den Fall, daß eine Signatur oder ein Zertifikat bei der Überprüfung als fehlerhaft gewertet wird, wird diese Information mit der Botschafts ID an das Routing Modul geschickt, welches die Nachricht aus der Verarbeitung löschen kann (vgl. Abbildung 6.12 Pfad (b)). Ebenfalls werden vom Signatur Modul kommende und vom IPM generierte Nachrichten zum Routing Modul geschickt, damit dies Kenntnis über alle vom System ausgehenden Nachrichten besitzt und ggf. Sendertries unternehmen kann (vgl. Abbildung 6.12 Pfad (c)).

Die aktuelle Fahrzeugposition muß für alle geographischen Routingalgorithmen vorhanden sein. Da das Routing Modul keinen eigenen GPS Empfänger besitzt, wird diese Information aus dem Fahrzeuginneren über die Firewall empfangen (vgl. Abbildung 6.12 Pfad (d)).

Zusätzlich existiert ein bidirektionaler Link zum IP-Modul, über den Status- und Kontrollinformationen ausgetauscht werden können. Auf diese Weise können Applikationen auf besondere Vorkommnisse während des Routings reagieren und dieses auch beeinflussen. Möglich wären beispielsweise eine Parameteranpassung oder ein Wechsel des Routingverfahrens aufgrund veränderter Umgebungsbedingungen.

Framework - Grundprinzipien des Routings Die Wahl eines frameworkbasierten Ansatzes eröffnet für die konkrete Implementierung von Routingalgorithmen unterschiedliche Möglichkeiten. Einerseits können verschiedene Algorithmen auf der Plattform getestet und evaluiert werden. Andererseits ist die parallele Integration mehrerer Algorithmen möglich, die es erlaubt, jeweils denjenigen Algorithmus auszuwählen, der in der aktuellen Fahrsituation am besten geeignet ist und so den jeweiligen Anforderungen, beispielsweise inner- und außerstädtische Kommunikation, gerecht werden kann. Das Framework soll die Möglichkeit bieten, kritische Operationen in Hardware auszuführen und die Algorithmen bei grundlegenden Tätigkeiten zu entlasten. Dennoch sollen die Hardwarekomponenten so allgemein gefasst sein, daß keine Einschränkung auf ein Subset von Algorithmen gegeben ist. Vergleicht man nun die in Abschnitt 3.4.4 vorgestellten positionsbasierten Algorithmen, so sind einige grundlegende Prinzipien erkennbar:

1. Dem Routing Modul muß die aktuelle Position des eigenen Fahrzeugs bekannt sein. Zusätzlich relevant sind Geschwindigkeit und Bewegungsrichtung.

2. Zentraler Bestandteil aller Verfahren ist die Entfernungs- und Richtungsberechnung zwischen dem eigenen Fahrzeug und den Positionen anderer Netzwerkteilnehmer. CBF ist die Grundlage vieler Algorithmen.

3. Es muss ein Speicher vorhanden sein, der das Halten mehrerer vollständiger Nachrichten oder das Speichern einzelner Informationen aus verschiedenen ankommenden Botschaften ermöglicht, was beispielsweise für die Pflege von Nachbarschaftstabellen notwendig ist.

4. Die Verarbeitung einzelner gespeicherter Botschaften wird durch Timer getriggert. Dies hat auch zur Folge, dass ein wahlfreier Zugriff auf die gespeicherten Informationen möglich sein muss.

5. Für das Routing im allgemeinen lassen sich zwei weitere grundlegenden Forderungen ableiten, die vorteilhaft sind:

   a) Eine frühzeitige Filterung nicht relevanter Nachrichten muß erfolgen, um den Rechenaufwand für diese Nachrichten zu reduzieren.

   b) Komplexe Routingalgorithmen benötigen häufig einen Cache, der allgemeine Informationen über die erhaltenen Nachrichten sammelt, so daß vergangene Entscheidungen mit einbezogen werden können.

Partitionierung und Grundprinzipien Ziel des Frameworks ist es, die oben genannten Punkte in einer möglichst optimalen Art und Weise umzusetzen, ohne daß eine Beschränkung auf wenige Algorithmen erfolgt. Die angestrebte Realisierung soll die Performanz der Hardware geschickt mit flexibler Software vereinen. Das grundlegende Prinzip dabei ist, den vollständigen, durch die Routingalgorithmen vorgegebenen Kontrollfluß in Software zu implementieren, so daß dieser sehr einfach angepasst werden kann. Der Datenfluß soll hierbei weitestgehend in Hardware realisiert und an dem Prozessor vorbeigeführt werden. Die Low-Level Verarbeitung, die zwar notwendig, aber nicht integraler Bestandteil der Algorithmen ist, erhält ebenfalls eine Hardware Unterstützung. Das Systemkonzept basiert schließlich auf einer Dreiteilung der Funktionalität in Filterung, Low-Level-Verarbeitung und Routing Algorithmik, die sich auch in der strukturellen Einteilung wiederfindet (vgl. Abbildung 6.13).

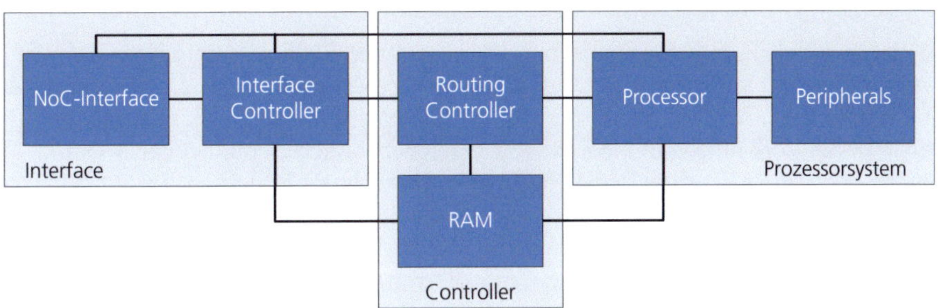

Abbildung 6.13: Funktionale Einheiten des Routing Moduls

Eingehende Nachrichten werden über das NoC-Interface empfangen und bei Relevanz, die über Filterkriterien definiert wird, in einen zentralen RAM Speicher abgelegt. Der Interface Controller besteht aus einem PicoBlaze, der die Filterung der Nachrichten übernimmt und einem Hardwaremodul, welches die Übertragung in den RAM Speicher durchführt. Zusätzlich besitzt das Interface eine Anbindung an das Prozessorsystem, die den direkten Austausch von Informationen an dem Routing Controller vorbei ermöglicht. Der Interface Controller verwaltet die Zugriffsberechtigung auf das NoC Interface. Die Verwendung des PicoBlazes für die Filterung der Nachrichten und die damit verbundene Beschreibung in Software ermöglicht eine flexible Implementierung von Filtern unterschiedlicher Komplexität. Damit diese zur Laufzeit austauschbar sind, muß eine Möglichkeit bestehen, die Filter anzupassen und sie zu verändern. Dies wird über eine zusätzliche Schnittstelle zwischen dem Interface Controller und dem Prozessorsystem realisiert, welches die zentrale Steuerung des Systems übernimmt. Dadurch können die Routingalgorithmen eigenständig eine Optimierung des Filters vornehmen, damit frühzeitig irrelevante Nachrichten aus dem System entfernen und so die Arbeitslast und der Speicherverbrauch des Routing Controllers und Prozessorsystems reduzieren.

Der Controller realisiert die Zwischenspeicherung der empfangen Nachrichten und zusätzlich den Prozessor entlastende Low-Level Funktionalität. Dazu zählt insbesondere die Verwaltung des Nachrichtenspeichers durch in Hardware realisierte Funktionen. Der Speicher ist in zwei Bereiche aufgeteilt, die jeweils unterschiedliche Teile der Nachricht halten. Im ersten Block ist lediglich der Header bzw. ein Teil des Headers hinterlegt. Zusätzlich reservierter Speicher ermöglicht es dem Prozessorsystem, mit dem Nachrichtenheader Zusatzinformationen zu speichern, die sich beispielsweise auf den Verarbeitungsstatus der Nachricht bezieht. Dadurch sind alle zur Verarbeitung der Botschaft notwendigen Informationen zusammen mit der Botschaft abgelegt und vereinfachen so die interne Nachrichtenverwaltung des Routingalgorithmus, welcher gemeinsamen Zugriff auf Botschaft und Status hat. Ebenfalls im Datensatz enthalten ist ein Zeiger auf den zweiten Speicherbereich, in dem die vollständige Nachricht gespeichert ist. Das Prozessorsystem erhält über diese Verknüpfung den Zugriff auf die vollständige Botschaft.

Die Trennung der beiden Speicherbereiche dient der Realisierung eines Cache Speichers, der von verschiedenen Routingalgorithmen benötigt wird (vgl. Abschnitt 3.4.4). Sobald die Daten für eine Weiterleitung nicht mehr benötigt werden, kann der Speicherplatz der vollständigen Nachricht in Speicherbereich 2 freigegeben werden. Der Header kann bis zu seiner Verdrängung in Bereich 1 verbleiben. Dies ermöglicht beim Empfang einer neuen Nachricht festzustellen, ob diese Nachricht schon einmal von dem Knoten empfangen wurde. Die Feststellung dieser Übereinstimmung erfolgt ebenfalls durch den Routing Controller unabhängig vom Prozessor. Die Entscheidung über die weitere Verfahrensweise obliegt dem im Prozessorsystem laufenden Routingalgorithmus, der die weiteren Schritte als entsprechendes Kommando für den Routing Controller übergibt.

Ebenfalls aus der Analyse der Algorithmen ableiten läßt sich die Eigenschaft einiger Algorithmen, wie beispielsweise CBF oder Store and Forward, Nachrichten für eine gewisse Zeit abzulegen und erst danach weiterzuverarbeiten. Diese Mechanik des Abspeicherns, des Vergessens für eine gewisse Zeit und der Wiedervorlage ist ein weiterer Bestandteil des Routingcontrollers. So kann zu jeder gespeicherten Nachricht ein Timer gestartet werden, der nach Ablauf das Prozessorsystem triggert und die zugehörige Nachricht zur weiteren Verarbeitung vorlegt. Die Möglichkeit zusätzliche Status- und Verarbeitungsdaten mit der Botschaft abzulegen ermöglicht das Verwerfen jeglicher botschaftsbezogener Daten im Prozessorsystem, da mit Wiedervorlage der Botschaft auch die zugehörigen Statusdaten zur Verfügung stehen, die einen Aufschluß über die vorangegangene Verarbeitung ermöglichen.

Ein weiterer Bestandteil des Controllers ist die rückwärtige Übertragung in den NoC Speicher als Hardwarerealisierung. Dies entspricht dem Botschaftsversand, welcher nunmehr ausschließlich durch das Prozessorsystem getriggert werden muß. Die potenzielle Anpassung der Headerdaten erfolgt, da algorithmenspezifisch, durch das Prozessorsystem.

Die separate Realisierung der Speicherverwaltung, der Nachrichtenübertragung und die Möglichkeit, eine zeitgesteuerte automatische Wiedervorlage für Nachrichten zu starten, entlastet das Prozessorsystem um exakt diese Funktionalität. Durch die Verwendung einer definierten API wird zudem die Entwicklung von Routingalgorithmen vereinfacht, da die Algorithmik bereits auf einer höheren Abstraktionsebene ansetzen kann. Dabei wurde versucht, die im Controller realisierten Funktionalitäten so allgemein zu halten, daß sie für eine Vielzahl von Algorithmen genutzt werden können (vgl. Abschnitt 6.6). Sollte dennoch der direkte Empfang von Botschaften notwendig sein, kann dies durch eine entsprechende Filtereinstellung realisiert werden. Der Filter würde die Botschaft erkennen und eine Übertragung in den Speicher verhindern. Das Prozessorsystem kann dann die Botschaft direkt aus dem NoC Interface auslesen. Umgekehrt können beliebige interne oder externe Botschaften durch die im Prozessorsystem laufenden Applikationen verschickt werden.

Für das Prozessorsystem gelten ähnliche Überlegungen wie für das IP-Modul (vgl. Abschnitt 6.3.7). Sollten in den Algorithmen rechenintensive Aufgaben anfallen, können diese durch zusätzliche Hardwarebeschleuniger unterstützt oder parallelisiert werden. Die Funktion des Prozessorsystems beschränkt sich im wesentlichen auf die Ausführung der Routingalgorithmen. Abhängig von der Auslastung durch das Routing wäre auch die Integration weiterer Funktionalität in das Modul denkbar.

6.3.5.2 Modularchitektur und Implementierung

Gesamtsystem Die aus dem Konzept resultierende Implementierung ist in Abbildung 6.14 dargestellt. Zu erkennen ist die Umsetzung der Dreiteilung des Systemkonzepts in Interface, Controller und Prozessorsystem. Da alle drei Einheiten miteinander interagieren, besteht jeweils paarweise eine Verbindung. Der Datenfluß, also der Transport ein- und ausgehender Pakete, ist im wesentlichen auf der linken Seite der Abbildung dargestellt und betrifft die C2X-Pakete, die zwischen Node-Interface und Message RAM bzw. Header RAM übertragen werden und den Hauptteil der Kommunikationslast ausmachen. Die konkurrierenden Zugriffe auf Speicher und Node Interface werden vom PicoBlaze beziehungsweise vom Routing Controller koordiniert.

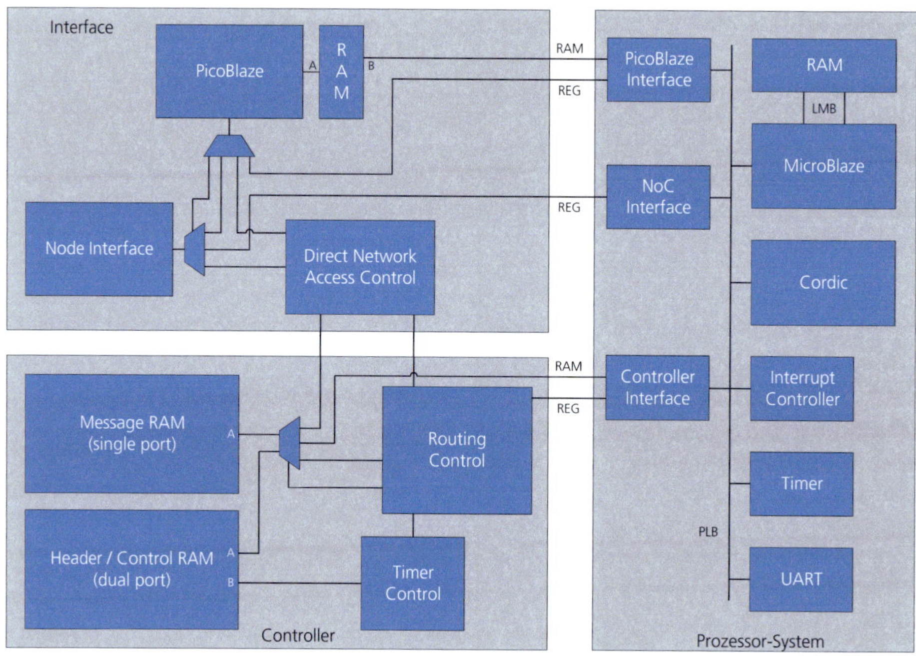

Abbildung 6.14: Architektur des Routing Moduls

Interface Die Implementierung des Interfaces basiert auf dem bereits eingeführten Modul Template mit nur einem Interface (vgl. Abschnitt 6.3.2). Für die Verwendung im Routing Modul wurde die Funktionalität des DNAC Controllers, der Software sowie der Anbindung des PicoBlazes an die hier bestehenden Anforderungen angepasst. Zusätzlich wurde eine dritte Schnittstelle eingefügt, die den direkten Zugriff des MicroBlaze ermöglicht.

Die Kommunikation zwischen PicoBlaze und MicroBlaze erfolgt über ein Registerinterface, das eine bidirektionale Kommunikation erlaubt. Sie dient insbesondere der Anforderung des Node Interface Zugriffs durch den MicroBlaze und der Übergabe von Statusparametern, wie beispielsweise der Anzahl verworfener Nachrichten oder die Übergabe des Nachrichtentyps. Zusätzlich hat der MicroBlaze über eine spezielle Schnittstelle Zugriff auf den Programmspeicher des PicoBlaze, so daß Teile des Programms verändert werden können und so eine direkte Anpassung der Filteralgorithmen ermöglicht wird. Dafür ist der BRAM Programmspeicher des PicoBlaze in der Implementierung als Dual Port ausgeführt, was einen parallelen Zugriff ermöglicht.

Der DNA-Controller kopiert eine vollständige C2X Nachricht in einen Speicherplatz im Routing Controller. Voraussetzung dafür ist mindestens ein freier Speicherplatz, der durch den Routingcontroller zur Verfügung gestellt werden muß. Andernfalls wird mit der Übertragung gewartet und ein entsprechendes Statussignal an den MicroBlaze übergeben. Umgekehrt kopiert der DNAC bei Sendeanforderung durch den Routing Controller das C2X Paket in den TX Puffer des Node Interfaces. Die Kopiervorgänge werden jeweils vom PicoBlaze koordiniert und überwacht.

Die Funktionsweise der PicoBlaze Software ist in Abbildung 6.15 skizziert. Vorrangig bei der Verarbeitung ist immer die Koordinierung der Datenverarbeitung durch den DNAC. Danach erfolgt die Überprüfung der einzelnen möglichen Anforderungen, beginnend mit dem Sendewunsch des Routing Controllers über den Request des MicroBlaze hin zu der Verarbeitung eingehender Daten. Ein empfangenes C2X-Paket wird zunächst daraufhin überprüft, ob eine Verarbeitung durch den MicroBlaze erfolgt. Ist dies der Fall, wird die Kontrolle an den MicroBlaze übergeben und dieser wahlweise über einen Interrupt oder ein Statusupdate benachrichtigt. Andernfalls werden die Botschaftsfilter angewendet. Trifft kein Filter zu, kann die Nachricht verworfen werden. Andernfalls wird sie, steht ein freier Speicherplatz zur Verfügung, im RAM Speicher abgelegt. Für den Demonstrator wurde zunächst nur eine Filterfunktion implementiert.

Diese eine Filterfunktion befindet sich immer in einem definierten Speicherbereich, so daß dieser gezielt vom MicroBlaze ausgetauscht werden kann. Der PicoBlaze ist dafür zunächst in einen sicheren Zustand zu bringen. In dem Prototypen sind für die Filterroutine zunächst 64 Instruktionen reserviert, die sich jedoch ausschließlich durch den Programmcode ergeben, da der MicroBlaze prinzipiell den vollständigen PicoBlaze Code umschreiben kann. Die Vorteile einer derartigen Filterimplementierung im Vergleich zu einer abstrakten, durch Softwareparameter konfigurierbaren Variante, ist die Kombination aus hoher Flexibilität -durch die Möglichkeit, belie-

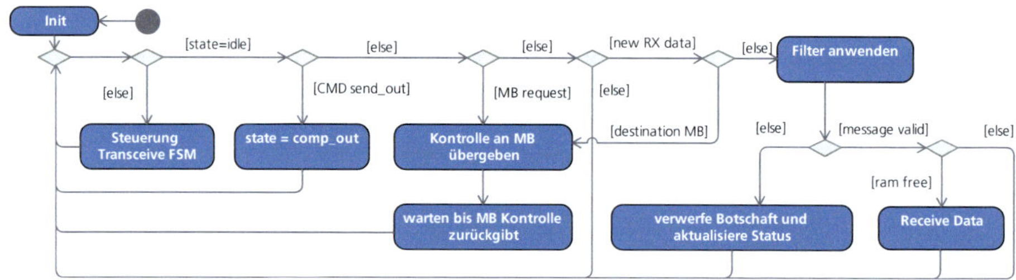

Abbildung 6.15: Ablaufdiagramm PicoBlaze Software - Routing Modul

bigen Code zu verwenden- und die Effizienz eines für sich nicht parametrierbaren Filters, der im Ganzen ausgetauscht werden kann. Ein Beispiel für einen einfachen Filter, der den Nachrichtentyp überprüft und alle nicht DENM Nachrichten ausfiltert, ist im Folgenden gegeben.

```
3A0   00B11   FILTER: LOAD NOC_ADDR, noc_d0      ; erstes Headerwort
3A1   303F8           CALL NOC_EX_READ_SECURE3   ; erstes Datenbyte
3A2   14D01           COMPARE LD, 01
3A3   353A6           JUMP Z, GO_ON
3A4   00D00           LOAD LD, 00
3A5   2A000           RETURN
3A6   00D01   GO_ON:  LOAD LD, 01
3A7   2A000           RETURN
```

Controller Der Controller bildet den zweiten Kernbereich des Moduls und fungiert bei der Verarbeitung von C2X-Nachrichten, die für das Routing relevant sind, als Schnittstelle zwischen dem Interface und dem Prozessorsystem. Er besteht aus den beiden Speichern für die Header (Header RAM - HR) und die vollständigen Pakete (Message RAM - MR), einem Timer Controller sowie dem Routing Controller. Hinzu kommen das Registerinterface für das Prozessorsystem und die Schnittstelle zum Interface Teil.

Die Speicher sind jeweils in einem eigenen Speicherblock in Form eines BRAM Block realisiert. Die Verwendung von 24 Bit für die Adressierung ermöglicht maximal 64 MByte adressierbaren Speicher für HR und MR, ausreichend für die Zwischenspeicherung von C2X-Nachrichten. Der Header RAM ist mit zwei Ports ausgestattet, um einen parallelen zusätzlichen Zugriff für die Timersteuerung zu ermöglichen. Für jede empfangene Nachricht kann automatisiert ein Eintrag im HR erzeugt werden, der sowohl den Botschaftsheader als auch Datenfelder zur freien Verwendung beinhaltet. Jeder Eintrag hat hierzu eine Länge von 32 Byte, so daß pro verwendetem BRAM Block 64 Einträge gespeichert werden können. Im Message RAM werden die vollständigen Datenpakete abgelegt. Er ist bewußt mit nur einem Zugriffsport ausgeführt, um ohne größere Änderungen am System auch externen Speicher verwenden zu können, falls der im FPGA verfügbare Speicher nicht ausreicht. Jede Speicherzelle hat eine Größe von 512 Byte, was exakt der angenommenen Größe der C2X Nachrichten entspricht.

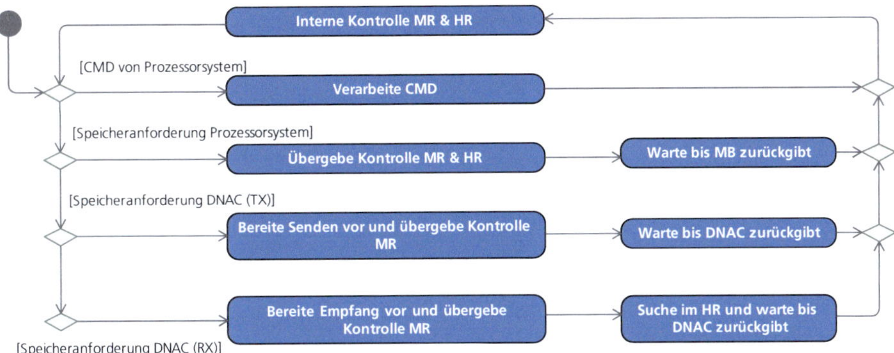

Abbildung 6.16: Steuerung Routing-Controller

Der Routing Controller übernimmt in erster Linie den Datentransport und die Speicherverwaltung innerhalb des Moduls. Eine vereinfachte Darstellung der Funktionalität, welche als Hardware FSM realisiert ist, gibt Abbildung 6.16. Anstehende Kommandos werden zuerst bearbeitet, bevor die Speicherkontrolle an den MicroBlaze oder den Interface Teil übergeben wird. Die Kommandos lassen sich in Sendebefehle, Erstellen und Löschen von Einträgen im MR und HR, Suchen nach Einträgen, Timer Management und allgemeine Kontrollbefehle klassifizieren (vgl. Tabelle 6.6).

Sind alle anstehenden Kommandos abgearbeitet, wird die Kontrolle, sofern sie angefordert wurde, an den MicroBlaze übergeben. Der Routing Controller wartet dann solange, bis der MicroBlaze die Kontrolle wieder abgibt, es findet keine Verdrängung statt. Soll eine Nachricht über den DNA Controller gesendet werden, erhält dieser den Zugriff auf den Message RAM. Der Empfang einer Botschaft erfolgt nur solange eine freie Speicherzelle vorhanden ist. Deren Offset wird angelegt und die Kontrolle an den DNAC übergeben, der das C2X Paket in den Speicher legt. Parallel zum Transfer der Nachricht wird von dem Routing Controller der Header RAM nach einem Eintrag mit gleicher Node-ID und Action-ID durchsucht, da die Information, ob eine Nachricht schon einmal empfangen wurde, für viele Applikationen essentiell ist (z.B. Contention Prozess bei verbindungslosen Verfahren). Sind sowohl der Transfervorgang als auch die Suche beendet, wird das Prozessorsystem über einen Interrupt getriggert und das Ergebnis der Suche sowie die neue Speicheradresse übergeben. Die nachfolgende Verarbeitung wird dann durch den jeweiligen Routingalgorithmus festgelegt.

Der Header RAM bildet die Grundlage für das Speichermanagement und den Zugriff auf C2X Nachrichten durch den MicroBlaze. Die Adresse der jeweils aktiven Speicherzelle wird hierzu in einem Offset Register gehalten, das den Datensatz in einen eindeutigen Speicherbereich des Prozessors verschiebt. Gleichfalls wird ein eventuell vorhandener MR Eintrag referenziert, der so den Zugriff auf die Daten der Nachricht ermöglicht. Alle Operationen erfolgen über den HR, so daß jeder MR Eintrag auch einen HR Eintrag besitzen muß. Beim Empfang einer Botschaft muß daher der HR-Eintrag angelegt oder die Referenz eines bestehenden Eintrags umgesetzt werden. Da eingehende Nachrichten automatisch empfangen werden, existieren zusätzliche Offset Register, die diese Nachrichten referenzieren und eine andere Operation auf dem Speicher nicht unterbrechen.

Der Timer Controller stellt zwei getrennte Zeitquellen zur Verfügung, die jeweils durch einen zweistufigen Timer realisiert werden. Die Breite der Prescalerstufe ist dabei variabel, so daß Auflösung und Maximalzeit angepasst werden können:

$$\Delta T = \frac{2^{Breite\_Stufe\_1}}{Taktfrequenz} \qquad T_{max} = \frac{2^{(Breite\_Stufe\_1 \ + \ Breite\_Stufe\_2)}}{Taktfrequenz} \qquad (6.3)$$

Command	Define API	Callback	Takte	Latenz [μs]@
Discard message	DISCARD	nein	2	0.04
Store message	STORE	ja	bis (11+h)	bis (0.22+0.02h)
Overwrite message	OVERWRITE	ja	8	0.16
Send message	SEND	ja	bis 986	19.72
Clear MR entry	CLEAR_MR	nein	3	0.06
Clear HR entry	CLEAR_HR	nein	11	0.22
Clear complete MR	RESET_MR	ja	2+128m	0.04+2.56m
Clear complete HR	RESET_HR	ja	3+8h+128m	0.06+0.16h+2.56m
Set timer	SET_TMR	ja	3	0.06
Start timer	START_TMR	nein	3	0.06
Stop timer	STOP_TMR	nein	3	0.06
Set RX offsets	SET_ORX	nein	1	0.02
Set TMR offsets	SET_OTMR	nein	1	0.02
Set internal offsets	SET_OINT	nein	1	0.02
Set HR offset	SET_OFF	nein	2	0.04
Search message	SEARCH_MSG	ja	bis (5+2h)	bis (0.10+0.04h)
Search node	SEARCH_NODE	ja	bis (4+h)	bis (0.08+0.02h)
Search old MR entries	SEARCH_OLD_MR	ja	3+2h	0.06+0.04h
Search old HR entries	SEARCH_OLD_HR	ja	3+2h	0.06+0.04h
Set result 1	RESULT_1	ja	1	0.02
Set result 2	RESULT_2	ja	1	0.02
Set result 3	RESULT_3	ja	1	0.02
Set result 4	RESULT_4	ja	1	0.02

Tabelle 6.6: Übersicht Commands

Der erste Timer bestimmt die Systemzeit, die für einen Zeitstempel bei der Generierung der HR-Einträge verwendet wird, damit das Alter der jeweiligen, im System befindlichen Nachrichten für die Verdrängung verwendet werden kann. Der Wert des Prescalers wird Offline festgelegt. Der Zeitstempel hat eine Breite von 24 Bit und kann in der aktuellen Implementierung bei einer Auflösung von 10.486ms über 48h bei 50MHz ohne Überlauf arbeiten.

Der zweite Timer wird in Zusammenhang mit gespeicherten Einträgen verwendet und kann von der Applikation beliebig und für jeden Eintrag individuell initialisiert werden. Nach Ablauf des Timers wird das Offset der Botschaft geladen und der MicroBlaze getriggert, was einer Wiedervorlage der Nachricht beim Routingalgorithmus entspricht. Der Timer hat eine maximale Länge von 30 Bit, der Prescaler kann zur Laufzeit in einer Breite von 24 Bit definiert werden. Für die prototypische Implementierung wurde eine Auflösung von 10,24μs bei 50MHz gewählt. Die maximale Dauer entspricht ca. 3 Stunden. Dies entspricht den höheren Anforderungen beim Contention Prozess. Der Timer Controller pollt regelmäßig die Timer Einträge im Header RAM, reduziert sie und speichert beim Nulldurchgang die Offsetwerte in Timer Offset Registern ab, deren Änderung dem MicroBlaze über einen Interrupt mitgeteilt wird. Andere laufende Speicherzugriffe werden durch diesen Vorgang nicht unterbrochen.

Die Verdrängung von Nachrichten aus dem Header und Message RAM erfolgt nicht automatisch sondern kann vom MicroBlaze gesteuert werden. Da die Verdrängungsstrategie einen Teil des Algorithmus darstellt, wurden nur essentielle Teile im Controller Systemteil hinzugefügt. Sie erlauben die Suche nach den am längsten gespeicherten Nachrichten. Neben der Suche nach einem bestimmten Knoten oder einer bestimmten Nachricht, können auch die ältesten HR Einträge gesucht werden. Als Ergebnis werden jeweils die 4 ältesten HR-Einträge mit und ohne MR-Eintrag zurückgegeben. Die Entscheidung, welcher Eintrag zu löschen ist, obliegt zur Erhaltung der allgemeinen Einsetzbarkeit dem Algorithmus oder einer Zwischenschicht.

Prozessorsystem Die in dem Prozessorsystem ablaufenden Routing Algorithmen vereinfachen sich durch die Realisierung von Teilfunktionalität im Interface und Routing Controller deutlich. Die Modulstruktur ist vergleichbar zu derjenigen des IP-Moduls, welches ebenfalls den MicroBlaze als zentrale Komponente beinhaltet. Die Architektur des Systems ist in Abbildung 6.14 rechts dargestellt. Neben dem Node Interface wurden noch die Anbindung des PicoBlaze im Interface Modul und die Schnittstelle zum Routing Controller integriert. Analog zum Beschleunigerkonzept im IP-Modul können auch hier Hardware Acceleratoren eingebunden werden. Exemplarisch wurde hierzu die Anbindung des CORDIC IPs realisiert (vgl. Abschnitt 6.3.7). Der UART dient lediglich dem Debuggen des Moduls und kann in einer finalen Version entfernt werden.

Das Controller-Interface stellt Mechanismen für einen direkten Speicherzugriff auf den MR und den HR innerhalb des Controllerbereichs sowie 16 Register zur Kommunikation mit dem Routing Controller bereit. Die Anbindung an den PLB erfolgt über den PLB Slave (vgl. [302, 301]) der EDK. Für die Adressierung der Speicher stehen zwei Modi zur Verfügung, die für beide Speicher unabhängig gesetzt werden können. Sie erlauben eine absolute und relative (paketweise) Adressierung der Speicher. Bei der absoluten Adressierung muß vom Prozessor stets die vollständige Adresse, die sich aus dem Zellenoffset und der Adresse innerhalb der Zelle ergibt, übergeben werden. Beim relativen Zugriff muß nur die Adresse innerhalb der Zelle angegeben werden. In beiden Fällen ist der Speicherzugriff durch den MicroBlaze zunächst anzufordern. Das Lesen und Schreiben des Registersatzes ist jedoch immer möglich.

Das PicoBlaze Interface besteht aus einem Register Interface, welches den Austausch von Daten zwischen MicroBlaze und PicoBlaze ermöglicht. Die Zahl der Register ist konfigurierbar und kann den jeweiligen Anforderungen gemäß angepasst werden. Zusätzlich ermöglicht der wahlfreie Zugriff auf den PicoBlaze Programmspeicher die Änderung des Programms zur Laufzeit.

Die Anbindung des Node-Interfaces über das NoC-Interface ist transparent und entspricht einer direkten Anbindung. Lediglich die Anforderung des Zugriffs auf das Node Interface wurde hinzugefügt, da zunächst eine Umschaltung des Interfaces auf den MicroBlaze erfolgen muß.

Die Software unterteilt sich in Treiberfunktionen für die einzelnen Hardwareeinheiten des Routing-Frameworks und die eigentliche Routing- bzw. Forwardingapplikation. Da lediglich prototypisch ein Algorithmus umgesetzt wurde, konnte auf den Einsatz eines Betriebssystems verzichtet werden. Die Treiberfunktionen abstrahieren von den Implementierungsdetails und ermöglichen einen Zugriff auf die Funktionen der einzelnen Komponenten. Sie umfassen die Ansteuerung des Coprozessors, die Zugriffsfunktionen und Kommandos des Controllers sowie die Low Level Treiber des Node Interfaces. Sie ermöglichen beispielsweise das komplette Auslesen des Nachrichtenheaders aus der aktiven HR-Zelle oder das Setzen von definierten Filteralgorithmen für den PicoBlaze. Die Betrachtung eines vollständigen Softwareframeworks für die Verwaltung mehrerer Routingalgorithmen erfolgte im Rahmen dieser Arbeit nicht. Jedoch besteht durch die Anbindung der Hardware bei der Realisierung beliebiger Softwaremechanismen keine Einschränkung.

6.3.5.3 Beispielimplementierung CBF Algorithmus

Da der CBF-Algorithmus Basis einer Vielzahl von Verfahren ist, wurde dieser für eine Beispielimplementierung ausgewählt. Da er in erster Linie topologische und geographische Broadcasts erlauben soll und hierbei keine Zielposition zur Fortschrittsberechnung des Contention Prozesses zur Verfügung steht, wird diese anhand folgender Formel aus den Positionen des letzten Forwarders f und den Empfängern n berechnet. Die Sende-/Empfangsreichweite r_{radio} des Funkkanals geht gleichfalls in die Berechnung ein.

$$P(f, n) = \left| \frac{distance(f, n)}{r_{radio}} \right| \tag{6.4}$$

Die Implementierung dient in erster Linie der Verifikation des Frameworks. Eine vollständige Applikationsrealisierung ist nicht Gegenstand der Arbeit, so daß auf die Integration einer vollständigen Recovery Strategie verzichtet werden kann. Allerdings findet ein einfacher Store and Forward Mechanismus Anwendung, falls kein Nachbar in Funkreichweite ist.

Der Ablauf des Algorithmus ist im wesentlichen eventgesteuert und wird durch eine Meldung des Routing Controllers, die den Empfang einer Nachricht oder den Ablauf eines Timers signalisiert, getriggert. Abbildung 6.17 zeigt die grundsätzliche Funktionsweise der Software, die einer minimalen CBF Realisierung für TSBs entspricht. Die folgenden Erläuterungen beschreiben den Ablauf aus Sicht des Algorithmus unter Verwendung des Frameworks:

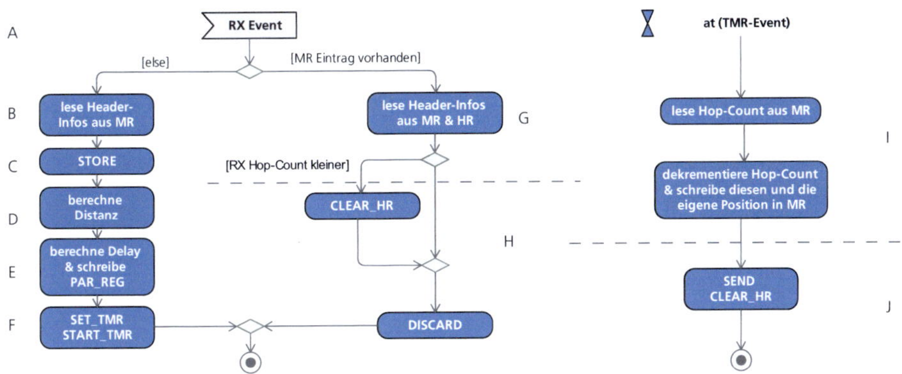

Abbildung 6.17: Auszug und Pfade des CBF-Algorithmus

Nach der Meldung einer neuen Nachricht wird mittels Statusregister in Erfahrung gebracht, ob eine Version dieser Nachricht bereits im Speicher liegt. Ist die Nachricht unbekannt, so werden zunächst ein neuer HR und MR Eintrag mittels Store Befehl erzeugt. Danach wird die Positionsinformationen des letzten Forwarders aus dem Header gelesen und zusammen mit der eigenen Position an den Hardwarecoprozessor übergeben. Die darauf folgende Berechnung des Contention Delays erfolgt in Software. Der berechnete Wert dient dann zur Initialisierung des Timers der Botschaft. Mit dem Start des Timers ist die Bearbeitung der Botschaft abgeschlossen und der Prozessor im Idle Modus bzw. bereit zur Verarbeitung der nächsten Botschaft.

Läuft der Timer der Botschaft ab, so bedeutet dies im aktuellen Beispiel, daß der Contention Prozess gewonnen wurde und die Nachricht weitergeleitet werden muß. Im allgemeinen kann ein Timer Ereignis auch für andere Events und Aktionen stehen. Zur Vorbereitung der Nachricht wird der aktuelle Hop Count ausgelesen, um eins reduziert und im Header abgespeichert. Dadurch werden die Einträge im HR und MR aktualisiert. Die Verarbeitung schließt mit dem Sendekommando und (implementierungsspezifisch) mit dem Löschen der Nachricht aus dem Speicher. Je nach Cachestrategie und abhängig vom Kommando kann der HR Eintrag erhalten bleiben oder ebenfalls gelöscht werden. Damit ist die Verarbeitung aus Sicht des Moduls abgeschlossen.

Wurde zu der neuen Nachricht jedoch ein bestehender Eintrag gefunden, liest der Algorithmus die Headerdaten der neuen und der gefundenen Nachricht ein und vergleicht den Hop Count. Ist der Zähler der neuen Botschaft kleiner, so bedeutet dies, dass ein anderer Knoten diese Nachricht bereits weitergeleitet hat, so daß im Zuge der Suppression die gespeicherte Nachricht verworfen werden muß und der Contention Prozess damit beendet ist. Botschaften mit einem Hop-Count, der größer oder gleich des gespeicherten Wertes ist, entstehen durch Mehrwegeausbreitung und werden im Zuge des TSBs ignoriert. Unabhängig davon wird die empfangene Botschaft im Anschluß verworfen, da bereits eine, bezogen auf den Hop-Count, aktuellere Nachricht im Speicher existiert.

Aus den vorangegangenen Erläuterungen läßt sich die erfolgreiche Umsetzung der Grundprinzipien leicht erkennen. So sind innerhalb des Algorithmus keine Schritte zur Filterung nicht relevanter Nachrichten, zum Transport der Nachricht zwischen Node Interface und HR bzw. MR, dem Auffinden eines freien Speicherplatzes und der Timer Verwaltung notwendig, so daß die Softwarerealisierung vorteilhaft vereinfacht wird.

6.3.5.4 Ressourcenverbrauch

Bei der Implementierung auf dem eingesetzten XC2VP30-FPGA belegt das Routing Modul 7990 Slices. Der Vergleich der drei Hauptkomponenten zeigt, daß das Prozessorsystem mit 5314 Slices bereits zwei Drittel des gesamten Bedarfs ausmacht (vgl. Abbildung 6.18(a)). Der Ressourcenvebrauch des Interface Modulteils bestimmt sich vorrangig durch das NoC Interface, welches einschließlich Wrapper bereits zwei Drittel dieses Teils bzw. 10% des gesamten Routing Moduls belegt. Der Ressourcenverbrauch der Controller Einheit ist mit einem knappen Fünftel der gesamten Modulgröße vergleichsweise gering.

Der Platzbedarf des Prozessorsystems teilt sich auf die einzelnen Module wie in Abbildung 6.18 dargestellt auf. Lediglich 20% werden vom Prozessorkern (MicroBlaze) benötigt. Dies entspricht der Größenordnung der Modulschnittstellen zum Routing Controller, PicoBlaze und Node Interface, die zusammen 22% belegen. Eine Zuordnung des Ressourcenverbrauches der Schnittstellen zum Controller und Interface wäre ebenfalls möglich. Damit würde sich der Anteil des Prozessorsystems um

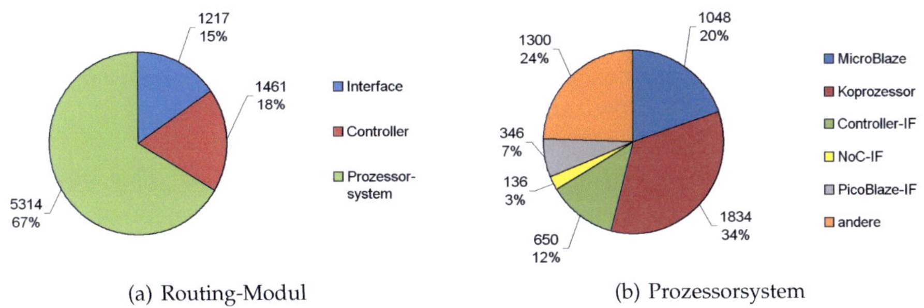

(a) Routing-Modul (b) Prozessorsystem

Abbildung 6.18: Ressourcenverbrauch Komponenten

$\frac{2}{3} * 22\% = 14.7\%$ zulasten der beiden anderen Systemteile auf etwa die Hälfte verringern. Die als „andere" gekennzeichneten Komponenten belegen ein Viertel des Prozessorsystems. Sie setzen sich zusammen aus Interruptcontroller, Timer, UART-Controller und den PLB Strukturen.

Dominierend im Prozessorsystem ist der CORDIC Coprozessor, der mit 1834 Slices bereits mehr als ein Drittel des Prozessorsystems belegt. Dies resultiert vor allem aus der vom IP-Modul übernommenen Konfiguration, die hinsichtlich Latenz zulasten des Ressourcenverbrauchs eingestellt ist (vgl. Abschnitt 6.3.7). Eine Optimierung könnte beispielsweise durch die Änderung der Bitbreite aufgrund einer niedrigeren Anforderung der Genauigkeit erreicht werden. Zudem dient der Coprozessor in dem Modul vorrangig als Beispiel für die Busanbindung eines Hardwarebeschleunigers an das Prozessorsystem. Die tatsächliche Notwendigkeit einer Berechnung in Hardware ergibt sich erst aus den endgültig verwendeten Routingalgorithmen und kann aufgrund der fehlenden Standardisierung nicht abgeschätzt werden. Rechnen die Algorithmen beispielsweise in kartesischen Koordinaten, könnte der Coprozessor ggf. ersatzlos entfallen.

6.3.5.5 Latenzzeit

Die Bestimmung der Latenzzeit erfolgt anhand des prototypisch implementierten CBF Algorithmus, für dessen drei möglichen Programmpfade jeweils die Verarbeitungszeiten gemessen wurde. Die Pfade wurden in einzelne Abschnitte aufgeteilt (vgl. Abbildung 6.17), für die die Zeiten separat in den Tabellen 6.7, 6.8 und 6.9 angegeben sind. Sie enthalten für jeden Abschnitt die Komponente, welche maßgeblich an der Verarbeitung beteiligt ist, die mittlere Anzahl benötigter Takte und die sich bei einer Arbeitsfrequenz von 50Mhz ergebende Verarbeitungszeit. Die Angabe der Latenzen erfolgt aus Sicht des Routingalgorithmus, welcher der zentrale Bestandteil des Frameworks ist. Für den CBF Algorithmus wurde dazu zusätzlicher Code eingefügt, der vor bzw. hinter dem gemessenen Abschnitt einen Timer startet bzw. beendet. Nach Abzug des für die Steuerung notwendigen Overheads vom Timerwert entspricht dieser der Laufzeit des Algorithmus. Während der Messungen war das System nicht ausgelastet, so daß keine Verzögerung durch Wartezeiten enthalten ist. Da der Algorithmus nicht alle möglichen Befehle des Routing Controllers verwendet, wurden die jeweiligen Verarbeitungszeiten in Tabelle 6.6 aufgenommen.

Tabelle 6.7 repräsentiert dabei den Programmpfad, der beim Empfang einer unbekannten Nachricht durchlaufen und in Abbildung 6.17 links dargestellt wird. Abschnitt A gibt hierbei die Verarbeitung einer Nachricht mit der maximalen Länge von 512 Byte durch den Controller- und den Interface-Bereich an, die zu dem Event führt, welches den beschriebenen Applikationspfad triggert. Die anderen Teilstücke folgen den Erläuterungen in Abschnitt 6.3.5.3 bzw. Abbildung 6.17. Es ist zu erkennen, daß die Controller Befehle jeweils eine sehr kurze Ausführungszeit besitzen. Im Gegensatz dazu ist selbst bei dem einfachen CBF Routingalgorithmus die langsame Softwareausführung in den entsprechenden Abschnitten erkennbar, die einen Großteil der Verarbeitungszeit ausmacht. Dies gilt auch für den PicoBlaze des Interface Bereichs, der maßgeblich für die mittlere Latenz verantwortlich ist. Besonders auffällig ist die hohe Latenz in Abschnitt E, die auf die nicht vorhandene FPU und die in der Delayberechnung verwendeten Gleitkommaoperationen zurückzuführen ist. Dies spiegelt auch das Optimierungspotential der Algorithmen wider, die ggf. auf Gleitkommaoperationen verzichten können. Andernfalls ist die Verwendung einer FPU als Alternative zu erwägen, die im Rahmen dieser Arbeit aufgrund der sehr algorithmenspezifischen Fragestellung nicht untersucht wurde.

Abschnitt	Komponente	Takte	Latenz [μs]
A	Interface	973	19.46
B	MicroBlaze	807	16.14
C	Controller	17	0.34
D	Cordic	84	1.68
E	MicroBlaze	3410	68.20
F	Controller	3	0.06
		5294	105.88

Tabelle 6.7: Applikationslatenz - Empfang

Tabelle 6.8 zeigt die Ergebnisse des Programmpfads, der beim Empfang einer Nachricht durchlaufen wird und eine Suppression bewirkt (vgl. Abschnitt 6.3.5.3). Dieser Pfad wird in Abbildung 6.17 in der Mitte dargestellt, während rechts das Senden einer Botschaft im Zuge des Forwardings nach einem Timerablauf gezeigt wird, dessen Ergebnisse in Tabelle 6.9 zusammengefasst sind. Ähnlich zum ersten Pfad fallen auch hier die vergleichsweise hohen Latenzen der Bearbeitung in Software auf.

Der Worst Case für dieses Anwendungsbeispiel tritt ein, wenn jede ankommende Nachricht unbekannt ist und ergänzend den Contention-Prozess gewinnt, also weitergeleitet werden muss. In diesem Fall werden für jede Nachricht die beiden Pfade

Abschnitt	Komponente	Takte	Latenz [μs]
A	Interface	973	19.46
G	MicroBlaze	961	19.22
H	Controller	38	0.76
		1972	39.44

Tabelle 6.8: Applikationslatenz - Suppression

nach Tabellen 6.7 und 6.9 durchlaufen, so daß pro Sekunde etwa 6800 Botschaften geroutet bzw. geforwarded werden können. Im Hinblick darauf, dass es sich hierbei nur um ein Minimalbeispiel handelt und die Algorithmen in Software für einen robusten und effizienten Einsatz deutlich komplexer zu implementieren sind, kann dieser Wert jedoch nur als Tendenz interpretiert werden. Der zunehmenden Komplexität eines Routingalgorithmus steht jedoch die im praktischen Umfeld weit geringere Zahl weiterzuleitender Nachrichten gegenüber, da lediglich ein Bruchteil aller auf dem Kanal verfügbarer Nachrichten weiterzuleiten ist (vgl. Abschnitt 2.4.5). Da die Filterung unabhängig vom Prozessorsystem im Interface Bereich erfolgt, bleibt der Prozessor von der Filterung weitgehend unbelastet. Dennoch kann davon ausgegangen werden, daß der Betrieb unter realen, aktuell nicht testbaren Kommunikationsbedingungen zu einer Verschiebung der mittleren Verarbeitungszeit führen wird. Einer finalen Evaluierung des Modulkonzepts muß daher die Implementierung der standardisierten Algorithmen und die Wahl eines realistischen Testszenarios zugrunde liegen. In jedem Fall hat das Routing keinerlei unerwünschten Einfluß auf die Ausführung der Applikationen in einem anderen Modul.

Abschnitt	Komponente	Takte	Latenz [μs]
I	MicroBlaze	986	19.72
J	Interface	1057	21.14
		2043	40.86

Tabelle 6.9: Applikationslatenz - Forward

6.3.6 Sicherheitskonzept

Aus mehreren Gründen ist die Betrachtung der Sicherheit für die C2X-Kommunikation unabdingbar. Einerseits ist die korrekte Funktion des Fahrzeugs zu gewährleisten, weshalb die Fahrzeugelektronik gegen böswillige Angriffe von außerhalb geschützt werden muß. Andererseits muß sichergestellt sein, daß die Daten und Informationen, die von anderen Fahrzeugen erhalten und verarbeitet werden, vertrauenswürdig sind. Um dies sicher zu stellen, müssen sie von einem „vertrauenswürdigen

Kommunikationspartner" stammen und dürfen während der Übertragung nicht verändert worden sein. Für das hier beschriebene Systemkonzept erfolgt eine dreiteilige Absicherung, die integral mit dem hier beschriebenen Systemansatz entwickelt wurde, jedoch nicht unmittelbarer Bestandteil dieser Arbeit ist. Das Konzept besteht aus dem Schutz der E/E-Architektur mittels einer Firewall zwischen der Intra-Car und der Inter-Car Domain, einem Signaturmodul zur Überprüfung von C2X Nachrichten sowie der Zertifizierung des Gesamtsystemzustands mittels Konzepten aus dem Trusted Computing (vgl. [219]), die sich sowohl auf Software als auch auf Hardware beziehen. Um Aufbau und Funktion des Gesamtsystems verständlich zu machen, werden im folgenden die Grundkonzepte im Sinne des Gesamtsystemverständnisses erläutert werden. Auf eine detaillierte Darstellung der Konzepte einschließlich der Grundlagen sei auf (vgl. [110, 109]) verwiesen.

6.3.6.1 Signatur Modul

Die Überprüfung der Nachrichten hinsichtlich Vertrauenswürdigkeit des Inhalts und Kommunikationspartners erfolgt im Signatur Modul, das sich in der Verarbeitungskette zwischen ME-Modul und IPM befindet. Für vom IPM versendete Nachrichten generiert das Signaturmodul eine gültige Signatur und hängt diese mitsamt einem Zertifikat an die zu versendende Botschaft an. Der Inhalt einer C2X Botschaft kann nur dann wirklich als gültig angesehen werden, wenn Signatur und Zertifikat erfolgreich überprüft wurden. Sicherheitskritischen Applikationen geht daher immer eine solche Überprüfung voraus, bei allen anderen ist sie zumindest sehr empfehlenswert. Im Einzelfall kann sie ausgelassen werden, beispielsweise wenn die Auslastung des Funkkanals gemessen werden soll. Allerdings ist in dem Fall keine Aussage mehr über potenzielle Angreifer, die manipulierte Nachrichten versenden, möglich.

Im nordamerikanischen Raum wurde die Sicherheit bei C2X Kommunikation vom IEEE im Standard 1609.2 auf ECDSA[5] festgelegt (vgl. [130]). Für den Bereich C2X Kommunikation definiert der Standard die Schlüssellängen 224 und 256 Bit, die einer RSA Schlüssellänge von 2048 bzw. 3072 Bit entsprechen. Die kürzeren Schlüssel des ECDSA Verfahrens gehen einher mit einer aufwendigeren Arithmetik.

Basis des Signaturmoduls ist das in Abschnitt 6.3.2 beschriebene Modultemplate in der Variante mit zwei Businterfaces (vgl. Abbildung 6.19). Über den drahtlosen Kanal eingehende Botschaften werden über das Node Interface 1 empfangen, Signatur und Zertifikat überprüft und die geprüfte Nachricht über das Node Interface 2 an das IPM oder weitere verarbeitende Module geschickt. Bei Nachrichtenversand, werden die Botschaften über das Interface 2 empfangen, im Coprozessor signiert und über Interface 1 an das Wifi bzw. Ethernet Modul geschickt. Nachrichten im Interface zwei tragen weder Signatur noch Zertifikat und sind daher wesentlich kürzer als Nachrichten mit Signatur.

Der Coprozessor ist in der Lage, Signaturen und Zertifikate eigenständig für eine C2X Botschaft zu überprüfen oder zu generieren. Er besteht aus der ECC/ECDSA

---

[5]Elliptic Curve Digital Signature Algorithm [196]

Core, der die Berechnung der Signatur durchführt. Das Hashen erfolgt parallel in einem eigenständigen Modul. Ein Timer dient zur Generierung von Zeitstempeln. Das TPM/IF ist die Schnittstelle zum nicht im FPGA integrierten Trusted Platform Module (TPM) Baustein. Die Gesamtsteuerung wird durch eine Steuerungseinheit vorgenommen. Um die Zertifikate für ein Fahrzeug nur einmal berechnen zu müssen, enthält die Unit zusätzlich einen Cache, der die überprüften Zertifikate zwischenspeichert. Dies hat insbesondere dann Vorteile, wenn sich ein Fahrzeug über längere Zeit im Empfangsbereich befindet, da das Zertifikat eines Fahrzeugs sich, außer bei einem Identitätswechsel im Sinne der Pseudonymisierung für Privatheit, nicht verändert. Die Signatur bleibt nicht identisch, so daß auf eine Zwischenspeicherung der Signaturen verzichtet wird.

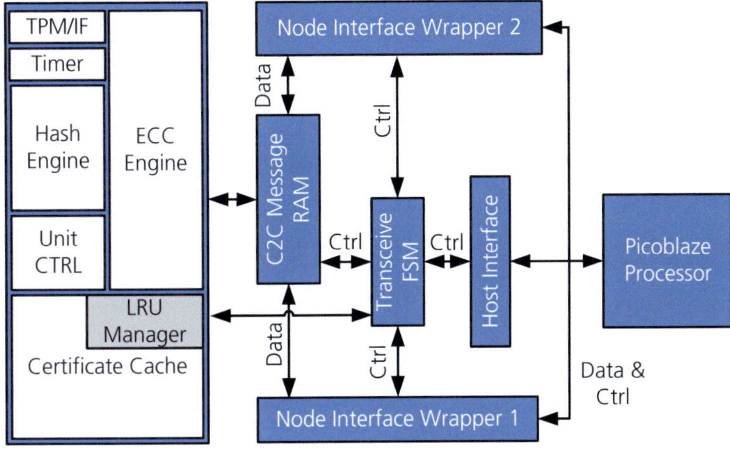

Abbildung 6.19: Schematischer Aufbau des Signaturmoduls

Die prinzipielle Funktionsweise der Signatur- und Zertifikatüberprüfung ist in Abbildung 6.20 zusammengefasst. Mit dem Botschaftsempfang werden parallel das Hashen, Vorberechnungen für die Signaturüberprüfung und die Cache Suche nach dem Zertifikat gestartet. Verläuft diese erfolglos, schließt sich die Zertifikatsüberprüfung nach der Signaturüberprüfung an. Sind Signatur und Zertifikat gültig bzw. bekannt, so ist die Nachricht vertrauenswürdig und kann ohne Signatur an das IPM und weitere Module weitergeleitet werden. Das Versenden einer Botschaft erfolgt durch das Hashen und die daraufhin folgende Signierung des Hashwertes. Zusätzlich wird das Zertifikat der OBU angehängt. Danach erfolgt die Weiterleitung an das Wifi Modul, das die Nachricht über den drahtlosen Kanal verschickt.

Weiteren Einfluß auf die Verwendung von Signaturen und Zertifikaten hat die Privatheit der C2X-Kommunikationsteilnehmer, da nur bei Sicherung derselben eine

Akzeptanz des Systems möglich ist. Die Verfolgbarkeit des Fahrzeugs bzw. der OBU darf sich durch die digitale Identität nicht verbessern. Grundlage zur Sicherung der Privatheit ist ein häufiger Identitätswechsel eines Fahrzeugs. Dies bedeutet, daß eine Vielzahl von Zertifikaten für ein Fahrzeug zur Verfügung stehen muß, damit innerhalb eines Fahrzyklus´ ein häufiger Wechsel der Identität möglich ist. Damit muß das Signaturmodul in der Lage sein, seine Identität zu verändern und innerhalb gewisser Abstände neue Zertifikate bei der CA anzufordern (vgl. [109, 110]).

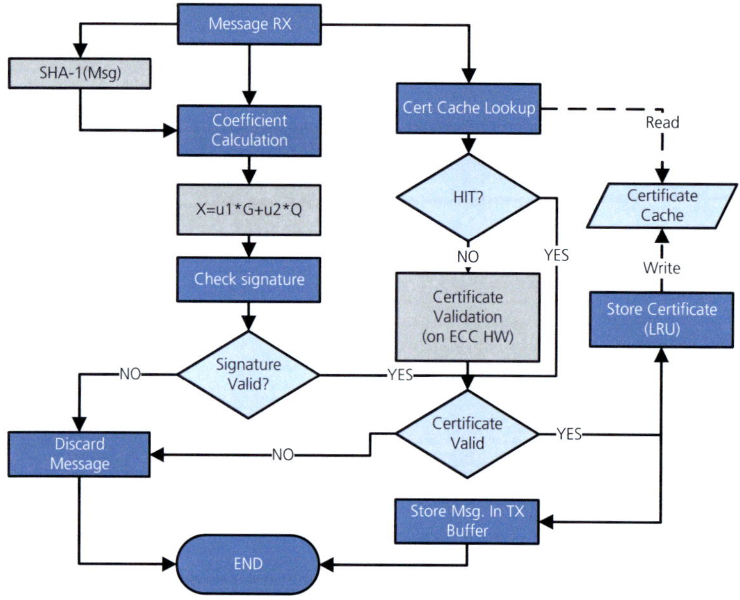

Abbildung 6.20: Funktionsweise der Signatur- und Zertifikatsprüfung

6.3.6.2 Firewall

Neben dem Signaturmodul ist die Firewall, die gleichfalls die Schnittstelle zwischen den beiden Domänen darstellt, die zweite tragende Säule des Sicherheitskonzepts. Ihre primäre Aufgabe ist es, Angriffe oder Manipulationen, die von außerhalb des Fahrzeugs stammen, zu blockieren, damit die im Fahrzeug stattfindende Kommunikation zwischen den Steuergeräten garantiert nicht in ungewollter Art und Weise beeinflußt wird.

Einen ersten Ansatz liefert der Blick auf die erlaubte Kommunikationscharakteristik, die anhand einfacher Fallbeispiele abgeleitet werden kann. Zunächst wird die Kommunikation von Intra-Car in Richtung Inter-Car Domäne betrachtet. Da die E/E-Architektur des Fahrzeugs grundsätzlich als vertrauenswürdig eingestuft werden kann, sind keine gesonderten Schutzmaßnahmen nötig. Aktualisierte Sensordaten können direkt an das IPM und andere Module weitergegeben werden, ohne daß eine gesonderte Filterung erfolgen muß.

Der umgekehrte Informationsfluß aus Richtung OBU zum zentralen Gateway ist deutlich kritischer und von einem Zielkonflikt geprägt. Einerseits soll im Fall einer Gefahrenmeldung diese schnellstmöglich zur Warnung des Fahrers und ggf. Vorwarnung von Assistenzsystemen an die interne E/E-Fahrzeugarchitektur weitergereicht werden. Andererseits soll bei Nichtvorliegen einer Gefahrenmeldung auf die Übermittlung verzichtet werden, was eigentlich einer typischen ereignisgesteuerten Übertragungskette entspricht. Damit erhält ein Angreifer jedoch die Möglichkeit, durch geschicktes Erzeugen von C2X Paketen eine Vielzahl von Warnmeldungen auszulösen, die zu einer erhöhten Last der internen Fahrzeugsysteme führen und schließlich zur Einschränkung der fahrzeuginternen Kommunikation durch Überlast führen kann. Dies entspricht einer Denial of Service (DoS) Attacke, die fatale Folgen auf den Fahrzustand des Fahrzeugs haben kann (vgl. [159]).

Um sicherzustellen, daß beliebige Konstellation an böswillig erzeugten Nachrichten nicht zu einem solchen Zusammenbruch der fahrzeuginternen Kommunikation führen, darf den Nachrichten keine eventgesteuerte Charakteristik zugeordnet werden. Aus diesem Grunde trennt die Firewall beide Domänen auf und bietet in beide Richtungen lediglich ein Speicherinterface, in welches jede Seite die weiterzuleitenden Informationen abspeichert. Auf der Seite der E/E-Architektur können die zwischengespeicherten Daten dann mit einer beliebigen Frequenz aus dem Speicher ausgelesen und an die entsprechenden Steuergeräte weitergeleitet werden. Dies geschieht durch eine eigene Verarbeitungseinheit, die die eventgesteuerten Nachrichten entweder in zyklische Nachrichten umsetzt oder für die Einhaltung eines Mindestsendeabstands sorgt. Das Verhalten der Verarbeitungseinheit kann von OBU Seite nicht gestört werden, da keinerlei Schreibzugriff auf den Programmspeicher oder die Hardware FSM möglich ist.

Die Intelligenz der Verarbeitungseinheit kann variieren. Im einfachsten Fall sorgt sie lediglich für das Einhalten einer gewissen Zykluszeit oder eines Mindestsendeabstands. Bei einer komplexeren Gestaltung können beispielsweise unterschiedliche Nachrichten identifiziert und für jede dieser Nachrichten eine eigene Verwaltung des Verhaltens durchgeführt werden. Eine komplexe Verarbeitung könnte Angriffe auf einzelnen Kanälen anhand einer Plausibilitätsprüfung erkennen und lediglich die einzelnen Botschaften blockieren. Weiteren Einfluß auf die Komplexität der fahrzeugseitigen Verarbeitungseinheit hat die Gestaltung des Speichers, der als Schnittstelle zwischen beiden Domänen dient und von einer einfachen FIFO Struktur bis hin zur Darstellung des gesamten Umgebungsbildes reichen oder eine Kombination aus beiden realisieren kann. Hat die Intra-Car Domäne Zugriff auf das Umgebungsbild, können dauerhaft zyklische Nachrichten generiert werden, die die aggregierten C2X Informationen enthalten (vgl. [238]).

6.3.6.3 Embedded Trusted Computing

Der letzte Bestandteil des Sicherheitskonzepts schützt die Hardware und Software gegen böswillige Veränderungen. Der Ansatz basiert auf einem Trusted Platform Module (TPM), welches es ermöglicht, den aktuellen Systemzustand festzustellen und vorgegebene Eigenschaften zu attestieren. Im Gegensatz zur ursprünglichen Verwendung in PC Systemen muß bei dem FPGA Prototypen neben der laufenden Software auch die veränderliche Hardwarestruktur abgesichert werden. Dazu wird der Ansatz eines aktiven TPMs verfolgt, welches die Überprüfung von Embedded Platformen ermöglicht. Zusätzlich besitzt das TPM die Möglichkeit, Geheimnisse sicher zu speichern. Dies könnten beispielsweise die geheimen Schlüssel für die Signaturgenerierung sein. Das TPM ermöglicht durch die Überprüfung des Systemzustands die Zertifizierung von Systemeigenschaften, die erfüllt sein müssen und ein korrektes Verhalten des Systems sicherstellen. Nur in diesem Fall werden die geheimen Schlüssel an das Signaturmodul übergeben. Dadurch beinhalten die Signaturen nicht nur die Identität und Validität der Daten sondern geben auch Aufschluß über einen gültigen nicht böswillig veränderten Systemzustand. Wird das System böswillig verändert, verliert es die Möglichkeit zu signieren und ist gleichzeitig aus dem Verbund der C2C Kommunikation ausgeschlossen. Durch dieses Vorgehen wird die Verwendung von gültigen Zertifikaten bzw. zertifizierten OBUs für einen böswilligen Angriff erschwert (vgl. [109, 108]).

6.3.7 Information Processing Modul - IPM

Die Einbettung der für die C2X Kommunikation notwendigen Funktionen erfolgt im Information Processing Modul. Aus Sicht der Datenverarbeitung ist es das zentrale Element innerhalb der OBU, da es sowohl auf die über den drahtlosen Kanal empfangenen Daten der anderen Fahrzeuge, als auch auf die durch die Fahrzeugsensoren ermittelten Daten über das interne Fahrzeugnetzwerk Zugriff besitzt. Innerhalb des Moduls existiert daher ein Abbild der Umgebung, das sowohl den um das Fahrzeug befindlichen Nahbereich, als auch die hinter der Sichtlinie befindlichen Informationen aus der C2X Kommunikation miteinander vereint. Das Extrahieren von Informationen und der Rückschluß auf Verkehrs- oder Gefahrensituationen durch C2X Pakete ist auf zwei unterschiedliche Weisen möglich.

Im einfachen Fall ist die Information in den Paketen codiert und die Daten können direkt an die verarbeitenden Applikationen weitergegeben werden. Im komplexeren Fall ergibt sich durch das Beaconing der an der C2X Kommunikation teilnehmenden Fahrzeuge und den in den Beacons enthaltenen Positions- und Bewegungsdaten zusätzlich die Möglichkeit, die Informationen sinnvoll zu aggregieren und über den einzelnen Botschaftsinhalt hinausgehende Informationen zu generieren. Dieses Ableiten implizit vorhandener Information kann dann zu Rückschlüssen auf die aktuelle Umwelt- oder Verkehrssituation genutzt werden. Als eingängiges Beispiel sei die Stauwarnung genannt, die als Ansammlung (hohe Fahrzeugdichte) sich langsam in eine Richtung beweglicher Fahrzeuge begriffen und im Sinne der C2X Kommunikation definiert werden kann. Ebenfalls denkbar ist die Fusion von Daten der eigenen Fahrzeugsensoren mit den Sensordaten anderer Fahrzeuge die beispielsweise zur Plausibilitätsprüfung oder Verbesserung einer Dienstqualität im Sinne einer Fehlerminimierung genutzt werden kann.

Es ist zu erwarten, daß die Mehrheit der C2X Applikationen mit der fahrzeuginternen und der fahrzeugexternen Domäne kommunizieren und damit als Schnittstelle zwischen beiden dienen. Die Applikationen, welche die über den drahtlosen Kanal eingehenden Botschaften verarbeiten, filtern jeweils bestimmte Events heraus, die bei Auftreten an die entsprechenden Steuergeräte zur weiteren Nutzung, beispielsweise Fahrerinformation, weitergeleitet werden. In der anderen Kommunikationsrichtung werden die in den ausgehenden Beacons enthaltenen Informationen von mindestens einer Applikation aktualisiert. Gegebenenfalls dienen weitere Applikationen dem Versenden von zusätzlichen Datenpaketen bei bestimmten Events wie beispielsweise einer Notbremsung.

Offen ist, welche der für die C2X Kommunikation vorgeschlagenen Applikationen den größten Nutzen ermöglichen (vgl. Abschnitt 2.4.2). Die Applikationen greifen jeweils in wenigen dedizierten Situationen bzw. dienen bestimmten Zwecken, die hier als erstes Klassifizierungsmerkmal genutzt wurden und in einem weiteren Schritt zu den Hauptzielen der Fahrzeug zu Fahrzeug Kommunikation zusammengefasst werden können. Die Anforderungen der einzelnen Applikationen hingegen lassen sich nicht verallgemeinern, so daß eine detaillierte Abschätzung des zu erwartenden Verarbeitungsaufwands für das IPM hinsichtlich Performanz, Latenzzeiten oder Speicherbedarf nur unzureichend spezifiziert werden kann.

Jede Auswahl an Applikationen wäre aus diesen Gründen völlig beliebig und daher nicht aussagekräftig, zumal die Funktionsweise einzelner Applikationen ebenfalls in keinem Konsortium vollständig spezifiziert wurde (vgl. Abschnitt 2.4.2). Daher wurde als Alternative ein Framework Ansatz gewählt, der die Erweiterbarkeit für verschiedene Applikationen mit verschiedenen Mechanismen zur optimierten Ausführung von Applikationen verbindet (vgl. Routing und Forwarding in Abschnitt 6.3.5). Die Vielzahl an Applikationen sowie deren unbekannte Charakteristik legt eine Realisierung in Software nahe. Dies erlaubt es, auch bereits bestehende Applikationen auf den hier beschriebenen Ansatz der OBU zu portieren. Zusätzliche Vorteile ergeben sich durch die Verwendung eines FPGAs als Basisarchitektur, die es auch in diesem Fall ermöglicht, kritische Verarbeitungsschritte in Hardware auszulagern und die Grenzen zwischen Hardware und Software zu verschieben.

6.3.7.1 Framework - Konzept und Struktur

Für den Entwurf des Frameworks müssen zunächst Annahmen über die Charakteristiken des C2X Nachrichtenverkehrs getroffen werden. Die Konzeption des IPM basiert auf der Annahme, daß insbesondere bei wachsendem Datenverkehr anteilig wesentlich mehr Beacons (CAM) empfangen werden, als Nachrichten zu speziellen

Situationen (DENM). Diese Annahme begründet sich in der Tatsache, daß sich die Mehrzahl der Fahrzeuge in einer standardmäßigen Fahrsituation befindet und daher lediglich die regelmäßigen Beacon Nachrichten versendet. Das Versenden spezieller Warn- oder Informationsmeldungen erfolgt bei sporadisch auftretenden kritischen Events. CA-Messages werden über keine oder sehr wenige Hops weitergeleitet (vgl. [52]) und entstammen so immer der unmittelbaren Fahrzeugumgebung. Aus den letzten beiden Punkten ergibt sich zusätzlich, daß der Großteil des empfangenen Nachrichtenverkehrs ebenfalls aus der unmittelbaren Fahrzeugumgebung stammt und lediglich vereinzelte Nachrichten Informationen zu weiter entfernten Ereignissen tragen. Für die Verarbeitung in jedem Fall vorteilhaft, jedoch nicht grundlegend vorausgesetzt, ist das Vorhandensein von Karten- und Navigationsdaten, die Aufschluß über die Fahrstrecke geben und so die Klassifizierung bestimmter Warnungen und Information hinsichtlich ihrer Relevanz für den weiteren Fahrverlauf ermöglichen.

Einige der diesem Framework zugrunde liegenden Ideen zur Abstraktion entstammen dem Konsortium AUTOSAR (vgl. Abschnitt 2.3.4). Dazu zählen insbesondere die Abstraktion von Basisdiensten und die Ausführungsschicht RTE, welches die Verwendung einer einheitlichen Schnittstelle für die Applikationen ermöglicht.

Folgende Ideen und Ziele liegen dem hier gewählten Ansatz zugrunde:

1. Applikationen sollen nur dann ausgeführt und aufgerufen werden, wenn ein gültiges Event, welches für die Applikation von Interesse ist, vorliegt.

2. Einheitliche Berechnungen, deren Ergebnis für mehrere Applikationen von Interesse ist, sind nur einmal auszuführen.

3. Besonders kritische Verarbeitungsschritte müssen parallelisierbar und in Hardware ausführbar sein.

4. Der Zugriff der Applikationen auf Daten erfolgt über eine zentrale Datenbasis, die gewissermaßen das Bild der Umgebung beinhaltet.

Im folgenden sollen diese Punkte anhand der in Abbildung 6.21 dargestellten Software Architektur detailliert werden.

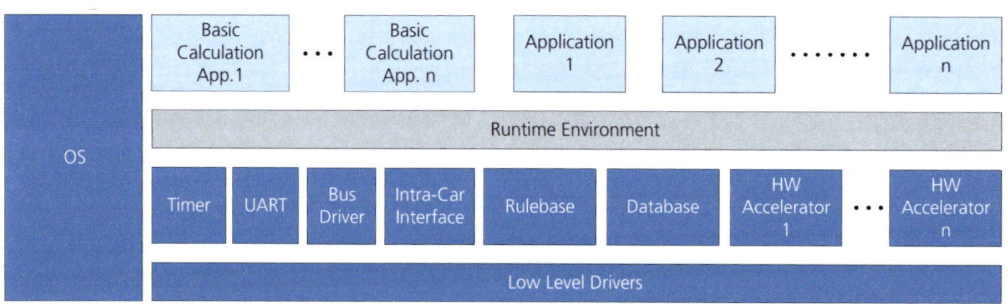

Abbildung 6.21: IPM Software Architektur

Software Architektur und Komponenten Auf der obersten Ebene der Architektur befinden sich die Applikationen und Basisapplikationen. Die Basisapplikationen dienen der Berechnung grundlegender Informationen, die im Regelfall von mehreren Applikationen benötigt werden. Sie befüllen und aktualisieren so einen wesentlichen Teil der zentralen Datenbasis, auf die jede Applikation lesend zugreifen kann. Die Applikationen implementieren die tatsächliche C2X Funktionalität, die auf den in der Botschaft enthaltenen oder durch die Basisapplikationen abgeleiteten Daten aufsetzt. Die Basisapplikationen bzw. Applikationen besitzen ein Standard Interface, das die Initialisierung, Event Registrierung und den eigentlichen Funktionsaufruf ermöglicht.

Die *Laufzeitumgebung* (Runtime Environment - RTE) ist die zentrale Schnittstelle, die sowohl das eventbasierte Scheduling der einzelnen Applikationen als auch die Datenübergabe verwaltet. Ein Datenzugriff auf die Datenbank oder eine empfangene Botschaft durch eine Applikation entspricht dabei lediglich einem durchreichen von Daten durch die RTE. Die Events, welche zum Scheduling einer Applikation führen, sind in einer zentralen Regelbasis hinterlegt, die von der RTE ebenfalls ereignisgesteuert ausgewertet wird.

Die *Datenbasis* dient als zentraler Speicher berechneter Zwischenergebnisse und empfangener Daten und enthält damit ein Bild der Fahrzeugumgebung. Im Idealfall würde sie eine virtuelle Karte der Fahrzeugumgebung darstellen, bei der die umgebenden Fahrzeuge als Punktwolken erscheinen, wobei für jedes Fahrzeug durch die Nachrichtenhistorie Trajektorien der Fahrzeugbewegung gebildet werden können. Jede Applikation könnte dann eine Abfrage nach bestimmten Eigenschaften der Datenbank durchführen. Der Vorteil des vollständigen Bildes steht jedoch einem enormen Rechenaufwand gegenüber, da einerseits die Verwaltung der Datensätze notwendig ist und andererseits für jede Applikation eine oder mehrere aufwendige Abfragen aller Daten realisiert werden müssen, die ggf. in harter Echtzeit durchgeführt werden müssen. Daher wird in dem hier beschriebene Ansatz von einer stark reduzierten Datenbasis ausgegangen, die lediglich aggregierte oder dedizierte Daten enthält, die mindestens eine der Applikationen zur Verarbeitung benötigt. Wird ein Datum nur von einer Applikation generiert und bei der weiteren Verarbeitung, ggf. über mehrere Applikationsaufrufe hinweg, benötigt, erfolgt keine Speicherung in der zentralen Datenbasis. Ein Datenaustausch zwischen Applikationen erfolgt ausschließlich über die zentrale Datenbasis.

Die *Regelbasis* definiert die Bedingungen, zu denen die Applikationen aufgerufen werden. Jede Applikation kann sich bei der Initialisierung des Systems für eines oder mehrere Events registrieren. Die Regelbasis realisiert zwei Möglichkeiten für die Evaluierung des Schedulings. Zum einen existieren vom System fest definierte generische Event Trigger, die sich beispielsweise auf den Typ einer Botschaft oder die relative Position des Fahrzeugs beziehen und für welche sich Applikationen direkt registrieren können. Zum anderen können Applikationen eigene Eventprozeduren registrieren, die insbesondere die Auswertung aggregierter Informationen der Datenbasis ermöglichen. Diese Prozeduren dienen jedoch nur einer Scheduling Entscheidung, müssen niedrige Laufzeiten besitzen und können daher nur einfache Triggerfunktionen realisieren. Sie ermöglichen vor allem die Kombination beliebiger Schwellwertüberprüfungen, die für eine Eventgenerierung im Regelfall bereits ausreichen. Als Rückgabe enthalten die Eventprozeduren eine eventuelle Schedulinganforderung, die mit einer Priorität einhergehen kann. Die Priorität bestimmt die Reihenfolge des späteren Applikationsschedulings.

Bei den *HW-Accelerator Softwarekomponenten* handelt es sich um die Treiber für die Hardwarebeschleuniger, die in dem System verwendet werden können. Sie abstrahieren von der HW-Anbindung des Beschleunigers und stellen ihre Funktion über die RTE zur Verfügung. Die verbleibenden Komponenten sind weitere, von der konkrete Realisierung der Hardwarestruktur abstrahierende Treiber. Insbesondere zu nennen sind der Treiber für die NoC Anbindung, sowie der Timer. Beide stellen Basisevents, die für die Ableitung weiterer Events genutzt werden, dar. Für eine vollständige Implementierung ebenfalls notwendig ist ein Betriebssystem, welches die Koordination der einzelnen Tasks übernimmt. Auf unterster Ebene befindet sich die Low Level Treiberschicht: diese übernimmt den eigentlichen Hardwarezugriff.

Hardware Struktur und Acceleratoren Die Realisierung der Modulhardware erfolgt mittels eines Standard MicroBlaze Systems, dessen Architektur in Abbildung 6.22 dargestellt ist. Die für das Applikationsmodul (vgl. Abschnitt 5.1.6) gegebenen Erläuterungen gelten für das IPM entsprechend, so daß an dieser Stelle nur auf die konzeptionellen Besonderheiten hingewiesen werden soll. Aufgrund der noch weitgehend unbekannten Situation hinsichtlich der Anforderungen von C2X Applikationen, ist die Konfigurierbarkeit der Komponenten ein entscheidender Vorteil. Die optionalen Komponenten sind daher in Abbildung 6.22 gesondert hervorgehoben.

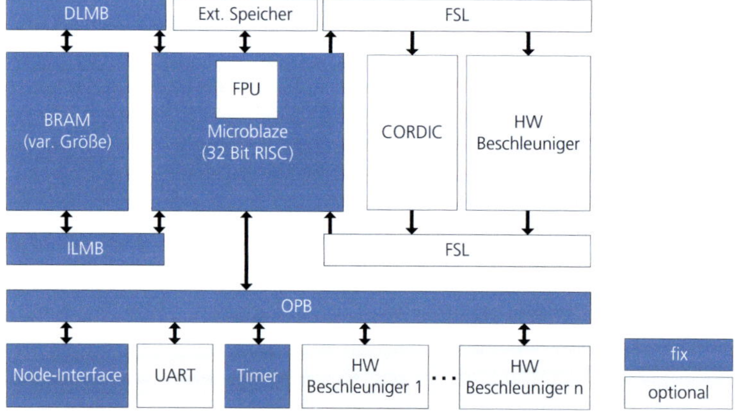

Abbildung 6.22: Hardwarestruktur des IPM Konzepts

Die Anpassbarkeit der Architektur ermöglicht zudem die Verwendung von Hardwarebeschleunigern, die besonders aufwendige Verarbeitungsschritte übernehmen können. Dadurch ergeben sich zwei Beschleunigungsfaktoren: erstens erfolgt die Prozessierung parallel zur Software, zweitens kann die Berechnung in Hardware vergleichsweise schneller durchgeführt werden. Damit bieten sich insbesondere arithmetische Berechnungen, wie beispielsweise die Ermittlung einer Kollisionswahrscheinlichkeit, auf Basis einer zu bestimmenden Trajektorie an. Wichtig ist eine Grundkomplexität der Berechnungen, da der durch die Übergabe der Daten entstehende Overhead den Gewinn reduziert. Die Ausführungszeit in Hardware einschließlich IO muß also kleiner sein als die Softwareausführungszeit: $t_{SW} > t_{wr} + t_{HW} + t_{rd}$. Die Anbindung des Coprozessors an das System hat ebenfalls einen direkten Einfluß auf die Dauer der Parameterübergabe[6]. Möglich sind die Anbindung über eines der Bussysteme oder die enge Anbindung als Coprozessor über den FSL Bus (vgl. [310]).

Funktionsprinzip der RTE und Botschaftsverarbeitung Die Funktionsweise des zweischichtigen, event-basierten Schedulings ist in Abbildung 6.23 dargestellt. Die RTE unterscheidet die drei Eventklassen Timer, C2X Nachricht und In-Car Nachricht, die jeweils in einen eigenen Verarbeitungszweig münden. Die Evaluierung der Eventklasse wurde in der Darstellung aus Gründen der Übersichtlichkeit ausgelassen.

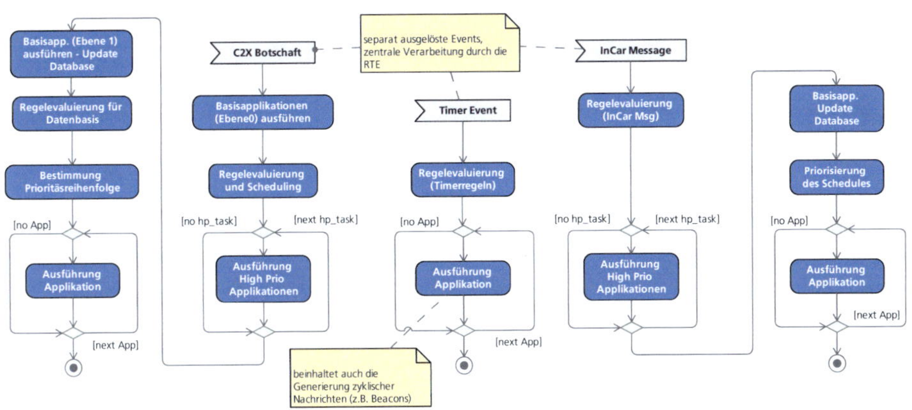

Abbildung 6.23: Eventbasiertes Scheduling des RTE

---

[6]Für eine entsprechende Untersuchung in ähnlichem Kontext [151]

Nach der Bestimmung der Eventklasse und dem Aufruf des entsprechenden Verarbeitungszweigs erfolgt das zweistufige Scheduling der Applikationen. Im Fall einer C2X Botschaft werden zunächst die Basisapplikationen ausgeführt, deren Berechnungen sich ausschließlich auf die Botschaft beziehen und zur Verarbeitung in jedem Fall benötigt werden. Dies können beispielsweise die in dem Prototypen durchgeführten Koordinatentransformationen sein. Danach erfolgt die Regelevaluierung und das Scheduling von Applikationen, deren Funktion auf der einzelnen Botschaft beruht. Dazu werden sowohl die vorgegebenen Regelsätze als auch die registrierten Regelfunktionen ausgewertet. Kritische Warnmeldungen werden als hochpriore Requests in der Schedule Tabelle hinterlegt und vor den weiteren Verarbeitungsschritten nacheinander ausgeführt. Es folgen die restlichen C2X-Basisapplikationen, die die Datenbasis aktualisieren. Neben den Daten wird das Datenupdate jeweils durch ein Flag gekennzeichnet. Es folgt die Evaluierung der auf der Datenbasis basierenden Schedule Regeln als zweite Schicht des Schedulings, die sich beispielsweise auf das Unter- oder Überschreiten von Grenzen beziehen. Als zusätzliche Anforderung wird eine Priorität übergeben, die die Dringlichkeit der Ausführung kennzeichnet. Die Applikationen können dann in der korrekten Prioritätsreihenfolge von der RTE ausgeführt werden. Hierzu zählen auch jene Regeln, die unmittelbar auf der Botschaft arbeiten, im ersten Schritt aber nicht als hochprior eingestuft wurden.

Die Ausführung eines Timer Events beginnt ebenfalls mit der Bestimmung auszuführender Applikationen. Die Timerausführung verwendet dafür einen eigenen Regelsatz, welcher die Tasks vor allem gemäß bestimmter Zykluszeiten einplant und aufruft. Das Scheduling ist in diesem Fall nur einstufig. Empfangene Nachrichten, die vom eigenen Fahrzeugnetzwerk stammen, unterliegen ebenfalls einem zweistufigen Schedule Prozess. Im ersten Schritt werden dazu die Regeln ausgewertet, die direkt auf die Botschaft zugreifen; es folgt die Ausführung der hochprioren Applikation, die mit einer hohen Wahrscheinlichkeit einen sofortigen Nachrichtenversand über den drahtlosen Kanal nötig machen. Anschließend können die Daten in die Datenbasis eingepflegt, der restliche Schedule priorisiert und schließlich die Applikationen ausgeführt werden.

6.3.7.2 Realisierter Prototyp

Der realisierte Prototyp des IPM weist, im Vergleich zur vorangegangener Beschreibung, einige Einschränkungen auf. So wurden die grundlegenden Prinzipien zugunsten der Vollständigkeit des Systems nur im Ansatz realisiert, vielmehr wurde auf die prototypische Darstellung der Funktionsweise Wert gelegt, welche anhand von drei einfachen Beispielapplikationen im folgenden demonstriert wird.

Hardware Architektur Die Hardware Architektur entspricht dem vorgeschlagenen Ansatz, wobei der Prototyp lediglich einen CORDIC (vgl. [309]) Coprozessor als Accelerator verwendet (vgl. Abbildung 6.24 und 6.25). Auf die Verwendung von externem Speicher wurde in dem Systemansatz verzichtet. Der enthaltene UART dient ausschließlich Diagnosezwecken.

Bei dem Prototypen dient der CORDIC einer Koordinatentransformation von kartesischen in Polarkoordinaten. Die Darstellung der relativen Position eines Fahrzeugs zum eigenen Fahrzeug in Polarkoordinaten bietet für viele Applikationen den Vorteil, daß der Abstand direkt aus den Koordinaten abgelesen werden kann. Damit dient der CORDIC in zweierlei Hinsicht der Demonstration der vorgeschlagenen Prinzipien eines Hardwarebeschleunigers und einer möglichen Funktion für eine Basisfunktionalität. Der Coprozessor besteht neben dem CORDIC IP aus einer FSM, die die interne Verarbeitung steuert und dem FSL Interface für die Prozessoranbindung (vgl. Abbildung 6.24).

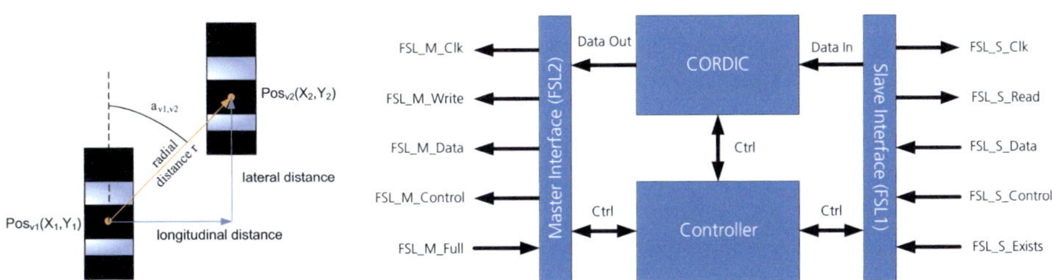

Abbildung 6.24: Funktionalität und Anbindung - CORDIC CoProzessor

Software und Applikationen   Für die Realisierung des Softwarestacks wurden die drei Applikationen Stauwarnung, Pannenfahrzeug und Baustellenwarnung (vgl. Abschnitt 6.5.2) exemplarisch umgesetzt und in den IPM Software Stack integriert (vgl. Abbildung 6.33 in Abschnitt 6.5.3). Bei der Prototypeninstanz des Softwarestacks handelt es sich um eine vereinfachte Version des vorangestellten Systemkonzepts. Neben den drei Applikation wurde auch die Basisapplikation für die Berechnung der relativen Koordinaten mittels CORDIC integriert. Aufgrund der begrenzten Applikationszahl wurden die für die Ausführung notwendigen Regeln direkt in das Runtime Environment integriert und nicht als eigenständiger Block realisiert. Aus demselben Grund enthält die Datenbasis nur eine begrenzte Zahl an Elementen. Das von den Applikationen verwendete Standardinterface unterstützt in der Implementierung die Registrierung bei Initialisierung, Start und Stopp der Applikation, Aufruf aufgrund von Timer Events sowie den Aufruf aufgrund einer eintreffenden C2X oder In-Car Nachricht - das Scheduling der Applikationen basiert auf der Eventklasse und dem Nachrichtentyp[7].

---

[7]Fahrzeugintern, CAM und DENM

6.3.8 Kopplung an Intra-Car Gateway

Da die Firewall nicht Bestandteil dieser Arbeit, jedoch Gegenstand momentaner Untersuchungen ist, wurde in der prototypischen Realisierung auf die Firewall verzichtet und das Gateway direkt an das IPM angebunden. Die sichere Trennung beider Domänen ist dadurch zwar nicht mehr gewährleistet, die Grundfunktion, Nachrichten zwischen den Teilbereichen auszutauschen, kann damit jedoch abgebildet werden. Das IPM dient in dieser Konfiguration als Mittler zwischen beiden Bussystemen, wobei die Applikationen das verbindende Element darstellen.

Hardwareseitig muß ein GNoC Interface an den OPB bzw. PLB des IPMs analog zum Applikationsmodul des Gateways angebunden werden (vgl. Abbildung 6.25). Aus Sicht des Gatewaysystems handelt es sich bei der C2X Domäne lediglich um ein weiteres Modul. Solange dieses keine Nachrichten verschickt bleibt die bereits bestehende Gatewaykommunikation unbeeinflußt. Anpassungen sind auch für den Nachrichtenversand nicht notwendig, solange keine zusätzlichen Routingbeziehungen benötigt werden. Über das GNoC kann das IPM CAN Botschaften empfangen oder verschicken. Gleichzeitig ermöglicht die allgemeine Anbindung eine Kommunikation des IPM mit jedem beliebigen Modul innerhalb des Gateways. Softwareseitig sind die Treiber für das GNoC Interface, sowie die Treiberschicht für CAN via GNoC einzubinden, die den IPM Applikationen eine API für den CAN Nachrichtenversand zur Verfügung stellen (siehe auch Abschnitt 6.5).

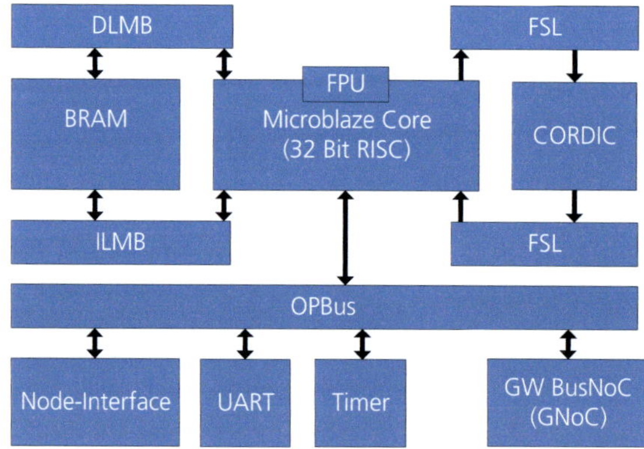

Abbildung 6.25: IPM mit Gatewayanbindung

6.4 Erweiterungen des C2X-Systems

Die in diesem Abschnitt vorgestellten Konzepte haben additiven Charakter und sollen die vorliegende Darstellung des Systemkonzepts abrunden. Sie umfassen die Erweiterung des in Abschnitt 5.2.4 dargestellten Toolflows für die Generierung der Hardwarestruktur auf hoher Abstraktionsebene sowie die partiell dynamische Rekonfigurierbarkeit des Systems, die eine Anpassung an sich verändernde Anforderungen ermöglicht.

6.4.1 Toolflow

Da es sich bei C2X-Kommunikation um ein sich derzeit im Forschungsstadium befindliches Gebiet handelt, existieren für den konkreten Einsatz bislang noch keine Entwicklungsprozesse oder Vorschriften für Werkzeugketten, die als Referenz für das hier entstandene System verwendet werden können. Daher basieren die folgenden Überlegungen auf den bereits beschriebenen Vorgehensweisen bei Standard Gateway Architekturen und den Erweiterungen für den FPGA Gateway (vgl. Abschnitt 5.2.4). Die Konfigurationsgranularität des Systems ist mehrschichtig. Wird die finale Hardwarestruktur als gegeben angenommen, beschränkt sich die Erweiterung des Systems auf die Entwicklung von Software für das IP- und Routing-Modul - hierfür können Standardflows zum Einsatz kommen. Zudem muß eine Konfiguration der Firewall hinsichtlich eines Austauschs vorgesehener Transmissionen erfolgen.

Werden die Module in den Konfigurationsraum mit aufgenommen, besteht die Möglichkeit, Hardware- und Softwarefunktion innnerhalb des Systems anzupassen und nur diejenigen Module zu verwenden, welche für den jeweiligen Anwendungszweck benötigt werden. Die modulare Struktur ermöglicht dabei ein einfaches Erweitern und Anpassen des Systems auf den jeweiligen Anwendungszweck, da lediglich abgeschlossene Funktionsblöcke miteinander verschaltet werden müssen. Dies ist vorteilhaft bei der Systementwicklung und Variantenbildung: denkbar wäre so beispielsweise der Austausch einzelner Blöcke aufgrund unterschiedlicher regionaler Anforderungen. Ein eindrückliches Beispiel ist das Signaturmodul, dessen Funktionalität sich auch bei anderen Ansätzen nicht vollständig in Software abbilden lassen wird (vgl. [209, 148]). Sollte hier regional ein anderer Veschlüsselungsalgorithmus zum Einsatz kommen, so ist bei geeigneter Nachrichtendefinition[8] lediglich dieses Modul auszutauschen. Ähnliches gilt für den Fall, daß der entsprechende Algorithmus kryptographisch als unsicher eingestuft werden sollte. Ein Algorithmenupdate würde in diesem Fall einem einfachen Modultausch entsprechen. Ebenfalls möglich wäre die Definition unterschiedlicher Ausstattungsvarianten, die beispielsweise über zusätzliche Schnittstellen zu Consumer Devices, Diensten oder Datenverkehr ermöglichen würden. Anschauliche Beispiele hierfür sind Telefon, EMail oder Internet.

---

[8]Dies bezieht sich insbesondere auf die Transparenz des Algorithmus gemäß Definition 4.7. Der Aufbau von Signatur und Zertifikat darf keinen Einfluß auf die Applikation haben.

Am tiefgreifendsten ist die Anpassung der internen Modularchitektur. Hierbei sind zwei Anwendungsfälle zu unterscheiden. Sowohl das IP- als auch das Routing-Modul sehen explizit die Möglichkeit vor, die Hardwarearchitektur auf die jeweiligen Anforderungen anzupassen. Auf der einen Seite kann dies durch die Verwendung spezieller Hardwarebeschleuniger, die kritische Applikationsteile ausführen, gewährleistet werden. Auf der anderen Seite kann die Prozessorkonfiguration geändert oder zusätzliche Peripherieelemente hinzugefügt oder entfernt werden. Beides läßt sich mit den bestehenden Toolflows der FPGA Hersteller durchführen (vgl. Abschnitt 5.2.5.2).

Offen aus Sicht des Hardwarekonzepts bleibt vor allem der Generierungsprozeß einer Architektur aus bestehenden Modulen einer Modulbibliothek. Daher wird im folgenden eine konzeptionelle Erweiterung des für das In-Car System entworfenen Toolflows vorgestellt, welche die Generierung einer vollständigen OBU Architektur ermöglicht.

6.4.1.1 Backend und Hardware System

Die Erweiterung des Hardware Toolflows des In-Car Gateway Systems erfolgt durch die Einführung einer zusätzlichen Abstraktionsebene, damit beide Systemteile auch auf der Ebene der Beschreibungssprache voneinander getrennt sind. Das Toplevel auf Systemebene umfasst dabei die beiden Toplevel für das In-Car System und das Inter-Car System, die damit zu Semi-Toplevel Beschreibungen werden. Sie enthalten die Systemarchitektur des jeweiligen Teils. Verbunden sind sie über die Firewall, die das dritte Modul auf der Toplevel Ebene ist. Die zusätzliche Ebene für die Boardbeschreibung und Taktgenerierung des In-Car Systems kann ohne große Anpassungen übernommen werden (siehe Abbildung 6.26). Die Verdrahtung der nicht chipinternen IOs erfolgt lediglich über eine zusätzliche Hierarchieebene, die im Modell hinterlegt werden muß. Damit bleibt der in Abschnitt 5.2.4 vorgestellte Generierungsprozess unangetastet erhalten.

Jedes der Module basiert auf einem eigenen Projekt, das zur Synthese der Netzliste dient. Auf der Ebene des Semi-Toplevels müssen die einzelnen Module dann noch über einen oder mehrere NoC-Master miteinander verbunden werden. Die Bridges dienen der Vernetzung der Arbiter. Diese zusätzliche Konfigurationsmöglichkeit erfordert weitere Information über die Verbindung der Node Interfaces zum jeweiligen Bussystem, da diese nicht mehr implizit abgeleitet werden kann. Die IOs sind aus dem Semi-Toplevel herauszuführen und auf dem Toplevel, analog zum In-Car System, zu verbinden. Die Kopplung der beiden Domänen erfolgt ebenfalls auf dieser Hierarchieebene.

Auf Boardebene sind die zusätzlichen, von der Inter-Car Domäne benötigten IOs hinzuzufügen und mit den gewünschten Pins zu verbinden. Ebenfalls auf Boardebene findet die Taktgenerierung statt. Vervollständigt wird die Systembeschreibung durch das Hinzufügen der Constraint Files für Speicher, Takt und Pins.

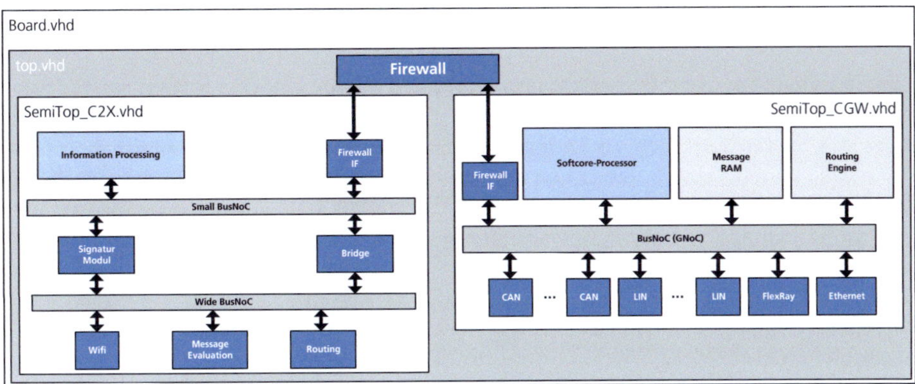

Abbildung 6.26: Abstraktionsebenen des Gesamtsystems

6.4.1.2 Architekturgenerierung und Bibliothekskonzept

Durch die konsistente Erweiterung der Abstraktionsebenen in der Hardwarestruktur, kann die Konfiguration der OBU ebenfalls auf hoher Abstraktionsebene eingeführt werden. Die OBU Module werden damit ebenfalls zu Bestandteilen der Bibliothek. Ergänzt um die zugehörige XML-Beschreibung lassen sie sich direkt in die bestehende Hardwarebibliothek einfügen. Zusätzlich müssen die Komponenten in dem gewählten Generierungstool wie beispielsweise PREEvision eingebunden werden, damit sie auch in diesem Tool als Bibliothektselement zur Verfügung stehen. Die Komposition des Gesamtsystems erfolgt dann ebenfalls graphisch im Komponentendiagramm. So können im ersten Schritt die beiden Domänen in die ECU hereingezogen werden. Hinzu kommen die Module für die jeweilige Domäne, sowie die Verbindung mittels Firewall. Im Fall des Inter-Car Systems können zusätzlich Verbindungen zwischen Modulen gezogen werden, die die verschiedenen Bussysteme repräsentieren.

Für die Generierung der Struktur ist eine Erweiterung des Konfigurators hinsichtlich der zusätzlichen Abstraktionsebene und der beiden Domänen notwendig. Hinzu kommt ebenfalls die Abfrage der Modulverbindungen der C2X-Domäne, welche die Verwendung mehrerer NoCs spezifiziert. Der Umgang mit den Daten muß im Konfigurator ebenfalls hinzugefügt werden, wobei sich das Vorgehen bei der Auswahl und Verwendung der Boardbeschreibung unverändert übertragen lässt. Mit den nunmehr vorliegenden Daten kann die vollständige Systembeschreibung und Struktur in VHDL sowie die zusätzlichen Constraint Files generiert werden. Die Generierung des Bitfiles erfolgt gemäß des Standard Toolflows (vgl. Abschnitt 2.5.2).

6.4.2 Laufzeitrekonfiguration der Hardware

Die Fähigkeit einiger FPGA-Familien, Teile des Systemdesigns mittels partiell dynamischer Konfiguration auszutauschen (vgl. Abschnitt 2.5), ermöglicht die Anpassung des Systems an sich verändernde Anforderungen auf unterschiedlichen Granularitätsebenen zur Laufzeit. Die Adaptivität von Hardwarestrukturen auch zur Laufzeit erlaubt hierbei insbesondere auch diejenigen Teile anzupassen, die zu einer hohen Performanz bei der Verarbeitung beitragen. Dies ist Microcontrollerbasierten Lösungen oder ASICs so nicht realisierbar. Vorteilhaft wirkt sich die Tatsache aus, daß der Rest des Systems in seiner Funktionalität von der Rekonfiguration unbeeinflußt bleibt. Durch die Selbstrekonfiguration mittels interner Schnittstellen ist eine zusätzliche Beschaltung für die Nutzung der Methodik obsolet und führt zu einer engen Integrierbarkeit der Rekonfiguration in das Systemkonzept.

Dem in dieser Arbeit vorgestellten Architektur- und Systemkonzept sind unterschiedliche Ansatzpunkte inherent, bei denen sich eine partiell dynamische Rekonfiguration vorteilhaft nutzen läßt. Eine neue Funktion kann beispielsweise durch die Konfiguration eines vollständigen Moduls bei Bedarf in das System integriert werden. In anderen Fällen mag der Austausch einer Teilfunktion ausreichend sein, bei der lediglich ein einfacher Datenpfad angepasst wird (z.B. CORDIC). Ebenfalls möglich ist eine Nutzung der Konfigurationslogik für den Datentransport ohne die Verwendung eigentlicher Kommunikationsressourcen (vgl. [240]). Aus Sicht der Technologie bilden sich diese drei Fälle ab in den Austausch eines vollständigen Moduls, eines Teilmoduls, sowie das Update eines verteilten Speichers bzw. von Block RAM Inhalten.

6.4.2.1 Modulrekonfiguration

Der Austausch eines vollständigen Moduls geht einher mit dem Austausch einer abgeschlossenen Funktionalität innerhalb des Systems. In Abhängigkeit davon, ob das Modul zu den essentiellen Verarbeitungsschritten der OBU gehört, kann die Grundfunktion des Systems zumindest während der Rekonfiguration nicht gewährleistet werden. Kann der Datenstrom um das Modul herumgeleitet oder die Funktion temporär in einem anderen Modul dargestellt werden, ist es möglich die Funktionsunterbrechung zu vermeiden. Als Beispiel sei das ME-Modul genannt: die Umleitung der Nachrichten vom WIFI- bzw. Ethernet-Modul an das Signaturmodul entspricht der vollen Durchlässigkeit des Filters und führt lediglich zu einer eingeschränkten Funktionalität des Systems. Ein Austausch des IP-Moduls oder Signaturmoduls hingegen, würde zu einer deutlichen Einschränkung bis hin zur Einstellung der Funktion führen.

Anwendungsfälle Die Rekonfiguration essentieller Module ist aus den letztgenannten Gründen nur für ausgewählte Szenarien sinnvoll. Ein Beispiel wäre eine fehlende Harmonisierung der Standards, die zu unterschiedlichen Anforderungen des Systems in verschiedenen Ländern führen. Vergleichbar zum Roaming würde sich die OBU bei Grenzübertritt in einem fremden C2X-Netz wiederfinden, mit dem es eine Kommunikation aufbauen muß. Werden in diesem Netz beispielsweise andere Signaturen und Zertifikate eingesetzt, ist die Möglichkeit, das Signaturmodul auszutauschen, von Vorteil. Ähnliche Überlegungen gelten für den Wechsel des Kommunikationskanals z.B. von 802.11p auf GSM bei dem das WIFI-Modul anzupassen wäre. Der Anwendungsfall ist jedoch eher theoretischer Natur, da, falls beide Kanäle vorhanden sind, eher davon auszugehen ist, daß diese vollparallel betrieben werden und so jeweils ein Modul zur Verfügung stehen würde.

Neben der Rekonfiguration essentieller Funktionen können Zusatzfunktionen, in Abhängigkeit der jeweiligen Anforderung, in das System konfiguriert werden. Insbesondere die Nutzung von -möglicherweise kostenpflichtigen- Mehrwertdiensten, die proprietäre, im System nicht unterstützte Protokolle verwenden, ist dadurch möglich. Im Gegensatz zu einer reinen Softwarelösung besteht dann die Möglichkeit, Hardwareeinheiten zu verwenden, welche eine beschleunigte Protokollverarbeitung ermöglichen wie beispielsweise Module, die die Anbindung an das heimische Netzwerk oder über Fahrzeuge verteilte Infotainment Applikationen realisieren. Ebenfalls denkbar wäre die Verwendung eines speziellen Diagnosemoduls, das sporadisch den Fahrzeugzustand untersucht oder ein Update von Software oder auch Kartendaten für die Navigation ermöglicht. Eventuelle DRM Mechanismen könnten dann ebenfalls in dem jeweiligen Modul abgebildet werden. Gemein ist allen Anwendungsfällen die sporadische Nutzung von Funktionalität, die vor allem vom Wunsch des Nutzers oder den aktuellen Anforderungen abhängt. Daher erscheint die mehrfache Nutzung von Chipfläche sinnvoll.

Die Einführung eines oder mehrerer freier Reserveslots hätte auch für die essentielle Grundfunktionalität des Systems Vorteile. So wäre beispielsweise bei hoher Last die Nutzung des Slots für ein zweites Signaturmodul möglich und würde zu einer Verdopplung verarbeitbarer Nachrichten führen. Die Auslegung der Performanz des Signaturmoduls müßte sich dann nicht am Maximum auftretender Nachrichten sondern könnte sich eher am Durchschnitt des Kommunikationsaufkommens orientieren.

Anforderungen und Realisierung der Modulrekonfiguration Die Realisierung der Modulrekonfiguration soll anhand eines Reserveslots demonstriert werden. Die Ausdehnung des Vorgehens auf mehrere oder bestehende Slots ist ohne Einschränkung möglich. Die Struktur ist in Abbildung 6.27 dargestellt.

Die grundsätzliche Vorgehensweise entspricht dem Standardfall der partiell dynamischen Rekonfiguration, bei welchem die Schnittstellen des Moduls mit dem restlichen System über BusMacros vorzugeben sind, sowie der Reservierung einer vorgegebenen FPGA Fläche für die Module. Jede Modulkonfiguration, die im Reserve Slot abgebildet werden soll, muß separat implementiert werden. Die Rekonfiguration erfolgt mittels partieller Bitströme, die lediglich die Konfiguration des zu verändernden Teil des FPGAs enthalten. Die Konfiguration erfolgt über eine externe (JTAG) oder interne Schnittstelle (ICAP), die Generierung der Bitströme aus dem Basissystem und den unterschiedlichen Konfigurationen erfolgt mittels EAPR Flow[9].

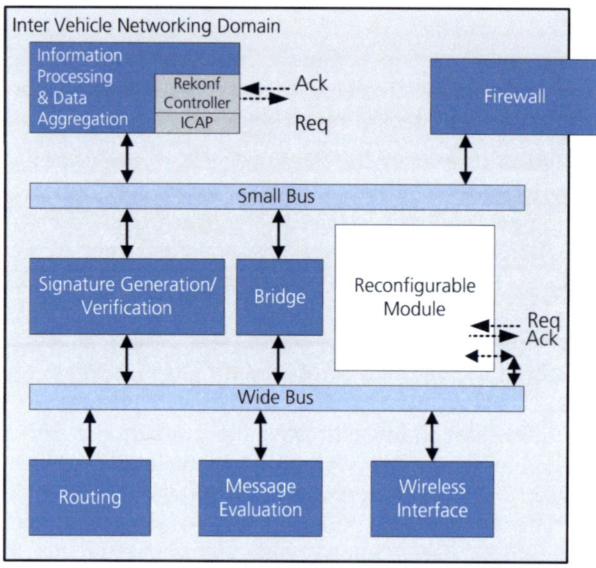

Abbildung 6.27: Modulrekonfiguration

Als Schnittstelle für die Rekonfiguration wurde die Verbindung zwischen Node Interface und Arbiter gewählt, da diese einheitlich für alle im System integrierten Module ist. Da der Austausch des Moduls nicht zu Störungen im System führen darf, ist eine Übertragung während eine aktive Kommunikation des Moduls mit dem System stattfindet, zu vermeiden. Um dies sicherzustellen, wurde das Node Interface um einen zusätzlichen ausschließlich für die Rekonfiguration genutzten Handshakes erweitert. Im ersten Schritt erfolgt die Anforderung der Rekonfiguration. Das Node Interface beendet die aktuelle Kommunikation nach Empfang des vollständigen Pakets. Ist das Modul Sender, wird die vollständige Chain bearbeitet. Dann ist das Node Interface in einem sicheren Zustand, der über den Handshake zurückgemeldet wird. Sobald dieser gesetzt ist, kann die Rekonfiguration des Moduls gestartet werden, ohne daß die Kommunikation des NoCs gestört wird. Soll Paketverlust vermieden werden, muß das Node Interface vor der Rekonfiguration eine Blockadenachricht an alle Module schicken. Diese Blockade ist von dem neu konfigurierten Modul unter Verwendung identischer Node IDs wieder aufzuheben.

---

[9]EAPR - Early Access Partial Reconfiguration. Für Details vgl. [303]

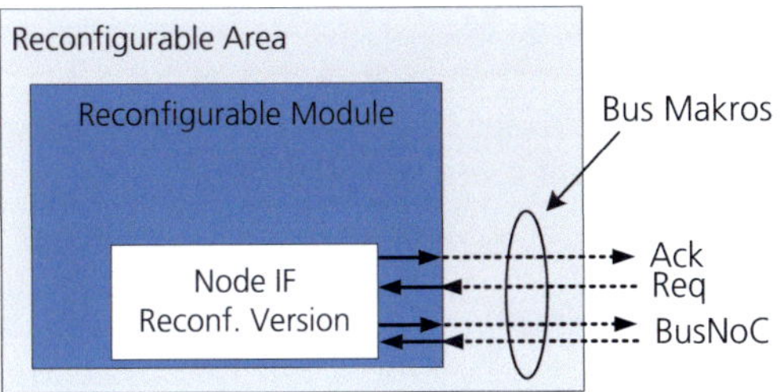

Abbildung 6.28: Rekonfigurierbares Modul

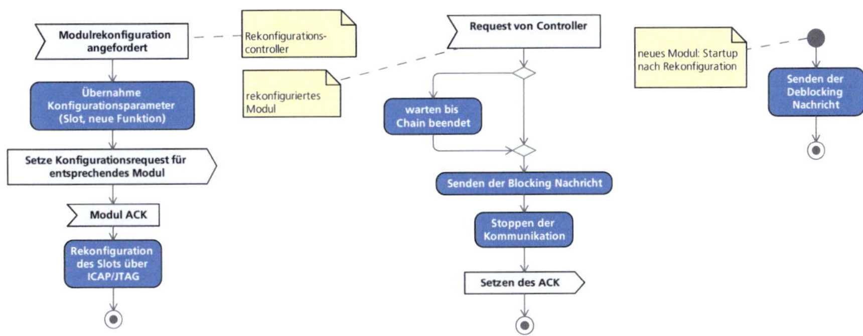

Abbildung 6.29: Ablauf der Modulkonfiguration

Die für die Rekonfiguration benötigte Zeit setzt sich beginnend mit der Anforderung, aus der Wartezeit für die Beendigung der Kommunikation, der Rekonfigurationszeit und der Initialisierung des rekonfigurierten Moduls zusammen. Für den gesamten Vorgang dominierend ist die Zeit für die Rekonfiguration, die linear mit der Modulgröße ansteigt. Die Größe des Rekonfigurationsslots wird damit zum wichtigen Parameter, da immer das vollständige Modul ausgetauscht werden muß. Eine Lösung wäre die Verwendung mehrerer nebeneinanderliegender Reserve Slots, die jeweils einen Anschlußpunkt an den Arbiter besitzen. Ein Modul könnte dann, abhängig vom Flächenbedarf, einen oder mehrere Slots belegen[10].

Anwendungsbeispiel Modul Template Da das Modul Template die Basis verschiedener Module ist, dient es als Ausgangspunkt für die Darstellung der Modulrekonfiguration. Es handelt sich bei dem Modul um eine modifizierte Variante, die das Handshake Protokoll unterstützt. Für eine Rekonfiguration wurde ein rechteckiger Bereich von 57*18 Slices definiert, dessen Ressourcen mit den in Tabelle 6.10 dargestellten Ressourcen belegt sind. Der Größe des resultierenden Bitstroms beträgt somit 186304 Byte. Bei einer maximalen Rekonfigurationsrate von 32Bit bei 100MHz ergibt sich eine minimale Zeit von:

$$t_{rekonf} = \frac{186304 \; Byte}{4 \; Byte * 100 \; MHz} = 466 \mu s \tag{6.5}$$

Die sehr kurze Rekonfigurationszeit erklärt sich aus der begrenzten Größe des Moduls. So müßte ein Rekonfigurationsslot, der für ein Modul der Komplexität des IPMs geeignet ist, bereits die ca. 4,5 fache Größe besitzen. Entsprechend würde sich die Rekonfigurationszeit auf 2,1ms verlängern.

Primitive	Verfügbar	Benutzt	
LUT	3168	1843	58 %
FF	3168	768	24 %
SliceL	576	394	68 %
SliceM	216	148	69 %
DSP48E	4	0	0,00 %
RAMBFIFO36	4	2	50,00 %

Tabelle 6.10: Rekonfigurationsdaten des Modul Templates

---

[10]Für eine detaillierte Betrachtung unterschiedlicher Slotgrößen vgl. [118].

6.4.2.2 Modulinterne Rekonfiguration

Rekonfiguration einer Modulkomponente Die Reduktion der Rekonfigurationszeit läßt sich durch die Beschränkung auf eine Modulkomponente reduzieren. Insbesondere für die innerhalb des IPM und Routing Moduls verwendeten Hardwarebeschleuniger erscheint diese Möglichkeit sinnvoll (vgl. Abschnitt 6.3.7). Die vom Beschleuniger verwendete Chipfläche könnte so mehrfach genutzt werden und die jeweilige Komponente eine ideale Auslastung erzielen. Der wesentliche Vorteil ist der reduzierte Flächenbedarf. Nachteilig wirkt sich die zusätzliche, durch die Rekonfiguration benötigte Zeit aus.

Letztere läßt sich durch verschiedene Maßnahmen reduzieren: unterschiedliche Applikationen, welche identische Hardware benötigen, können direkt hintereinander ausgeführt werden. Außerdem kann ein Warten der Applikation auf das Beenden der Konfiguration vermieden werden, wenn die Rekonfiguration so früh getriggert wird, daß die Rekonfiguration abgeschlossen ist, bevor die zugehörige Applikation ausgeführt wird. Die zwischen Trigger und Applikationsstart ausgeführten Tasks dürfen keinen Zugriff auf den entsprechenden Slot benötigen. Eine Schachtelung von Rekonfiguration und Hardwareapplikation ist möglich, wenn mehrere rekonfigurierbare Slots für Beschleuniger in das Modul integriert werden. Bereits zwei Slots würden die parallele Nutzung eines Beschleunigers mit einer Hardwareapplikation ermöglichen.

Die Anbindung erfolgt wie bei der Modulrekonfiguration über Busmakros. Die Auftrennung erfolgt am FSL Bus, so daß die Steuerlogik des jeweiligen Coprozessors Bestandteil der auszutauschenden Konfiguration ist.

Speicherrekonfiguration Da die Speicherinhalte ebenfalls ein Bestandteil der Konfigurationsdaten sind, können die Rekonfigurationsmechanismen auch zur Veränderung von Speicherinhalten genutzt werden (vgl. [241]). Dies bietet sich insbesondere für das Update der geheimen Schlüssel an, die im Signaturmodul zur Verarbeitung genutzt werden. Damit die Privatheit von Fahrzeug und Fahrer gewahrt bleiben kann, ist eine regelmäßige Änderung von Identität notwendig, die mit einer Schlüsseländerung einhergeht (vgl. Abschnitt 2.4 und [110]). Durch das Update der Schlüssel über die Rekonfigurationsschnittstelle ist keine Übertragung über das chipinterne Kommunikationssystem notwendig. Ein Angreifer, der die businterne Übertragung belauscht, kann auf diese Weise umgangen werden, so daß die Schlüsselübertragung sicherer wird. Zusätzlich zu schützen ist in diesem Fall die Rekonfigurationsschnittstelle. Für eine detailliertere Darstellung des Zusammenhangs und der Verwendung der Konfigurationsschnittstelle zur Datenübertragung sei auf [110, 243] verwiesen.

6.4.2.3 Rekonfigurationscontroller

Die Steuerung der Rekonfiguration erfolgt zentral über einen Rekonfigurationscontroller. Dieser kann in ein bestehendes Modul eingebettet oder als eigenständiges Modul realisiert werden. In beiden Fällen ist ein Zugriff auf die interne Konfigurationsschnittstelle (ICAP) und den Speicher, der die Bitströme beinhaltet, notwendig. Eine Rekonfiguration beginnt mit einer Anforderung, die angibt, welcher Slot - modulintern oder Gesamtmodul- auszutauschen ist. Zusätzlich muß angegeben werden, durch welche Funktion[11] diese zu ersetzen ist. Es folgt die eigentliche Rekonfiguration, die näherungsweise einem Kopieren des Bitstroms aus dem Speicher in das ICAP Interface entspricht. Nach dem Modulreset, der ebenfalls vom Controller durchgeführt wird, ist der Vorgang abgeschlossen.

Die Steuerung des Controllers erfolgt in Abhängigkeit der Realisierung über ein entsprechendes Peripherieinterface (Moduleinbettung) oder spezielle NoC Pakete (Realisierung als eigenständiges Modul). Die Entscheidung, wann welche Rekonfiguration durchzuführen ist, ist zugunsten der Flexibilität nicht Bestandteil des Controllers. Vorteile ergeben sich insbesondere, wenn mehrere rekonfigurierbare Teile im System existieren, die von unterschiedlichen Modulen kontrolliert werden. Jedes Modul hat damit die Hoheit über die Rekonfiguratonsentscheidung seines (modulinternen) Slots, die lediglich durch den Controller ausgeführt wird. Die Verwaltung der Modulslots fällt einem beliebigen Modul zu: das IP-Modul eignet sich hierfür in besonderem Maße, da es in seiner Funktionsweise einer zentralen Kontrollinstanz am nächsten kommt.

6.5 Funktionale Validierung

Für die funktionale Validierung des Architekturkonzepts wurde der realisierte Prototyp der OBU in den SL Demonstrator (vgl. Abschnitt 5.4.2) integriert. Der Prototyp veranschaulicht die enge Integration in eine bestehende Fahrzeugarchitektur und stellt die bidirektionale Kommunikation zwischen dem drahtlosen C2X Funkkanal und den Steuergeräten des Fahrzeugs anhand ausgewählter Szenarien und Applikationen dar. Um auf eine aufwendige Testflotte verzichten zu können, werden die Bewegungsdaten umgebender Fahrzeuge und des Testfahrzeugs sowie unterschiedliche Verkehrssituation mittels einer Simulation erzeugt, die die Generierung des zugehörigen Datenverkehrs auf dem Funkkanal erlauben. Für die Darstellung des Demonstrators wird zunächst die Erweiterung des Verkehrssimulators für C2X-Simulation erläutert. Es folgen die Einführung der ausgewählten Szenarien und die Darstellung der Systemarchitektur mitsamt der Fahrzeugintegration. Der letzte Abschnitt erläutert die Wirkungsweise der Szenarien im Gesamtkontext.

---

[11]Diese wird repräsentiert durch die Adresse des Bitstroms im Konfigurationsspeicher

6.5.1 C2X-Simulator

Damit die Evaluierung des OBU Prototypen unter möglichst realistischen Umgebungsbedingungen erfolgen kann, muß der Datenverkehr auf dem Funkkanal denjenigen bestimmter Verkehrssituationen widerspiegeln. Die Verwendung einer einfachen statischen Testbench, die zu manuell vorgegebenen Zeitpunkten Nachrichten erzeugt, bildet entweder die Bewegungsdynamik der umgebenden Fahrzeuge und die Wechselwirkung mit dem zu testenden System nur unzureichend ab oder ist unverhältnismäßig aufwendig zu realisieren. Aus diesem Grund wurde für Demonstrator und Evaluierung ein alternativer Ansatz gewählt, bei dem die Bewegung aller Fahrzeuge durch eine Verkehrssimulation abgebildet wird.

Obwohl die Forschung im Bereich der C2X Kommunikation sehr aktiv ist und viele der Ergebnisse mangels Realisierungen per Simulation validiert werden, existiert in der Literatur keine Lösung, die für den Test einer realen OBU geeignet ist. Eine Vielzahl der Simulationen basiert auf dem Netzwerksimulator NS-2 (vgl. [197]), der die Simulation des Kanals und des verarbeitenden Softwarestacks in den Knoten ermöglicht. Die Bewegung der Knoten muß in einer zusätzlichen Verkehrssimulation[12] erzeugt werden, die mit dem Netzwerksimulator zu koppeln ist (vgl. [84]). So verwendet das Open Source Tool TraNS [218] eine Kopplung aus NS-2 und SUMO (vgl. [197, 73]), jedoch nicht mit dem Fokus und der Möglichkeit einer realen Hardwarekopplung. Eine ebenfalls auf Open Source Simulatoren basierende Kopplung, die eine Anbindung realer Hardware in Form von Modellautos darstellt, ist in [251] gegeben. Sie basiert auf den vier Perspektiven der Netzwerk-, Verkehrs-, Umgebungs- und Applikationssimulation, wurde mit dem Fokus der Applikationsentwicklung dargestellt und wäre für den Test der OBU unverhältnismäßig aufwendig nach zu implementieren. Eine kommerziell verfügbare Umgebung (vgl. [182, 107]), die sich ebenfalls auf den Test von Applikationen spezialisiert hat, ermöglicht die Kopplung zu speziellen zugehörigen OBUs. Die Kommunikation zwischen OBU und Simulation abstrahiert jedoch von den in den Standardisierungsgremien vorgeschlagenen Konzepten, so daß der Einsatz für den Test des Prototypen nicht geeignet ist.

Keines der beschriebenen Konzepte hat den Test realer Prototypen zum Ziel, vielmehr fokussieren sie sich entweder auf die Applikationsentwicklung oder das Design der Kommunikationsstacks und Protokollarchitektur. Da eine Erweiterung für den hier angestrebten Anwendungszweck im Rahmen der Arbeit mit vertretbarem Aufwand nicht zu leisten ist, fällt die Wahl auf den quelloffenen, in Java implementierten Verkehrssimulator MicroSim [181]. Aus Sicht des Hardwaretests liefert der Simulator ausreichend genaue Bewegungsdaten der Fahrzeuge und bietet hinsichtlich der Erweiterung das beste Aufwand-Nutzen-Verhältnis, da lediglich Mechanismen zum Versand von CA- und DEN-Messages als Erweiterung hinzugefügt werden müssen. Der ursprüngliche angegebene Anwendungszweck des Simulators liegt unter anderem in der simulativen Bewertung von verkehrssteuernden Maßnahmen wie Geschwindigkeitsbegrenzungen, Überholverboten etc. sowie der Bewertung von Streckenführungen vor deren Bau.

---

[12]Eine Übersicht gängiger Verkehrssimulationen wird in [186] gegeben.

6.5.1.1 Verkehrsimulator MicroSim

MicroSim teilt die Verkehrsteilnehmer in die drei Klassen Fahrzeug, LKW und Hindernis ein, deren Position und Geschwindigkeit in jedem Simulationsschritt bestimmt wird. Die Fahrzeugbewegung wird dazu, basierend auf dem longitudinalen Wiedemann Verkehrsmodell IDM[13] (vgl. [181]), für jedes Fahrzeug separat bestimmt. Zusätzlich zur longitudinalen Bewegungssimulation, werden die Spurwechsel über das Modell MOBIL bestimmt. Die Darstellung der Fahrzeugbewegung erfolgt graphisch mittels einer GUI, die auch die Einstellung bestimmter Parameter ermöglicht (vgl. Abbildung 6.31). Beim IDM handelt es sich um ein car-following Modell, bei dem sich die Beschleunigung eines Fahrzeugs ausschließlich aus der eigenen Geschwindigkeit und der Geschwindigkeit des vorausfahrenden Fahrzeugs bestimmt. Basierend auf den Parametern in Tabelle 6.11 läßt sich die Beschleunigung gemäß Formel 6.6 berechnen.

$$\frac{dv}{dt} = a \cdot \left[1 - \left(\frac{v}{v_0} \right)^\delta - \left(\frac{s^*}{s} \right)^2 \right] \text{ and } s^* = s_0 + \left(vT + \frac{v\Delta v}{s\sqrt{ab}} \right) \tag{6.6}$$

Parameter	PKW	LKW	Beschreibung
v_0	$120\frac{km}{h}$	$80\frac{km}{h}$	maximale Geschwindigkeit
T	$1.5s$	$1.7s$	zeitl. Abstand zum vorausf. Fahrzeug
s_0	$2.0m$	$2.0m$	min. Abstand zum vorausf. Fahrzeug
a	$0.3\frac{m}{s^2}$	$0.3\frac{m}{s^2}$	Beschleunigung
b	$3.0\frac{m}{s^2}$	$2.0\frac{m}{s^2}$	Bremsbeschleunigung

Tabelle 6.11: Ausgewählte Parameter des IDM Modells

Ein Spurwechsel im MOBIL Modell basiert auf der Beurteilung der lokalen Verkehrssituation, die durch die direkten Nachbarn im Verkehrsfluß bestimmt wird. Ein Spurwechsel erfolgt genau dann, wenn er sicher und ein Anreiz für den Wechsel gegeben ist (vgl. [279]). Sicher bedeutet in dem Kontext, die notwendige Bremsbeschleunigung des nachfolgenden Fahrzeugs $a_{b'c}$ darf einen maximalen Wert b_{save} nicht überschreitet. Die fiktive Beschleunigung bestimmt sich ebenfalls aus dem ID-Modell. Ein Anreiz für den Spurwechsel ist gegeben, wenn nach dem Spurwechsel die eigene Beschleunigung und die mit einem Höflichkeitsfaktor gewichtete Beschleunigung der beteiligten Nachbarfahrzeuge mindestens um die Wechselschwelle höher ist als zuvor. Anders formuliert, es werden die Bremsverzögerungen minimiert. Im Modell

---

[13]IDM - Intelligent Driver Model

nicht berücksichtigt bleiben Sonderregelungen wie Rechtsfahrgebot oder subjektive Abneigungen gegen die rechte Spur. Zudem ist keine Longitudinal-Transversal-Kopplung integriert, die für eine Darstellung des Rechtsüberholverbots notwendig wäre[14].

Während der Simulation werden die Objektlisten der Simulation periodisch durchlaufen und für jedes Objekt die neuen Werte gemäß IDM und MOBIL generiert. Danach erfolgt die Generierung der graphischen Repräsentation. Die GUI ermöglicht dem Nutzer, ausgewählte Szenarien zu selektieren und diverse Parameter der Simulation zu ändern. Zu den Szenarien zählen insbesondere die Spursperrung oder Zufahrt, welche vorrangig für die Evaluation der OBU genutzt werden. Die Parameter ermöglichen unter anderem eine Regelung des Fahrzeugzuflusses und des Anteils an LKWs.

6.5.1.2 C2X Nachrichtengenerierung

Bereits mehrfach wurde erwähnt, daß die Fahrzeugkommunikation in einem sehr dynamischen Umfeld stattfindet. Sowohl die Mehrzahl der Kommunikationspartner als auch die zu testende OBU bewegen sich mit veränderlicher Geschwindigkeit und Richtung. Um die Verkehrsbewegung geschlossen abbilden zu können, werden alle Fahrzeugbewegungen, einschließlich des zu testenden Fahrzeugs, in der Testumgebung simuliert. Position und Geschwindigkeit des Systems und der Test werden ebenfalls über den Funkkanal als spezielle Datenpakete an die FPGA OBU übermittelt. Dadurch kann einerseits die Simulation mit einem stehenden Fahrzeug erfolgen und andererseits eine aufwendige Kopplung der Fahrzeugdynamik mit der Simulation vermieden werden. Dies ist auch deshalb sinnvoll, weil das Fahrzeugverhalten auch von den umgebenden Fahrzeugen abhängt, die der OBU und dem Fahrzeug nicht bekannt sind. Innerhalb der OBU werden die speziellen Pakete vom Ethernet Modul erkannt und mit höchster Priorität in allen Modulen verarbeitet.

Um die Kommunikationsteilnehmer des System under Test (SUT) zu ermitteln, wird gemäß des Unit Disc Modells (vgl. [54]) ein Kommunikationsradius festgelegt, der den Sende- und Empfangsradius aus der Sicht des SUT darstellt. Für alle Fahrzeuge, die sich in diesem Radius befinden, werden C2X CA-Messages mit einer vorgegebenen Zykluszeit von 10Hz generiert und über den drahtlosen Kanal verschickt. DEN Messages werden vor allem durch Roadside Units generiert, die in der Simulation durch Obstacles repräsentiert werden.

6.5.1.3 C2X-Erweiterung von MicroSim

Um die Nachrichtenpakete aus der Simulation generieren zu können, wurden verschiedene Erweiterungen in MicroSim integriert. Dies betrifft insbesondere die Einbindung der Hardwareschnittstelle in die High Level Java Simulation. Zusätzliche

---

[14]Für weitere Details zu MOBIL und IDM vgl. [181, 279].

Klassen spezifizieren Aufbau und Behandlung von CA- und DEN-Messages. Eine Erweiterung der GUI ermöglicht die Steuerung der C2X Kommunikation und hebt die Fahrzeuge innerhalb des Kommunikationsradius farbig hervor.

Aufgrund technischer Einschränkungen der Ethernet-zu-Wireless-Bridge, muß zusätzlich zum Ethernet MAC Layer die UDP Protokollschicht verwendet werden (vgl. Abschnitt 2.2.4). Die UDP Pakete enthalten schließlich die eigentlichen CAM und DENM Paketformate. Die Anbindung der Netzwerkschnittstelle in der Simulation erfolgt durch die Verwendung der frei verfügbaren JPCAP Bibliothek (vgl. [103]). Sie ermöglicht den Versand und Empfang von Netzwerkpaketen auf unterschiedlichen Protokollschichten.

Um das Beaconing zu ermöglichen, wurden die drei Klassen Fahrzeug, LKW und Hindernis um die Nachrichtenobjekte CAM und DENM erweitert. Sie ermöglichen die Generierung der formatierten Datenfelder aus den Bewegungsdaten des Fahrzeugs. Zusätzlich verwalten sie das Beaconing Intervall für jedes einzelne Fahrzeug. Um Bursts auf dem Funkkanal zu vermeiden, werden randomisierte Offsets für den Beacon Timer verwendet. Das Update der Bewegungsdaten der OBU erfolgt ohne Warnung eines Intervalls immer sobald neue Daten zur Verfügung stehen. Der Versand der OBU Daten erfolgt über ein leicht verändertes CAM Format, welches alle fahrzeugspezifischen Informationen enthält, jedoch eine priorisierte Verarbeitung auf Seite der OBU ermöglicht.

Die Erweiterungen der GUI erlauben das Starten und Stoppen der C2X Simulation. Mit dem Start der Simulation wird das nächste, in die simulierte Strecke einfahrende Fahrzeug als SUT Fahrzeug festgelegt, gesondert farblich markiert und alle Beacons der innerhalb des Kommunikationsradius befindlichen Fahrzeuge (gelb markiert) generiert sowie über den Funkkanal verschickt; mit dem Stoppen der C2X Simulation erfolgt ein Neustart des simulierten Szenarios. Da für bestimmte Szenarien ein zweites Fahrzeug wünschenswert ist, um die Interaktion zweier realer Fahrzeuge zu demonstrieren, besteht die Möglichkeit, in der laufenden C2X Simulation ein weiteres SUT Fahrzeug zu simulieren (grün dargestellt). Dieses wird hinsichtlich des Positionsupdates genauso wie das erste SUT behandelt. Auf diese Weise kann eine Interaktion zwischen den beiden realen Knoten erfolgen, sobald sich das zweite Fahrzeug im Kommunikationsradius des ersten Fahrzeugs befindet.

6.5.2 Szenarien

Für die Demonstration der OBU Funktionalität und die Evaluierung des Systems werden drei ausgewählte Szenarien dargestellt, die sowohl die Kommunikationsrichtung Funkkanal → Fahrzeug als auch die umgekehrte Richtung Fahrzeug → Funkkanal umfassen. Die Situationserkennung durch die OBU erfolgt einerseits durch die Ableitung explizit vorhandener Informationen (DENM) und impliziter Informationen, die aus den Inhalten und der Charakteristik vieler Nachrichten (CAM) abgeleitet werden. Die Szenarien beinhalten die Kommunikation mit anderen Fahrzeugen

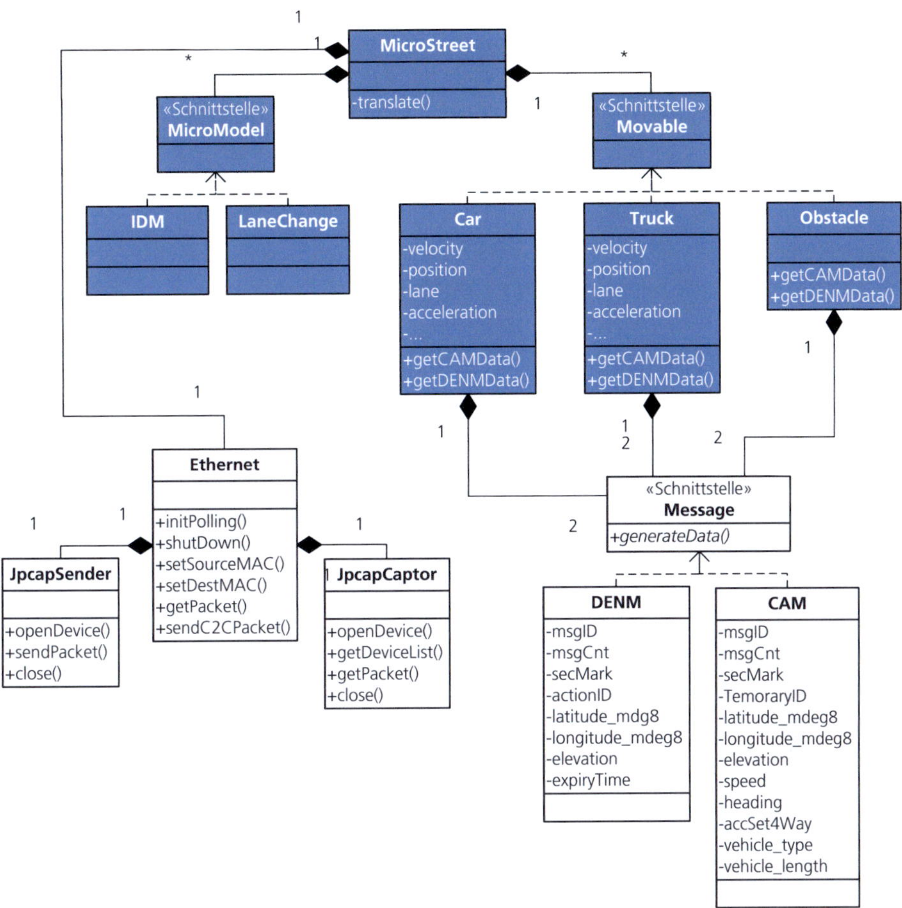

Abbildung 6.30: UML Klassendiagramm von MicroSim

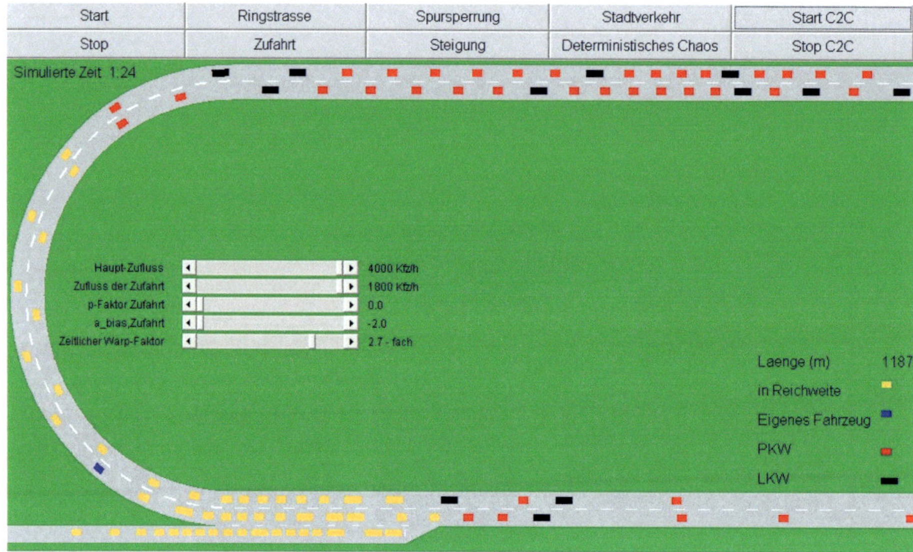

Abbildung 6.31: MicroSim GUI mit Erweiterungen

und Roadside Units. Die Kommunikationspartner befinden sich in allen Szenarien im direkten Empfangsbereichs des Knotens. Ein Routing der Nachrichten erfolgt in den hier dargestellten Szenarien nicht.

6.5.2.1 Baustellenwarnung - Construction Site Warning

Ziel dieser Applikation ist es, den Nutzer rechtzeitig vor einer Baustelle zu warnen, damit eine Verringerung der Geschwindigkeit in angemessener Entfernung vor der Baustelle erfolgen kann. Eine frühzeitige Warnung kann neben einer Erhöhung der Verkehrssicherheit auch für eine optimale Rückgewinnung der Bremsenergie mittels Rekuperation bei Hybridfahrzeugen genutzt werden. Das Versenden der Warnung erfolgt direkt von einem in der Baustelle integrierten Knoten, der einerseits auf das Vorhandensein der Baustelle hinweist, andererseits aber auch baustellenspezifische Parameter wie Länge, erlaubte Geschwindigkeit, aktuelle Geschwindigkeit in der Baustelle etc. übermitteln kann. Sobald die Baustellenwarnung vom Demonstratorfahrzeug empfangen wird, soll eine Warnmeldung im Display angezeigt werden, die vor der Baustelle warnt, die Entfernung zur Baustelle und eine Fahrempfehlung angibt.

6.5.2.2 Liegengebliebenes Fahrzeug - Brokedown Vehicle Warning

Das Liegenbleiben oder Verunfallen eines Fahrzeugs in unübersichtlichen Bereichen stellt eine große Gefahr für den nachfolgenden Verkehr dar. Eine Erhöhung der Sicherheit kann erreicht werden, wenn eine frühzeitige Warnung durch das entsprechende Fahrzeug erfolgt. Die Warnmeldung wird bei dem spezifischen Event zyklisch verschickt. Auslöser können der Warnblinker, ein gezündeter Airbag oder eine alternative Unfallerkennung sein. In der hier realisierten Anwendung ist eine aktive Warnblinkanlage der Auslöser für den Nachrichtenversand. Sobald der Warnblinker deaktiviert wird, werden auch keine weiteren Warnhinweise über das Funkmodul verschickt. Mittels dieses Szenarios soll die Kommunikationsrichtung von dem Demonstrator in Richtung C2X-Funkkanal dargestellt werden. Deshalb stellt das reale Fahrzeug das Pannenfahrzeug dar. Die Warnmeldung wird sowohl von der Simulation als auch einem weiteren realen Knoten des Simulationsaufbaus empfangen (vgl. Abschnitt 6.5.4.2).

6.5.2.3 Stauerkennung - Traffic Jam Warning

Die Erkennung eines Staus dient hier als Beispiel für die Ableitung impliziter Informationen aus mehreren voneinander unabhängigen CA-Messages. Die Warnung vor einem Stauende soll insbesondere bei kurvigen Fahrbahnverläufen die Sicherheit erhöhen und ein frühzeitiges Abbremsen ermöglichen. Neben dem Sicherheitsaspekt kommt wieder die Energierückgewinnung zum tragen. In dem Szenario wird einerseits der Fahrer gewarnt und ggf. eine DEN-Message erzeugt, die nachfolgenden Fahrzeuge, die sich nicht in direkter Kommunikationsreichweite befinden, die Stauposition mittels Multi-Hop-Weiterleitung der Nachrichten mitteilt. Die Stauerkennung erfolgt mittels einer einfachen Schwellwerterkennung, bei der eine vorgegebene Anzahl Fahrzeuge eine bestimmte Geschwindigkeit in einer gewissen Zeit unterschreiten muß. Finalisierte Stauerkennungen werden deutlich umfangreichere Evaluierungen vornehmen müssen. Für die Demonstrationsszenarien ist die Detaillierung jedoch ausreichend. Sobald ein Stau vom System erkannt wird, gibt es eine Warnmeldung am Instrumentencluster aus. In Abhängigkeit von Entfernung und Geschwindigkeit könnte auch die Auslösung des Warnblinkers erfolgen, um auf konventionelle Weise andere Fahrzeuge zu warnen, die über keine C2C-Kommunikationseinheit verfügen.

6.5.3 Systemarchitektur

Das System wird auf einem XUP V2P Board (vgl. Abschnitt 2.6) integriert, das als Basisplattform für die OBU dient. Das System besteht aus zwei NoCs unterschiedlicher Bitbreite, die über eine Bridge miteinander verbunden sind. Aufgrund des Ressourcenverbrauchs können nicht alle Module in der Systemarchitektur integriert werden (vgl. Abbildung 6.32). Die Netzwerkanbindung erfolgt über das Ethernet Modul (vgl. Abschnitt 6.3.3.2). Das ME-Modul wird nur als unkonfigurierter Filter verwendet und leitet alle Nachrichten, die von dem System empfangen werden weiter. Das Signaturmodul kann in dem realisierten System aufgrund des Ressourcenverbrauchs nicht integriert werden. Daher ist im Demonstrator eine BlackBox, in der die Signaturteile der Botschaft ohne Überprüfung abgeschnitten oder beim Versenden Leerteile hinzugefügt werden. Um dennoch die Verarbeitungszeit des Moduls in dem Gesamtsystem abzubilden, wird jede Botschaft mit einem voreingestellten Delay von $500\mu s$ verzögert. Aufbau und Architektur des IP-Moduls erfolgen gemäß Abschnitt 6.3.7.

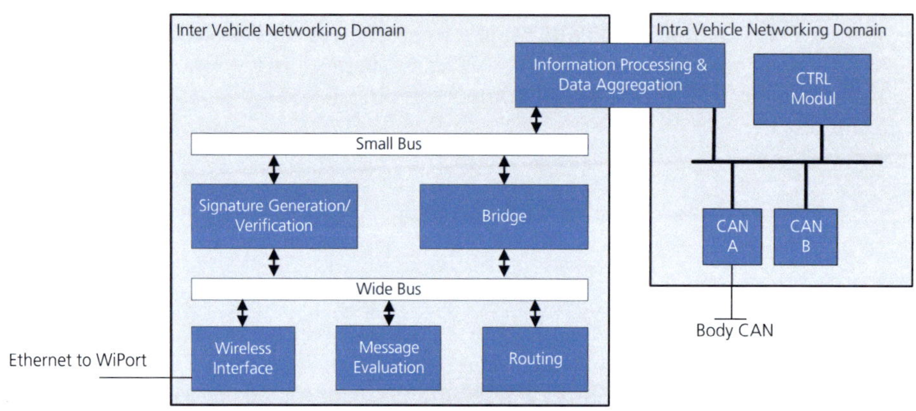

Abbildung 6.32: Architektur des Demonstratorsystems

Die Anbindung der Intra-Car Gateways erfolgt durch eine direkte Anbindung des NoCs am IPM (vgl. Abbildung 6.32), da die Firewall nicht Gegenstand dieser Arbeit ist. Das Gatewaysystem besteht aus dem CTRL-Modul, dem CAN Modul sowie dem Interface für die Anbindung an das IPM. Die Anbindung von zwei CAN Physical Layern an das System ermöglicht die Anbindung an zwei CAN Bussysteme. In einem ersten Integrationsschritt erfolgt nur die Verbindung mit dem Body CAN des Fahrzeugs und eine Gatewayfunktion wird vorerst aus zuvor genannten Ressourceneinschränkungen nicht integriert.

Der Softwarestack des IPM ist gemäß Abschnitt 6.3.7.2 realisiert und enthält die drei Applikationen Baustellenwarnung, Liegengebliebenes Fahrzeug und Stauwarnung auf einer manuell realisierten RTE (vgl. Abbildung 6.33). Die Umsetzung der zentralen Datenbank für gemeinsame Daten erfolgte ebenfalls manuell. Als Hardwarebeschleuniger kommt eine Koordinatentransformation zum Einsatz, die eine einfache Entfernungsbestimmung zu anderen Fahrzeugen ermöglicht (vgl. Abschnitt 6.3.7.2). Zusätzlich benötigt wird eine Applikation für die Ansteuerung der Displays im Instrumentencluster, die Anforderungen anderer Applikationen verarbeitet. Die

Kommunikation mit dem Instrumentencluster, die auf einem proprietären Transportprotokoll über CAN basiert, wird ebenfalls von der Applikation übernommen. Sowohl Stauwarnung als auch Baustellenwarnung werden ausschließlich über C2X-Nachrichten aufgerufen. Die Broke Down Vehicle Warnung reagiert sowohl auf CAN als auch auf C2X-Nachrichten. Im ersten Fall ist das eigene Fahrzeug das Pannenfahrzeug und es erfolgt der zyklische Versand von DENM Nachrichten, die umgebende Fahrzeuge warnen. Situationsabhängig ist der Timer der dritte Applikationstrigger. Ist ein anderes Fahrzeug liegengeblieben, werden also entsprechende DENM Nachrichten empfangen, wird eine Warnmeldung an den Fahrer ausgegeben.

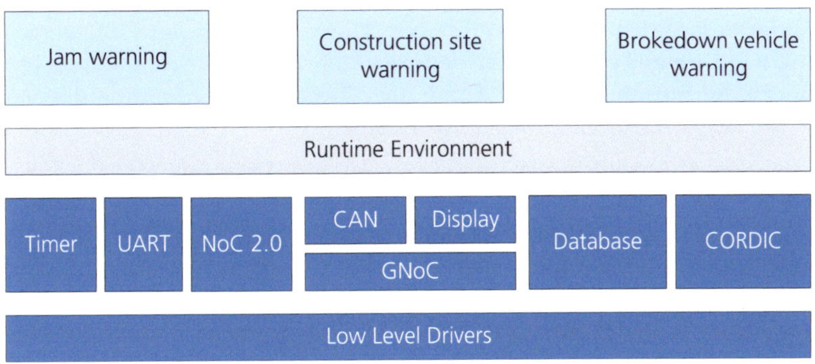

Abbildung 6.33: Softwarestack des IP-Modul Prototypen

6.5.4 Fahrzeugintegration und Demonstrator

Der Testaufbau besteht aus drei physikalisch existierenden Knoten, die sich aus zwei FPGA OBUs und dem Simulationsknoten zusammensetzen. Die Kommunikation erfolgt über ein 802.11b Ad-Hoc Netzwerk, das mittels Ethernet-WLAN Bridges aufgebaut wird. OBU1 wird in den SL Demonstrator (vgl. Abschnitt 5.4.2) als zusätzliches Steuergerät integriert. Die Fahrzeugumgebung für OBU2 wird mittels CANoe auf einem zusätzlichen PC simuliert.

Die Generierung der Stimuli für beide Fahrzeuge erfolgt mittels der modifizierten Verkehrssimulation, die aufgrund technischer Randbedingungen ebenfalls eine Bridge für die Anbindung an den drahtlosen Kanal verwendet. Vorteilhaft ist in diesem Aufbau die Möglichkeit, alle Bridges durch entsprechende Varianten, die den für C2X Kommunikation gesetzten Standard 802.11p verwenden auszutauschen, ohne das der restliche Aufbau modifiziert werden muß. Das vollständige Setup der Demonstration ist in Abbildung 6.36 schematisch dargestellt.

6.5.4.1 OBU Integration in den Fahrzeug-Demonstrator

Die Einbindung der OBU in den aus Abschnitt 5.4.2 bekannten SL Demonstrator erfolgt zunächst ausschließlich über den Body CAN, der eine Kommunikation mit allen Steuergeräten des Innenraums ermöglicht. Den mechanischen Einbau zeigt Abbildung 6.34. Da eine Veränderung der Software bei allen Steuergeräten mit Ausnahme des FPGA Body Controllers nicht möglich ist, beschränkt sich die Kommunikation auf die Verwendung in der K-Matrix definierter Botschaften. Der Empfang von Botschaften, also das Mithören auf dem Bus, ist unkritisch, da die OBU am Datenverkehr nur mit dem Frame Acknowledge teilnimmt, der gleichzeitig von den anderen Steuergeräten gesendet wird. Sobald die OBU aktiv am Datenverkehr teilnimmt und Botschaften, die in der K-Matrix definiert sind, verschickt, wird der CAN Bus in ungültiger Art und Weise betrieben, da mindestens eine Botschafts ID mehr als einen Sender besitzt. Um dies zu vermeiden, dürfen die von der OBU verschickten Nachrichten nicht mehr von anderen Steuergeräten versendet werden, was entweder durch Filtern der Botschaften oder durch die physikalische Trennung des Steuergerätes von der Buskommunikation erfolgen kann.

Da die Integration zusätzlicher Warnmeldungen und Anzeigemodi in die originalen Steuergeräte nicht möglich ist, die enge Integration der OBU in das Fahrzeug und die Kommunikation mit Seriensteuergeräten jedoch ein wesentlicher Bestandteil des Demonstrators ist, muß auf die in der Serie vorgesehenen Visualisierungsmöglichkeiten zurückgegriffen werden. Nach Analyse der K-Matrix und Fahrzeugdokumentation zeigte sich, daß die Anzeige der Navigationsdaten im Kombinstrument die gewünschten Anforderungen am besten erfüllt. Die Darstellung der Informationen erfolgt an einer zentralen Stelle, die eine hohe Aufmerksamkeit des Fahrers sicherstellt. Zwei Displays ermöglichen die Darstellung umfangreicher Informationen. Auf dem linken Display ist die Darstellung beliebiger Textinformationen möglich. Das rechte Display kann die bei der Navigation vorgegebenen Richtungspfeile sowie eine Entfernung textuell oder graphisch anzeigen. Die Textdarstellung wird bei dem Demonstrator für die Warnmeldung genutzt, der graphische Teil stellt die Entfernung und eine eventuelle Fahrempfehlung dar (vgl. Abbildung 6.35).

Die Steuerung der Darstellung erfolgt im Serienfahrzeug durch das Navigationssystem über den CAN Bus, auf Basis eines proprietären Kommunikationsprotokolls. Um die zuvor angesprochene Kollision von CAN Nachrichten zu vermeiden, die in diesem Fall eine synchronisierte Übertragung mittels Transportprotokoll unmöglich machen würde, ist das Navigationssystem in dem Demonstrationsszenario vollständig deaktiviert und die OBU das einzige Steuergerät, welches den Inhalt der Navigationsanzeige bestimmt.

Zusätzlich zur visuellen soll auch eine akustische Warnung des Fahrers erfolgen. Diese kann nicht direkt von dem Navigationssystem bzw. der OBU ausgelöst werden. Jedoch besteht die Möglichkeit, ein akustisches Signal über die Verdecksteuerung zu generieren. Zu diesem Zweck sendet die OBU gegebenenfalls mit der Warnmeldung die Anforderung des Warntons an das Verdecksteuergerät. Dies codiert die Information in die eigene Nachricht an das Kombininstrument, das mit dem Warnton reagiert.

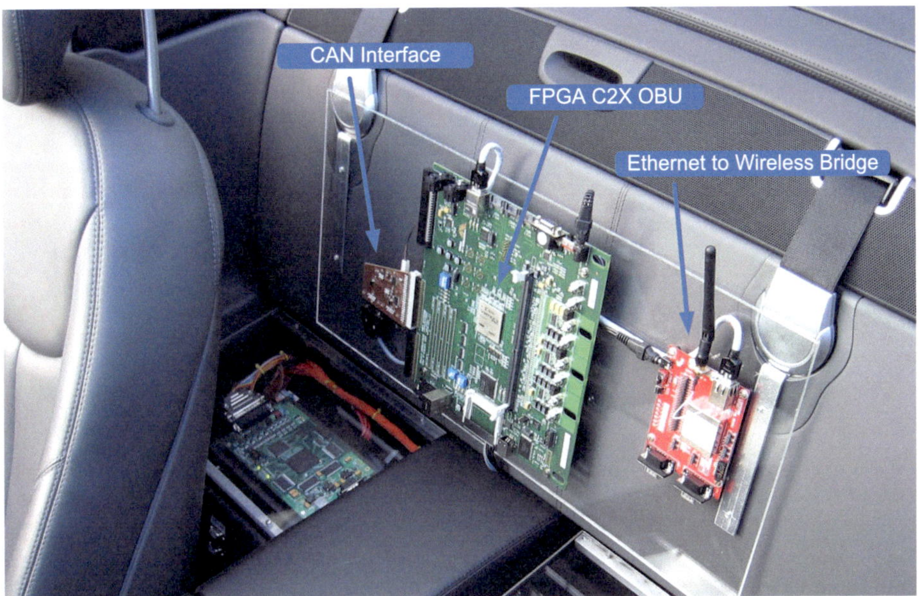

Abbildung 6.34: Integration der OBU in den SL Demonstrator

Als weiteres Steuergerät ist das Obere Bedienfeld (OBF) an der Kommunikation mit der OBU beteiligt. Mit aktivieren des Warnblinkers am OBF, verschickt dieses Steuergerät zyklisch die Anforderung, die Blinkleuchten anzuschalten. Die Information wird ebenfalls von der OBU ausgewertet, die daraufhin eine entsprechende Warnmeldung als zyklische DENM Nachricht an alle weiteren Fahrzeuge verschickt.

Damit kommuniziert die OBU direkt mit dem Kombininstrument, dem FPGA Body Controller, und dem oberen Bedienfeld (vgl. Abbildung 6.34). Für die Anbindung der OBU an den Funkkanal kommt die Kombination aus Ethernet Modul und der WLAN Bridge zum Einsatz, die Pakete in beidseitige Richtung ohne Änderung des Inhalts umsetzt. OBU und Bridge werden fest in das Fahrzeug mit den Schnittstellen zur Spannungsversorgung und zum Body CAN integriert.

6.5.4.2 Demonstrator OBU 2

Das mit der OBU ausgestattete Fahrzeug ist der zentrale Knoten des gesamten Demonstrationsszenarios. Die zweite OBU entspricht vollständig der im Fahrzeug integrierten Variante mit einer drahtlosen Kommunikation über die Bridge und der Fahrzeugseitigen Kommunikation über den CAN Bus. Anstatt eines zweiten Fahrzeugs erfolgt die CAN Kommunikation über eine CANoe Simulation, die von der OBU versandte Warnmeldungen graphisch auf einem PC darstellt. Umgekehrt simu-

Abbildung 6.35: Darstellung der Warnmeldungen

liert CANoe die Fahrzeugumgebung für die OBU, so daß aus deren Sicht keinerlei Unterschied zur realen Integration und damit eine vollständige virtuelle Einbettung existiert.

6.5.4.3 Funktionale Validierung anhand der Szenarien

Die funktionale Validierung des Systemansatzes erfolgt anhand der drei zuvor beschriebenen Szenarien Baustellenwarnung, Pannenfahrzeug und Stauwarnung (vgl. Abschnitt 6.5.2). Neben der Demonstration der Funktionstüchtigkeit des Systemansatzes sind vor allem die Verarbeitungszeiten innerhalb der OBU von Interesse, wobei die Verarbeitungsdauer innerhalb des IPMs durch die prototypische Implementierung des Softwarestacks nur ein Anhaltspunkt für die Zeiten eines vollständigen Moduls sein kann.

Die Verarbeitungskette kann unabhängig von den Szenarien dargestellt werden. Zentraler Schnittpunkt beider Kommunikationsschnittstellen ist das IP-Modul, dessen Verarbeitungszeiten szenarienabhängig variieren. Die Pfade unterscheiden sich sowohl auf Gateway als auch C2X-Seite abhängig von der Kommunikationsrichtung (vgl. Abbildung 6.32) insbesondere durch die jeweilige Nachrichtenfilterung des ME-Moduls bzw. des CTRL-Moduls.

Simulationsparameter   Die Zahl simulierter Fahrzeuge hängt von der Zuflußmenge ab, die auf maximal 4000 Fahrzeuge/h begrenzt ist. Dies entspricht dem maximalen Durchsatz bei der gegebenen simulierten Straßenlänge von ca. 1km bei einer

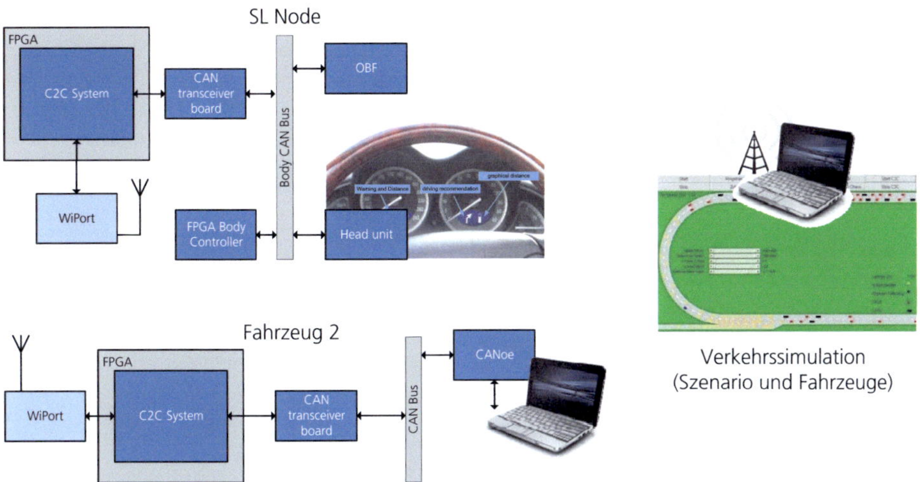

Abbildung 6.36: Schematischer Aufbau der Demonstration

maximalen Geschwindigkeit $v = 80\frac{km}{h}$ und dem minimal einzuhaltenden Abstand des halben Tachowertes von $40m$. Der Anteil LKWs an den simulierten Fahrzeugen beträgt 20%. Die maximale Anzahl Fahrzeuge wurde mit diesen Einstellungen über einen Zeitraum von 10 Minuten ermitteln (vgl. Tabelle 6.12). Die maximal generierte Nachrichtenanzahl beträgt 1240msg/s, die jeweils eine Länge von 512 Byte und eine Wiederholrate von 10Hz haben. Der Sende-/Empfangsradius entspricht CR=300m. Die maximale Last des Funkkanals beträgt ca. 5MBit/s. Die Genauigkeit der Simulation wird durch das Windows Timing bestimmt, das im besten Fall 100ms beträgt. Eine höhere Beacon Rate als 10 Nachrichten/s ist daher nicht ohne aufwendige Erweiterung möglich.

Szenario	Straße Länge (m)	Fahrzeuge$_{max}$	Fahrzeuge$_{max}$ in CR
Zufahrt	1187	163	105
Baustelle	1148	143	103
Steigung	1148	142	102
Stadtverkehr	1148	167	124

Tabelle 6.12: Anzahl simulierter Fahrzeuge

Szenarien Der Demonstrator verhält sich in allen drei Szenarien funktional korrekt. Abbildung 6.37 enthält eine Momentaufnahme der Simulation im Stauszenario. Man erkennt das simulierte Fahrzeug sowie die Fahrzeuge in Kommunikationsreichweite. Die zugehörige Warnmeldung Beschreibt das Szenario, gibt die Entfernung an und empfiehlt das Verbleiben auf der aktuellen Spur (vgl. Abbildung 6.38).

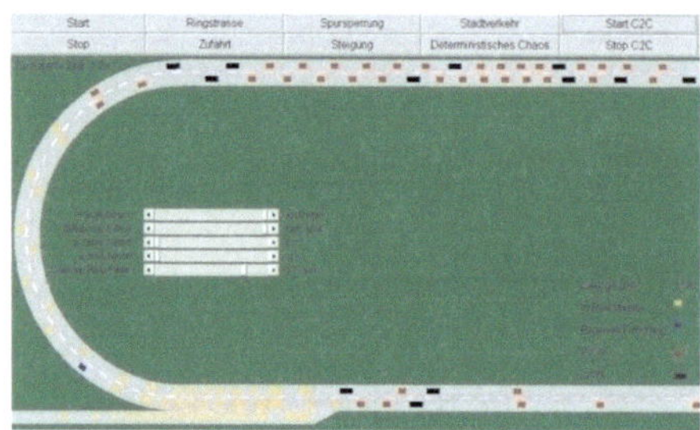

Abbildung 6.37: Simulation

Abbildung 6.38: Fahrerwarnung

Performanz und Ressourcen Die gemessene Dauer der einzelnen Verarbeitungsschritte kann Tabelle 6.13 entnommen werden. In erster Näherung ergibt sich die Gesamtlatenz durch Summation der jeweiligen Dauer der einzelnen Verarbeitungsschritte entlang eines Pfades. Dies ist jedoch nur begrenzt korrekt, da die Messergebnisse unter pessimistischen Annahmen ermittelt wurden. Dem liegt vor allem die Aufteilung der C2X Pakete in vier miteinander verkettete NoC-Pakete maximaler Länge zugrunde. Im Empfangsfall (RX) wurde die Verarbeitungsdauer gemessen nach dem Empfang des vierten NoC Paketes bis das vollständige Paket im internen Puffer abgelegt wurde. Dabei können Empfang und Verarbeitung dergestalt überlappen, daß mit Empfang des zweiten Pakets das erste bereits ausgelesen wird und die veranschlagte Übertragungszeit für Paket 2,3 und 4 reduziert, da diese in der Empfangsverarbeitung überdeckt ist. Ähnliches gilt für den TX Fall, der den Beginn des Schreibvorgangs des ersten Pakets bis zum Sendewunsch nach dem Schreiben des letzten Pakets umfasst. Da der TX Puffer der Interfaces nur zwei Pakete zwischenspeichern kann, wurden in jedem Fall bereits die ersten beiden Pakete vollständig versendet, die in dem Empfangsmodul bereits parallel ausgelesen werden. Im Idealfall überlappen sich also Schreibvorgang, Übertragung und Lesevorgang für jeweils einen Teil der Übertragung wodurch der Durchsatz erhöht werden kann (vgl. Abbildung 6.39). Explizit ausgeschlossen an dieser Stelle sind Wartezeiten, die durch volle Puffer entstehen können. Generell ist davon auszugehen, daß die Verarbeitungszeit in den einzelnen Modulen für die Gesamtverarbeitung dominierend ist, so daß die Übertragungszeiten vernachlässigbar sind.

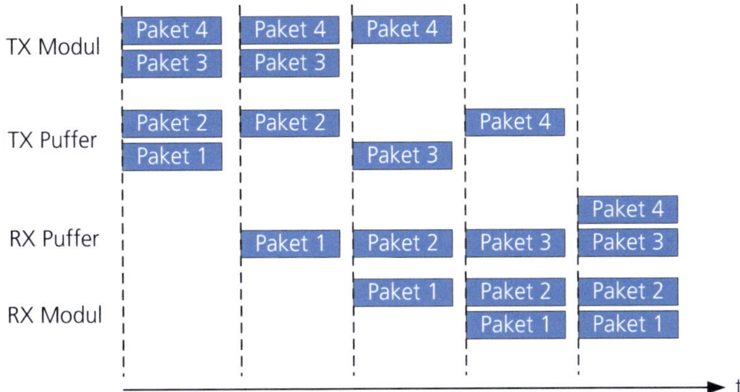

Abbildung 6.39: Überlappung der Verarbeitungsschritte bei Übertragung

Für die Überprüfung der Signaturen wird ein festes Delay eingefügt, das sich an die Performanzwerte in [130] anlehnt, um ein realistisches Gesamtverhalten zu erreichen. Die 500 μs gelten für die Überprüfung einer Signatur. Die zusätzliche Validierung eines Zertifikats würde nochmals eine vergleichbare Zeit in Anspruch nehmen, was insbesondere das Cachen von bereits überprüften Zertifikaten motiviert. In beiden Fällen benötigen Empfang und Senden selbst im pessimistischen Fall zusammen weniger als 10% der Gesamtzeit. Ähnliches zeigt sich beim IP-Modul, dessen Verarbeitungszeiten die gesamte Verarbeitungskette dominieren. Die RX und TX Zeiten beinhalten die Datenübertragung zwischen Node Interface und dem internen Softwarepuffer. Die lange Dauer erklärt sich vor allem durch die Einsortierung der Daten in die interne Datenbank. Hinzu kommen die Verarbeitungszeit im RTE und durch die Applikation. Die Kürze der Verarbeitungszeit der Applikation erklärt sich vor allem durch deren Einfachheit in dem hier gewählten Anwendungsfall. Die Verarbeitungszeit des internen Gateways ist bereits aus den entsprechenden Abschnitten bekannt und wird daher nicht gesondert erläutert. Einzige Besonderheit ist die Filterfunktion des CTRL-Moduls, das die relevanten Nachrichten aus dem Datenverkehr des Body CANs ausfiltert und an das IP-Modul weiterleitet, um die Interruptlast aufgrund von CAN Nachrichten zu reduzieren.

Ergänzend aufgeführt sind die Zeiten für die chipinterne Kommunikation. Das GNoC des Gateways benötigt für die Übertragung eines Pakets mit 16 Byte Nutzdaten ca. 21 Takte. Die Übertragungsdauer innerhalb der C2X Domäne variiert mit der Bitbreite des Busses, so daß für ein Paket mit 128 Byte Nutzdaten 36 bis 135 Takte benötigt werden. Die Dauer für ein vollständiges C2X Paket, welches auf vier Chain Pakete aufgeteilt beträgt jeweils die vierfache Zeit.

Der Ressourcenverbrauch aller Module ist ergänzend in Tabelle 6.14 zusammengefasst. Der gesamte Ressourcenbedarf wird insbesondere durch die beiden Prozessorsysteme dominiert.

Typ	Takte	t_{50MHz} in ns		Typ	Takte	t_{50MHz} in ns
Ethernet Modul						
RX	838	16,76				
TX	776	15,52				
Message Evaluation Modul				**CAN Modul**		
RX	722	14,44		RX	1	20
TX	762	15,24		TX	15	300
Verarbeitung	200	4		**CTRL Modul**		
Signatur Modul (Dummy)				Filter	100	2000
RX	722	14,44		**Paketübertragung**		
TX	762	15,24		GW	21	0,42
Delay	25000	500		C2X (32,single)	36	0,72
Information Processing Modul				C2X (32,chain)	144	2,88
RX	12220	244,4		C2X (8,single)	135	2,7
TX	12090	241,8		C2X (8,chain)	540	10,8
RTE Verarbeitung	12465	249,3				
Applikation	5447	108,94				

Tabelle 6.13: Verarbeitungsdauer der einzelnen Module

	Spartan-3		V2P	Virtex-5	
	LUT	**BRAM**	**LUT**	**LUT**	**BRAM**
Whole system	23283	49	23216	19550	25
IPM	7927	34	7927	7735	17
WIFI	3050	4	3055	2450	2
Routing Module	6630	6	6632	5286	3
Bridge	1919	2	1899	1538	1
Master	485	0	482	315	0
node-IF	626	1	663	972	1
Gateway	3222	4	3222	2976	2

Tabelle 6.14: Ressourcenvebrauch des Demonstratorsystems

7 Bewertung der Gesamtarchitektur

Die bislang entwickelten Konzepte werden in Kapitel sieben zusammengeführt und hinsichtlich der Bewertung der Gesamtarchitektur kritisch diskutiert. Zunächst werden hierfür -analog des Gesamtaufbaus der Arbeit- die zentralen Aspekte der beiden Domänen fahrzeuginterne Gateways und C2X-Kommunikation getrennt erörtert. Im zweiten Teil des Kapitels erfolgt die Einordnung der Konzepte sowohl hinsichtlich der Diskussion von Toolflow und Architektur als auch was die Bezugnahme zu AUTOSAR betrifft. Abschließend werden Anknüpfungspunkte zu aktueller Forschung im C2X-Bereich erörtert, wobei hier ebenso mögliche zukünftige Anwendungsfelder skizziert werden sollen.

7.1 Betrachtung des Gesamtsystems

7.1.1 Intra-Car-Gateway Architektur

Die folgende Betrachtung bezieht sich zunächst ausschließlich auf die Module des Gatewaysystems für die fahrzeuginterne Kommunikation. An dieser Stelle soll das Zusammenspiel aller Module mit dem Fokus auf die Funktionalität des Gesamtsystems erfolgen. Die Gesamtlatenz der Verarbeitung ergibt sich hierbei aus der Summe der Verarbeitungsdauer der Einzelschritte, zuzüglich eventueller Wartezyklen, die aufgrund nicht abgeschlossener Verarbeitung vorangegangener Nachrichten[1] auftreten können. Ebenfalls betrachtet wird in diesem Kapitel die Performanz des Gesamtsystems, die mit der Systemkonfiguration variiert. Eine Einordnung zu alternativen Gatewayansätzen (vgl. Abschnitt 3.3.2 und 3.3.3) erfolgt in Abschnitt 7.2.

7.1.1.1 Grundlegende Eigenschaften

Anzahl und Reihenfolge der Verarbeitungsschritte innerhalb des Gateways variieren mit der Gatewaykonfiguration, den Bussystemtypen, der Variante des Busmoduls und schließlich mit dem jeweiligen Routingtyp, daher wurde in dieser Arbeit eine analytische Darstellung gewählt. In erster Näherung setzt sich die Latenz eines

---

[1]Die allgemeine Beschreibung erfolgt anhand des abstrakten Nachrichtenbegriffs. Der Zusammenhang zu Transmissionen, Frames und Mappings gemäß Signalmodell wird bei der konkreten Beschreibung der Routingvorgänge eingeführt.

gültigen Routingvorgangs aus der Verarbeitungszeit des empfangenden Busmoduls, der Verarbeitungszeiten für das Routing, einem oder mehreren Übertragungen über das GNoC sowie der Verarbeitungszeit in dem ausgehenden Busmodul zusammen. Damit ergibt sich allgemein für die Latenz eines Frames f:

$$t_{latenz}(f) = t_{bus\_receive} + \sum t_{process} + t_{bus\_transmit} + \sum t_{GNoC} \qquad (7.1)$$

Die Zeitdauer der einzelnen Verarbeitungsschritte variiert in Abhängigkeit der jeweiligen Modulauslastung mit der Zeit. Zusätzlich entsteht eine variable Wartezeit durch Arbitrierung und das Warten auf den Sendeslot (vgl. 5.1.5.2). Die Verarbeitung innerhalb der Module ist sequenziell, das heißt eine Nachrichtenverarbeitung ist nicht von einer weiteren unterbrechbar und wird immer abgeschlossen.

Die Übergabe zwischen den einzelnen Verarbeitungsschritten erfolgt in der Regel über das GNoC Interface und ist daher gepuffert, so daß die Module unter der Annahme, daß im Mittel ausreichend Performanz vorhanden ist, sich nicht gegenseitig blockieren oder aufeinander warten müssen. Für jede Nachricht entsteht so eine virtuelle Pipeline, die sich nachrichtenbezogen zwar unterscheiden kann, für unterschiedliche Instanzen einer Transmission jedoch identisch ist. In erster Näherung verlängert sich die Gesamtlatenz mit Zunahme der Pipelinestufen.

Obwohl Gleichung 7.1 den Eindruck einer linearen Verarbeitung vermittelt, trifft diese Annahme auf die meisten Transmissionen nicht zu, da empfangene Botschaften als Broadcast auf dem NoC verschickt werden, wodurch in den Empfangspuffern der weiterverarbeitenden Module Kopien der Transmissionsinstanz entstehen, deren Weiterverarbeitung unabhängig voneinander erfolgt. Gemäß Definition 4.5 spannt so jede Transmission τ einen Verarbeitungsbaum innerhalb des Gatewaysystems auf, dessen Wurzel das RX Busmodul ist und deren Senken die Routing-, Applikations- oder Busmodule sind. Für jeden Pfad zwischen Wurzel und Blatt des Baumes läßt sich daher eine Verarbeitungszeit definieren. In dieser Weise läßt sich ein Verarbeitungsbaum für jede ausgehende Nachricht definieren, dessen Wurzel entweder das Applikations-, Routing- oder Busmodule ist. In den letzten beiden Fällen entstammen die Daten aus einem Routing, zu dem ein Mapping gehört. Damit läßt sich gemäß Abschnitt 4.3.2 der Baum auf die vollständige Verarbeitung von eingehender und ausgehender Transmission (τ_i, τ_j) erweitern. Es ergibt sich:

$$t_{latenz}^{(\tau_i, \tau_j)}(x) = t_{bus\_receive}^{\tau_i} + \sum_{t^{\tau_i}, t^{\tau_j}} t_{process} + t_{bus\_transmit}^{\tau_j} + \sum_{t^{\tau_i}, t^{\tau_j}} t_{GNoC} \qquad (7.2)$$

Performanz bzw. Durchsatz (⅂) des Gatewaysystems lassen sich nur unzureichend verallgemeinert darstellen, da eine hohe Abhängigkeit von der jeweiligen Zusammensetzung der Routingeinträge existiert (vgl. Abschnitt 5.1.3 und 5.1.4). Eine stark vereinfachte untere Schranke läßt sich unter Verwendung der maximal möglichen Latenz angeben $\daleth_{min} = \frac{1}{\max(t_{latenz}(x))}$. Unter Einbeziehung der Pipelinestufen läßt sich die Angabe verfeinern zu:

$$\daleth_{min} = \frac{1}{\max(t_p(x))} \tag{7.3}$$

t_p bezeichnet hierbei die Verarbeitungsdauer der Pipelinestufe p. Durch die konservative Wahl der Annahmen in Formel 7.3 liegt der real erzielbare Durchsatz immer deutlich über dem Minimum. Dazu tragen auch virtuelle Pipelines bei, die aufgrund der Verwendung disjunkter Module von dem System parallel bearbeitet werden können. Um eine genauere Analyse durchführen zu können, müssten sowohl die Modulauswahl als auch die Gatewaykonfiguration in die Modellierung einfließen. Erreichbar wäre dies beispielsweise durch eine ILP Modellierung. In diesem Falle könnte die Kostenfunktion durch die Summe des Durchsatzes in allen virtuellen Pipelines definiert werden. Die Grenzen des Polytops werden durch die Anzahl maximal verarbeitbarer Nachrichten in den Modulen und die Routingkonfiguration vorgegeben.

7.1.1.2 Gesamtbetrachtung Routingmechanismen

Die Verdeutlichung der Abläufe aus Sicht des Gesamtsystems erfolgt anhand einer konkreten Hardwarekonfiguration (vgl. Abbildung 7.1). Die Auswahl der Module basiert auf einer fiktiven E/E-Architektur. Anzahl und Typ der Bussysteme wurden so gewählt, daß sie für eine Erläuterung der Systemeigenschaften geeignet sind. CAN und LIN Busmodule entsprechen den beiden Grundcharakteristiken ereignisbasierter und zeitgesteuerter Datenübertragung und sind als exemplarisch anzusehen. Die Darstellungen sind auf andere Bussysteme wie FlexRay übertragbar.

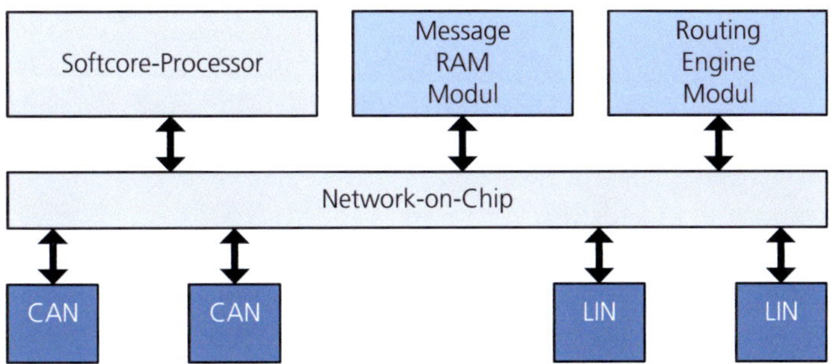

Abbildung 7.1: Exemplarische Konfiguration Gatewayarchitektur

CAN zu CAN Botschaftsrouting (MRM) Im zunächst betrachteten Szenario besitzen die CAN Module nicht die Möglichkeit, direkt ein Botschaftsrouting durchzuführen und das MR-Modul ist an dem Routingvorgang beteiligt. Damit ergibt sich eine virtuelle Pipeline CAN_RX, MRM, CAN_TX mit einem zweimaligen Versand über das GNoC. Die Durchführung des Routings im MRM führt zur Erzeugung der ausgehenden Instanz τ_j^m mit den Daten der empfangenen Transmissionsinstanz τ_i^n. Für die Latenz einer solchen Nachricht ergibt sich:

$$t_{Latenz}^{(\tau_i^n, \tau_j^m)} = t_{CAN\_RX}^{\tau_i^n} + t_{GNoC}^{\tau_i^n} + t_{MRM\_save}^{\tau_i^n} + t_{GNoC}^{\tau_j^m} + t_{CAN\_TX}^{\tau_j^m} \qquad (7.4)$$

Die instanzenabhängige Latenzdefinition resultiert vor allem aus den variablen Wartezeiten, die sich von Instanz zu Instanz unterscheiden können. Weitere Einflußparameter sind die Modultypen (HW/SW) und die Konfiguration der Routingdaten.

CAN zu CAN Botschaftsrouting (direkt) Die Integration der Botschaftsroutingfunktionalität in die CAN Busmodule verkürzt die Länge der Pipeline um die Verarbeitung im MRM und die zusätzliche GNoC Übertragung. Neben der Reduktion der zu erwartenden Latenzzeit ist vor allem die Entlastung des MRMs vorteilhaft für das Gesamtsystem:

$$t_{Latenz}^{(\tau_i^n, \tau_j^m)} = t_{CAN\_RX}^{\tau_i^n} + t_{GNoC}^{\tau_i^n} + t_{CAN\_TX}^{\tau_j^n} \qquad (7.5)$$

CAN zu CAN Containerrouting Die Pipeline des CAN Containerroutings ist identisch zu derjenigen des MRM Botschaftsroutings. Handelt es sich bei τ_j um eine Transmission des Typs Cyclic and Spontaneous X oder Changed, läßt sich die Latenz der direkt generierten Nachricht gemäß Formel 7.4 ermitteln. In allen anderen implementierten Fällen sind Nachrichtenversand und Empfang voneinander entkoppelt, so daß eine zusätzliche Wartezeit bis zur Generierung der Transmissionsinstanz τ_j^m vergeht:

$$t_{Latenz}^{(\tau_i^n, \tau_j^m)} = t_{CAN\_RX}^{\tau_i^n} + t_{GNoC}^{\tau_i^n} + t_{MRM\_save}^{\tau_i^n} + t_{wait}^{(\tau_i^n, \tau_j^m)} + t_{read}^{\tau_j^m} + t_{GNoC}^{\tau_j^m} + t_{CAN\_TX}^{\tau_j^m} \qquad (7.6)$$

CAN zu CAN Signalrouting Die virtuelle Pipeline des Signalroutings bezieht zusätzlich das Routing Modul mit ein, so daß sich für die Verarbeitung eine Reihenfolge aus CAN_RX, REM, MRM und CAN_TX ergibt. Der Vorgang des Routings teilt sich somit in zwei Schritte auf. Das Mapping der Quelltransmission τ_i auf die Zieltransmission τ_j erfolgt in der Routingengine, die das neue Datenfeld D_j mit $\tau_j \in D_j$ generiert. Das aktualisierte Datenfeld verschickt das REM an das MRM, das die Erzeugung des zeitlichen Verhaltens von D_j und damit die Instanziierung übernimmt.

Das zwischen REM und MRM übertragene Datenfeld wird als temporäre Instanz $\hat{D}_j^n$ bezeichnet. Sie dient der Synchronisierung des gespeicherten Datenfeldes in beiden Modulen. Die Latenz läßt sich dann darstellen als:

$$t_{Latenz}^{(\tau_i^n,\tau_j^m)} = t_{CAN\_RX}^{\tau_i^n} + t_{GNoC}^{\tau_i^n} + t_{REM}^{\tau_i^n} + t_{GNoC}^{\hat{D}_j^n} + t_{MRM\_save}^{\hat{D}_j^n} + t_{wait}^{(\hat{D}_j^n,D_j^m)} + \ldots \qquad (7.7)$$
$$+ t_{read}^{\tau_j^m} + t_{GNoC}^{\tau_j^m} + t_{CAN\_TX}^{\tau_j^m}$$

LIN $\leftrightarrow$ CAN Container-/Botschaftsrouting Das Routing zwischen CAN und LIN Bussystemen erfolgt analog zu den CAN Routings, da das LIN Modul eine lokale Kopie aller TX Datenfelder vorhält und daher funktional von weiteren Gatewaymodulen entkoppelt ist. Die in Richtung GNoC realisierte ereignisbasierte Schnittstelle versendet empfangene Daten nur bei Änderungen innerhalb des Datenfeldes zwischen zwei empfangenen Instanzen D_i^n und D_i^{n+1}. Im Falle des Routings entspricht die virtuelle Pipeline der Modulfolge LINM, MRM, CANM_TX. Die Durchführung des Routings erfolgt im MRM, welches im Falle eines Botschaftsroutings den LIN Header durch den CAN Header ersetzt und die dadurch generierte Instanz D_j^m an eines oder mehrere Module verschickt. Im Falle eines Containerroutings werden die Daten zwischengespeichert und zu den gegebenen Sendezeitpunkten generiert.

$$t_{Latenz\_LCBR}^{(\tau_i^n,\tau_j^m)} = t_{LIN\_RX}^{\tau_i^n} + t_{GNoC}^{\tau_i^n} + t_{MRM\_save}^{\tau_i^n} + t_{GNoC}^{\tau_j^m} + t_{CAN\_TX}^{\tau_j^m} \qquad (7.8)$$

$$t_{Latenz\_LCCR}^{(\tau_i^n,\tau_j^m)} = t_{LIN\_RX}^{\tau_i^n} + t_{GNoC}^{\tau_i^n} + t_{MRM\_save}^{\tau_i^n} + t_{wait}^{(\tau_i^n,\tau_j^m)} + t_{read}^{\tau_j^m} + t_{GNoC}^{\tau_j^m} + t_{CAN\_TX}^{\tau_j^m}$$
$$(7.9)$$

Für das Botschafts- und Signalrouting von CAN zu LIN lassen sich die Formeln 7.8 und 7.9 entsprechend umformulieren. Da das Timing für den Versand auf dem LIN Bus durch das LIN Modul überwacht wird und keine Erzeugung von Sendeverhalten notwendig ist, können Mappings von CAN auf LIN immer als Botschaftsrouting realisiert werden. Vergleichbar zu den unterschiedlichen Varianten des CAN Moduls wäre ein spezielles LIN Modul denkbar, welches das Botschaftsrouting modulintern realisieren kann. Dies wurde jedoch nicht realisiert. Ebenso kann das bezüglich Botschaftsrouting erweiterte CAN Modul keine LIN zu CAN Routings verarbeiten. Aus Sicht des Systemkonzepts und auf Basis der aktuellen Implementierung wäre diese Erweiterung jedoch möglich.

LIN zu LIN Botschaftsrouting Das Botschaftsrouting zwischen zwei oder mehreren LIN Bussen entspricht in seinem Ablauf demjenigen des CAN zu LIN Botschaftsroutings. Die Realisierung des Routings erfolgt demnach im MRM. Formel 7.8 gilt mit Ausnahme der zwei LIN Module unverändert. Eine direkte Übertragung zwischen beiden Modulen kann mit entsprechender Erweiterung des LIN Moduls um die Botschaftsroutingfunktionalität erfolgen.

LIN Signalrouting Das LIN Signalrouting bezieht analog zum CAN Signalrouting das REM mit ein. Die Verarbeitungskette für eine LIN zu CAN Übertragung ist demnach LIN_RX, REM, MRM, CAN_TX. Für die Latenz ergibt sich analog zu Formel 7.10:

$$t_{Latenz}^{(\tau_i^n,\tau_j^m)} = t_{LIN\_RX}^{\tau_i^n} + t_{GNoC}^{\tau_i^n} + t_{REM}^{\tau_i^n} + t_{GNoC}^{\hat{D}_j^n} + t_{MRM\_save}^{\hat{D}_j^n} + t_{wait}^{(\hat{D}_j^n,D_j^m)} + \ldots \qquad (7.10)$$
$$+ t_{read}^{\tau_j^m} + t_{GNoC}^{\tau_j^m} + t_{CAN\_TX}^{\tau_j^m}$$

Lastabhängigkeit des Routings Anhand ausgewählter Beispiele wurde der Einfluß der CAN Bus Auslastung auf die Routingzeit des Gateways untersucht. Abbildung 7.2 zeigt diesen Zusammenhang für drei ausgewählte Routingtypen, die auf einer Konfiguration des Systems mit vier CAN Bussen und einer Kommunikationsmatrix eines modernen Mittelklassefahrzeugs (Mercedes C-Klasse, BR204) basiert. Routing A entspricht einem einfachen CAN Botschaftsrouting über das MRM. Routing B erfolgt ebenfalls über das MRM, wobei der Vorgang einem komplexen Routingvorgang auf Basis einer CsX Nachricht unter Verwendung aller Optionen entspricht. Das REM kommt zusätzlich in Routing C zum Einsatz, womit dies zum komplexesten Routingvorgang wird. Sowohl die CAN Module als auch MRM und REM werden in den einfachen PicoBlaze Varianten ohne Hardwareunterstützung verwendet.

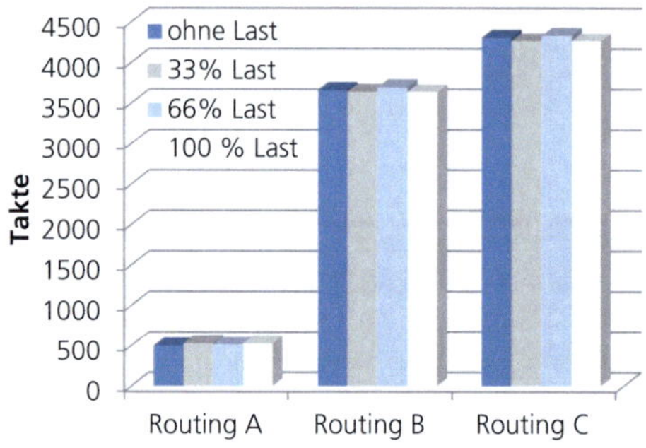

Abbildung 7.2: Lastabhängigkeit des Routings

Für die Messung wurden die vier angeschlossenen CAN Bussysteme gleichmäßig mit unterschiedlichen Busslasten von 0%, 33%, 66% und 100% beaufschlagt. Gemessen wurde die Latenzzeit beginnend mit dem Interrupt des CAN Controllers, bis zum Sendekommando im ausgehenden CAN Controller. Abbildung 7.2 zeigt für alle drei Routingtypen nahezu keinen Einfluß der sich verändernden Buslast auf die Latenzzeit. Die erkennbaren leichten Varianzen sind auf die unbekannten Zustände zum Empfangszeitpunkt und den damit variablen Wartezeiten in den Puffern zurückzuführen (vgl. Abschnitt 5.1.3.7). Die Eigenschaft lastunabhängiger konstanter Latenzzeiten ist vorteilhaft, insbesondere bei der Analyse von E/E-Architekturen, sowie deren Eigenschaften und ist unmittelbar für die Systemauslegung beispielsweise in PREEvision nutzbar (vgl. Abschnitt 5.2.4.3). In dem Fall dienen die Latenzzeiten unter anderem einer detaillierten Parametrierung eines Gatewaymodells. Vorteilhaft ist die Eigenschaft auch für das System, da Ende-zu-Ende-Latenzen vom Gateway unabhängig bleiben, was die Vorhersagbarkeit des Gesamtsystemverhaltens und der Testbarkeit erhöht, da weniger Varianzen auftreten.

7.1.2 Inter Car Gateway Architektur

Aufgrund vergleichbarer Prinzipien behalten die Grundüberlegungen aus Abschnitt 7.1.1.1 weitgehend ihre Gültigkeit und können auf den C2C Architekturteil übertragen werden. So ergibt sich die Gesamtlatenz einer Botschaftsverarbeitung durch die Summation der Verarbeitungslatenzen in den Modulen, zuzüglich NoC Übertragungszeiten und Wartezyklen. Der Nachrichtenfluß läßt sich gleichfalls über virtuelle Pipelines beschreiben, die auf den unterschiedlichen Verarbeitungsszenarien basieren. Durch die Priorisierung ändert sich zwar die Reihenfolge der Nachrichten innerhalb der virtuellen Pipeline, nicht jedoch deren Struktur. Für das System bestimmend sind die drei Szenarien Empfangen, Senden und Forwarding/Routing. Hinzu kommen Datenflüsse, die zur Synchronisation zwischen den Modulen notwendig sind, die aber an dieser Stelle nicht gesondert betrachtet werden sollen.

C2X-Botschaftsempfang Es liegt in der Natur der C2X-Kommunikation, daß von einem Fahrzeug weit mehr Botschaften empfangen als gesendet werden. Daher ist die zugehörige virtuelle Pipeline von besonderer Bedeutung. Sie ist für den Hauptteil der Auslastung des Systems verantwortlich, zumal die beim Empfang durchzuführende Signaturüberprüfung einen der aufwendigsten Verarbeitungsschritte darstellt (vgl. Abschnitt 3.4). Für jede eingehende Botschaft gilt die Verarbeitungsreihenfolge WiFi-Modul, Message Evaluation Modul (MEM), Signaturmodul (SigM), Information Processing Modul (IPM). Damit ergibt sich für die Verarbeitungszeit der folgende Zusammenhang:

$$t_{Latenz\_RX\_IPM} = t_{Wifi} + t_{MEM} + t_{SigM\_ver} + t_{IPM} + \sum t_{wide_{NoC}} + \sum t_{small_{NoC}} \quad (7.11)$$

Ein Abbruch der Verarbeitung kann bereits bei der Nachrichtenvorverarbeitung (Filterung) im Message Evaluation Modul oder bei nicht erfolgreicher Signatur-/Zertifikatsüberprüfung im Signaturmodul erfolgen. In beiden Fällen wird die Nachricht verworfen und die Verarbeitung ist an diesem Punkt bereits abgeschlossen. Wie beim Gatewaysystem können die Module nur eine Nachricht pro Zeit verarbeiten, so daß sich je nach Auslastung Wartezeiten zwischen zwei Verarbeitungsschritten ergeben.

Neben der zuvor beschriebenen Pipeline sind eingehende Botschaften auch für die Weiterleitung an weitere Fahrzeuge potenziell relevant. In diesem Fall ist das Routing Modul Empfänger der Nachrichten. Da die Filterfunktion innerhalb des Routing Moduls (RM) realisiert ist und keine Überprüfung der Signatur erfolgt, gilt hier vereinfachend folgender Zusammenhang:

$$t_{Latenz\_RX\_RM} = t_{Wifi} + t_{RM} + \sum t_{wide_{NoC}} \tag{7.12}$$

Die Summation über die NoC Übertragungen ist notwendig, da vier NoC Pakete für die Übertragung eines C2X Pakets notwendig sind. Zusätzlich anzumerken ist, daß durch die Übertragung der Daten als Broadcast bzw. Multicast durch das Wifi Modul mehrere Kopien der eingehenden Nachricht geschaffen werden, deren Verarbeitung parallel erfolgt. Bezogen auf Formel 7.11 und 7.12 sind die virtuellen Pipelines für die Schritte der Wifi Verarbeitung und des ersten Versands über das NoC identisch.

C2X-Sendebotschaften Für ausgehende Nachrichten lassen sich die zuvor eingeführten Pipelines näherungsweise umkehren. Der Versand sowohl zyklischer als auch sporadischer Warnnachrichten erfolgt durch das Information Processing Modul. Im weiteren Verarbeitungsschritt ist die Nachricht zu signieren und über das Wifi Modul zu verschicken, so daß gilt:

$$t_{Latenz\_TX\_IPM} = t_{IPM} + t_{SigM\_gen} + t_{Wifi} + \sum t_{wide_{NoC}} + \sum t_{small_{NoC}} \tag{7.13}$$

Unabhängig davon kann ein Nachrichtenversand durch das Routing Modul angestoßen werden. Die Signatur bleibt in diesem Fall unverändert[2], so daß die Botschaft direkt über das Wifi Modul verschickt werden kann. Sollte eine erneute oder zusätzliche Generierung der Signatur notwendig sein, muß das Signaturmodul in die Verarbeitungskette einbezogen werden. Die Wahl des Verarbeitungspfades kann dabei individuell für jede Botschaft erfolgen.

$$t_{Latenz\_TX\_RM} = t_{RM} + t_{Wifi} + \sum t_{wide_{NoC}} + \begin{cases} t_{SigM\_gen} + \sum t_{wide_{NoC}} & \text{Signatur} \\ 0 & \text{direkt} \end{cases} \tag{7.14}$$

Die Formeln 7.11 bis 7.14 beschreiben die Hauptfälle der Kommunikation, die durch die angegebenen Annahmen entstehen. Eine Verkürzung der Verarbeitungsdauer ist durch eine weitere Parallelisierung der Verarbeitung erreichbar. So könnte das Message Evaluation Modul bei Erkennen einer hochprioren Nachricht diese parallel an die Signaturverarbeitung und an das IP Modul schicken. Letzteres verarbeitet die Botschaft unter Vorbehalt bis die Validierung durch das Signaturmodul erfolgt ist. Dadurch ist die Verarbeitung des IP Moduls im Idealfall weitgehend abgeschlossen. Ist die Verifikation einer solchen Botschaft nicht erfolgreich, müssen die Veränderungen im IPM, die sich z.B. in einer Datenbank niederschlagen, jedoch umkehrbar sein.

---

[2]Die aktuelle Standardisierung trifft zu dieser Annahme keine konkrete Aussage, so daß die Wahl willkürlich ist.

7.1.3 Vorteile der priorisierten Übertragung im C2X System

Die Vorteile der Priorisierung können erst wirken, sobald die Nachrichtenpuffer nicht mehr leer sind, also zumindest ein vorübergehender Verarbeitungsengpass auftritt. Um dieses Szenario zuverlässig herbeiführen zu können, wurde ein zweites FPGA Board zur Stimulusgenerierung verwendet. Es erzeugt einen vorgegebenen Strom an C2X CAM-Messages. Zusätzlich werden sporadisch hochpriore DEN-Messages verschickt, deren Latenz gemessen wird. Zu jedem Zeitpunkt befindet sich maximal eine dieser Nachrichten innerhalb des C2X-Systems. Die Messungen erfolgten für zwei Szenarien, bei gleicher und erhöhter Priorität der DEN-Messages. MEM und Signaturmodul basieren in allen Szenarien auf den Modul Templates.

Im ersten Szenario sind die Applikationen des IPM inaktiv. Die Pakete werden lediglich ausgelesen und im Applikationsspeicher zur Verfügung gestellt. Das Ergebnis zeigt Abbildung 7.3. Bis zu einer Botschaftsrate von ca. 2000 Msg/s arbeitet das IPM schneller als Nachrichten empfangen werden, so daß die Puffer sich nicht füllen. Bis zu diesem Zeitpunkt sind keine Vorteile durch die Priorisierung erkennbar.

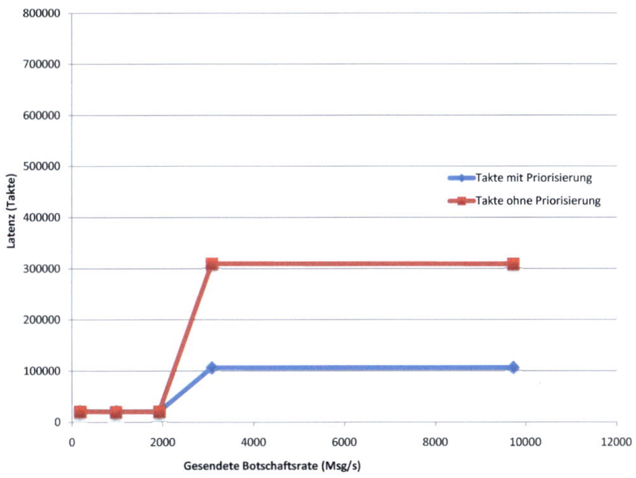

Abbildung 7.3: Latenz bei inaktiven Applikationen

Mit Überschreiten des Schwellwertes steigt die Latenz rapide an, da das IPM zu langsam ist, um alle am Wifi Modul ankommenden Botschaften zu verarbeiten und so Nachrichten verloren gehen. Sämtliche Empfangspuffer laufen schlagartig voll. Erfolgt keine Priorisierung der Nachrichten, steigt die Latenz auf über 300.000 Takte an. Die Botschaften können dabei in den Puffern nur mit der Verarbeitungsgeschwindigkeit des IPM, die bei ca. 20.000 Takten pro Nachricht liegt, nachrücken. Sobald die Puffer vollgelaufen sind bleibt die Latenzzeit konstant. Bei priorisierter Behandlung sinkt die Latenzzeit auf ca. 100.000 Takte, liegt also deutlich unterhalb der nicht priorisierten Variante.

Bei aktiven Applikationen stellt sich die Messung wie in Abbildung 7.4 skizziert dar. Der Schwellwert, bei dem das IPM nicht mehr alle Nachrichten verarbeiten kann, liegt in diesem Fall bereits bei 1.000 Nachrichten pro Sekunde. Bereits unter der Schwell-Botschaftsrate steigt die Latenz langsam an. Dies hängt mit der Struktur der Applikation zusammen, welche bei höherem Aufkommen andere Programmpfade durchlaufen.

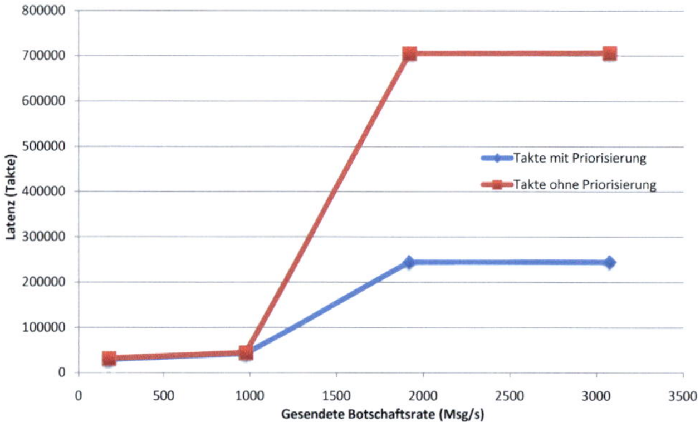

Abbildung 7.4: Latenzmessung bei aktiven Applikationen

Wie im vorherigen Fall steigt die Latenz schnell auf das Maximum, bei dem alle Puffer gefüllt sind, an. Man erkennt wiederum den Vorteil der Priorisierung, die zu deutlich geringeren Latenzzeiten der hochprioren Nachrichten führt - sie reduziert sich ungefähr auf ein Drittel.

7.1.4 Domänenübergreifende Kommunikation

Wie in Abschnitt 6.3.7 eingeführt, bildet das IPM die Schnittstelle zu den fahrzeuginternen Steuergeräten. Da auf die Realisierung der Firewall an dieser Stelle verzichtet wurde, ist das IPM direkt an den Fahrzeuggateway angeschlossen (vgl. Abschnitt

6.5.3). Aus Sicht des Gatewaysystems handelt es sich bei dem IPM um ein einfaches Applikationsmodul. Das IPM hat somit die Möglichkeit, Datenpakete auf dem Gateway NoC zu erzeugen oder zu empfangen. Auf diese Weise ist eine Kommunikation mit allen angeschlossenen Bussystemen möglich. Sollen zyklische Nachrichten erzeugt werden, so kann dies zur Entlastung des IPM auch durch das Message RAM Modul des Gateways erfolgen. In diesem Fall müssen lediglich Updates durch das IPM vorgenommen werden.

Im folgenden soll insbesondere auf sicherheitskritische C2X Funktionen Bezug genommen werden, die hohe Latenzanforderungen besitzen. Ein Vertreter dieser Klasse sind „Emergency Brake Warnings". Die gesamte Verarbeitungskette läßt sich aus Latenzberechnungen beider Domänen zusammensetzen, wobei das IPM bzw. Applikationsmodul als Bindeglied zwischen den Domänen dient.

Empfang einer Warnung Zunächst erfolgt die Betrachtung über den Empfang einer Notfallwarnung. Die eingehende Botschaft wird vom Wifi Interface empfangen und an das MEM versendet. Dort erhält die Warnung die höchste Priorität. Es erfolgt die Übergabe an das Signaturmodul, das Signatur und Zertifikat der Botschaft überprüft, aufgrund der hohen Priorität erfolgt die Verarbeitung sofort. Nach erfolgreicher Sicherheitsüberprüfung übergibt das Signaturmodul die Nachricht an das IPM, das die Daten aus Applikationssicht verarbeitet. Die entsprechende Applikation erkennt die Warnung und verschickt die Warninformation über das Gateway NoC an das Busmodul. Es erfolgt der Versand über den Bus an die Zielsteuergeräte. In dem gewählten Beispiel könnte dies eine optische und akustische Warnung sowie die Vorbereitung des Bremssystems sein. Für die Latenz ergibt sich in diesem Fall:

$$t_{Latenz\_RX\_Warnung} = t_{C2X\_RX} + t_{GW\_TX} \tag{7.15}$$

$$= t_{Wifi} + t_{MEM} + t_{SigM\_ver} + t_{IPM} + \sum t_{wide_{NoC}} + \dots$$

$$+ t_{small_{NoC}} + t_{GNoC} + t_{Bus\_TX} \tag{7.16}$$

Versenden einer Warnung Für den umgekehrten Fall, daß eine Warnmeldung von dem Fahrzeug ausgeht, beginnt die Verarbeitungskette aus Gateway- bzw. OBU Sicht mit dem Empfang der Botschaft über eines der Bussysteme. Die Botschaft geht an das IPM Applikationsmodul, löst dort den C2X Nachrichtenversand über das Signatur- und Wifi Modul aus. Die bevorzugte Behandlung hochprioren Nachrichten führt auch beim Versand zu einer beschleunigten Verarbeitung der Nachricht.

$$t_{Latenz\_TX\_Warnung} = t_{C2X\_TX} + t_{GW\_RX} \tag{7.17}$$

$$= t_{Bus\_RX} + t_{GNoC} + t_{IPM} + t_{SigM\_gen} + t_{Wifi} + \dots$$

$$+ \sum t_{wide_{NoC}} + t_{small_{NoC}} + t_{GNoC} + \tag{7.18}$$

7.2 Vergleichende Einordnung

Dieser Abschnitt ordnet das entwickelte Systemkonzept in die Forschungslandschaft ein und zieht Vergleiche zu den in Kapitel drei eingeführten Systemkonzepten. Die Betrachtung erfolgt in zwei Stufen, um eine bessere Einordnung in dem jeweiligen Forschungszweig zu ermöglichen. Hierzu wird zunächst das Gatewaysystem ohne C2X Erweiterungen betrachtet. Im zweiten Schritt wird dann die C2X Systemerweiterung einbezogen und zum aktuellen Forschungsstand in dieser Domäne in Bezug gesetzt.

7.2.1 Gateway Architektur

Im Vergleich zu alternativen Arbeiten unterscheidet sich das hier beschriebene Systemkonzept vor allem in folgenden Grundprinzipien: die Aufteilung der Gesamtfunktion auf Teilmodule, die ihre Tasks jeweils autark und weitgehend ohne Kontrollflußabhängigkeiten bearbeiten sowie die Realisierung der Architektur über eine paketbasierte Kommunikationsstruktur, die alle Teilnehmer gleichwertig miteinander verbindet. Die von Bussystemen bekannte Trennung in Master und Slave wird dadurch aufgehoben. Die Verwendung von Softcoreprozessoren in den Modulen ermöglicht zudem eine hohe Flexibilität, wobei die Möglichkeit, kritische Programmpfade in Hardware auszuführen, im System mehrfach genutzt wird.

Zudem ermöglicht der hier vorgestellte Ansatz eine flexible Verschiebung von Softwarefunktionalität in Hardware und umgekehrt. Auf diese Weise ist es möglich, unterschiedliche Modulvarianten zu erzeugen, die entweder ressourcen- bzw. performanzoptimiert oder Mischformen beider Optimierungen über Randbedingungen sind. Diese Möglichkeiten wurde sowohl an verarbeitenden Modulen wie Routing Engine Modul oder Message RAM Modul als auch an Busschnittstellen wie dem CAN Modul aufgezeigt und evaluiert.

Allen auf rekonfigurierbarer Hardware basierenden Gateways ist die Eigenschaft gemeinsam, daß neben der Software auch die Hardwarekonfiguration an die jeweilige Problemstellung anpassbar ist und somit eine für den jeweiligen Fall optimierte Architektur geschaffen werden kann, die z.B. die gewünschten Busschnittstellen besitzt. Dies ist, da es der Technologie immanent ist, zwar kein Alleinstellungsmerkmal des Systems dieser Arbeit, aber dennoch ein Vorteil verglichen mit μ-Controller basierten Lösungen.

Neben den Architekturunterschieden geht diese Arbeit über die Betrachtung der reinen Gatewayfunktionalität hinaus. Während sich Hauer (vgl. [117]) und Lorenz (vgl. [172]) beispielsweise auf diese beschränken, werden hier sowohl Möglichkeiten zur Architekturerweiterung für Applikationen als auch zugehörige Toolflows aus hohen Abstraktionsebenen aufgezeigt. Diese Betrachtungen greifen dem aktuellen Trend der Zentralisierung in zentrale Body Controller vor, so daß das hier aufgezeigte Systemkonzept einen weiteren Funktionsumfang abdeckt. Hinzu kommen die Untersuchungen zu Implementierungsaspekten der C2X Funktionalität, die so erstmalig betrachtet wurden. Ebenfalls im Rahmen dieser Arbeit erfolgt ist die funktionale Absicherung auf Serienprüfständen für Routing Tests sowie die Durchführung funktionaler Validierung innerhalb eines Fahrzeugs (vgl. Abschnitt 5.4 und 6.5).

7.2.1.1 μ-Controller Architekturen

μ-Controller besitzen üblicherweise eine zentrale Recheneinheit (CPU), die die gesamte Verarbeitung in Software übernimmt. Im Gegensatz dazu sind die Aufgaben des Gatewaysystems dieser Arbeit auf die unterschiedlichen Module, welche eine parallele Verarbeitung der Aufgaben ermöglichen, aufgeteilt. So können immer mehrere Botschaften parallel in unterschiedlichen Stufen der virtuellen Pipelines prozessiert werden. Das Einbringen zusätzlicher Funktionseinheiten zeigt sich auch bei jüngeren Entwicklungen bei μ-Controllern, die zur Entlastung des Hauptprozessors mit Coprozessoren oder intelligenter Peripherie ausgestattet werden (vgl. Abschnitt 3.2).

Die klare Unterscheidung in Master und Slave bleibt jedoch auch bei den erweiterten Lösungen erhalten. Eine direkte Kommunikation zwischen Peripherieelementen (z.B. CAN zu CAN) muß immer durch einen Master (Prozessor oder DMA) initiiert und durchgeführt werden. Ein direktes CAN zu CAN Routing ohne Einsatz des Prozessors, wie es hier gezeigt wurde, ist daher nicht möglich. Zwar kann eine Entlastung von Bussystem und Prozessor durch Einsatz von DMAs und Crossbarstrukturen erreicht werden, der Prozessor bleibt jedoch zentrale Kontrollinstanz. Im Gegensatz dazu unterscheidet der in dieser Arbeit entwickelte Gatewayansatz nicht zwischen Master und Slave. Jedes Modul ist an der zentralen Kommunikationsstruktur gleichberechtigt und kann eigenständig Aktionen durch Nachrichtenversand anstoßen. Soweit möglich ist die Kommunikation zustandslos, so daß keine zusätzliche Kommunikationsverwaltung innerhalb der Module stattfinden muß.

Ein weiterer Vorteil des Systems ist die Modularität der Architektur, die einerseits die Konfiguration hinsichtlich angeschlossener Bussysteme erlaubt, andererseits aber eine Skalierung der Performanz ermöglicht. So können bei Bedarf beispielsweise zusätzliche RE- oder MR-Module dem System hinzugefügt und die Leistungsfähigkeit entsprechend gesteigert werden. Gleichfalls möglich ist die Wahl des Modultyps gemäß den Anforderungen. Als Beispiel sei die Unterscheidung zwischen dem Botschaftsrouting CAN Modul und dem Standard CAN Modul genannt. Der modulare Aspekt wird zudem durch die standardisierte Kommunikationsschnittstelle des GNoC gestützt, die ein einfaches Hinzufügen von Modulen ermöglicht, ohne daß andere Datenströme davon beeinflußt werden.

Im Vergleich zu Coprozessoren, die bei μ-Controllern zum Einsatz kommen, sind die Verarbeitungseinheiten deutlich mehr auf ihre jeweilige Funktion zugeschnitten. So dient der PicoBlaze, welcher in vielen Modulen vorhanden ist, vor allem kontrollflußlastigen Aufgaben, während der Datenfluß über entsprechende parallele Hardwareerweiterungen umgeleitet wird. Dies führt zu hochspezialisierten Modulstrukturen, die für die jeweilige Aufgabe optimiert sind und sich deshalb ressourcensparend realisieren lassen.

7.2.1.2 Optimales Gatewaydesign

Zu dem Architekturansatz von Wolfgang Hauer lassen sich bei dem hier beschriebenen System einige Gemeinsamkeiten in den Grundannahmen erkennen. So geht Hauer ebenfalls von vollständig parallel arbeitenden Modulen aus, die jeweils einen Teil der Nachrichtenverarbeitung übernehmen. Die Einteilung erfolgt ähnlich wie im Ansatz dieser Arbeit in Busschnittstellen, Signalrouting, Botschaftsrouting, Netzwerkmanagement etc., der Fokus liegt allerdings in der Auswahl der Module für eine Architektur auf Basis eines Architekturtemplates (vgl. Abschnitt 3.3.2). Das Template ist ein Superset und beinhaltet die Kombination aller möglichen Architekturen. Ebenfalls definiert werden die Kommunikationsmöglichkeiten zwischen jeweils zwei Modulen, welche sich vor allem auf den Datenfluß beziehen. Kontrollflüsse werden in dem Modell nicht separat erfasst, so daß diese Verbindungen ggf. manuell hergestellt werden müssen. Eine detaillierte Beschreibung der modulinternen Architektur geht aus der Arbeit nicht hervor. Ebenfalls nicht beschrieben ist, inwieweit die die Modulfunktionen (z.B. Signalrouting) vollständig implementiert sind.

Die entscheidende Gemeinsamkeit ist die Aufteilung der Verarbeitung in kleinere Schritte und deren parallele Realisierung zur Performanzsteigerung. Im Gegensatz zu Hauer beruht die Kommunikation jedoch nicht auf dedizierten Verbindungen, sondern auf einer einheitlichen Verbindungsstruktur. Dies ermöglicht die einfache Erweiterung hinsichtlich neuer Kommunikationspfade oder der gesamten Architektur, schränkt aber die Performanz ein, da ein gemeinsamer Kommunikationskanal genutzt wird. Die Arbeit von Hauer legt zudem nahe, daß nur die Grundfunktionen des Routings implementiert wurden, so daß die Vollständigkeit des Ansatzes nicht gegeben ist. Hauer betrachtet zudem nur die alleinige Realisierung der Gatewayfunktion. Die Realisierung von Applikationen ist in seinem Systemansatz nicht ohne Anpassung möglich.

7.2.1.3 Bosch - Advanced Gateway

Der von Tobias Lorenz vorgestellte Ansatz hingegen ist im Vergleich zu der Arbeit Hauers deutlich mehr auf die Architektur ausgerichtet. Für die beiden vorgestellten Architekturansätze (vgl. Abschnitt 3.3.3) kommen unterschiedliche Prinzipien zum Einsatz, die sich an von Prozessoren bekannten Prinzipien orientieren. Dazu zählt insbesondere die Einteilung in Master und Slave Module. Die Kommunikation basiert mit einer Ausnahme auf zwei adressbasierten Bussystemen, die jeweils von einem dedizierten Master gesteuert werden. Beim Gateway Bussystem übernimmt dies die Gateway Control Unit (GCU), welche die zentrale Steuerung übernimmt. Diese Zentralisierung unterscheidet sich von dem dezentralen Ansatz, der in dieser Arbeit verfolgt wurde. Zusätzlich existiert ein Prozessor, der einerseits höherliegende Routingaufgaben übernehmen kann, andererseits aber auch für die Ausführung von Applikationen vorgesehen ist.

Neben den beschriebenen Bussystemen führt der innerhalb des CAN-CAN Gateways existierende Ringbus zu einer deutlichen Performanzsteuerung des Systems, da eine Nachricht innerhalb eines Taktes an alle CAN Module verteilt werden kann. Es ist unmittelbar ersichtlich, daß dadurch beim Botschaftsrouting eine sehr hohe Performanz erreichbar ist (vgl. [172]). Die Steuerung des Ablaufs erfolgt über die GCU. Dieser Vorgang entspricht dem direkten Botschaftsrouting zwischen den CAN Modulen (vgl. 5.1.5.1), der jedoch keine zentrale Steuerung benötigt. Die Data Integration Unit (DIU) ist vergleichbar zum RE-Modul dieser Arbeit und ermöglicht die Fusionierung unterschiedlicher Datenfelder. Wiederum wird die DIU durch eine zentrale Kontrollinstanz gesteuert, wohingegen diese beim RE-Modul entfallen kann.

Auch bei der erweiterten Architektur (Multi-Protocol Gateway) kommen zwei Bussysteme zum Einsatz, die der CPU oder GCU zugeordnet sind. Die Wrapper Zwischenschicht gruppiert Informationen und Puffer, führt jedoch keine eigenständigen Aufgaben aus. Das Routing ist vollständig in der GCU realisiert. Vergleichbar zu dem hier vorgestellten Ansatz ist die Erweiterbarkeit um zusätzliche Bussysteme sowie die Verwendung einer Bustopologie. Der größte Unterschied liegt in der Verwendung einer zentralen Kontrollinstanz, die alle Routingaufgaben einschließlich Datentransport übernimmt.

Die Architektur der GCU ähnelt einem spezialisierten Prozessorkern, der ein für die Aufgabe spezialisiertes Instruktionsset besitzt (vgl. Abschnitt 3.3.3). Das Konzept sieht eine Generierung der Routing Instruktionen direkt aus den K-Matrizen vor. Alle nicht von der GCU realisierbaren Routingvorgänge werden in der CPU des Systems realisiert. Im Gegensatz zu dieser Arbeit erfolgt bei Lorenz keine explizite Trennung von Routingdatensätzen und Verarbeitungsschritten. Beides gehört zur Konfiguration des Gateways und wird dementsprechend mit sich ändernden Routingeinträgen generiert. Dadurch verlagert sich implizit der Teil der Routingintelligenz ,der die Sendetypen aus Basisoperationen generiert, in den die Konfiguration generierenden Toolflow. Im Gegensatz dazu sind die Sendetypen und deren Verhalten in dieser Arbeit vorgegeben, so daß deren Anpassung aufwendiger ausfällt. Daher wäre die Integration der GCU in das hier beschriebene Gatewaykonzept ein interessantes Feld von weiteren Forschungsarbeiten.

7.2.1.4 Performanzvergleich

Da die dargestellten Gatewayarchitekturen der vorangegangenen Abschnitte jeweils einen abweichenden Umfang in der Praxis eingesetzter Routingmechanismen realisieren, lassen sich die Leistungsfähigkeiten nur im Fall einfacher Routingmechanismen vergleichen. Im Folgenden ist dies das einfache CAN Botschafsrouting. Die Ende-zu-Ende-Latenzen umfassen die gesamte Verarbeitungskette, beginnend mit dem RX Interrupt und endend mit dem TX Interrupt. Abbildung 7.5 stellt zwei μ-Controller Lösungen sowie drei FPGA basierte Architekturen einander gegenüber. Die Latenzzeiten von Hauer und Lorenz entstammen der entsprechenden Literatur (vgl. [117, 172]), die anderen Zeiten wurden eigenständig gemessen. Für die Darstellung dieser Arbeit wurden die SW Version des MRM, die erweiterte Hardware Implementierung, sowie das direkte Botschaftsrouting zwischen den CAN Controllern ausgewählt. Abbildung 7.5 zeigt den klaren Vorteil aller FPGA Varianten, deren Latenzzeiten nahezu nicht erkennbar sind, wohingegen die Standardarchitekturen eine Latenzzeit von mehr als $50\mu s$ benötigen.

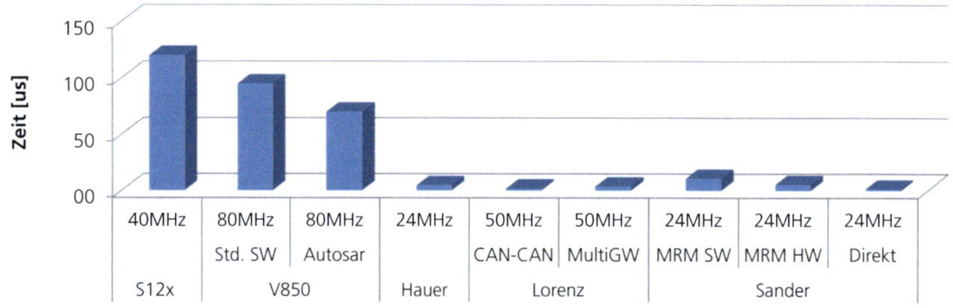

Abbildung 7.5: Latenz Botschaftsrouting bei unterschiedlichen Gateways

In der vergrößerten Darstellung (Abbildung 7.6) ist für alle Varianten eine praktisch einstellige Latenzzeit erkennbar. Neben der in den jeweiligen Arbeiten verwendeten Routingdauern wurden selbige noch auf eine Arbeitsfrequenz von $100MHz$ normiert um einen direkten Vergleich zu ermöglichen (graue Balkendarstellung). Für diese unterschreiten alle FPGA Architekturvarianten eine Latenzzeit von $2\mu s$. Man erkennt zudem, daß der Gateway dieser Arbeit je nach Modulauswahl sowohl die langsamste als auch die schnellste Variante realisiert. Erstere basiert auf einem Botschaftsrouting mittels MRM in Software, letztere verwendet das direkte Botschaftsrouting zwischen den CAN Modulen. Dies unterstreicht sowohl die Leistungsfähigkeit dieses Ansatzes als auch die Flexibilität hinsichtlich einer Modulauswahl gemäß den Anforderungen.

7.2.2 Toolflow

Sowohl Hauer als auch Lorenz beziehen die Toolflows in ihre Untersuchungen ein. Während Lorenz sich auf die Generierung der Routingeinträge und einen frühen Test mit einer Simulatorumgebung fokussiert, steht bei Hauer das Partitionierungsproblem im Vordergrund. Beide betrachten damit nur einen Auszug der gesamten Problematik, die sich aus Hardwarearchitektur, Software und der Konfiguration zusammensetzen.

All diese Aspekte wurden im Rahmen dieser Arbeit betrachtet und Lösungen für die jeweiligen Teilbereiche vorgestellt (vgl. Abschnitt 5.2.1). Weitere Beiträge haben sich mit einer Abstraktion einzelner Zweige auseinandergesetzt. So ist es im Falle von

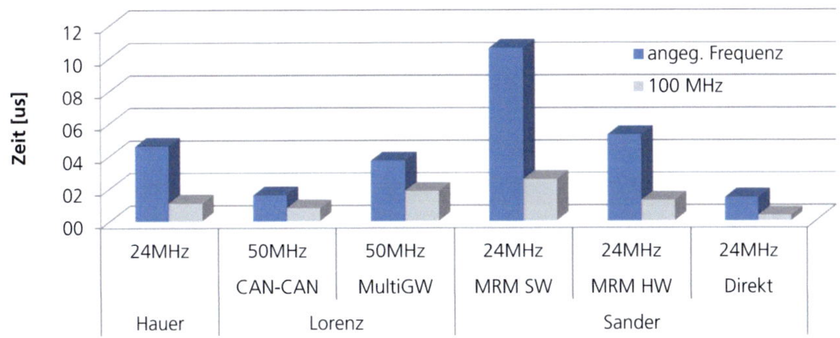

Abbildung 7.6: Latenz Botschaftsrouting bei FPGA Gateways

Applikationen gelungen, Matlab Simulink/Stateflow Modelle sowohl in Hardware als auch Softwarevarianten in diesem System zu realisieren. Hinsichtlich der Hardwarearchitektur ist es geglückt, diese unter Angabe einiger Hardwarespezifika aus dem E/E-Architekturmodell abzuleiten. Dies ermöglicht die automatische Generierung der Architektur aus einer hohen Abstraktionsebene ohne Kenntnis der Hardwarestrukturen.

Die Hardwarearchitektur wird bei Lorenz als gegeben angenommen, so daß für diese kein Toolflow vorgestellt wird. Eine neue Gatewayvariante bedarf also immer detaillierter Kenntnis der Architektur und Hardwarebeschreibungssprachen. Der beschriebene Toolflow ermöglicht die automatische Generierung der GCU Datensätze aus standardisierten Beschreibungsformaten wie FIBEX oder DBC Files. Die Intelligenz, Routingverhalten auf Basisoperationen abzubilden, findet sich demnach im Compiler und nicht in der Realisierung wieder, was vorteilhaft für nachträglich eingebrachte Routing- oder Sendetypen ist. Da die Generierung der Routing Software in dieser Arbeit nicht verfolgt wurde, müssen im Gegensatz zu Lorenz lediglich die Routingkonfigurationen erzeugt werden (vgl. Abschnitt 5.2.6).

Hauer hingegen bezieht seine Betrachtungen des Toolflows ausschließlich auf die Optmimierung der Hardwarearchitektur, beschreibt aber nicht die Generierung der Konfigurationsdatensätze. Er skizziert den möglichen Ablauf eines Toolflows, der zu vorliegender Arbeit interessante Anknüpfungspunkte bietet. Die von Hauer nicht untersuchten Teile seines Toolflows können von dieser Arbeit weitgehend geschlossen werden. Umgekehrt könnten in zukünftiger Forschung die Arbeiten Hauers in den Toolflow dieser Arbeit einfließen.

Die Optimierung wäre in diesem Fall in PREEvision als Zwischenschritt der Modellabfrage und der VHDL Synthese zu integrieren. Dies hätte den Vorteil, daß alle für die Optimierung notwendigen Daten bereits im E/E-Architekturmodell vorhanden wären. Eine automatische Generierung des Systemgraphen ist möglich, falls ein die Architekturmöglichkeiten beschreibender Regelsatz existiert und die Ableitung des Funktionsgraphen aus den Routingbeziehungen durchgeführt werden kann. Ersteres sichert die Realisierbarkeit der Architektur, letzteres ermöglicht die Synthetisierung des Routinggraphen. Zusätzlich zu untersuchen wäre, inwieweit die Optimierung auf die gesamte E/E-Architektur ausgedehnt werden kann.

Gegegebenenfalls ließe sich der Ansatz von Hauer auch dahingehend erweitern, daß der Funktionsgraph nicht mehr abstrakte Funktionen sondern Routingbeziehungen beschreibt. Dadurch wäre es möglich, seine Methode für das Mapping von Routingbeziehungen in Funktionseinheiten anzuwenden. Die Funktionsgraphen würden in diesem Fall den gatewayinternen Verarbeitungsbäumen des hier beschriebenen Systems entsprechen. Der Funktionsgraph würde allerdings zu einem Wald aus Bäumen entarten, da jede Routingbeziehung zu einem eigenen unabhängigen Baum des Funktionsgraphen führen kann. Als Ergebnis der Optimierung würden die Routings einzelnen Funktionseinheiten zugewiesen werden, was insbesondere bei unterschiedlichen Realisierungsmöglichkeiten, wie beim Botschaftsrouting, zu sehr viel besseren Ergebnissen führen kann.

7.2.3 AUTOSAR Anbindung

Naheliegend ist die Frage, inwieweit das in dieser Arbeit präsentierte Systemkonzept im Umfeld von AUTOSAR konformen Steuergeräten eingebunden werden kann. Da AUTOSAR vornehmlich für Standard μ-Controller konzipiert wurde, enthält die Spezifikation keine Vorschläge zur Verteilung der Funktionalität auf mehrere Einheiten. Vorgegeben sind jedoch die einzelnen Softwaremodule sowie deren Schnittstellen und Verhalten. Aufgrund der Tatsache, daß die Gatewayfunktionalität nur implizit in AUTOSAR COM vorhanden ist und eine große Abhängigkeit der Module besteht, erscheint ein teilweises Herauslösen der Gatewayfunktion und eine Realisierung auf einer parallelen Einheit nicht möglich (vgl. Abbildung 2.15 in Abschnitt 2.3.5). Eine Anbindung der Hardwarefunktionen über den Umweg der RTE und Complex Device Drivers fällt aus naheliegenden Überlegungen zur Latenz aus. Der Austausch von einzelnen Funktionen über die Bibliotheken der Basisdienste ist ebenfalls mit dem Architekturansatz dieser Arbeit nicht durchführbar.

Jedoch ist eine Realisierung des AUTOSAR Software Stacks im Applikationsmodul möglich. In diesem Falle müssten, analog zum vorgestellten Applikationsmodul, die unteren Treiberschichten ausgetauscht werden, um die Kommunikation über das GNoC transparent für den Softwarestack zu halten. Die Gatewayfunktionalität müsste dann aus dem System entfernt werden, so daß lediglich die von der RTE und weiteren Modulen benötigten Kommunikationsdienste zur Verfügung stehen. Die Realisierung der Gatewayfunktion kann dann unabhängig vom AUTOSAR Softwarestack in den Routing Modulen erfolgen. Da sich das Sendeverhalten der AUTOSAR COM zur OSEK COM kaum unterscheidet, können die Routingmechanismen weitgehend unverändert beibehalten werden. Allerdings wäre diese Implementierung des Gateways bezüglich eben jener Funktion nicht mehr AUTOSAR konform. Bei Realisierung dieser Variante wäre zudem zu überprüfen, inwiefern zusätzliche Statusmeldungen an den AUTOSAR Software Stack übergeben oder Diagnosefunktionen durch die Routing Module durchgeführt werden müßten, um diesen Ansatz näher an ein AUTOSAR konformes System heranzubringen. Vorteil dieser Variante wären die durch die Hardwarerealisierung entstehenden niedrigen Latenzzeiten, die durch die Abweichung von AUTOSAR erkauft werden. Da in AUTOSAR ECUs aus Anwendungssicht betrachtet werden und die Übertragungsstrecke transparent ist, dürfte dies für die meisten Applikation keine nachteiligen Auswirkungen haben - vielmehr dürften sich die deterministischen und niedrigen Latenzzeiten positiv auswirken.

7.2.4 C2X-Forschung

Ein Vergleich mit anderen Konzepten in der C2X Forschung ist nur unzureichend möglich, da alle bekannten Ansätze nicht Hardware- sondern Softwarearchitekturen oder abstraktere Ansätze betrachten (vgl. Abschnitt 3.4). Dennoch soll, soweit möglich, eine kurze Einordnung der Architektur in den aktuellen Stand der C2X Forschung erfolgen. Soweit bekannt, ist dies die erste Arbeit, die sich mit Integrations- und Realisierungsaspekten der C2X Kommunikation befasst. Die aus der Literatur bekannten Hardwarelösungen basieren ausschließlich auf den Units von NEC, DENSO oder auf CarPCs (vgl. 3.4.5). Nicht selten kommen auch Kombinationen beider Einheiten zum Einsatz. Ebenso setzen die Architekturen aktueller Forschungsprojekte auf hoher Abstraktionsebene (Linux, OSGI) an und instanziieren auf dieser Ebene Applikationen oder Kommunikationsstacks - sie sind damit nur begrenzt vergleichbar, solange keine Implementierungsdetails verfügbar sind.

Daher soll der Vergleich anhand der Betrachtungen und Überlegungen des COMe-Safety Konsortiums erfolgen, deren Ergebnisse veröffentlicht wurden, nachdem die wesentlichen Teile dieser Arbeit bereits abgeschlossen waren. Es ist festzustellen, daß die grundsätzliche Unterteilung der einzelnen Schichten sich auf die Architektur dieser Arbeit abbilden läßt. Die Zugriffstechnologien wären weitgehend in eigenständigen Modulen zu integrieren. Sie sind in dieser Arbeit durch das Wifi bzw. Ethernet Modul repräsentiert. Die Bestandteile der Netzwerkschicht, die Routing und Forwarding durchführen, werden in einem unabhängigen Routing Modul realisiert, um den Hauptprozessor zu entlasten. Die weiteren Protokollaspekte sind im IPM integriert. Die in der Facilities Schicht realisierten Dienste ähneln der Softwarestruktur des IPMs. Die Sicherheitsmechanismen bilden sich in die Firewall und das Signaturmodul ab. Die weiteren in COMeSafety angedeuteten Dienste wurden zunächst nicht realisiert. Das System Management wurde nicht umgesetzt, alle Module beginnen nach der Konfiguration mit der Verarbeitung.

Da aktuell keine fertigen Standards verfügbar sind, kann sich die Architektur jedoch nur an die aktuellen Vorschläge in diesem Bereich anlehnen. Dies wurde soweit möglich durchgeführt, hat aber zur Folge, daß im weiteren Verlauf der Standardisierung Modulfunktionalitäten angepasst werden müssen. Der in dem System verwendete Nachrichtenaufbau lehnt sich an die Standardisierungskonzepte des SAE Standards und den Vorschlägen von COMeSafety und des C2CCC an. Insbesondere die Einteilung in CAMs und DENMs wurde von dort übernommen.

Anknüpfend an das CVIS Projekt erwähnt COMeSafety explizit die Möglichkeit, Verarbeitungsschritte auf verschiedenen Hardwareeinheiten durchzuführen. Zwar werden in diesem Zusammenhang mehrere Units angeführt, die beispielsweise über Ethernet verbunden sind, dies ähnelt jedoch in gewisser Weise der Struktur, die auch hier gewählt wurde: paketweise Übertragung zwischen autark arbeitenden Einheiten. Ebenfalls angedeutet wird in diesem Zusammenhang die priorisierte Verarbeitung, die ebenfalls im Rahmen dieser Arbeit mittels Hardwareunterstützung eingeführt wurde.

Die vom SEVECOM Projekt geforderten Hardwarerealisierungen der Sicherheitsmechanismen wurden zwar nicht innnerhalb, aber in Anlehnung an diese Arbeit durch kooperierende wissenschaftliche Tätigkeiten gelöst (vgl. [109, 110]). Zusätzlich wurden für Routing und Informationsverarbeitung modulinterne Wege zur Anbindung von Hardwarebeschleunigern aufgezeigt und realisiert. Insbesondere innerhalb des Routing Moduls trägt die automatisierte Verwaltung des Speichers einschließlich automatisierter Wiedervorlage zur Entlastung des Prozessors und zur Unterstützung der Routingmechanismen bei. Als besonderes Merkmal rekonfigurierbarer Hardwarearchitekturen wurde die Modulrekonfiguration integriert, welche es erlaubt, Teile der Hardware- und Softwarestrukturen an sich verändernde Anforderungen zur Laufzeit anzupassen.

8 Schlußfolgerung und Ausblick

Das Gateway als zentrale Kommunikationsschnittstelle im Fahrzeug stand im Mittelpunkt dieser Arbeit. Ausgehend von den aktuellen und zukünftigen Anforderungen an die fahrzeuginterne und externe Kommunikation wurden zunächst Grundlagen vorgestellt, eine Darstellung und Erörterung relevanter aktueller Forschung vorgenommen sowie ein theoretisches Grundmodell zur fahrzeuginternen Kommunikation entwickelt und diskutiert. Von diesen fundamentalen Darstellungen ausgehend wurde ein neuartiges Architekturkonzept vorgestellt. Dabei stand die Frage nach alternativen Architekturkonzepten und Methoden für automotive Gateways im Vordergrund. Das Konzept wurde dann unter Anwendung der entstandenen Methoden auf die Bedürfnisse der C2X-Kommunikation übertragen, bevor die Gesamtarchitektur im Lichte des Vorangegangenen noch einmal kritisch abgewogen wurde. Ergänzend stellte sich die Arbeit den Herausforderungen nach innovativen Konzepten für Toolflows im Umfeld der Automobilelektronik, die mit denjenigen von Automobilherstellern kompatibel sind. Schließlich diskutierte die Arbeit, inwieweit die gewonnenen Erkenntnisse der Ausgangsfragestellungen auf die andersartige C2X Kommunikation übertragbar sind - im Ergebnis steht eine detaillierte Betrachtung und Umsetzung sowie kritische Bewertung der notwendigen Erweiterungen der Architektur.

Die Erkenntnisse zusammenfassend zeigt sich, daß spezialisierte Architekturen sehr gut für die Realisierung von Fahrzeuggateways geeignet sind. Das modulare Architekturkonzept ermöglicht eine effiziente Darstellung der Routingmechanismen mit einer einzigartigen Mischung aus Hard- und Software Beschreibungen. Im Gegensatz zu Ansätzen, bei denen nur ein Prozessorkern für die Softwareausführung zur Verfügung steht, ist Software in dieser Arbeit ein integrativer Bestandteil der Module und daher mit eben jenen mehrfach in der Architektur instanziierbar. Im Bereich der Fahrzeugelektronik ebenfalls einzigartig ist die angewandte Methodik, Funktionen zu kapseln und in mehrere autarke und gleichwertige Funktionsblöcke (Module) zu verteilen. Als wesentlicher Grundstein dient dafür eine paketbasierte Kommunikationsarchitektur, welche die übliche Master-Slave-Einteilung auflöst, eine strukturierte Erweiterung des Systems einführt und das Schaffen eines Architekturbaukastens ermöglicht.

Das bibliotheksbasierte Konzept des Gatewaybaukastens wurde im weiteren Verlauf der Arbeit eingeführt und dient als erste Abstraktion von der Hardwarebeschreibung. Darauf aufbauend wurde die Lücke zu E/E-Architekturentwicklungswerkzeugen geschlossen und somit erstmals die Generierung von Gatewayarchitekturen aus einem E/E-Modell demonstriert. Wahlweise stehen die Möglichkeit einer expliziten verfeinerten Modellierung der Gateway-Hardwarearchitektur oder die automatisierte Generierung aus bestehenden Modellen zur Verfügung. Insbesondere die Möglichkeit, mit sich ändernden Anforderungen des Modells automatisiert „Hardware-Code" einer optimierten Architektur erzeugen zu lassen, bietet neue Gestaltungschancen für das Systemdesign, da eine gesamte Optimierung der Kommunikationstopologie einschließlich Steuergerätearchitektur ermöglicht wird.

Weiterhin beinhaltet diese Arbeit in der Forschungslandschaft erstmalig durchgeführte Betrachtungen zu Implementierungsaspekten der C2X-Kommunikation aus der Sicht der fahrzeuginternen Kommunikationsarchitekturen. Die wesentlichen Anforderungen wurden hierfür herausgearbeitet und in ein Architekturkonzept überführt. Die Umsetzung basiert auf der Übertragung der gewonnenen Erkenntnisse und Prinzipien des fahrzeuginternen Gatewaysystems. Der hohe Grad an Parallelisierung konnte auch für den C2X-Systemteil beibehalten werden. Zentraler Bestandteil ist eine erweiterte Kommunikationsarchitektur, die sich im Vergleich zur ersten Version durch eine noch höhere Performanz und hardwareunterstützte Priorisierungsmechanismen auszeichnet. Wie eine enge Verschränkung von Hardware und Software umsetzbar ist, wurde am Beispiel des Routing Moduls demonstriert. Dieses bietet ein allgemeines Framework für C2X-Forwarding und Routingalgorithmen, deren Basisfunktionalität mit Hardwareunterstützung ausgeführt werden kann und den Prozessor entlasten. Zusätzlich wurde die Umsetzung einer neuartigen Filtermethodik, basierend auf Instruktionsanpassungen eingeführt. Additiv wurde der Austausch von Modulen mittels partiell dynamischer Rekonfiguration umgesetzt und demonstriert. Schließlich erfolgte eine konzeptionelle und prototypisch umgesetzte Kopplung der C2X-Architektur mit dem Gatewaysystem, so daß beide Architekturen einen integrativen Ansatz darstellen.

Aufgrund der prototypischen Umsetzung lassen sich einige Grenzen feststellen, die jedoch nicht grundsätzlicher Natur sind. Aus organisatorischen Gründen konnte keine vollständige Einbindung von FlexRay in das System erfolgen, so daß der Nachweis der Funktionstüchtigkeit aussteht - die grundsätzliche Machbarkeit und Methodik für die Anbindung zeitlich deterministischer Systeme wurde jedoch anhand des LIN Moduls gezeigt. Zusätzlich läßt sich feststellen, daß der PicoBlaze nur begrenzt für die Datenverarbeitung einsetzbar ist. Andererseits ist eine Implementierung der gesamtem Routingfunktionalität in Hardware weder aus Ressourcen- noch aus Wartungssicht sinnvoll. Alternativ könnte die in [172] vorgestellte GCU als eigenständiges Modul im System agieren - die Umsetzung konnte im Rahmen dieser Arbeit jedoch nicht erfolgen. Innerhalb des C2X-Architekturteils wurden nicht alle Bestandteile des Konzepts vollständig implementiert. Deren Umsetzung ist Gegenstand laufender Forschungsarbeiten, die nicht mehr in diese Darstellung einfließen können. Für ausgewählte Module wurden die übergeordneten Grundprinzipien jedoch ausführlich dargestellt.

Als wesentlicher Unterschied zu anderen in diesem Umfeld erfolgten und erfolgenden Forschungsarbeiten konnte die Funktionstüchtigkeit der Konzepte in Forschungsfahrzeugen demonstriert werden. Damit einher geht eine nachgewiesene Vollständigkeit der Implementierung, die in diesem Bereich sonst nicht existiert. Die Realisierung der Routingmechanismen und des Network Managements erfüllt die Serienanforderungen hinsichtlich Funktionalität vollständig. So bleibt der Austausch des Seriengateways durch den FPGA Prototypen im Fahrzeug vom Fahrer funktional unbemerkt. Die Verknüpfung des Gatewayansatzes mit einer C2X On Board Unit ist in der Forschungslandschaft einzigartig. Gleiches gilt für die Darstellung des Konzepts im Rahmen eines C2X-Demonstrators, mit dem eine Integration in die bestehende E/E-Architektur dargestellt wird.

Bereits im Verlauf dieser Arbeit wurden einige Anknüpfungspunkte an weitere Forschungskonzepte und -ergebnisse skizziert. So soll beispielsweise auf Seiten der Gateway Architektur das Konzept der GCU übernommen und in das hier vorgestellte Systemkonzept übertragen werden - deren Einbindung erfolgt als eigenständiges Modul. Zusätzlich ist die Ankopplung von FlexRay umzusetzen. Weiterhin kann auf Seiten des Toolflows die Architektursynthese noch verfeinert werden. Dies könnte beispielsweise auf Basis der Ergebnisse von [117] erfolgen, welche es mit einer Erweiterung ermöglichen würden, die Architekturoptimierung auf Basis der Routingbeziehungen durchzuführen. Für die C2X-Domäne ist die Zusammenführung mit weiteren Forschungsarbeiten geplant, bei denen die in Kapitel 6.3.6 angerissenen Sicherheitsmechanismen integriert werden sollen. Darüber hinaus sind eine Ankopplung des Funkstandards 802.11p sowie die Verwendung existierender Linuxbasierter Stacks im IPM vorgesehen.

Das in dieser Arbeit entwickelte Konzept und die erzielten Ergebnisse in Architekturdesign und Methodik sowie der Nachweis anhand seriennaher Prototypen stellt eine mit vielen Vorteilen behaftete Alternative zum Einsatz von Standard-μ-Controllern im Fahrzeug dar. Dies gilt insbesondere im Hinblick auf zukünftige Anwendungen und Herausforderungen, die gerade mit der zunehmenden Relevanz und dem Einsatz der C2X-Kommunikation auftreten werden.

Abbildungsverzeichnis

Tabellenverzeichnis

Abkürzungsverzeichnis

ABS	Antiblockiersystem
ACC	Adaptive Cruise Control
ADAS	Advanced Driver Assistance Systems
ADC	Analog Digital Converter
ADS	Ausgangsdatensatz
AFDX	Avionics Full DupleX Switched Ethernet
AHS	Advanced Highway Sysgtems
AHSRA	Advanced Cruise-Assist Highway System Reseach Association
ALU	Arithmetik Logic Unit
AODV	Ad-hoc On-demand Distance Vector
API	Application Programmers Interface
APP	Applikation
ARIB	Association of Radio Industries and Businesses
ASAM	Association for Standardization of Automation and Measuring Systems
ASV	Advanced Safety Vehicle
AUTOSAR	Automotive Open System Architecture
BAF	Bei Aktiver Funktion
BLER	Bus Line-based Effective Routing
BLR	Beaconless Routing
BMBF	Bundesministerium für Bildung und Forschung
BMM	Block RAM Memory Map
BR	Botschaftsrouting
BRAM	Block RAM
C2C	Car to Car
C2CCC	Car-to-Car-Kommunikation Consortium
C2H	C to Hardware
C2I	Car to Infrastructure
C2X	Car to X
CA	Certification Authority
CALM	Communication Access for Land Mobiles
CAM	Cooperative Awareness Message
CAMP	Crash Avoidance Metrics Partnership
CAN	Controller Area Network

CASE	Computer Aided Software Engineering
CBDV	Contention-Based Distance-Vector Routing
CBF	Contention Based Forwarding
CCC	COM Conformance Class
CEN DSRC	Comit´e Europ´een de Normalisation DSRC
CF	Chaining Flag
CGW	Central Gateway
CLA	Connectionless Approach
CLS	Configuration Language Specification
CMD	Command
CMP	Compare
CORDIC	COordinate Rotation DIgital Computer
CPLD	Complex Programmable Logic Device
CPU	Central Processing Unit
CPY	Copy
CR	Communication Range
CRC	Cyclic Redundancy Check
CSMA/CA	Carrier Sense Multiple Access/Collision Avoidance
CSX	Cyclic and Spontaneous X
CTRLM	Control Module
DAB	Digital Audio Broadcast
DBC	CANdb Network File
DCM	Diagnostic Communication Manager
DCM	Digital Clock Manager
DDR	Double Data Rate
DENM	Decentralized Environmental Notification Message
DIU	Data Integration Unit
DLC	Data Length Code
DLL	Data Link Layer
DLMB	Data Local Memory Bus
DMA	Direct Memory Access
DNA	Direct Network Access
DNAC	Direct Network Access Controller
DOS	Denial of Service
DOT	Department of Transportation
DREAM	Distance Routing Effect Algorithm for Mobility
DRM	Digital Rights Management
DSDV	Dynamic Destination Sequenced Distance Vector Routing
DSP	Digital Signal Processing
DSRC	Dedicated Short Range Communication
DSSS	Driving Safety Support Systems
DST	Destination
DVB	Digital Video Broadcast

E/E .... Elektrik/Elektronik
EAPR .... Early Access Partial Reconfiguration
EBM .... External Bus Message
ECC .... Elliptic Curve Cryptography
ECDSA .... Elliptic Curve Digital Signature Algorithm
EDK .... Embedded Development KIT
EDS .... Eingangsdatensatz
EDS_F .... EDS_First
EDS_L .... EDS_Last
EDS_M .... EDS_Middle
EEA .... Electric Electronic Architecture
EEPROM .... Electrically Erasable Programmable ROM
ELF .... Executable and Linking Format
EMC .... Electro-Magnetic Compatibility
EPROM .... Erasable Programmable ROM
ETC .... Elektronisches Mautsystem
ETSI .... European Telecommunications Standards Institute
Fibex .... Field Bus Exchange Format
FIFO .... First In First Out
FPGA .... Field Programmable Gate Array
FPU .... Floating Point Unit
FSM .... Finite State Machine
GA .... Genetische Algorithmen
GCU .... Gateway Control Unit
GLS .... Grid Location Service
GNoC .... Gateway Network on Chip
GPCR .... Greedy Perimeter Coordinator Routing
GPRS .... General Packet Radio Service
GPS .... Global Positioning System
GPSR .... Greedy Perimeter Stateless Routing
GRID .... Grid Routing
GSB .... Geographically-Scoped Broadcast
GSM .... Global System for Mobile Communications
GSR .... Geographic Source Routing
GUI .... Graphical User Interface
GW .... Gateway
GyTAR .... Greedy Traffic Aware Routing Protocol
GZVB .... Gesamtzentrum für Verkehr Braunschweig
HAL .... Hardware Abstraction Layer
HAM .... Hardware Applikations Modul
HDL .... Hardware Description Language
HiL .... Hardware in the Loop
HIS .... Herstellerinitiative Software

HMI .... Human Machine Interface
HR .... Header RAM
HVC .... Hybrid Vehicular Communication
HW .... Hardware
I/O .... Input/Output
I2A .... ID to Address
ICAP .... Internal Configuration Access Port
ID .... Identifier
IDM .... Intelligent Driver Model
IEEE .... Institute of Electrical and Electronics Engineers
IF .... Interface
ILMB .... Instruction Local Memory Bus
ILP .... Integer Linear Programming
IP .... Intellectual Property
IP .... Internet Protocol
IPDU .... Interaction Layer Protocol Data Unit
IPM .... Information Processing Module
IPv6 .... Internet Protocol Version 6
IR .... Infrared
IRAM .... Instruction RAM
IRQ .... Interrupt Request
ISE .... Integrated Software Environment
ISO .... International Standardization Organization
ISR .... Interrupt Service Routine
ITS .... Intelligent Transportation System
IVC .... Inter Vehicle Communication
JASPAR .... Japan Automotive Software Platform and Architecture
JTAG .... Joint Test Action Group
KWP2000 .... Keyword Protocol
LAB .... Logic Array Block
LAR .... Location Aided Routing
LCD .... Liquid Crystal Display
LE .... Logic Elements
LED .... Light Emitting Diode
LEN .... Länge
LIN .... Local Interconnect Network
LKW .... Lastkraftwagen
LMB .... Local Memory Bus
LOUVRE .... Landmark Overlays for Urban Vehicular Routing Environments
LRU .... Least Recently Used
LUT .... Lookup Table
LWIP .... Lightweight IP
MAC .... Medium Access Control

MB .... MicroBlaze
METI .... Ministerium für Wirtschaft, Handel und Industrie
MIC .... Ministerium für Inneres und Kommunikation
MII .... Media Independent Interface
MLIT .... Ministry of Land Infrastructure and Transportation
MMU .... Memory Management Unit
MOBIL .... Minimizing Overall Braking decelerations Induced by Lane changes
MOST .... Media Oriented System Transport
MR .... Message RAM
MRM .... Message RAM Module
MUX .... Multiplexer
NCL .... Node Capability Language
NM .... Network Management
NoC .... Network on Chip
NOP .... No Operation
NPA .... Staatliche Japanische Polizei
OBU .... On Board Unit
OEM .... Original Equipment Manufacturer
OIL .... Osek Implementation Language
OLSR .... Optimized Link State Routing
OPB .... On Chip Peripheral Bus
OSEK .... Offene Systeme für den Einsatz im Kraftfahrzeug
OSEK-COM .... OSEK-Communication
OSEK-NM .... OSEK-Network Management
OSEK-OIL .... OSEK-OSEK Implementation Language
OSEK-OS .... OSEK-Operating System
OSEK/VDX .... Offene Systeme für den Einsatz im Kraftfahrzeug/ Vehicle Distributed Executive
OSGI .... Open Services Gateway initiative
OSI .... Open System Interconnection
PB .... PicoBlaze
PCB .... Printed Circuit Board
PCMCIA .... Personal Computer Memory Card International Association
PDA .... Personal Digital Assitant
PDU .... Protocol Data Unit
PHY .... Physical Layer
PKW .... Personenkraftwagen
PLB .... Processor Local Bus
PLL .... Phase-Locked Loop
PM .... Periodic Messages
PRI .... Priority
PWM .... Pulse Width Modulation

QLS	Quorum Based Location Service
QoS	Quality of Service
RAM	Random Access Memory
RCV	Receive
REM	Routing Engine Module
RISC	Reduced Instruction Set Computing
RLS	Reactive Location Service
RM	Routing Module
ROM	Read Only Memory
RR	Round Robin
RSA	Revist Shamir Adleman (Autoren)
RSU	Roadside Unit
RT	Realtime
RTE	Runtime Environment
RTL	Register Transfer Language
RX	Receive
SAE	Society of Automotive Engineers
SATA	Serial Advanced Technology Attachment
SCI	Serial Communication Interface
SDK	Software Development Kit
SDR	Software Defined Radio
SDRAM	Synchronous Dynamic Random Access Memory
SDU	Service Data Unit
SFR	Special Function Register
SM	Service Messages
SMA	Safety Margin Assistent
SNA	Signal not Available
SoPC	System on Programmable Chip
SPI	Serial Peripheral Interface
SRAM	Synchronous RAM
SRC	Source
SRVC	Sparse Roadside Vehicle Communications
SUT	System under Test
SW	Software
TCP/IP	Transport Control Protocol / Internet Protocol
TDMA	Time Division Multiple Access
TMNR	Terminodes Routing
TO	Timeout
TPM	Trusted Platform Module
TSB	Topologically-Scoped Broadcast
TT	Time Triggered
TX	Transmit
UART	Universal Asynchronous Receiver Transmitter,

UCF	User Constraints File
UDP	User Datagram Protocol
UDS	Unified Diagnostic Services
UML	Unified Modelling Language
UMTS	Universal Mobile Telecommunications System
URVC	Ubiquitous roadside-vehicle communications
USART	Universal Synchronous Asynchronous Receiver Transmitter,
USB	Universal Serial Bus
UTMI	USB Transceiver Macrocell Interface
V2I	Vehicle to Infrastructure
V2V	Vehicle to Vehicle
V2X	Vehicle to X
VANET	Vehicular Ad-Hoc Network
VDX	Vehicle Distributed Executive
VGA	Video Graphics Array
VHDL	VHSIC Hardware Description Language
VHSIC	Very High Speed Integrated Circuit
VIIC	Vehicle Infrastructure Integration Consortium
VRAM	Vektor RAM
VSC	Vehicle Safety Communication
VSCC	Vehicle Safety Communications Consortium
WAVE	Wireless Access in a Vehicular Environment
WIFI	Wireless Fidelity - WLAN
WiMAX	Worldwide Interoperability for Microwave Access
WUS	WakeupSymbol
XFS	Xilinx File System
XML	Extensible Markup Language
XST	Xilinx Synthesis Tool
XUP	Xilinx University Program
ZGW	Zentraler Gateway

Literatur- und Quellennachweise

[1] ACTEL CORP.: *www.actel.com, Zugriff am 22.11.2009.*.

[2] ADVANCED CRUISE-ASSIST HIGHWAY SYSTEM RESEARCH ASSOCIATION: *www.ahsra.or.jp, Zugriff am 22.11.2009.*.

[3] AGGARWAL, M.: *LITERATURE REVIEW OF PROTOCOLS FOR VEHICULAR COMMUNICATIONS*, 2008.

[4] AI, Y., Y. SUN, W. HUANG und X. QIAO: *OSGi based integrated service platform for automotive telematics.* In: *Vehicular Electronics and Safety, 2007. ICVES. IEEE International Conference on*, S. 1–6, Dec. 2007.

[5] ALTERA: *Quartus II Handbook Version 9.1, Volume 4: SOPC Builder (GII5V4-9.1)*, 2009.

[6] ALTERA CORP.: *www.altera.com, Zugriff am 22.11.2009.*.

[7] ALTERA CORPORATION: *Nios II C2H Compiler - User Guide (Version 8.1)*, 2008.

[8] *Symplifying in-vehicle networking designs.* Techn. Ber., Altera Corporation, 2008.

[9] ALTERA CORPORATION: *Generating Functionally Equivalent FPGAs and ASICs With a Single Set of RTL and Synthesis/Timing Constraints*, 2009.

[10] ALTERA CORPORATION: *HardCopy IV Device Handbook*, 2009.

[11] ALTERA INC.: *DE2 Development and Education Board, User Manual*, 2006.

[12] ALTERA INC.: *Cyclone II Device Family Datasheet (chapter 2 ver 3.1)*, 2007.

[13] AMOR-SEGAN, M., R. MCMURRAN, G. DHADYALLA und R. JONES: *Towards the Self Healing Vehicle.* In: *Automotive Electronics, 2007 3rd Institution of Engineering and Technology Conference on*, S. 1–7, June 2007.

[14] APPLE INC.: *www.apple.com/de/iphone/apps-for-iphone/, zugriff am 22.11.2009.*

[15] AQUINTOS GMBH: *www.aquintos.com, Zugriff am 22.11.2009.*

[16] AQUINTOS GMBH: *www.preevision.de, Zugriff am 22.11.2009.*.

[17] AQUINTOS GMBH: *PREEvision Manual*, v2.1.2 Aufl., 2009.

[18] *Dedicated Short Range Communication for Transport Information and Control Systems, STD-T55 Version 1.0.*

[19] *Dedicated Short Range Communication System, STD-T75 Version 1.0.*

[20] *ASAM MCD-2 NET, Data Model for ECU Network Systems (Field Bus Data Ex-*

change Format), Version 3.1.0, 2009.

[21] AUTOMOTIVE OPEN SYSTEM ARCHITECTURE: *www.autosar.org, Zugriff am 22.11.2009.*.

[22] AUTOSAR: *AUTOSAR Methodology, V1.2.2 - R3.1.* Techn. Ber., AUTOSAR Consortium, 2008.

[23] AUTOSAR: *Layered Software Architecture (Presentation) - V2.2.2 R3.1.* Techn. Ber., AUTOSAR Consortium, 2008.

[24] AUTOSAR: *List of Basic Software Modules, V1.2.2 - R3.1.* Techn. Ber., AUTOSAR Consortium, 2008.

[25] AUTOSAR: *Requirements on Gateway, V2.0.5 - R3.1.* Techn. Ber., AUTOSAR Consortium, 2008.

[26] AUTOSAR: *Specification of CAN Network Management, V3.0.2 - R3.1.* Techn. Ber., AUTOSAR Consortium, 2008.

[27] AUTOSAR: *Specification of Communication Manager, V2.0.2 - R3.1.* Techn. Ber., AUTOSAR Consortium, 2008.

[28] AUTOSAR: *Specification of Diagnostic Communication Manager, V3.1.1 - R3.1.* Techn. Ber., AUTOSAR Consortium, 2008.

[29] AUTOSAR: *Specification of Generic Network Management Interface, V1.0.2 - R3.1.* Techn. Ber., AUTOSAR Consortium, 2008.

[30] AUTOSAR: *Specification of I-PDU Multiplexer, V1.2.3 - R3.1.* Techn. Ber., AUTOSAR Consortium, 2008.

[31] AUTOSAR: *Specification of PDU Router - V2.2.3 R3.1.* Techn. Ber., AUTOSAR Consortium, 2008.

[32] AUTOSAR: *Specification on Communication - V3.0.3 R3.1.* Techn. Ber., AUTOSAR Consortium, 2008.

[33] AUTOSAR: *Technical Overview, V2.2.2 - R3.1.* Techn. Ber., AUTOSAR Consortium, 2008.

[34] BALL, T. und J. R. LARUS: *Optimally profiling and tracing programs.* ACM Trans. Program. Lang. Syst., 16(4):1319–1360, 1994.

[35] BARRENSCHEEN, J.: *Smart System Partitioning (oder: Warum Rechenleistung allein nicht glücklich macht).* In: *25 Jahre Elektronik-Systeme im Kraftfahrzeug,* 2005.

[36] BASAGNI, CHLAMTAC, SYROTIUK und WOODWARD: *A Distance Routing Effect Algorithm for Mobility (Dream), Proc. 4th Annual ACM/IEEE International Conference on Mobile Computing and Networking (MobiCom 1998), Pages 76 - 84,* 1998.

[37] BECKER, J., M. HÜBNER, G. HETTICH, R. CONSTAPEL, J. EISENMANN und J. LUKA: *Dynamic and Partial FPGA Exploitation.* Proceedings of the IEEE, 95(2):438–452, Feb. 2007.

[38] BERWANGER, J., M. PETERATZINGER und A. SCHEDL:

FlexRay-Bordnetz für Fahrdynamik und Fahrerassistenzsysteme, *www.elektroniknet.de/home/automotive/bmw-7/flexray-startet-durch/,* Zugriff am 01.10.2009.

[39] BISWAS, S., R. TATCHIKOU und F. DION: *Vehicle-to-vehicle wireless communication protocols for enhancing highway traffic safety.* Communications Magazine, IEEE, 44(1):74–82, Jan. 2006.

[40] BLAZEVIC, GIORDANO, L. B.: *Self Organized Terminode Routing, Cluster Computing, Vol. 5, Issue 2, Pages 205 - 218,* 2002.

[41] BLUM, J., A. ESKANDARIAN und L. HOFFMAN: *Challenges of intervehicle ad hoc networks.* Intelligent Transportation Systems, IEEE Transactions on, 5(4):347–351, Dec. 2004.

[42] BMW AG: *www.bmw.com/com/en/insights/technology/connecteddrive/overview.html,* Zugriff am 22.11.2009.

[43] BMW GROUP: *Pressemitteilung: BMW Medieninformation - Der neue BMW X5.* 2006.

[44] BOBDA, C.: *Introduction to reconfigurable computing : architectures, algorithms, and applications.* Springer, Dordrecht, 2007.

[45] BOBDA, C. und A. AHMADINIA: *Dynamic interconnection of reconfigurable modules on reconfigurable devices.* Design & Test of Computers, IEEE, 22(5):443–451, Sept.-Oct. 2005.

[46] BOHM, M. und A. FROTSCHER: *Data-Flow and Processing for Mobile In-Vehicle Weather Information Services COOPERS Service Chain for Co-operative Traffic Management.* In: *Vehicular Technology Conference, 2009. VTC Spring 2009. IEEE 69th,* S. 1–5, April 2009.

[47] BRAJOU, F. und P. RICCO: *The Airbus A380 - an AFDX-based flight test computer concept.* S. 460–463, Sept. 2004.

[48] BRIGNOLO, R.: *SAFESPOT - Project Presentation, APSN Network & APROSYS INTEGRATED PROJECT, 6th Annual Conference, Vienna, May 2006.*

[49] BROWN, S. D. und R. J. FRANCIS: *Field-programmable gate arrays.* The Kluwer international series in engineering and computer science, 180. Kluwer Academic Publishers, Boston [u.a.], 1995.

[50] BUCCIOL, P., E. MASALA und J. C. D. MARTIN: *Dynamic Packet Size Selection for 802.11 Inter-Vehicular Video Communications.* In: *Proceedings of the 1st International Workshop on Vehicle-to-Vehicle Communication, 2005,* 2005.

[51] *CAN Specification, Version 2.0,* 1991.

[52] CAR 2 CAR COMMUNICATION CONSORTIUM: *Manifesto - Overview of the C2C-CC System v1.1,* 28.08.2007.

[53] CHAO WANG, SYED MASUD MAHMUD, F. L.: *Latency Analysis for Inter-Vehicle Communications.* In: *In-Vehicle Software & Hardware Systems,* 2006.

[54] CLARK, B. N., C. J. COLBOURN und D. S. JOHNSON: *Unit disk graphs*. Discrete Mathematics, 86(1-3):165 – 177, 1990.

[55] CO-OPERATIVE SYSTEMS FOR INTELLIGENT ROAD SAFETY: *www.coopers-ip.eu, ZUgriff am 22.11.2009.*.

[56] *Cooperative Cars - CoCar, Mobile Verkehrskanäle aktivieren*. Techn. Ber., Aktiv Projekt, 2007.

[57] COHEN, H. und G. FREY (Hrsg.): *Handbook of elliptic and hyperelliptic curve cryptography*. CRC Press, 2005.

[58] COMESAFETY: *European ITS Communication Architecture v2.0*, 22.10.2008.

[59] COMESAFETY: *European ITS Communication Architecture v2.0 - Annex 10-1*, 22.10.2008.

[60] COMESAFETY: *European ITS Communication Architecture v2.0 - Annex 2-1 (Communication Technologies for Co-operative Systems)*, 22.10.2008.

[61] COMMUNICATION FOR ESAFETY: *www.comesafety.org, Zugriff am 22.11.2009.*.

[62] *COOPERS Project Presentation, 08/2007*.

[63] CORNEA, A.: *CVIS: connected vehicles for next-generation mobility (Press Release)*. 2009.

[64] *Cooperative Vehicle Infrastructure Systems (CVIS) - Project Presentation*.

[65] *CVIS -Project Overview*.

[66] DAIMLERCHRYSLER: *Benutzerhandbuch zu den OSEK-NM Erweiterungen Multi-NM und Userdaten*. 2001.

[67] DAIMLERCHRYSLER: *Keyword Protocol 2000, Requirements Definition, Release 2.2*. 2002.

[68] DAIMLERCHRYSLER: *CAN Networking Performance Specification for 125kBd/500kBd networks (DC-10734)*. 2005.

[69] DAIMLERCHRYSLER: *Funktionsvorschrift, Gateway im SAM_F BR204*. 2005.

[70] DALLY, W. J. und B. TOWLES: *Route Packets, Not Wires: On-Chip Interconnection Networks*. In: *Design Automation COnference (DAC) 2001*. ACM, 2001.

[71] DE COUTO, M.: *Location Proxies and Intermediate Node Forwarding for Practical Geographic Forwarding*. Technical Report MIT-LCS-TR-824, MIT Laboratory for Computer Science, 06. 2001.

[72] DENSO: *DENSO Wireless Safety Unit (WSU) - Information Sheet*.

[73] DEUTSCHES ZENTRUM FÜR LUFT- UND RAUMFAHRT E.V. (DLR) IN DER HELMHOLTZ-GEMEINSCHAFT U.A.: *sumo.sourceforge.net, Zugriff am 22.11.2009.*.

[74] DIETZ, U.: *AKTIV-CoCar - Adaptive and Cooperative Technologies for Intelligent Traffic - Cooperative Cars, Feasibility Study*. Techn. Ber., 2009.

[75] DOETZER, F.: *Privacy Issues in Vehicular Ad Hoc Networks*. In: *Privacy Enhancing Technologies*, S. 197–209, 2006.

[76] DÖTZER, F., M. STRASSBERGER und T. KOSCH: *Classification for traffic related inter-vehicle messaging*. In: *5th IEEE International Conference on ITS Telecommunication, Brest, France*, 2005.

[77] DUCOURTHIAL, B.: *About efficiency in wireless communication frameworks on vehicular networks*. In: *WINITS '07: The First International Workshop on Wireless Networking for Intelligent Transportation Systems*, S. 1–9, New York, NY, USA, 2007. ACM.

[78] DUCOURTHIAL, B. und S. KHALFALLAH: *A platform for road experiments*. In: *Proceedings of the 69th IEEE VTC2009-Spring, Barcelona, Germany*, 2009.

[79] DUNKELS, A.: *Minimal TCP/IP implementation with proxy support*. Techn. Ber. T2001:20, SICS – Swedish Institute of Computer Science, Feb. 2001. Master's thesis.

[80] DUNKELS, A.: *Full TCP/IP for 8-bit architectures*. In: *MobiSys '03: Proceedings of the 1st international conference on Mobile systems, applications and services*, S. 85–98, New York, NY, USA, 2003. ACM.

[81] E-SAFETY VEHICLE INTRUSION PROTECTED APPLICATIONS: *www.evita-project.org*, *Zugriff am 22.11.2009.*.

[82] EFKON MOBILITY: *ETC Windscreen OBU - EFKON OBU3*, 2006.

[83] EHLIAR, A., J. EILERT und D. LIU: *A Comparison of Three FPGA optimized NoC Architectures*. In: *Swedish System-on-Chip Conference (SSoCC)*, 2007.

[84] EICHLER, S., B. OSTERMAIER, C. SCHROTH und T. KOSCH: *Simulation of car-to-car messaging: analyzing the impact on road traffic*. MASCOTS 2005, S. 507–510, 2005.

[85] ELEKTRONIKNET.DE: *Echtzeit-Ethernet ersetzt gängige Bussysteme*, *www.elektroniknet.de/home/automotive/technik-know-how/uebersicht/l/bussysteme/echtzeit-ethernet-ersetzt-gaengige-bussysteme/*, *Zugriff am 22.11.2009*.

[86] ELEKTRONIKNET.DE: *Interview: Der Status von FlexRay bei BMW*, *http://www.elektroniknet.de/home/automotive/technik-know-how/uebersicht/l/bussysteme/interview-der-status-von-flexray-bei-bmw/*, *, Zugriff am 01.10.2009*.

[87] ESCH, S. und B. LANG: *Elektronik- und Vernetzungsarchitektur mit gesteigerter Leistungsfähigkeit*. In: *ATZ Extra - Der neue Audi Q5*. Vieweg+Teubner GWV Fachverlage GmbH, 2008.

[88] ETSCHBERGER, K. H. (Hrsg.): *Controller-area-network : CAN; Grundlagen, Protokolle, Bausteine, Anwendungen; mit 15 Tabellen*. Hanser, München [u.a.], 1994.

[89] ETSI TECHNICAL COMMITTEE INTELLIGENT TRANSPORTATION SYSTEM: *web-

site. http://www.etsi.org/WebSite/Technologies/IntelligentTransportSystems.aspx, Zugriff am 28.05.2010.

[90] EUROPEAN COMMISSION: *Advanced Telematics in Road Transport: Proceedings of the Drive Conference, Brussels, Belgium, 4-6 Feb., 1991*. Elsevier Science Inc., New York, NY, USA, 1991.

[91] *EVITA - E-Safety Vehicle Intrusion Protected Applications - Projektübersicht*. 2009.

[92] FESTAG, A., R. BALDESSARI, L. LE und W. ZHANG: *C2X SDK: A Software Toolkit for Car-2-X Communication and Networking*. In: *CVIS Cooperative Systems Workshop*, 2008.

[93] FESTAG, A., R. BALDESSARI, L. LONG, W. ZHANG, A. SARMA und A. FUKU-KAWA: *CAR-2-X Communication for Safety and Infotainment in Europe*. Techn. Ber., NEC Technical Journal, Vol. 3, No. 1, Special Issue: ITS, March 2008, 2008.

[94] FESTAG, A., G. NOECKER, M. STRASSBERGER, A. LUEBKE, B. BOCHOW, M. TORRENT-MORENO, S. SCHNAUFER, R. EIGNER, C. CATRINESCU und J. KUNISCH: *NoW - Network on Wheels: Project, Objectives, Technology and Achievements*. In: *Proceedings of 5th International Workshop on Intelligent Transportation (WIT), Hamburg, Germany*, 2008.

[95] FÜSSLER, LEIBSCHER, WIDMER, TRANSIER und EFFELSBERG: *Contention-Based Distance-Vector Routing (CBDV) for Mobile Ad-hoc Networks, Proc. of ICNP 2004 Student Poster Session, Berlin*, 2004.

[96] FÜSSLER, MAUVE, HARTENSTEIN, VOLLMER und KÄSEMANN: *A Comparison of Routing Strategies for Vehicular Ad-Hoc Networks*. TechReport, Universität Mannheim, 03.2002.

[97] FÜSSLER, WIDMER, MAUVE und HARTENSTEIN: *A Novel Forwarding Paradigm for Position-Based Routing (with Implicit Addressing), IEEE Computer Comm. Workshop (CCW 2003), Dana Point, Pages 194 - 200*, 2003.

[98] FRANZ, M.: *Geographical Addressing and Forwarding in FleetNet, Whitepaper, available at http://www.fleetnet.de*, 2003.

[99] FRANZ, HARTENSTEIN, M.: *Inter-Vehicle-Communications Based on Ad Hoc Networking Principles, The Fleetnet Project*. Universitätsverlag Karlsruhe, 2005.

[100] FRANZ, W.: *Car-to-Car Communication - Anwendungen und aktuelle Forschungsprogrammein Europa, USA und Japan*. In: *Kongressband zum VDE-Kongress 2004 - Innovationen fuer Menschen*. VDE, 2004.

[101] FREESCALE SEMICONDUCTOR: *MPC5668G - Single-Chip Automotive Gateway*, 2008.

[102] FREESCALE SEMICONDUCTOR: *Automotive Microcontrollers and Microprocessors, 8-,16 and 32-bit product maps*, 2009.

[103] FUJII, K.: *JPCAP, Network Packet Capture Facility for JAVA*, 2004. At the time of writing available electronically at http://sourceforge.net/projects/jpcap.

[104] *GEONET - Geographic addressingand routing for vehicular communications - flyer.*

[105] GEONET CONSORTIUM: *www.geonet-project.eu, Zugriff am 22.11.2009..*

[106] GHASSAN ABDALLA, MOSA ALI ABU-RGHEFF, S.-M. S.: *Current Trends in Vehicular Ad Hoc Networks.* UbiCC Journal - Special issue of UbiRoads 2007, 2008.

[107] GLAAB, M., A. MAUTHOFER und U. NAAMANI: *New Test And Evaluation Methods For Future Car2X Communication Based Driver Assistance.* In: *21st International Technical Conference on the Enhanced Safety of Vehicles,Stuttgart, Germany,* 2009.

[108] GLAS, B., A. KLIMM, O. SANDER, K. D. MUELLER-GLASER und J. BECKER: *A System Architecture for Reconfigurable Trusted Platforms.* In: *Design, Automation and Test in Europe, 2008. DATE '08,* S. 541–544, March 2008.

[109] GLAS, B., O. SANDER, K. MÜLLER-GLASER und J. BECKER: *Car-to-X Kommunikation auf vertrauenswürdiger rekonfigurierbarer Hardware.* In: *25. VDI/VW-Gemeinschaftstagung Automotive Security,* 2009.

[110] GLAS, B., O. SANDER, V. STUCKERT, K. D. MUELLER-GLASER und J. BECKER: *Car-to-Car Communication Security on Reconfigurable Hardware.* In: *IEEE 69th Vehicular Technology Conference 2009 Spring (VTC2009Spring).* IEEE-VTS, Apr. 2009.

[111] GREEN, M.: *How Long Does It Take to Stop? Methodological Analysis of Driver Perception-Brake Times.* Transportation Human Factors, 2(3):195–216, 2000.

[112] GRZEMBA, ANDREAS ; WENSE, H.-C. . V. D.: *LIN-Bus : Systeme, Protokolle, Tests von LIN-Systemen, Tools, Hardware, Applikationen.* Elektronik. Franzis, Poing, 2005. Gb. : EUR 34.95.

[113] *GST Project Overview - Your car, your services.*

[114] GUERRIER, P. und A. GREINER: *A Generic Architecture for On-Chip Packet-Switched Interconnections.* In: *DATE 2000,* S. 250–256, 2000.

[115] GUETTE, G. und C. BRYCE: *Using TPMs to Secure Vehicular Ad-Hoc Networks (VANETs).* S. 106–116, 2008.

[116] HADJIAT, K., F. ST-PIERRE, G. BOIS, Y. SAVARIA, M. LANGEVIN und P. PAULIN: *An FPGA Implementation of a Scalable Network-on-Chip Based on the Token Ring Concept.* Electronics, Circuits and Systems, 2007. ICECS 2007. 14th IEEE International Conference on, S. 995–998, Dec. 2007.

[117] HAUER, W.: *Optimales Gatewaydesign mit genetischem Algorithmus und ganzzahliger linearer Programmierung.* Doktorarbeit, Universität Ulm, 2008.

[118] HÜBNER, M.: *Dynamisch und partiell rekonfigurierbare Hardwaresystemarchitektur mit echtzeitfähiger On-Demand Funktionalität.* Doktorarbeit, 2007.

[119] HEISE.DE: *BMW erforscht Bordnetz mit Internet-Protokoll, http://www.heise.de/autos/artikel/BMW-erforscht-Bordnetz-mit-Internet-Protokoll-466769.html, Zugriff am 22.11.2009.,* 2007.

[120] HEISSENBÜTTEL, BRAUN, BERNOULLI und WÄLCHLI: *BLR: Beacon-Less Routing Algorithm for Mobile Ad-Hoc Networks, Elseviers Computer Communications Journal (Special Issue), Vol. 27, Pages 1076 - 1086, 2003.*

[121] HELL, W.: *Zukunft Verkehr und Transport.* In: *Aktiv Plenum, Haus Lämmerbuckel, Daimler Bildungszentrum,* 2009.

[122] HERPEL, T., K.-S. HIELSCHER, U. KLEHMET und R. GERMAN: *Stochastic and deterministic performance evaluation of automotive CAN communication.* Computer Networks, 53(8):1171 – 1185, 2009. Performance Modeling of Computer Networks: Special Issue in Memory of Dr. Gunter Bolch.

[123] HERRSCHER, D.: *SEIS- Sicherheit in Eingebetteten IP-basierten Systemen (Projektinformation).* 2009.

[124] HO, HO, HUA und HAMZA-LUP: *A Connectionless Approach to Mobile Ad Hoc Networks, Proceedings of the Ninth International Symposium on Computers and Communications, Vol. 2, Pages 188 - 195, 2004.*

[125] HOLSMARK, R., A. JOHANSSON und S. KUMAR: *On connercting cores to packet switched on-chip networks: a case study with microblaze processor cores.* In: *7th IEEE workshop DDECS 04.* IEEE, 2004.

[126] HUBAUX, J.-P., S. CAPKUN und J. LUO: *The Security and Privacy of Smart Vehicles.* IEEE Security and Privacy, 2(3):49–55, 2004.

[127] HUBNER, M., L. BRAUN, D. GOHRINGER und J. BECKER: *Run-time reconfigurable adaptive multilayer network-on-chip for FPGA-based systems.* Parallel and Distributed Processing, 2008. IPDPS 2008. IEEE International Symposium on, S. 1–6, April 2008.

[128] IEEE: *Trial-Use Standard for Wireless Access in Vehicular Environments (WAVE).* IEEE Std 1609, 2006.

[129] IEEE 802.11 WORKING GROUP: *IEEE P802.11p D5.0 Draft Standard for Information Technology -Telecommunications and information exchange between systems - Local and metropolitan area networks - Specific requirements,* 11.2008.

[130] IEEE VEHICULAR TECHNOLOGY SOCIETY, ITS COMMITTEE: *IEEE Trial-Use Standard for Wireless Access in Vehicular Environments (WAVE) - Security Services for Applications and Management Messages,* 06.07.2006.

[131] IEEE VEHICULAR TECHNOLOGY SOCIETY, ITS COMMITTEE: *IEEE Trial-Use Standard for Wireless Access in Vehicular Environments (WAVE) - Resource Manager,* 13.10.2006.

[132] IEEE VEHICULAR TECHNOLOGY SOCIETY, ITS COMMITTEE: *IEEE Trial-Use Standard for Wireless Access in Vehicular Environments (WAVE) - Networking Services,* 20.04.2007.

[133] IEEE VEHICULAR TECHNOLOGY SOCIETY, ITS COMMITTEE: *IEEE Trial-Use Standard for Wireless Access in Vehicular Environments (WAVE) - Multi-channel Operation,* 29.11.2006.

[134] INFINEON TECHNOLOGIES: *TC1130 - Datasheet, V1.1*, 2008.

[135] INFINEON TECHNOLOGIES AG: *www.infineon.com, Zugriff am 22.11.2009.*.

[136] INFINEON TECHNOLOGIES AG: *Infineon XC2000 - New Era of Scalable and Highly Integrated Microcontrollers for Automotive Applications*, 2008.

[137] INNOVATIONSALLIANZ AUTOMOBILELEKTRONIK: *www.eenova.de/projekte/seis/, Zugriff am 22.11.2009.*.

[138] IP EXTREME: *FRCC2100 - Freescale FlexRay Communications Controller Core*, 2007.

[139] *ISO 11898 Part 1-4 Road vehicles - Controller Area Network (CAN)*, 1999.

[140] JANTSCH, A.: *NoCs: a new contract between hardware and software*. Digital System Design, 2003. Proceedings. Euromicro Symposium on, S. 10–16, Sept. 2003.

[141] JAPAN AUTOMOTIVE SOFTWARE PLATTFORM AND ARCHITECTURE: *https://www.jaspar.jp/english/index_e.php, Zugriff am 22.11.2009.*.

[142] JERBI, SENOUCI, MERAIHI und GHAMRI-DOUDANE: *An Improved Vehicular Ad Hoc Routing Protocol for City Environments, IEEE International Conference on Communications 2007, Pages 3972 - 3979*, 2007.

[143] JOHNSON, M.: *Dynamic Source Routing in Ad-Hoc Wireless Networks, Mobile Computing, Vol. 353, Pages 153 - 181*, 1996.

[144] JONE, W.-B., J. S. WANG, H.-I. LU, I. P. HSU und J.-Y. CHEN: *Design theory and implementation for low-power segmented bus systems*. ACM Trans. Des. Autom. Electron. Syst., 8(1):38–54, 2003.

[145] JONES, M. und E. HAUG: *Der Einzug von Ethernet in Automobilanwendungen, http://www.elektronikpraxis.vogel.de/themen/hardwareentwicklung/ datenkommunikationsics/articles/155118/, Zugriff am 22.11.2009.*, 2008.

[146] K. MATHEUS, R. MORICH, A. L.: *Economic Background of Car-to-Car Communications*. In: *IMA 2004, Informationssysteme für mobile Anwendungen, Braunschweig*, 2004.

[147] K2L GMBH: *Universal Gateway - Routing between different Automotive Bus Systems in Real-Time*, 2009.

[148] KARGL, F., P. PAPADIMITRATOS, L. BUTTYAN, M. MUTER, E. SCHOCH, B. WIEDERSHEIM, T.-V. THONG, G. CALANDRIELLO, A. HELD, A. KUNG und J.-P. HUBAUX: *Secure vehicular communication systems: implementation, performance, and research challenges*. Communications Magazine, IEEE, 46(11):110–118, November 2008.

[149] KELLERER, W., C. BETTSTETTER, C. SCHWINGENSCHLOEGLS und P. STIES: *(Auto) Mobile Communication in a Heterogeneous and Converged World*. In: *IEEE Personal Communications*, 2001.

[150] KERCHER, T.: *Entwicklung eines adaptiven Frameworks für Multi-Hop Car-to-Car Communication auf rekonfigurierbarer Hardware*. DA, Universität Karlsruhe, Institut für Technik der Informationsverarbeitung, 5 2009. 10.05.2009.

[151] KLIMM, A., O. SANDER, J. BECKER und S. SUBILEAU: *A Hardware/Software Co-design of a Co-processor for Real-Time Hyperelliptic Curve Cryptography on a Spartan3 FPGA*. In: *ARCS*, S. 188–201, 2008.

[152] KÖNIGSEDER, T. und C. SALZMANN: *Das ZGW als zentrale Schaltstelle im Bordnetz, www.elektroniknet.de/home/automotive/bmw-7/schneller-zugang/* , Zugriff am 01.10.2009.

[153] KO, V.: *Location-Aided Routing (LAR) in Mobile Ad Hoc Networks, Wireless Networks, Vol. 6 , Issue 4, Pages 307 - 321*, 2000.

[154] KOPETZ, H., R. OBERMAISSER, C. EL SALLOUM und B. HUBER: *Automotive Software Development for a Multi-Core System-on-a-Chip*. In: *Software Engineering for Automotive Systems, 2007. ICSE Workshops SEAS '07. Fourth International Workshop on*, S. 2–2, May 2007.

[155] KOSCH, T., I. KULP, M. BECHLER, M. STRASSBERGER, B. WEYL und R. LASOWSKI: *Communication architecture for cooperative systems in Europe*. Communications Magazine, IEEE, 47(5):116 –125, may 2009.

[156] KRAFTFAHRT-BUNDESAMT: *www.kba.de, Zugriff am 22.11.2009.*.

[157] LANTRONIX: *WiPort User Guide (Part Number 900-332, Revision February 2008)*, 2008.

[158] LASOWSKI, R., T. LEINMÜLLER und M. STRASSBERGER: *OpenWAVE Engine / WSU - A Platform For C2C-CC*. In: *Proceedings of 15th World Congress on Intelligent Transport Systems*, 2008.

[159] LAURENDEAU, C. und M. BARBEAU: *Threats to Security in DSRC/WAVE*. S. 266–279, 2006.

[160] LÜBKE, A.: *Car-to-Car Communication - Technologische Herausforderungen*. In: *Fachtagungsbericht GMM, VDE-Verlag, VDE-Kongress 2004, Berlin*, 2004.

[161] LEE, LE, HÄRRI und GERLA: *LOUVRE: Landmark Overlays for Urban Vehicular Routing Environments, IEEE 68th Vehicular Technology Conference (VTC 2008 Fall) , Pages 1 - 5*, 2008.

[162] LEE, A. und N. BERGMANN: *On-chip communication architectures for reconfigurable System-on-Chip*. Field-Programmable Technology (FPT), S. 332–335, Dec. 2003.

[163] LEE, S., C. LEE und H.-J. LEE: *A new multi-channel on-chip-bus architecture for system-on-chips*. IEEE International SOC Conference, S. 305–308, Sept. 2004.

[164] LEINMÜLLER, T., R. K. SCHMIDT, B. BÖDDEKER, R. W. BERG und T. SUZUKI: *A Global Trend for Car 2 x Communication*. In: *Proceedings of FISITA 2008 World Automotive Congress*, 2008.

[165] LENARDI, M.: *PRE-DRIVE C2X - Cooperative Systems: Technological developments in the automotive field (presentation)*. In: *EASYWAY 2009*, 2009.

[166] LEON-GARCIA, ALBERTO ; WIDJAJA, I.: *Communication networks : fundamental*

concepts and key architectures. McGraw-Hill series in computer science, McGraw Hill series in electrical & computer engineering. McGraw-Hill, Boston [u.a.], 2. ed., internat. ed. Aufl., 2006.

[167] LI, Y., F. WANG, F. HE und Z. LI: *OSGi-based service gateway architecture for intelligent automobiles*. In: *Intelligent Vehicles Symposium, 2005. Proceedings. IEEE*, S. 861–865, June 2005.

[168] LIN, X., X. SUN, P.-H. HO und X. SHEN: *GSIS: A Secure and Privacy-Preserving Protocol for Vehicular Communications*. Vehicular Technology, IEEE Transactions on, 56(6):3442–3456, Nov. 2007.

[169] *LIN Specification Package, Revision 2.1*, 2006.

[170] LOCHERT, HARTENSTEIN, TIAN, FÜSSLER, HERMANN und MAUVE: *A Routing Strategy for Vehicular Ad Hoc Networks in City Environments, Proceedings of the IEEE Intelligent Vehicles Symposium 2003, Pages 156 - 161*, 2003.

[171] LOCHERT, MAUVE, FÜSSLER und HARTENSTEIN: *Geographic Routing in City Scenarios, ACM SIGMOBILE Mobile Computing and Communications Review, Vol. 9 , Issue 1, Pages 69 - 72*, 2005.

[172] LORENZ, T.: *Advanced Gateways in Automotive Applications*. Doktorarbeit, Technische Universität Berlin, 2008.

[173] LORENZ, T., J. TAUBE, M. IHLE, O. MANCK und H. BEIKIRCH: *Verification Environment for Automotive Gateways*. In: *Proceedings Embedded World Conference 2007*. WEKA Fachzeitschriften-Verlag GmbH, 2007.

[174] LUO, J. und J.-P. HUBAUX: *A Survey of Inter-Vehicle Communication*. Techn. Ber. Technical Report IC/2004/24, School of Computer and Communication Sciences, EPFL, 2004.

[175] LUPINI, C. A.: *Vehicle multiplex communication : serial data networking applied to vehicular engineering*. SAE International, Warrendale, Pa., 2004. Includes bibliographical references and index.

[176] MAHMUD, S. M.: *In-Vehicle Network Architecture for the Next-Generation Vehicles*. In: *SAE 2005 World Congress & Exhibition, 2005, Detroit, MI, USA*, 2005.

[177] MALIK, D.: *XGate Library: Signal Gateway - Implementing CAN and LIN Signal Level Gateway*. Techn. Ber., Freescale Semiconductor, 2006.

[178] MANGHARAM, R., R. RAJKUMAR, M. HAMILTON, P. MUDALIGE und F. BAI: *Bounded-Latency Alerts in Vehicular Networks*. In: *2007 Mobile Networking for Vehicular Environments*, S. 55–60, May 2007.

[179] MARPLES, D. und P. KRIENS: *The Open Services Gateway Initiative: an introductory overview*. Communications Magazine, IEEE, 39(12):110–114, Dec 2001.

[180] MARSCHOLIK, CHRISTOPH ; SUBKE, P.: *Datenkommunikation im Automobil : Grundlagen, Bussysteme, Protokolle und Anwendungen*. Hüthig Praxis. Hüthig Verlag, Heidelberg, 1. Aufl. Aufl., 2007.

[181] MARTIN TREIBER AND DIRK HELBING: *Realistische Mikrosimulation von Straßenverkehr mit einem einfachen Modell.* In: *16. Symposium Simulationstechnik ASIM Rostock*, S. 514ff, 2002.

[182] MAUTHOFER, A. und M. GLAAB: *A new Simulation Method for the Rapid Development of Car-to-X Communication Applications.* In: *1st International Workshop on Interoperable Vehicles (IOV2008), Zurich*, 2008.

[183] MAUVE, WIDMER, H.: *A Survey on Position-Based Routing in Mobile Ad-Hoc Networks, IEEE Network, Vol. 15, No. 6, Pages 30 - 39.*, 2001.

[184] MENTOR GRAPHICS CORPORATION : *www.model.com, Zugriff am 22.11.2009.*.

[185] MEROTH, ANSGAR ; TOLG, B. (Hrsg.): *Infotainmentsysteme im Kraftfahrzeug : Grundlagen, Komponenten, Systeme und Anwendungen.* Friedr. Vieweg & Sohn Verlag | GWV Fachverlage GmbH, Wiesbaden, Wiesbaden, 2008. In: Springer-Online.

[186] MILLER, J. und E. HOROWITZ: *FreeSim - A V2V and V2R Freeway Traffic Simulator.* In: *IEEE 3rd International Workshop on Vehicle-to-Vehicle Communications, Istanbul, Turkey*, 2007.

[187] MITCHELL, M.: *An introduction to genetic algorithms.* Complex adaptive systemsA Bradford book. MIT Press, Cambridge, Mass. [u.a.], 1. MIT Press paperback ed. Aufl., 1998. Originally published: 1996; pbk ; : £13.50 : CIP entry (Apr.).

[188] MOON, T.-Y., S.-H. SEO, J.-H. KIM, S.-H. HWANG und J. W. JEON: *Gateway system with diagnostic function for LIN, CAN and FlexRay.* In: *Control, Automation and Systems, 2007. ICCAS '07. International Conference on*, S. 2844–2849, Oct. 2007.

[189] MUETER, M.: *Intrusion Detection for Improved Automotive Security.* In: *The Fully Networked Car Workshop 2009*, 2009.

[190] MÜETER, M. und A. GROLL: *Attack Detection for In-Vehicle Networks.* In: *25. VDI/VW-Gemeinschaftstagung Automotive Security*, 2009.

[191] *NEC LinkBird-MX (Test Platform for Evaluation of Vehicular Communications Protocols).*

[192] NEC ELECTRONICS (EUROPE) GMBH: *Phoenix-FS, Preliminary Product Letter*, 2005.

[193] NEC ELECTRONICS (EUROPE) GMBH: *V850E/CAG4-M, Preliminary Product Letter*, 2008.

[194] NEKOVEE, M.: *Quantifying Performance Requirements of Vehicle-to-Vehicle Communication Protocols for Rear-End Collision Avoidance.* In: *Vehicular Technology Conference, 2009. VTC Spring 2009. IEEE 69th*, S. 1–5, April 2009.

[195] NILSSON, D. K., P. H. PHUNG und U. E. LARSON: *Vehicle ECU classification based on safety-security characteristics.* In: *Road Transport Information and Control - RTIC 2008 and ITS United Kingdom Members' Conference, IET*, S. 1–7, 05 2008.

[196] *FIPS PUB 186-3, Digital Signature Standard (DSS)*, 2009.

[197] NS-3 PROJECT: *www.nsnam.isi.edu/nsnam/index.php/Main_Page*, *Zugriff am 22.11.2009.*.

[198] OBERMAISSER, R.: *Integrating Automotive Applications Using Overlay Networks on Top of a Time-Triggered Protocol.* Composition of Embedded Systems. Scientific and Industrial Issues, S. 187–206, 2007.

[199] OBERMAISSER, R.: *Formal Specification of Gateways in Integrated Architectures.* In: *SEUS '08: Proceedings of the 6th IFIP WG 10.2 international workshop on Software Technologies for Embedded and Ubiquitous Systems*, S. 34–45, Berlin, Heidelberg, 2008. Springer-Verlag.

[200] ONSTAR LLC.: *www.onstar.com*, *Zugriff am 22.11.2009.*.

[201] OPENCORES.ORG: *www.opencores.org/project,can*, *Zugriff am 22.11.2009.*.

[202] OSEK/VDX: *Fault-Tolerant Communication.* Techn. Ber., OSEK Consortium, 2001.

[203] OSEK/VDX: *Time-Triggered Operating System, V1.0.* Techn. Ber., OSEK Consortium, 2001.

[204] OSEK/VDX: *Communication, Version 3.0.3.* Techn. Ber., OSEK Consortium, 2004.

[205] OSEK/VDX: *Network Management, Version 2.5.3.* Techn. Ber., OSEK Consortium, 2004.

[206] OSEK/VDX: *OIL: OSEK Implementation Language, Version 2.5.* Techn. Ber., OSEK Consortium, 2004.

[207] OSEK/VDX: *Operating System.* Techn. Ber., OSEK Consortium, 2005.

[208] OSGI ALLIANCE: *www.osgi.org*, *Zugriff am 22.11.2009.*.

[209] PAPADIMITRATOS, P., L. BUTTYAN, T. HOLCZER, E. SCHOCH, J. FREUDIGER, M. RAYA, Z. MA, F. KARGL, A. KUNG und J.-P. HUBAUX: *Secure vehicular communication systems: design and architecture.* Communications Magazine, IEEE, 46(11):100–109, November 2008.

[210] PAPADIMITRATOS, P. und J.-P. HUBAUX: *Report on the "Secure Vehicular Communications: Results and Challenges Ahead" Workshop.* ACM SIGMOBILE Mobile Computing and Communications Review (MC2R), 12(2):53–64, April 2008.

[211] PAPADIMITRIOU, CHRISTOS H. ; STEIGLITZ, K.: *Combinatorial optimization : algorithms and complexity.* Dover Publ., Mineola, NY, Corr., unabridged republ. of 1982 Aufl., 1998.

[212] PARET, D.: *Multiplexed networks for embedded systems : CAN, LIN, Flexray, Safe-by-Wire....* Wiley, Chichester [u.a.], 2007. Includes bibliographical references.

[213] PARET, D.: *Multiplexed networks for embedded systems : CAN, LIN, Flexray, Safe-by-Wire....* Wiley, Chichester [u.a.], 2007. Includes bibliographical references.

[214] PASCAL TRAVERSE, ISABELLE LACAZE, J. S.: *AIRBUS Fly-by-Wire: A total ap-*

proach to dependability. In: *IFIP International Federation for Information Processing*, S. 191–212, 2004.

[215] PERKINS, R.: *Ad hoc On-Demand Distance Vector (AODV) Routing, IETF Inter Draft, draft-ietf-manet-aodv-09.txt*, 09.11.2001.

[216] PHILIPS: *Data Sheet, SJA1000, Stand-alone CAN controller*, 2000.

[217] PINART, C., P. SANZ, I. LEQUERICA, D. GARCÍA, I. BARONA und D. SÁNCHEZ-APARISI: *DRIVE: a reconfigurable testbed for advanced vehicular services and communications*. In: *TridentCom '08: Proceedings of the 4th International Conference on Testbeds and research infrastructures for the development of networks & communities*, S. 1–8, ICST, Brussels, Belgium, Belgium, 2008. ICST (Institute for Computer Sciences, Social-Informatics and Telecommunications Engineering).

[218] PIORKOWSKI, M., M. RAYA, A. LUGO, P. PAPADIMITRATOS, M. GROSSGLAUSER und J.-P. HUBAUX: *TraNS: Realistic Joint Traffic and Network Simulator for VANETs*. ACM SIGMOBILE Mobile Computing and Communications Review, 12(1):31–33, 2008.

[219] POHLMANN, N. H. (Hrsg.): *Trusted Computing : ein Weg zu neuen IT-Sicherheitsarchitekturen*. Vieweg, Wiesbaden, 1. Aufl. Aufl., 2008.

[220] *PRE-DRIVE C2X, Deliverable D1.1, Definition of PRE-DRIVE C2X/COMeSafety architecture framework*. Techn. Ber.

[221] *PRE-DRIVE C2X, Projektübersicht - Flyer*.

[222] PRE-DRIVE-PROJECT: *www.pre-drive-c2x.eu, Zugriff am 22.11.2009.*.

[223] *PREVENT, IP Deliverable IP_D15: Final Report*. Techn. Ber., 2008.

[224] PUHM, A., P. ROESSLER, M. WIMMER, R. SWIERCZEK und P. BALOG: *Development of a flexible gateway platform for automotive networks*. In: *Emerging Technologies and Factory Automation, 2008. ETFA 2008. IEEE International Conference on*, S. 456–459, Sept. 2008.

[225] QUIGLEY, C., R. MCMURRAN, R. JONES und P. FAITHFULL: *An Investigation into Cost Modelling for Design of Distributed Automotive Electrical Architectures*. In: *Automotive Electronics, 2007 3rd Institution of Engineering and Technology Conference on*, S. 1–9, June 2007.

[226] RABEL, M., A. SCHMEISER und H. GROBMANN: *Ad-hoc in-car networking concept*. In: *Intelligent Transportation Systems, 2005. Proceedings. 2005 IEEE*, S. 363–368, Sept. 2005.

[227] RABEL, M., A. SCHMEISER und H. GROSSMANN: *Integrating IEEE 1394 as infotainment backbone into the automotive environment*. In: *Vehicular Technology Conference, 2001. VTC 2001 Spring. IEEE VTS 53rd*, Bd. 3, S. 2026–2031 vol.3, 2001.

[228] RACU, R., A. HAMANN, R. ERNST und K. RICHTER: *Automotive Software Integration*. In: *Design Automation Conference, 2007. DAC '07. 44th ACM/IEEE*, S. 545–550, June 2007.

[229] RAUSCH, M.: *Optimierte Mechanismen und Algorithmen in FlexRay.* Elektronik Automotive, 2002.

[230] RAUSCH, M.: *FlexRay : Grundlagen, Funktionsweise, Anwendung; mit 59 Tabellen.* Hanser, München, Wien, 2008.

[231] RAYA, M., P. PAPADIMITRATOS und J.-P. HUBAUX: *SECURING VEHICULAR COMMUNICATIONS.* Wireless Communications, IEEE, 13(5):8–15, October 2006.

[232] REIF, K. (Hrsg.): *Automobilelektronik : Eine Einführung für Ingenieure.* Friedr. Vieweg & Sohn Verlag / GWV Fachverlage GmbH, Wiesbaden, Wiesbaden, 2., überarbeitete und erweiterte Auflage Aufl., 2007. In: Springer-Online.

[233] ROBERT BOSCH GMBH: *C_CAN, User's Manual, Revision 1.2,* 2000.

[234] *Autoelektrik, Autoelektronik : [Systeme und Komponenten; neu: Vernetzung, Hybridantrieb].* Vieweg, Wiesbaden, 5., vollst. überarb. und erw. Aufl. Aufl., 2007.

[235] ROBERT BOSCH GMBH: *E-Ray, FlexRay IP-Module, User's Manual (Revision 1.2.6),* 2007.

[236] SAE: *Class C Application Requirement Considerations - SAE J2056/1 Jun93 - Volume 2: Parts and Components,* 1994.

[237] SAE: *Dedicated Short Range Communications (DSRC) Standard Draft.* SAE Standard J2735, 2006.

[238] SANDER, GLAS, BECKER und MÜLLER-GLASER: *An exploitation of reconfigurable Hardware architectures for car-to-car communication considering automotive requirements .* FISITA World Automotive Congress, 2008.

[239] SANDER, O., J. BECKER, M. HÜBNER, M. DRESCHMANN, J. LUKA, M. TRAUB und T. WEBER: *Modular system concept for FPGA-based Automotive Gateway.* In: *Electronic Systems for Vehicles,* Nr. 2000 in *VDI-Berichte,* S. 223–232. VDI, Verein Deutscher Ingenieure, 2007.

[240] SANDER, O., L. BRAUN, M. HUEBNER und J. BECKER: *Data Reallocation by Exploiting FPGA Configuration Mechanisms.* Reconfigurable Computing: Architectures, Tools and Applications, 4943/2008:312–317, 2008.

[241] SANDER, O., L. BRAUN, M. HUEBNER und J. BECKER: *Data Reallocation by Exploiting FPGA Configuration Mechanisms.* Reconfigurable Computing: Architectures, Tools and Applications, 4943/2008:312–317, 2008.

[242] SANDER, O., B. GLAS, J. BECKER und K. D. MÜLLER-GLASER: *AN EXPLOITATION OF RECONFIGURABLE HARDWARE ARCHITECTURES FOR CAR-TO-CAR COMMUNICATION CONSIDERING AUTOMOTIVE REQUIREMENTS.* In: *FISITA World Automotive Congress 2008,* Munich, Germany, 2008.

[243] SANDER, O., B. GLAS, C. ROTH, J. BECKER und K. D. MUELLER-GLASER: *Priority-based packet communication on a bus-shaped structure for FPGA-systems.* In: *Design Automation and Test in Europe (DATE) 2009,* 2009.

[244] SANTA, J., A. F. GÓMEZ-SKARMETA und M. SÁNCHEZ-ARTIGAS: *Architecture and evaluation of a unified V2V and V2I communication system based on cellular networks*. Comput. Commun., 31(12):2850–2861, 2008.

[245] SAPONARA, S., E. PETRI, M. TONARELLI, I. DEL CORONA und L. FANUCCI: *FPGA-based Networking Systems for High Data-rate and Reliable In-vehicle Communications*. In: *Design, Automation & Test in Europe Conference & Exhibition, 2007. DATE '07*, S. 1–6, April 2007.

[246] SCHMEISER, A., Y. GUENTER, B. WIEGEL, M. RABEL und H.-P. GROSSMANN: *OMIcar - A Demonstration Platform for VANET Protocols*. In: *Proceedings of the 4th Annual Meeting on Information Technology and Computer Science - ITCS, Stuttgart, Germany*, 2008.

[247] SCHMIDT, R. K., T. LEINMÜLLER und B. BÖDDEKER: *V2X Kommunikation*. In: *In Proceedings of 17th Aachener Kolloquium 2008*, 2008.

[248] SCHNEIDER, S.: *Deutschland im Jahr 2020, Neue Herausforderungen für ein Land auf Expedition*. In: *Aktiv Plenum, Haus Lämmerbuckel*, 2009.

[249] SCHOCH, E., F. KARGL, T. LEINMÜLLER und M. WEBER: *Communication Patterns in VANETs*. Bd. 46, S. 119–125, November 2008.

[250] SCHÄUFFELE, JÖRG ; ZURAWKA, T.: *Automotive Software Engineering : Grundlagen, Prozesse, Methoden und Werkzeuge*. ATZ-MTZ-Fachbuch. Vieweg, Wiesbaden, 1. Aufl. Aufl., 2003.

[251] SCHÜNEMANN, B., K. MASSOW und I. RADUSCH: *A Novel Approach for Realistic Emulation of Vehicle-2-X Communication Applications*. Vehicular Technology Conference, 2008. VTC Spring 2008. IEEE, S. 2709–2713, May 2008.

[252] SCHÜNEMANN, B., K. MASSOW und I. RADUSCH: *Realistic simulation of vehicular communication and vehicle-2-X applications*. In: *Simutools '08*, S. 1–9. ICST, 2008.

[253] SEADA, K.: *Insights from a freeway car-to-car real-world experiment*. In: *WiNTECH '08: Proceedings of the third ACM international workshop on Wireless network testbeds, experimental evaluation and characterization*, S. 49–56, New York, NY, USA, 2008. ACM.

[254] SECELEANU, T.: *Communication on a segmented bus*. SOC Conference, 2004. Proceedings. IEEE International, S. 205–208, Sept. 2004.

[255] SECURE VEHICULAR COMMUNICATION: *www.sevecom.org, Zugriff am 22.11.2009.*.

[256] SEDE, M., X. LI, D. LI, M.-Y. WU, M. LI und W. SHU: *Routing in Large-Scale Buses Ad Hoc Networks, IEEE Wireless Communications and Networking Conference (WCNC 2008), Pages 2711 - 2716*, 2008.

[257] SEE, W.-B.: *Vehicle ECU Classification and Software Architectural Implications*. Techn. Ber., Aerospace Industrial Development Company, Taichung, Taiwan, 2006.

[258] Seet, Liu, Lee, Foh, Wong und Lee: *A-STAR: A Mobile Ad Hoc Routing Strategy for Metropolis Vehicular Communications, Lecture Notes in Computer Science: Networking 2004, Pages 989 - 999*, 2004.

[259] Sekar, K., K. Lahiri, A. Raghunathan und S. Dey: *FLEXBUS: a high-performance system-on-chip communication architecture with a dynamically configurable topology*. In: *DAC '05*, S. 571–574, New York, NY, USA, 2005. ACM.

[260] Seo, S., T. Moon, J. Kim, K. Kwon, J. Jeon und S. Hwang: *A fault-tolerant gateway for in-vehicle networks*. In: *Industrial Informatics, 2008. INDIN 2008. 6th IEEE International Conference on*, S. 1144–1148, July 2008.

[261] Sethuraman, B., P. Bhattacharya, J. Khan und R. Vemuri: *LiPaR: A light-weight parallel router for FPGA-based networks-on-chip*. In: *GLSVSLI '05*, S. 452–457, New York, NY, USA, 2005. ACM.

[262] *SEVECOM - Secure Vehicle Communication, Deliverable 6.1, Project Presentation*. Techn. Ber., 2006.

[263] Shaheen, S.: *Verify Gateway Designs for Time-Triggered Networks*. In: *XCell Journal*, 2004.

[264] Shaheen, S., D. Heffernan und G. Leen: *A gateway for time-triggered control networks*. Microprocessors and Microsystems, 31(1):38 – 50, 2007.

[265] Sichitiu, M. und M. Kihl: *Inter-vehicle communication systems: a survey*. Communications Surveys & Tutorials, IEEE, 10(2):88–105, Quarter 2008.

[266] *Sichere Intelligente Mobilität simTD - Projektübersicht*.

[267] simTD-Konsortium: *www.simtd.de, Zugriff am 22.11.2009.*.

[268] Sommer, J. und R. Blind: *Optimized Resource Dimensioning in an embedded CAN-CAN Gateway*. In: *Industrial Embedded Systems, 2007. SIES '07. International Symposium on*, S. 55–62, July 2007.

[269] Sommer, J., L. Burgstahler und V. Feil: *An Analysis of Automotive Multi-Domain CAN Systems*. In: *Proceedings of the 12th Open European Summer School (EUNICE 2006)*, 2006.

[270] Tamura, K. und Y. Furukawa: *Autonomous vehicle control system of ICVS City Pal: electrical tow-bar function*. In: *Intelligent Vehicles Symposium, 2000. IV 2000. Proceedings of the IEEE*, S. 702–707, 2000.

[271] Tanenbaum, A. S.: *Computer networks*. Pearson Education International, Upper Saddle River, NJ, 4. ed., internat. ed. Aufl., 2003.

[272] Teich, Jürgen ; Haubelt, C.: *Digitale Hardware-, Software-Systeme : Synthese und Optimierung; mit ... 14 Tabellen*. eXamen.press. Springer, Berlin, 2., erw. Aufl. Aufl., 2007.

[273] The eSafety Initiative: *eSafety - Improving road safety using information & communication technologies*. 2005.

[274] The eSafety Initiative: *eSafety - Making Europe's roads safer for everyone*. 2006.

[275] TORRENT MORENO, M.: *Inter-vehicle communications: achieving safety in a distributed wireless environment : challenges, systems and protocols*. Doktorarbeit, Karlsruhe, 2007. ; Pb.: EUR 30,90.

[276] TRAKADAS, ZAHARIADIS, VOLIOTIS und MANASIS: *Efficient Routing in PAN and Sensor Networks, ACM SIGMOBILE Mobile Computing and Communications Review, Vol. 8, Issue 1, Pages 10 - 17*, 2004.

[277] TRAUB, M.: *Topologie- und Systemkonzept für einen FPGA basierenden Bodycontroller und Portierung des Standardsoftwaremoduls Network-Management*. SA, Universität Karlsruhe, Institut für Technik der Informationsverarbeitung, 9 2006. 15.09.2006.

[278] TRAUB, M.: *Evaluierung von Gateway-Architekturen für Netzwerke im Kraftfahrzeug und Implementierung eines FPGA-basierten CAN-FlexRay-Gateways*. DA, Universität Karlsruhe, Institut für Technik der Informationsverarbeitung, 4 2007. 30.04.2007.

[279] TREIBER, M.: *Microsimulation of road traffic*, 2008. JAVA Applet, at the time of writing available electronically at www.traffic-simulation.de.

[280] TRUSTED COMPUTING GROUP: *www.trustedcomputinggroup.org, Zugriff am 22.11.2009.*.

[281] UNION, E.: *EU - White Paper - European transport policy for 2010: time to decide*. Office for official publications of the European Communities, 2001.

[282] VARAIYA, P.: *Smart cars on smart roads: problems of control*. Automatic Control, IEEE Transactions on, 38(2):195–207, Feb 1993.

[283] VECTOR INFORMATIK AND DAIMLERCHRYSLER: *DC Communication Software Component (Technical Reference, Version 1.37.00)*, 2004.

[284] *VSCC: Vehicle Safety Communications Project , Task 3, Final Report, Identify Intelligent Vehicle Safety Applications Enabled by DSRC*. Techn. Ber., VSC.

[285] WALLENTOWITZ, HENNING ; REIF, K. (Hrsg.): *Handbuch Kraftfahrzeugelektronik : Grundlagen, Komponenten, Systeme, Anwendungen*. Friedr.Vieweg & Sohn Verlag | GWV Fachverlage GmbH, Wiesbaden, Wiesbaden, 2006. In: Springer-Online.

[286] WEISS, K.: *New Strategies and Concepts in Automotive Embedded System Development*. In: *Competence Exchange Symposium, Ludwigsburg, Germany*, 2005.

[287] WEISS, C.: *Sichere Intelligente Mobilität - Testfeld Deutschland*. In: *Aktiv Plenum 2009*, 2009.

[288] WIELAGE, P. und K. GOOSSENS: *Networks on Silicon: Blessing or Nightmare?*. In: *Proceedings of the Euromicro Symposium on Digital System Design (DSD'02)*. IEEE, 2002.

[289] WILLIAMS, M.: *PROMETHEUS - The European research programme for optimising the Road Transport System in Europe*, May 1988.

[290] WISCHHOF, L.: *Self-Organizing Communication in Vehicular Ad Hoc Networks.* Dissertation, Technische Universität Hamburg-Harburg, 11.12.2006.

[291] WISCHHOF, L., A. EBNER und H. ROHLING: *Information dissemination in self-organizing intervehicle networks.* Intelligent Transportation Systems, IEEE Transactions on, 6(1):90–101, March 2005.

[292] WISCHHOF LARS, EBNER ANDRÉ, R. H.: *Self-Organizing Traffic Information System based on Car-to-Car Communication: Prototype Implementation.* In: WIT 2004 - 1st International Workshop on Intelligent Transportation, Hamburg, 2004.

[293] WISCHOFF, L., A. EBNER, H. ROHLING, M. LOTT und R. HALFMANN: *SOTIS - a self-organizing traffic information system.* In: *Vehicular Technology Conference, 2003. VTC 2003-Spring. The 57th IEEE Semiannual,* Bd. 4, S. 2442–2446 vol.4, April 2003.

[294] XILINX: *UG129, PicoBlaze 8-bit Embedded Microcontroller User Guide v1.1.2,* 24.06.2008.

[295] XILINX INC.: *www.xilinx.com, Zugriff am 1.11.2009.*.

[296] XILINX INC.: *www.xilinx.com/univ/, Zugriff am 22.11.2009.*.

[297] XILINX INC.: *UG069, Xilinx University Program Virtex-II Pro Development System Hardware Reference Manual v1.1,* 09.04.2008.

[298] XILINX INC.: *UG081, MicroBlaze Processor Reference Guide v9.0,* 17.01.2008.

[299] XILINX INC.: *EDK Concepts, Tools, and Techniques A Hands-On Guide to Effective Embedded System Design v10.1,* 18.09.2008.

[300] XILINX INC.: *Implementing a LIN Controller on a CoolRunner-II CPLD (XAPP432 V1.0),* 2004.

[301] XILINX INC.: *OPB IPIF (DS414, v3.01c) - Product Specification,* 2005.

[302] XILINX INC.: *PLB IPIF (DS448, v2.02a) - Product Specification,* 2005.

[303] XILINX INC.: *Early Access Partial Reconfiguration User Guide (For ISE 8.1.01i), UG208,* 2006.

[304] XILINX INC.: *OPB Ethernet Lite Media Access Controller (DS441, v1.01b) - Product Specification,* 2006.

[305] XILINX INC.: *ChipScope Pro 10.1, Software and Cores User Guide (UG029, V10.1),* 2008.

[306] XILINX INC.: *Development System Reference Guide (10.1),* 2008.

[307] XILINX INC.: *Embedded System Tools Reference Manual Embedded Development Kit v10.1,* 2008.

[308] XILINX INC.: *Spartan-3 FPGA Family Data Sheet (DS099, V2.4),* 2008.

[309] XILINX INC.: *CORDIC v4.0 (DS249) - Product Specification,* 2009.

[310] XILINX INC.: *Fast Simplex Link (FSL) Bus (DS449, v2.11b),* 2009.

[311] XILINX INC.: *Spartan-3 Generation FPGA User Guide (UG331, V1.5)*, 2009.

[312] XILINX INC.: *Virtex-5 FPGA User Guide (UG190, V5.2)*, 2009.

[313] YANG, X., J. LIU, F. ZHAO und N. H. VAIDYA: *A Vehicle-to-Vehicle Communication Protocol for Cooperative Collision Warning*. Mobile and Ubiquitous Systems, Annual International Conference on, 0:114–123, 2004.

[314] YIN, J., T. ELBATT, G. YEUNG, B. RYU, S. HABERMAS, H. KRISHNAN und T. TALTY: *Performance evaluation of safety applications over DSRC vehicular ad hoc networks*. In: *VANET '04: Proceedings of the 1st ACM international workshop on Vehicular ad hoc networks*, S. 1–9, New York, NY, USA, 2004. ACM.

[315] ZAHN, P. und T. KOSCH: *ACUp - Aktiv Communication Unit, C2C-CC conformant communication-solution for active safety*.

[316] ZANG, Y., B. WALKE, S. SORIES und G. GEHLEN: *Towards a European Solution for Networked Cars*. 2009.

[317] ZARKI, M. E., S. MEHROTRA, G. TSUDIK und N. VENKATASUBRAMANIAN: *Security issues in a future vehicular network*. In: *In European Wireless*, S. 270–274, 2002.

[318] ZEFERINO, C., M. KREUTZ, L. CARRO und A. SUSIN: *A study on communication issues for systems-on-chip*. Integrated Circuits and Systems Design, 2002. Proceedings. 15th Symposium on, S. 121–126, 2002.

[319] ZHU, J. und S. ROY: *MAC for dedicated short range communications in intelligent transport system*. Communications Magazine, IEEE, 41(12):60–67, Dec. 2003.

[320] ZIMMERMANN, A.: *Flexible Gateway Platform*. In: *IAEC Paris*, 2005.

[321] ZIMMERMANN, A.: *Flexible Plattform für Automotive Gateway Applikationen*. In: *Entwicklerforum KFZ-Elektronik, Ludwigsburg*, 2005.

[322] ZIMMERMANN, W. und R. SCHMIDGALL: *Bussysteme in der Fahrzeugtechnik : Protokolle und Standards; mit 99 Tabellen*. ATZ-MTZ-FachbuchPraxis und Studium. Vieweg, Wiesbaden, 2., aktualisierte u. erw. Aufl. Aufl., 2007.

Betreute studentische Arbeiten

[Bwa09] BWADKJI, MOHAMED: *Modellierung einer Car-To-X Communication Unit mittels SystemC zur Entwurfsraumexploration*. DA, Universität Karlsruhe, Institut für Technik der Informationsverarbeitung, 12 2009. 31.12.2009.

[Cer08] CERVANTES, FRANCISCO MENDOZA: *Conceptual design and implementation of a low-power mixed signal data preprocessing for industrial instruments*. DA, Universität Karlsruhe, Institut für Technik der Informationsverarbeitung, 10 2008. 06.10.2008.

[Duy08] DUY, VIET VU: *Theoretische Untersuchungen einer Möglichkeit zur Objekt-Erkennung und -Verfolgung mittels eines Ultraschallsystems - Grundlagen*. SA, Universität Karlsruhe, Institut für Technik der Informationsverarbeitung, 3 2008. 09.03.2008.

[Duy09] DUY, VIET VU: *Mikroprozessor Benchmarking für Multiprozessorsysteme und deren Anwendung im Automobilbereich*. DA, Universität Karlsruhe, Institut für Technik der Informationsverarbeitung, 1 2009. 29.01.2009.

[Fal07] FALLER, CLAUS: *Anwendung von Sensor-Aktor-Netzwerken und deren Anforderungen*. SeA, Universität Karlsruhe, Institut für Technik der Informationsverarbeitung, 7 2007. 23.07.2007.

[Haa09] HAASS, MARTIN: *Konzept und Entwicklung einer minimalen Prozessorarchitektur für HECC basierte Authentifizierungssysteme*. DA, Universität Karlsruhe, Institut für Technik der Informationsverarbeitung, 6 2009. 23.06.2009.

[Ham08] HAMMER, JAN HENDRIK: *Performanz- und Leistungsevaluierung einer Vektor-Skalar-Funktionseinheit zur Unterstützung des Designprozesses eines auf der IBM POWER-Architektur basierenden Mikroprozessors mit Hilfe eines High-Level-Simulationsmodells in C/C++*. SA, Universität Karlsruhe, Institut für Technik der Informationsverarbeitung, 7 2008. 22.07.2008.

[HB08a] HOGH-BINDER, ARND: *Bewegungserkennung mit Ultraschallsensoren*. SeA, Universität Karlsruhe, Institut für Technik der Informationsverarbeitung, 3 2008. 01.03.2008.

[HB08b] HOGH-BINDER, ARND: *Nachweis von Vollständigkeit in der formalen Verifikation von Automotive Protokollen am Beispiel des LIN Protokolls*. SA, Universität Karlsruhe, Institut für Technik der Informationsverarbeitung, 11 2008. 16.11.2008.

[HB09] HOGH-BINDER, ARND: *Untersuchung und Bewertung eines AUTOSAR-*

basierten Gateway-Systems mit Hilfe von Zeitanalyse-Werkzeugen. DA, Universität Karlsruhe, Institut für Technik der Informationsverarbeitung, 4 2009. 13.04.2009.

[Her08a] HERBOLD, CHRISTIAN: *Car2Car- und Car2Infrastructure-Kommunikation Anforderungen, Annahmen, Anwendungen*. SeA, Universität Karlsruhe, Institut für Technik der Informationsverarbeitung, 2 2008. 26.02.2008.

[Her08b] HERNANDEZ, FRANCISCO GRANJA: *Analysis of security aspects in Car-to-Car Communication and design of protocol improvements based on trusted computing approaches*. SA, Universität Karlsruhe, Institut für Technik der Informationsverarbeitung, 5 2008. 12.05.2008.

[Ker07] KERCHER, TORSTEN: *Nutzbarmachung der Zigbee Funktechnologie für rekonfigurierbare Automotive Steuergeräte*. SA, Universität Karlsruhe, Institut für Technik der Informationsverarbeitung, 11 2007. 01.11.2007.

[Ker09] KERCHER, TORSTEN: *Entwicklung eines adaptiven Frameworks für Multi-Hop Car-to-Car-Communication auf rekonfigurierbarer Hardware*. DA, Universität Karlsruhe, Institut für Technik der Informationsverarbeitung, 5 2009. 10.05.2009.

[Kli06] KLIMM, ALEXANDER: *CO-PROCESSOR DESIGN OF A GF(2n) HARDWARE ACCELERATOR ON A FPGA BASED PLATFORM*. DA, Universität Karlsruhe, Institut für Technik der Informationsverarbeitung, 12 2006. 19.12.2006.

[Kre07] KREUZ, STEFAN: *Portierung eines Xilinx Spartan-3 basierten Automotive Gateways auf Altera Cyclone II FPGAs*. SA, Universität Karlsruhe, Institut für Technik der Informationsverarbeitung, 3 2007. 11.03.2007.

[Kre08] KREUZ, STEFAN: *Entwurf und Umsetzung eines Verfahrens zur Timing-Analyse von FlexRay auf Bitebene*. DA, Universität Karlsruhe, Institut für Technik der Informationsverarbeitung, 3 2008. 31.03.2008.

[Lie08] LIEB, SIMON: *Forschungsgruppen im Bereich Fahrzeugkommunikation*. SeA, Universität Karlsruhe, Institut für Technik der Informationsverarbeitung, 2 2008. 21.02.2008.

[Mam06] MAMASALIYEW, ZIYEDULLA: *Analyse und Integration zukünftiger Automotive Bus-Interfaces auf Xilinx FPGA Plattformen*. DA, Universität Karlsruhe, Institut für Technik der Informationsverarbeitung, 5 2006. 20.05.2006.

[Mar07] MARDONES, ARMANDO LOU: *Kopplung einer TCP/IP - Ethernet Schnittstelle an einen FPGA basierenden Automotive Gateway und Darstellung eines Webserver Demonstrators*. SA, Universität Karlsruhe, Institut für Technik der Informationsverarbeitung, 5 2007. 14.05.2007.

[Mar08] MARDONES, ARMANDO LOU: *Entwicklung einer Public-Key Authentifizierungsplattform für ein Keyless Go System*. DA, Universität Karlsruhe, Institut für Technik der Informationsverarbeitung, 3 2008. 02.03.2008.

[Mer09] MERZ, JANNIK: *Automatisierte Generierung von FPGA Gateways aus hoher Abstraktionsebene mit PREEvision*. SA, Universität Karlsruhe, Institut für Technik der Informationsverarbeitung, 10 2009. 13.10.2009.

[Mok08] MOKADDAM, KAMAL RAMEZ EL: *Erstellung eines Frameworks zur Integration und Bewertung von Einklemmschutzalgorithmen für elektrische KFZ-Fensterheber*. SA, Universität Karlsruhe, Institut für Technik der Informationsverarbeitung, 10 2008. 15.10.2008.

[Oso08] OSOWICKI, MAREK: *Einsatz von formalen Methoden zur Analyse der funktionalen Sicherheit*. SA, Universität Karlsruhe, Institut für Technik der Informationsverarbeitung, 12 2008. 02.12.2008.

[Oso09] OSOWICKI, MAREK: *Formal Verification Methodology for On-Chip HW Interfaces*. DA, Universität Karlsruhe, Institut für Technik der Informationsverarbeitung, 8 2009. 18.08.2009.

[Qu06] QU, HAILONG: *Untersuchung von FPGA-Architekturen bezüglich Performanz, Fläche und Verwendbarkeit durch Integration ausgewählter Testapplikationen*. SA, Universität Karlsruhe, Institut für Technik der Informationsverarbeitung, 8 2006. 14.08.2006.

[Röß09a] RÖSSING, CHRISTOPH: *Entwicklung eines Algorithmus zur Fußbewegungserkennung basierend auf einem kapazitiven Sensor an einem Kraftfahrzeug*. DA, Universität Karlsruhe, Institut für Technik der Informationsverarbeitung, 12 2009. 14.12.2009.

[Röß09b] RÖSSING, CHRISTOPH: *Entwicklung eines analogen Messverfahrens als Basis für einen kapazitiven Fußtaster im Automobil*. SA, Universität Karlsruhe, Institut für Technik der Informationsverarbeitung, 7 2009. 15.07.2009.

[Rat07] RATHNER, ARIK: *Modellierung, HW/SW-Codesign und Implementierung einer Klappdachsteuerung für einen FPGA basierenden Bodycontroller und dessen Integration in einen Fahrzeugdemonstrator*. SA, Universität Karlsruhe, Institut für Technik der Informationsverarbeitung, 10 2007. 01.10.2007.

[Rat08] RATHNER, ARIK: *Entwicklung eines verlustleistungsoptimierten Hardware/Software Codesigns zur Darstellung eines Funkfahrzeugschlüssels auf Basis asymmetrischer Verschlüsselung*. DA, Universität Karlsruhe, Institut für Technik der Informationsverarbeitung, 10 2008. 31.10.2008.

[Rot07] ROTH, CHRISTOPH: *Systemkonzept für eine echtzeitfähige Restbussimulation im Automotive-Umfeld*. SA, Universität Karlsruhe, Institut für Technik der Informationsverarbeitung, 11 2007. 06.11.2007.

[Rot08] ROTH, CHRISTOPH: *Entwicklung und Implementierung einer Systemarchitektur für eine Car-to-X Communication Unit*. DA, Universität Karlsruhe, Institut für Technik der Informationsverarbeitung, 12 2008. 16.12.2008.

[Sba08] SBAITY, MOHAMAD: *Modellierung einer Steuerung/Regelung zur Detektion von Einklemmszenarien in elektrischen KFZ-Fensterhebern*. SA, Universität Karlsruhe, Institut für Technik der Informationsverarbeitung, 4 2008. 01.04.2008.

[Sch07] SCHÄKER, MARKUS: *Prototypische Realisierung eines Algorithmus' für die Bewegungserkennung im Fahrzeuginnenraum auf einem FPGA.* DA, Universität Karlsruhe, Institut für Technik der Informationsverarbeitung, 6 2007. 30.06.2007.

[Spa07] SPATZ, JEROME: *Treiber- und Firmwareentwicklung für eine IEEE 802.11abg Anbindung an einen FPGA einschließlich Modulauswahl.* SA, Universität Karlsruhe, Institut für Technik der Informationsverarbeitung, 10 2007. 15.10.2007.

[Spa09] SPATZ, JEROME: *Profiling, Optimierung und Erweiterung eines FPGA-basierten Automotive Gateways.* DA, Universität Karlsruhe, Institut für Technik der Informationsverarbeitung, 3 2009. 25.03.2009.

[Stu08] STUCKERT, VITALI: *Systemkonzept für einen echtzeitfähigen Datenlogger im Automotive-Umfeld.* SA, Universität Karlsruhe, Institut für Technik der Informationsverarbeitung, 2 2008. 28.02.2008.

[Stu09] STUCKERT, VITALI: *Signaturverarbeitung für Car-to-X-Kommunikation auf rekonfigurierbarer Hardware.* DA, Universität Karlsruhe, Institut für Technik der Informationsverarbeitung, 5 2009. 02.05.2009.

[Sun06] SUN, DAWEI: *FPGA basierendes logisches und physikalisches CAN-Bus-Fehleranalysesystem.* DA, Universität Karlsruhe, Institut für Technik der Informationsverarbeitung, 5 2006. 23.05.2006.

[Tra06] TRAUB, MATTHIAS: *Topologie- und Systemkonzept für einen FPGA basierenden Bodycontroller und Portierung des Standardsoftwaremoduls Network-Management.* SA, Universität Karlsruhe, Institut für Technik der Informationsverarbeitung, 9 2006. 15.09.2006.

[Tra07] TRAUB, MATTHIAS: *Evaluierung von Gateway-Architekturen für Netzwerke im Kraftfahrzeug und Implementierung eines FPGA-basierten CAN-FlexRay-Gateways.* DA, Universität Karlsruhe, Institut für Technik der Informationsverarbeitung, 4 2007. 30.04.2007.

[Ung07] UNGER, DIRK: *Treiber- und Firmwareentwicklung für eine IEEE 802.11abg Anbindung an einen FPGA einschließlich Modulauswahl.* SA, Universität Karlsruhe, Institut für Technik der Informationsverarbeitung, 10 2007. 15.10.2007.

[Wan07] WANG, QING: *Modellierung und Systemintegration eines dynamisch rekonfigurierbaren Automotive-Systems mit Matlab Simulink.* DA, Universität Karlsruhe, Institut für Technik der Informationsverarbeitung, 1 2007. 02.01.2007.

Eigene Veröffentlichungen

Konferenzbeiträge

[BSH+08] BECKER, J., O. SANDER, M. HUEBNER, M. TRAUB, T. WEBER, J. LUKA und V. LAUER: *Standards for Electric/Electronic Components and Architectures*. Convergence 2008, Detroit, USA, 2008.

[CSSP+06] CHANDRA-SEKARAN, A., O. SANDER, K. PAULSSON, M. HUEBNER, J. BECKER und K. D. MUELLER-GLASER: *Novel HW/SW Design Methodologies for Ad-Hoc Sensor Networks in Future Applications*. CSIT Workshop 2006, Karlsruhe, Germany, 2006.

[GKS+08a] GLAS, B., A. KLIMM, O. SANDER, K. D. MUELLER-GLASER und J. BECKER: *A self adaptive interfacing concept for consumer device integration into automotive entities*. Parallel and Distributed Processing, 2008. IPDPS 2008. IEEE International Symposium on, Seiten 1–6, April 2008.

[GKS+08b] GLAS, B., A. KLIMM, O. SANDER, K. D. MUELLER-GLASER und J. BECKER: *A System Architecture for Reconfigurable Trusted Platforms*. Design, Automation and Test in Europe, 2008. DATE '08, Seiten 541–544, March 2008.

[GSMGB09] GLAS, B., O. SANDER, K. D. MUELLER-GLASER und J. BECKER: *Car-to-X Kommunikation auf vertrauenswürdiger rekonfigurierbarer Hardware*. In: *25. VDI/VW Gemeinschaftstagung Automotive Security*. VDI Wissensforum, Verein Deutscher Ingenieure (VDI), Oktober 2009.

[GSS+09] GLAS, B., O. SANDER, V. STUCKERT, K. D. MUELLER-GLASER und J. BECKER: *Car-to-Car Communication Security on Reconfigurable Hardware*. In: *IEEE 69th Vehicular Technology Conference 2009 Spring (VTC2009Spring)*. IEEE-VTS, April 2009.

[KSB09] KLIMM, A., O. SANDER und J. BECKER: *A MicroBlaze specific co-processor for real-time hyperelliptic curve cryptography on Xilinx FPGAs*. In: *Parallel & Distributed Processing, 2009. IPDPS 2009. IEEE International Symposium on*, Seiten 1–8, May 2009.

[KSBS08]   KLIMM, A., O. SANDER, J. BECKER und S. SUBILEAU: *A Hardware/Software Codesign of a Co-processor for Real-Time Hyperelliptic Curve Cryptography on a Spartan3 FPGA*. In: *ARCS*, Seiten 188–201, 2008.

[RSHB10]   ROTH, C., O. SANDER, M. HUEBNER und J. BECKER: *Car-to-X Simulation Environment for comprehensive Design Space Exploration Verification and Test*. In: *SAE 2010 World Congress*. SAE, 2010.

[SBH⁺07]   SANDER, O., J. BECKER, M. HUEBNER, M. DRESCHMANN, J. LUKA, M. TRAUB und T. WEBER: *Modular system concept for FPGA-based Automotive Gateway*. Electronic Systems for Vehicles, ser. VDI-Berichte, no. 2000, Verein Deutscher Ingenieure, pp. 223-232, 2007.

[SBHB08]   SANDER, O., L. BRAUN, M. HUEBNER und J. BECKER: *Data Reallocation by Exploiting FPGA Configuration Mechanisms*. Reconfigurable Computing: Architectures, Tools and Applications, 4943/2008:312–317, 2008.

[SGBMG08] SANDER, O., B. GLAS, J. BECKER und K. D. MUELLER-GLASER: *AN EXPLOITATION OF RECONFIGURABLE HARDWARE ARCHITECTURES FOR CAR-TO-CAR COMMUNICATION CONSIDERING AUTOMOTIVE REQUIREMENTS*. In: *FISITA World Automotive Congress 2008*, Munich, Germany, 2008.

[SGR⁺09a] SANDER, O., B. GLAS, C. ROTH, J. BECKER und K. D. MUELLER-GLASER: *Design of a Vehicle-to-Vehicle Communication System on Reconfigurable Hardware*. International Conference on Field-Programmable Technology (ICFPT), Sydney, Australia, Dezember 2009.

[SGR⁺09b] SANDER, O., B. GLAS, C. ROTH, J. BECKER und K. D. MUELLER-GLASER: *Priority-based packet communication on a bus-shaped structure for FPGA-systems*. In: *Design Automation and Test in Europe (DATE) 2009*, 2009.

[SGR⁺09c] SANDER, O., B. GLAS, C. ROTH, J. BECKER und K. D. MUELLER-GLASER: *Real time information processing for car to car communication applications*. In: *12th EAEC European Automotive Congress*. EAEC, Juni 2009.

[SGR⁺09d] SANDER, O., B. GLAS, C. ROTH, J. BECKER und K. D. MUELLER-GLASER: *Testing of an FPGA-based C2X-Communication Prototype with a Model Based Traffic Generation*. In: *20th IEEE/IFIP International Symposium on Rapid System Prototyping*, Seiten 68–71, Juni 2009.

[SHBT08]   SANDER, O., M. HUEBNER, J. BECKER und M. TRAUB: *Reducing latency times by accelerated routing mechanisms for an FPGA gateway in the automotive domain*. International Conference on Field Programmable Technology (ICFPT), Taipei, Taiwan, Dezember 2008.

[SKB⁺09]   SANDER, O., A. KLIMM, J. E. BECKER, J. BECKER, T. KIMMESKAMP, J. FORMANN, K. ECHTLE, K. WEINBERGER und S. BULACH: *Sicherung von Zuverlässigkeit und Interoperabilität bei der fahrzeuginternen Kommunikation mittels formaler Verifikation*. In: *Electronic Systems for Vehicles, 14. In-*

ternational Congress, Nummer 2075 in *VDI-Berichte*, Seiten 223–232. VDI, Verein Deutscher Ingenieure, 2009.

[SKHB⁺09]   SANDER, O., A. KLIMM, A. HOGH-BINDER, S. BULACH und K. WEIN-BERGER: *A Top-Down formal Verification Approach of LIN Hardware IP based on the GapFreeVerification(TM) Process*. EDA Workshop, Dresden, Germany, 2009.

[SRSB09]   SANDER, O., C. ROTH, V. STUCKERT und J. BECKER: *System concept for an FPGA based real-time capable automotive ECU simulation system*. 22nd Symposium on Integrated Circuits and Systems Design (SBCCI), Natal, Brazil, August 2009.

[STD⁺08]   SANDER, O., M. TRAUB, M. DRESCHMANN, M. HUEBNER, J. LUKA, T. WEBER und J. BECKER: *Modular system concept for FPGA-based Automotive Gateway*. Nummer 2000 in *VDI-Berichte*. Verein Deutscher Ingenieure, 2008.

[TSRB08]   TRAUB, M., O. SANDER, A. RATHNER und J. BECKER: *Generating Hardware Descriptions from Automotive Function Models for an FPGA-Based Body Controller: A Case Study*. In: *Mathworks Automotive Conference, Stuttgart, Germany*, 2008.

Patente

[SRK⁺09]   SANDER, OLIVER, CHRISTOPH RÖSSING, ALEXANDER KLIMM, SE-BASTIAN KÖNGETER und MICHAEL CZERWINSKI: *Patentanmeldung 102009025212.6: Fahrzeug mit einer Schließvorrichtung zum berührungslosen Öffnen und Schließen einer Heckklappe und Verfahren zum berührungslosen Öffnen und Schließen einer Heckklappe eines Fahrzeuges*. Technischer Bericht, 2009.

[STD⁺07a]   SANDER, OLIVER, MATTHIAS TRAUB, MICHAEL DRESCHMANN, JÜR-GEN BECKER, MICHAEL HÜBNER, JÜRGEN LUKA und THOMAS WEBER: *Patent: DE102004033781A1, Routingmodul zum Datenaustausch*. Technischer Bericht DE102007049044A1, 2007.

[STD⁺07b]   SANDER, OLIVER, MATTHIAS TRAUB, MICHAEL DRESCHMANN, JÜR-GEN BECKER, MICHAEL HÜBNER, JÜRGEN LUKA und THOMAS WE-BER: *Patent: DE102007049044A1, Vorrichtung und Verfahren zum Datenaustausch zwischen mindestens zwei Funktionsmodulen einer integrierten Schaltung*. Technischer Bericht DE102007049044A1, 2007.